智能制造工程技术人员 初级

智能装备与产线应用

人力资源社会保障部专业技术人员管理司　组织编写

中国人事出版社

图书在版编目(CIP)数据

智能制造工程技术人员：初级：智能装备与产线应用/人力资源社会保障部专业技术人员管理司组织编写. --北京：中国人事出版社，2021

全国专业技术人员新职业培训教程

ISBN 978-7-5129-1020-1

Ⅰ.①智… Ⅱ.①人… Ⅲ.①智能制造系统-职业培训-教材 Ⅳ.①TH166

中国版本图书馆 CIP 数据核字（2021）第 208345 号

中国人事出版社出版发行

（北京市惠新东街 1 号 邮政编码：100029）

*

三河市潮河印业有限公司印刷装订 新华书店经销

787 毫米×1092 毫米 16 开本 23.25 印张 351 千字

2021 年 12 月第 1 版 2023 年 12 月第 2 次印刷

定价：79.00 元

营销中心电话：400-606-6496

出版社网址：http://www.class.com.cn

本书编委会

出版说明

当今世界正经历百年未有之大变局，我国正处于实现中华民族伟大复兴关键时期。在全球经济低迷，我国加快形成以国内大循环为主体、国内国际双循环相互促进的新发展格局背景下，数字经济发挥着提振经济的重要作用。党的十九届五中全会提出，要发展战略性新兴产业，推动互联网、大数据、人工智能等同各产业深度融合，推动先进制造业集群发展，构建一批各具特色、优势互补、结构合理的战略性新兴产业增长引擎。“十四五”期间，数字经济将继续快速发展、全面发力，成为我国推动高质量发展的核心动力。

近年来，人工智能、物联网、大数据、云计算、数字化管理、智能制造、工业互联网、虚拟现实、区块链、集成电路等数字技术领域新职业不断涌现，这些新职业从业人员通过不断学习与探索，将推动科技创新、释放巨大能量，推动人们生产生活方式智能化、智慧化、数字化，推动传统产业转型升级，为经济高质量发展注入强劲活力。我国在技术、消费与应用领域具备数字经济创新领先优势，但还存在数字技术人才供给缺口较大、关键核心技术领域自主创新能力不足、数字经济与实体经济融合的深度和广度不够等问题。发展数字经济，推进数字产业化和产业数字化，推动数字经济和实体经济深度融合，急需培育壮大数字技术工程师队伍。

人力资源社会保障部会同有关行业主管部门将陆续制定颁布数字技术领域国家职业技术技能标准，坚持以职业活动为导向、以专业能力为核心，遵循人才成长规律，对从业人员的理论知识和专业能力提出综合性引导性培养标准，为加快培育数字技术人才提供基本依据。根据《人力资源社会保障部办公厅关于加强新职业培训工作的通知》（人社厅发〔2021〕28 号）要求，为提高新职业培训的针对性、有效性，进一步发挥新职业培训促进更好就业的作用，人力资源社会保障部专业技术人员管理司组织相关领域的专家学者编写了全国专业技术人员新职业培训教程，供相关领域开展新职业培训使用。

本系列教程依据相应国家职业技术技能标准和培训大纲编写，划分初级、中级、高级三个等级，有的职业划分若干职业方向。教程紧贴数字技术人员职业活动特点，定位于全国平均先进水平，且是相关数字技术人员经过继续教育或岗位实践能够达到的水平，突出该职业领域的核心理论知识、主流技术及未来发展要求，为教学活动和培训考核提供规范和引导，将帮助广大有意或正在从事数字技术职业人员改善知识结构、掌握数字技术、提升创新能力。

希望本系列教程的出版，能够在加强数字技术人才队伍建设、推动数字经济快速发展中发挥支持作用。

目　录

第一章 工艺设计与规划及人机交互技术基础

通过本章学习，掌握工艺设计与规划原理，能支撑智能装备与产线单元模块安装、调试的工艺设计与规划，学会应用 CAM 软件，掌握人机交互系统的基本设计流程。

- **职业功能：** 智能装备与产线应用。
- **工作内容：** 设计智能装备与产线单元模块的安装、调试和部署方案。
- **专业能力要求：** 能进行智能装备与产线单元模块安装、调试的工艺设计与规划；熟悉 CAM 软件，掌握人机交互系统的基本设计流程。
- **相关知识要求：** 工艺设计与规划原理；CAM 软件应用基础；人机交互技术。

第一节　工艺设计与规划原理

考核知识点及能力要求：

- 了解数字化工艺设计的基本概念与流程；
- 掌握数字化加工工艺仿真与装配仿真的方法；
- 掌握典型零件和产品的数字化工艺设计流程。

一、数字化工艺设计基础

（一）数控加工工艺

机械制造工艺过程一般是指零件机械加工工艺过程和机器装配工艺过程的总和，其他过程则称为辅助过程，如运输、保管、动力供应、设备维修等。本节主要介绍机械制造工艺过程中零件的数控加工工艺与机器的装配工艺。

数控加工是根据零件图样及工艺要求等原始条件，编制零件数控加工程序，通过把数字化的刀具移动轨迹信息输入到数控机床的数控系统，控制刀具与工件的相对运动，从而加工出符合设计要求的零件。

在进行数控加工工艺规划之前，需从以下几个方面进行逐步分析：

1. 被加工零件的加工工艺分析：根据被加工零件的特点，对零件进行全面的图样工艺分析、结构工艺分析和毛坯工艺分析。

2. 确定零件的加工方法：如某零件是否适合在数控机床上加工，适合在哪种类型数控机床加工等。

3. 确定零件的加工工艺路线：主要包括工序划分、工步划分、加工阶段划分、加工顺序安排等。

4. 确定刀具进给路线：主要是确定粗加工及空行程的进给路线。

5. 确定加工工艺参数：包括主轴转速、进给速度、切削深度、切削宽度等。在确定加工工艺参数之前，应先确定加工余量。

从数控加工工艺设计的总体流程角度，又可分为阅读零件图纸、工艺分析、制订工艺、数控编程等几个主要步骤，数控加工工艺设计的主要流程如图 1–1 所示。由于数控加工采用了计算机控制系统，因而具有加工自动化程度高、精度高、质量稳定、加工效率高、周期短等特点。

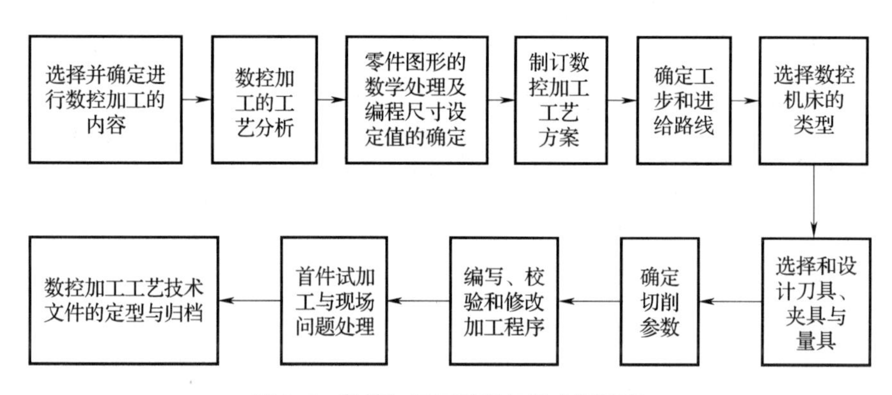

图 1–1　数控加工工艺设计的主要流程

（二）装配工艺

零件是组成机器的基本单元，将加工合格的零件按照一定的次序和规定的装配技术要求装配成组件，由组件及若干零件装配成部件，再由若干零件、组件、部件装配成机器，并经过检验，使产品达到设计要求的整个工艺过程称为装配工艺过程，如图 1–2 所示。组件、部件、总装装配工艺系统如图 1–3 所示。

装配过程并不是将合格零件简单地连接起来的过程，而是根据各级部件和总装的技术要求，通过一系列的装配手段去保证产品质量的过程。保证装配精度的工艺方法主要有四种：互换法、选配法、修配法和调整法。

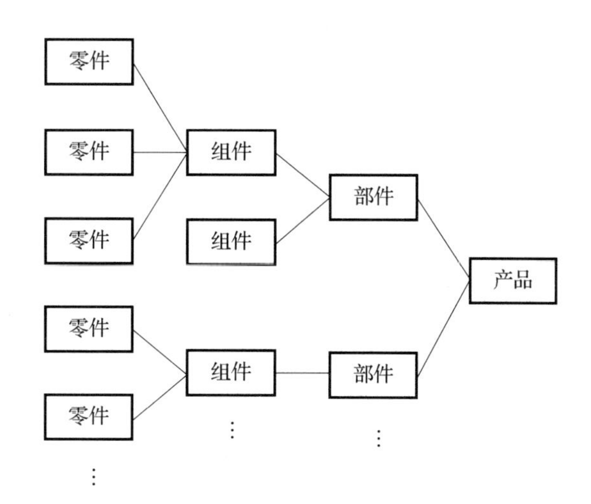

图 1-2　装配工艺过程

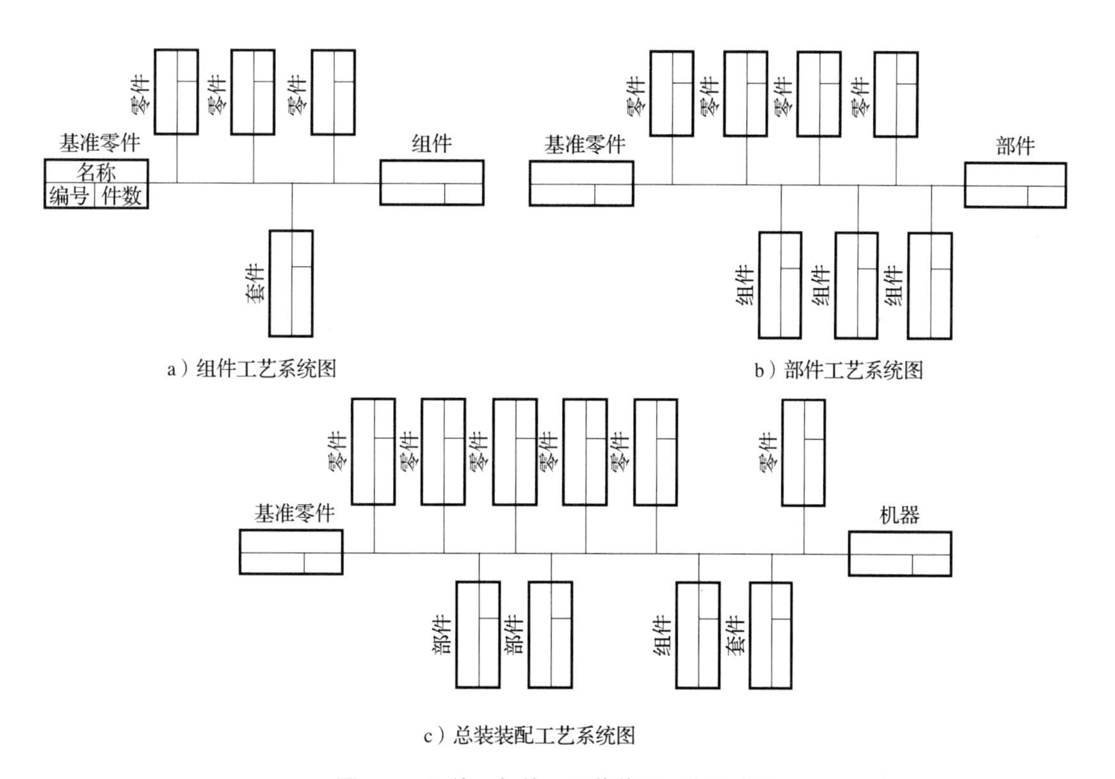

图 1-3　组件、部件、总装装配工艺系统图

制定装配工艺规程，大致可以划分为四个阶段：

1. 产品分析。

2. 装配组织形式的确定。

3. 装配工艺过程的确定。

4. 装配工艺规程文件的整理与编写。

影响装配质量的因素如下：

1. 零件的加工质量：检验合格的产品在装配前还要进行仔细的清洗，去除毛刺。

2. 制定正确的装配顺序：选择恰当的装配方法，制订正确的工艺流程，保证装配的良好环境。

3. 良好的装配技术：装配人员的技术水平和责任感是保证装配质量的重要因素。

4. 选择正确的计量方法：装配过程中除进行精刮、研磨、选配外，还要进行精密计量、检测和调整。

随着计算机集成制造和并行工程技术的发展和应用，对装配工艺设计提出了更高的要求。装配工艺设计和装配生产也必须实现数字化，这样才能实现全局集成和优化的目标。数字化装配就是指在计算机系统中建立产品零件的数字化模型（三维实体），并对这些模型进行模拟装配，以便在产品的研制过程中及时进行静态、动态干涉检验，工艺性检查，可拆卸性检查和可维护性检查等，以此尽早发现错误，及时修改。与传统的装配技术相比，数字化装配具有以下特点：

1. 与现实装配环境的结构相似性。

2. 资源与实践的低消耗性。

3. 面向集成的开放性。

4. 支持分布合作性。

数字化装配的主要作用有拟订结构方案，优化装配结构；改进装配性能，降低装配成本；提供产品可制造性的基础和依据；为并行设计提供技术支持和保障等。

二、数字化工艺仿真基础

（一）加工工艺仿真

传统工艺过程设计不可避免地存在一些缺点，如对工艺设计人员要求高、工作量大、效率低下、难以保证数据的准确性、信息不能共享等，通过加工工艺仿真可以有

效解决这些问题。

加工工艺仿真是指模拟产品从设计到制造的全过程，以发现产品制造过程中可能存在的问题，分析问题原因并提出改进措施，对于优化制造流程、减少产品开发风险、提高经济效益等具有十分重要的意义。

加工工艺仿真作为智能制造技术的重要组成部分，能够通过对机床、工件、刀具等一系列工艺系统的模拟、监测，获得加工信息，进而对实际加工的问题进行预测与优化，提升实际加工过程的智能化水平。加工工艺仿真可以对机械加工过程中各内部因素的变化与作用情况进行仿真模拟，为实际生产提供理论基础。其原理是根据实际需求对机械加工工艺系统建立连续变化模型，而后采用数学离散法计算出其中的断续点，再通过对这些断续点的物理因素变化来仿真加工过程。加工工艺仿真主要流程如图 1–4 所示。

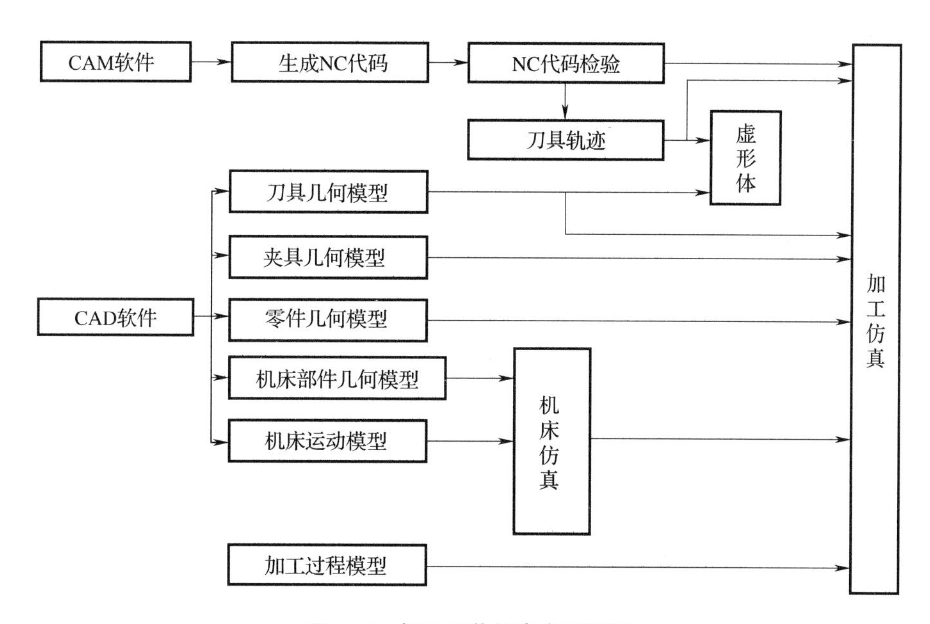

图 1–4 加工工艺仿真主要流程

加工工艺仿真基于计算机辅助工艺设计（computer aided process planning，CAPP）技术，利用计算机来进行零件加工工艺过程的制订，把毛坯加工成工程图纸上所要求的零件。通过向计算机输入被加工零件的几何信息（形状、尺寸等）和工艺信息（材料、热处理、批量等），由计算机自动输出零件的工艺路线和工序内容等工艺文件。加工工艺仿真的基础技术包括：成组技术；零件信息的描述与获取；工艺设计决策机制；工艺知识的获取及表示；工序图及其他文档的自动生成；NC 加工指令的自动生成及加工过程动态仿真；工艺数据库的建立等。

（二）装配工艺仿真

随着三维计算机辅助设计（computer aided design，CAD）软件的广泛应用，我国大部分制造企业已经基本采用 CAD 软件进行产品的设计。然而，在装配工艺设计方面，大部分制造企业仍然采用传统的基于二维工程图的装配工艺设计方法，这种装配工艺设计方法存在如下问题：

1. 由于缺少直观的产品表现形式，工艺设计人员不得不根据二维工程图纸去构想产品的装配关系，根据自己的经验规划出产品的装配方案，导致整个过程浪费了大量的时间。

2. 传统的二维装配工艺设计缺乏仿真验证手段，导致编制出来的工艺很难指导装配，时常出现零部件错装、漏装、装不上的情况。

3. 由于缺乏工装、工具等三维模型的支持，传统的二维装配工艺设计不能够对工装的合理性和工具的可达性进行验证。

4. 生产现场仍然采用传统的二维装配工艺文件，经常需要工艺设计人员现场指导装配。

为了解决上述问题，并满足一些产品结构复杂、制造精度高、制造周期短、可靠性要求高等研制需求，提高产品核心研制能力，必须进行技术创新，探索出一种新模式来满足企业装配工艺设计发展需求。

装配工艺仿真以仿真技术、可视化技术等为支撑，是可装配性设计（design for Assembly，DFA）的重要研究内容，是智能制造过程的重要环节。零部件装配成功与否是由零件装配时的几何约束及相应的力学状态来决定的。几何约束可以通过运动轨迹分析和动画来描述。在产品设计之后加工制造之前，利用计算机模拟产品的实际装配过程，直观展示可装配性和装配方法，展示装配仿真结果，检查运动干涉，分析运动合理性，生成文本方式的装配工艺文件，干涉检查报告和图形方式的装配路径等，

能使工程人员体会到未来产品的性能或制造运行的状态，以此来检验原设计的合理性，从而得到令人满意的产品设计，并规划出科学的、合理的、高效的工艺流程。数字化装配工艺设计流程如图 1–5 所示。

通过装配仿真技术，工艺设计人员可以在三维可视化环境下进行装配顺序的规划，并以动画的方式直观、形象地模拟装配过程，进行装配工艺的设计，并在工装、工具三维模型的支持下对装配工艺设计的可行性和合理性进行验证，从易于装配的角度改进产品和装配工艺的设计，从而对装配工艺设计进行持续优化，输出三维装配工艺文件，以指导现场操作人员进行产品装配。

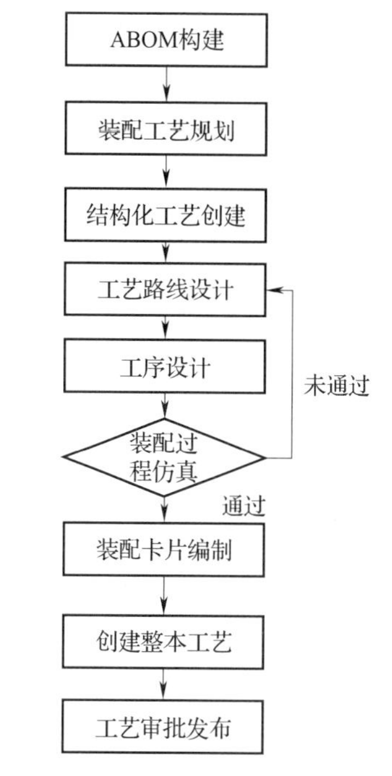

图 1–5　数字化装配工艺设计流程

装配过程仿真具有多种操作选择方式，如全过程装配或拆卸、某个装配体的装配或拆卸操作、装配或拆卸操作中的某次运动等。

为实现数字化装配工艺设计与仿真，还需借助高端数据共享管理工具和制造仿真、分析、辅助设计软件，搭建装配工艺设计环境。数字化装配工艺仿真充分继承和利用数字化产品设计信息，通过创造性的工艺设计，有效连接数字化产品设计和装配生产现场的制造执行，为装配生产现场的制造执行提供必要和准确的工艺技术信息。

装配工艺仿真能够解决如下问题：

1. 零件装配干涉。

2. 装配顺序的确定。

3. 工装夹具干涉、复杂夹具运动动作错误。

4. 工具、设备与工艺环境有冲突。

5. 无法进行人工装配。

因此，对产品装配工艺进行以提高质量和效率、降低成本为目标的仿真，是智能制造的重要环节，可缩短产品的生产周期、降低成本、提高产品质量。当然目前装配工艺仿真技术还面临装配模型的重构与转换，装配规划的生成技术、应用系统的集成等问题。

三、工艺设计与仿真案例

（一）加工工艺设计与仿真案例

选取离心式压气叶轮作为工艺设计与仿真案例研究对象。离心式压气叶轮（图 1-6）是微型涡喷发动机的核心动力零部件，其制造质量直接决定透平机械的能量转换效率、运行安全和使用寿命，因此加工工艺设计是其整个制造过程中最重要的内容。

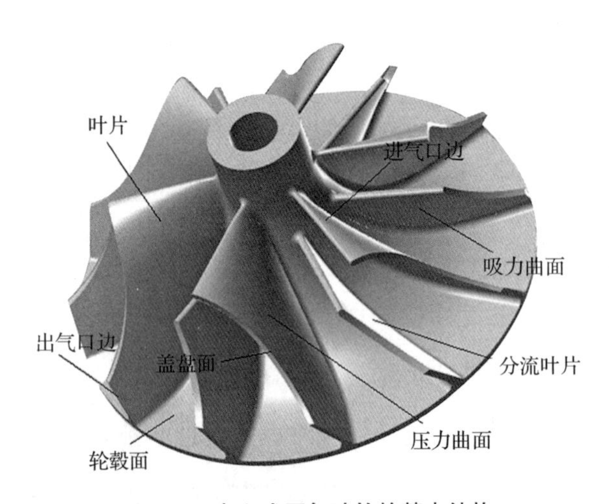

图 1-6　离心式压气叶轮的基本结构

1. 加工工艺设计

该案例离心式压气叶轮的主要技术要求如下：

（1）材料：铝合金材料（铝合金 6065）。

（2）叶轮最大外径为 65 mm。

（3）叶轮共 6 组叶片，叶片沿圆周均匀分布，如图 1-7 所示。

（4）叶片角度误差不大于±10°，叶片误差厚度不大于总厚度 10%。

（5）叶片根部所标注的圆角半径系理论曲率，沿叶片通道应均匀转接。

（6）叶片中心线相对理论尺寸的位置偏差为±0. 076 mm。

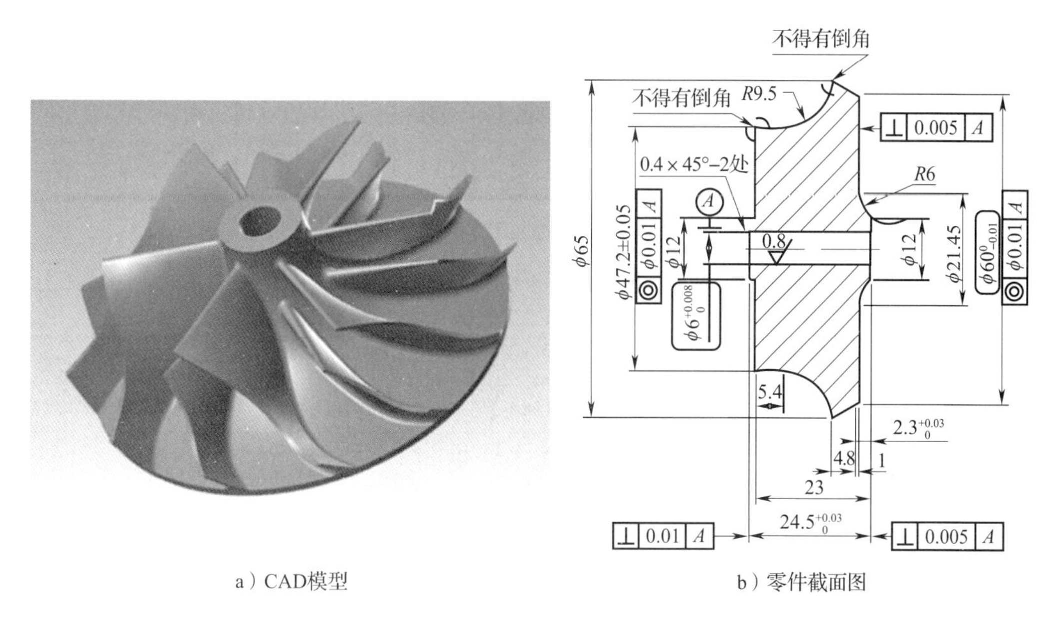

a）CAD模型　　b）零件截面图

图 1-7　叶轮 CAD 模型和零件截面图

离心式压气叶轮加工难点分析及解决方案：

（1）离心式压气叶轮相对于轴流式叶轮其叶片弯曲程度更大，在叶片表面的法向方向上刚度较差，容易引起加工振动。

（2）叶片间隙小，尤其是在吸入端（叶轮直径较小的那一端）叶片排列紧密。

（3）有些叶轮还有分流小叶片结构，使得整个叶轮的叶片之间间隙更小。

（4）分流小叶片的顶部叶缘加工也是一个难点，其形状加工要求高，而刀具的运动轨迹和刀具尺寸都被限制在很小的范围内。

上述因素都影响刀具选择和加工路径规划，因此在离心式压气叶轮加工工艺规划时，刀具可选用锥度球头铣刀，这样既可以加工叶根连接圆弧，又能保证在加工叶片时有较大的金属切除率，有效保证加工质量和效率。采用更为灵活五轴联动加工方式，虽然增加了路径规划难度，但可以快速实现在任意方向上的切削加工，便于改变和调整刀轴方向，提高加工效率和改善叶轮质量。

根据加工工艺要求与难点分析，制定叶轮加工工艺流程（图 1-8）及叶轮加工工艺卡（表 1-1）。

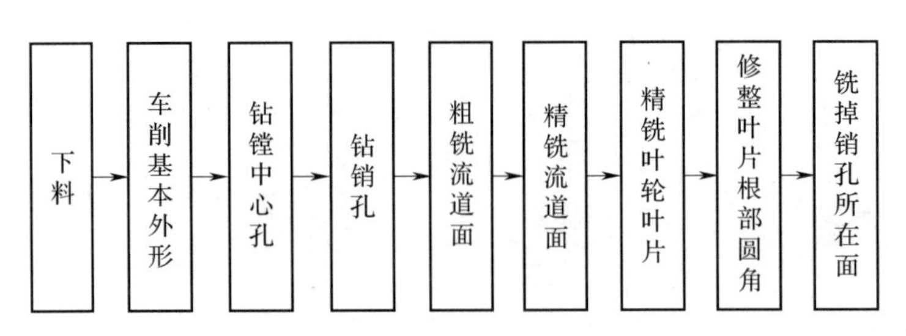

图 1-8　叶轮加工工艺流程

表 1-1　叶轮加工工艺卡

工序	工序名称	工序内容	工艺装备
1	下料	模锻下料、得到毛坯	模锻机
2	叶轮锥形加工	粗车外圆 半精车外圆 粗车 A 端面 精车 A 端面 粗车叶轮外轮廓 精车叶轮外轮廓 粗车 B 端面 精车 B 端面	车床
3	检验	检验毛坯尺寸和定位工艺孔是否满足要求	高精度检测设备
4	铣整体叶轮	流道开粗 半精加工叶轮流道 半精加工叶轮分流叶片、主流叶片 半精加工叶根 精加工叶轮流道 精加工叶轮分流叶片、主流叶片 精加工叶根	五轴加工中心
5	检验	检验叶轮加工精度	高精度检测设备
6	钳修	处理毛刺	钳修工具
7	最终检验	出具详细的检验报告	轮廓测量仪、 三坐标测量机
8	包装、入库	完成零件包装和入库	包装设备、AGV 小车、货架等

2. 加工工艺仿真

继续以离心式压气叶轮为例，加工工艺仿真设计流程如下：

（1）分析叶轮自身结构特点、设计参数、加工难点，确定机床规格、装夹方式、刀具参数（如切削参数），如图 1-9 所示。

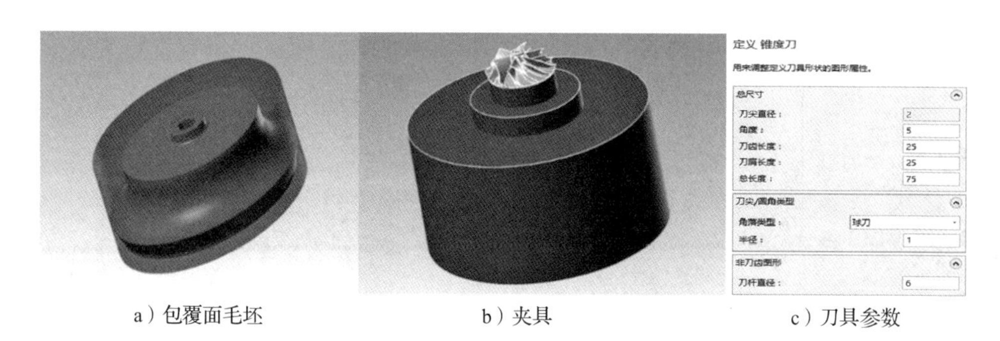

a）包覆面毛坯　b）夹具　c）刀具参数

图 1-9 包覆面毛坯、夹具、刀具参数示意图

（2）基于 CAD 系统设置毛坯，确定加工工艺，制定刀路规划策略，选择合理加工参数（包括切削方向、步长步距、切削深度、刀轴控制、干涉面设置），完成叶轮加工设置，加工工艺规划部分内容如图 1-10 所示。

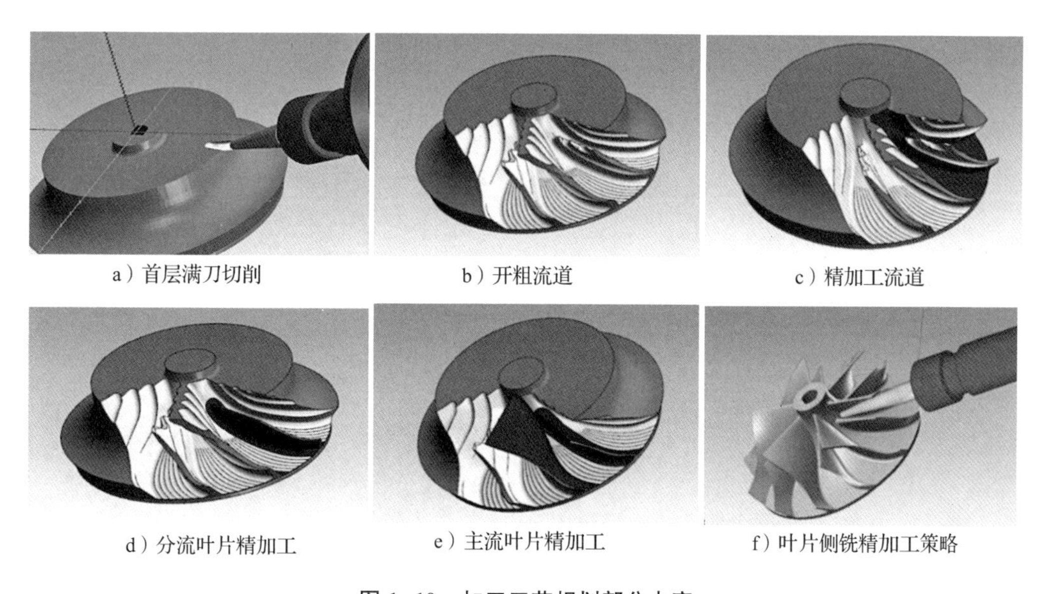

a）首层满刀切削　b）开粗流道　c）精加工流道

d）分流叶片精加工　e）主流叶片精加工　f）叶片侧铣精加工策略

图 1-10 加工工艺规划部分内容

（3）通过构建机床仿真（图 1-11）来排除干涉，优化加工参数设置，避免过切情况。

（4）进行后处理文件主要参数设置，结合机床结构特点，制作设置出与机床匹配的后处理文件，然后将模拟验证正确的刀路轨迹转化为 G 代码。

（5）在机床上完成对刀操作，建立刀长补偿，建立工件坐标系，与 CAM 软件设置保持一致，运行程序段开始操作机床，并最终完成成品，如图 1-12 所示。

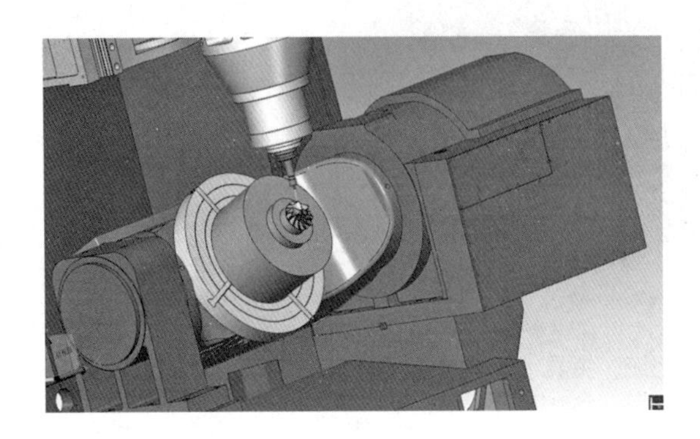

图 1-11　机床仿真

图 1-12　加工完成的叶轮

（二）装配工艺设计与仿真案例

装配工艺设计以单级圆柱齿轮减速器的装配为例，装配工艺仿真部分以该减速器基于 SolidWorks 的装配仿真为例。

1. 单级圆柱齿轮减速器（图 1-13）的装配工艺设计

减速器装配的工艺要求：

（1）减速机的组装、部装以及总装一定要按装配工艺顺序进行，不能发生工艺干涉。

（2）相互配合的表面尽量不要在装配时修正，要求用配作的零件。

图 1-13　单级圆柱齿轮减速器

（3）滚动轴承在装到轴上之前应先在油漆中预热，并要作热膨胀计算，力的传递应通过滚动轴承的内环，装配时将未打印的一面向支承面装靠。

（4）减速机机盖、机座对合面尽量不要采用任何垫片进行密封。

（5）装配前零件要进行清洗。

（6）减速机装配后进行试车，试转的转速应接近减速机额定转速，严禁在试车时在润滑油内加入研磨剂和杂质，齿面接触率要达到规定的等级要求。

单级圆柱齿轮减速器的装配工艺见表 1–2。

表 1–2　　单级圆柱齿轮减速器的装配工艺

工序	工序名称	装配工艺
1	机体的装配	结合面的装配
		滚动轴承试装
		漏水试验
		油漆
		其他
2	高速轴部件的装配	检查齿轮轴与滚动轴承的尺寸、轴承牌号两者尺寸及公差是否相符
		将轴承装在齿轮轴上之前，注意装入挡油板及定距环等
		轴承内孔与轴配合大多采用过渡配合，轴承往轴上装配时采用热装和压装，用辅助工具安装；当轴承内环孔压套在轴上，是过渡配合，轴孔之间有一定的过盈量
		装配轴端盖
3	低速轴部件的装配	清除零件上的毛刺并磨去光边
		检查轴、齿轮及轴承的配合尺寸，并根据轴和齿轮的键槽修配键，将键装在轴槽内
		用感应加热使齿轮预热到 200~300 ℃，在压力机上把轴压入齿轮孔直至装配位置
		根据图纸技术要求对齿轮轴部件进行静平衡试验
		将滚动轴承在电加热油槽内加热 90 ℃，把轴承压装到装配位置
		装配轴端盖交检
4	机体总装配	装机座置于装配工作台上，用平尺及水平仪在结合面上找平，找正后机座固定在工作台上
		修配连接用键，将研齿时所用的皮带轮装在减速机的主动轴上
		按图纸准备垫片组
		装端盖，调整轴承的轴向间隙
		检查齿侧间隙
		检查齿面接触率
		当啮合轮的速比为正数时，如 1∶1、1∶2、1∶3 等，应在二齿轮上打上标记，以便卸后重装仍能保持良好的啮合关系，交检
5	研齿	按图纸接触率的要求研磨，并保证齿的最小侧隙

续表

工序	工序名称	装配工艺
6	试车	根据图纸要求的转速空载试车。试车后，检查齿面粗糙度，有无拉伤现象，噪声如何，传动是否平稳，有无漏油现象，直至达到要求
7	装联轴节	检查联轴节和主动轴的配合尺寸，并按键槽修配键，在压力机上把轴压入联轴节，交检
8	涂油	各件涂防锈油，清洗后总装，交检
9	涂漆	减速机外表面涂油漆，装标牌交检

2. 减速器装配工艺仿真

案例展示了单级圆柱齿轮减速器基于 SolidWorks 的装配工艺仿真过程，主要包括在计算机上对已经建立的产品零件，按照产品的装配关系完成部件和整机的三维装配模型，在此基础上根据应用软件的功能，进行装配零件之间的静态、动态干涉检查。一旦发现设计不合理之处及时调整与修改设计图纸，从而可缩短产品制造与装配生产过程的时间，降低产品的装配成本，提高设计质量。

装配工艺仿真步骤如下：

（1）确定装配层次。

（2）确定装配顺序图。

（3）确定装配约束，包括低速轴组件组装，高速轴组件组装，底座定位，低速、高速轴组件装配，轴承盖、减速器上盖以及其他零件装配等。

（4）设计检查。

工艺仿真说明如下：

（1）装配层次是指减速器总装配体的子装配体组成，即减速器装配体由几大组件来组成。直齿轮传动减速器主要由低速轴（输出轴）组件（图 1-14）、高速轴（输入轴）组件（图 1-15）、减速器上盖、底座（图 1-16）等部分组成。

（2）根据减速器的结构尺寸形式和各个部件间的约束关系，确定整个减速器的装配顺序。将低速轴、大齿轮、键和轴承装配起来，组成低速轴组件，同样将高速轴等零件装配成高速轴组件，选定减速器下箱体为基准进行装配。接下来依次装配低速轴、高速轴组件，并完成齿轮啮合装配，装配上盖。最后完成轴承盖（包括闷盖和透盖）

和螺钉、垫圈的装配。

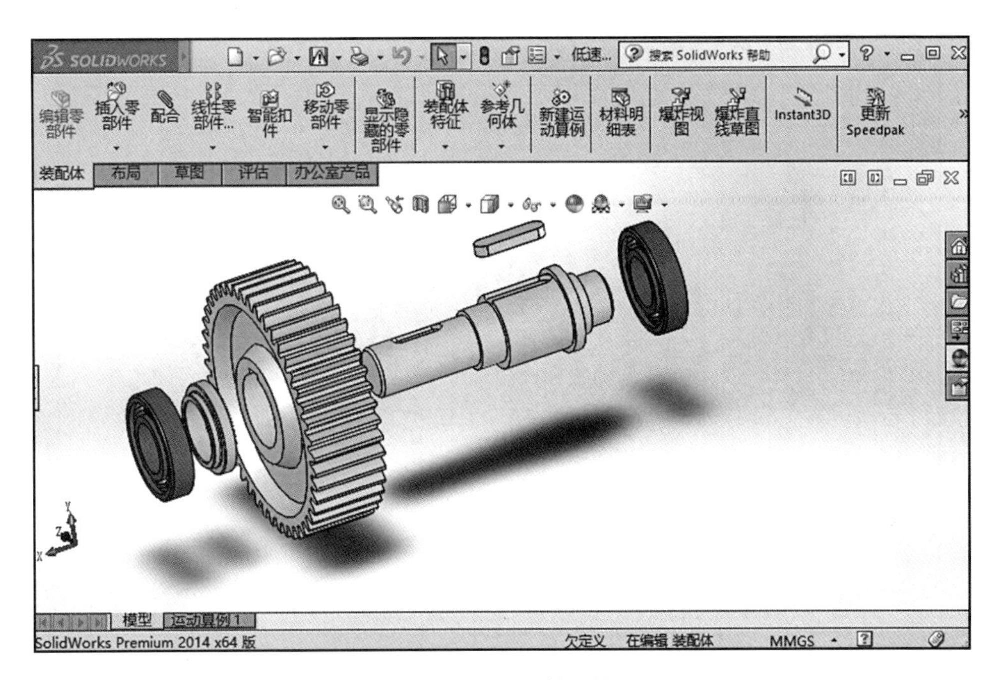

图 1-14　低速轴组件

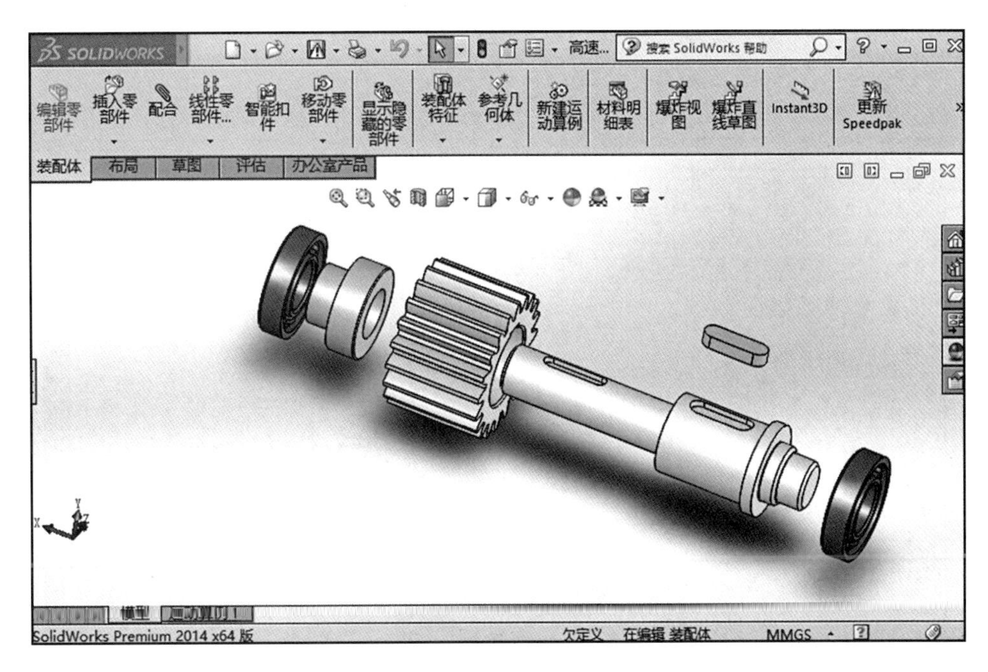

图 1-15　高速轴组件

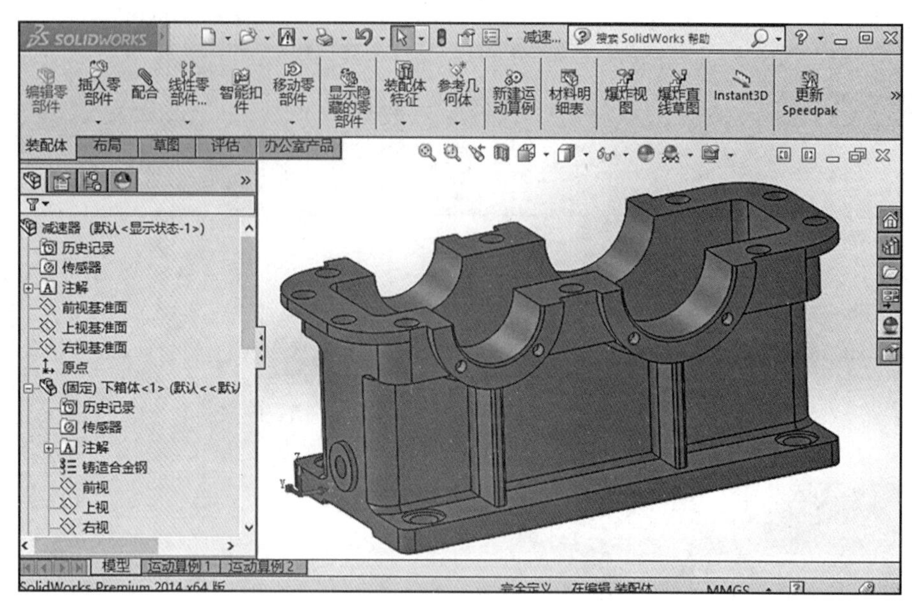

图 1-16　减速器底座

（3）装配约束是确定基准件和其他组成件的定位及相互约束关系，主要由装配特征、约束关系和装配设计管理树组成，低速轴组件如图 1-17 所示，高速轴组件如图 1-18 所示。标准配合有同轴心配合（图 1-19）、重合配合（图 1-20）、平行配合（图 1-21）等，高级配合有对称、凸轮、宽度和齿轮配合等。

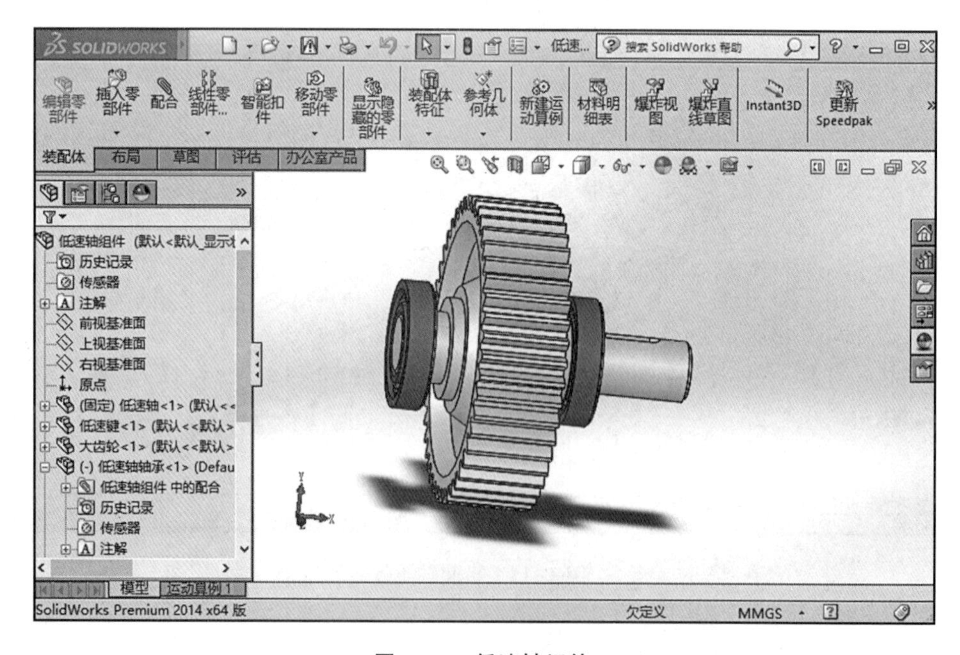

图 1-17　低速轴组件

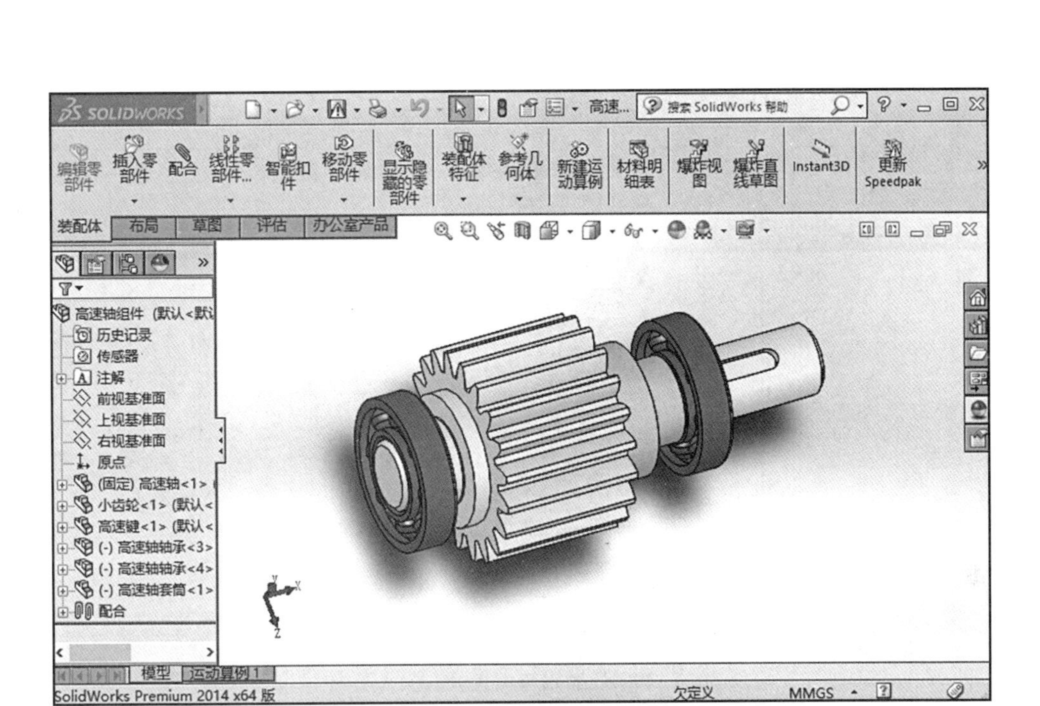

图 1-18　高速轴组件

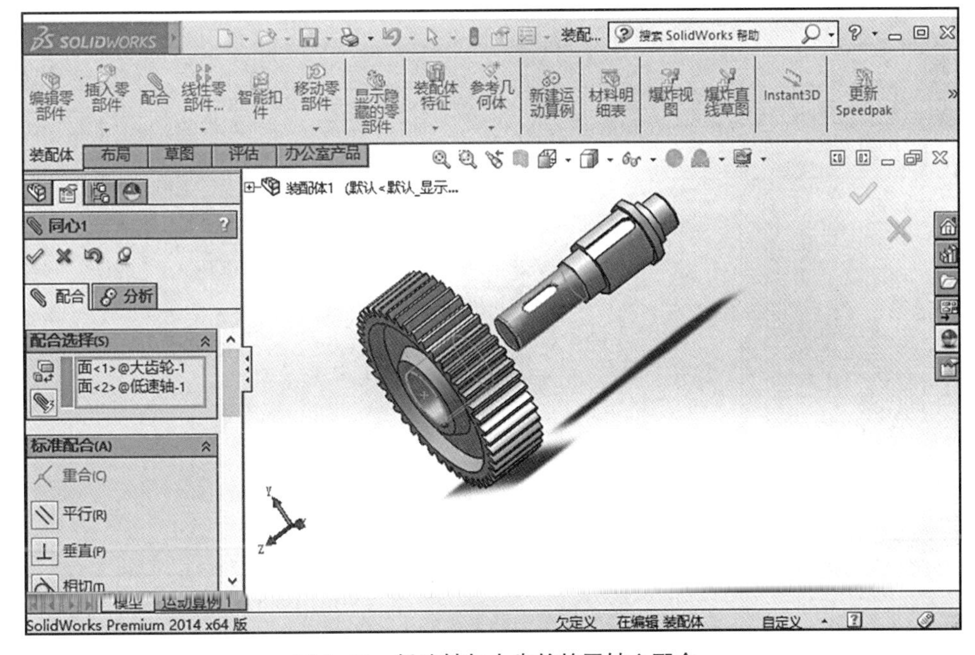

图 1-19　低速轴与大齿轮的同轴心配合

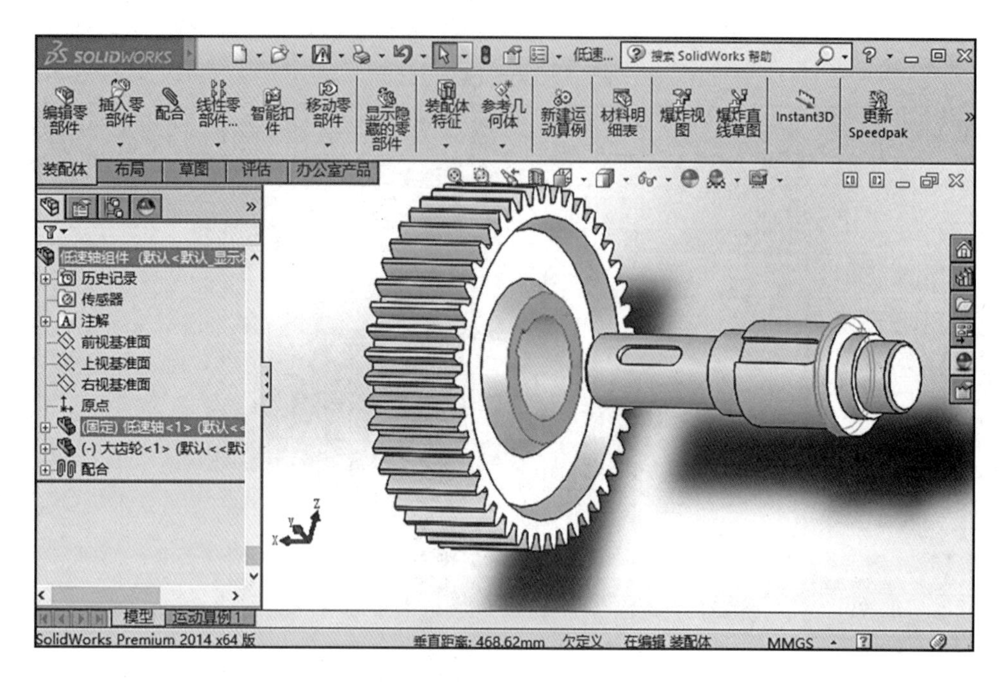

图 1-20　低速轴与大齿轮的重合配合

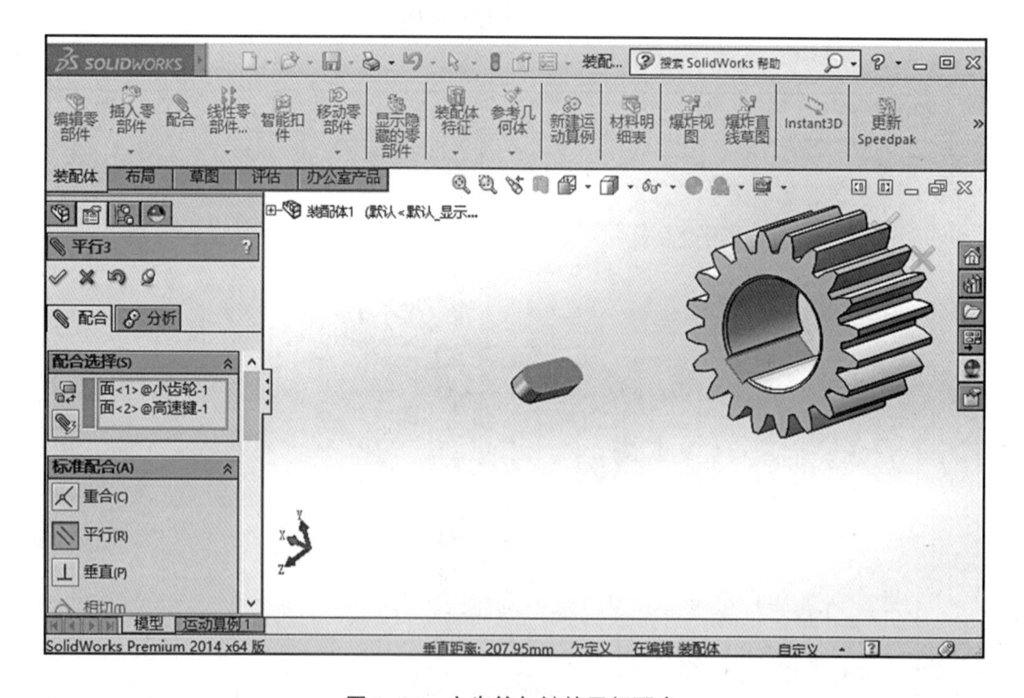

图 1-21　小齿轮与键的平行配合

低速轴组件与减速器底座进行同轴心配合后进行距离配合，随后调入高速轴与底座进行同轴心配合（图 1-22）、距离配合（图 1-23）、齿轮啮合（图 1-24）等步骤。

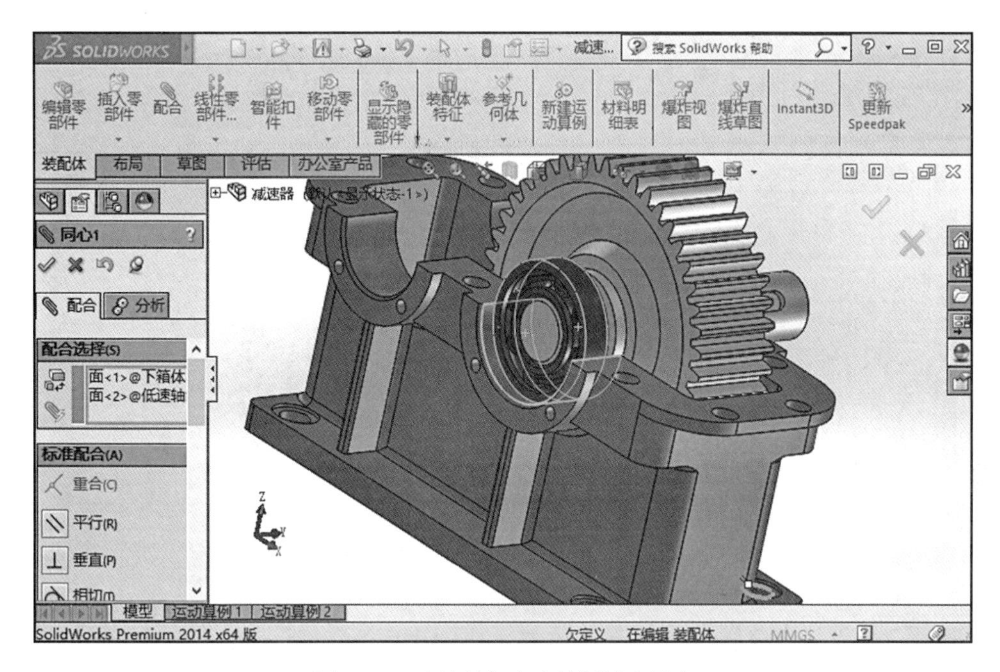

图 1-22　高速轴与底座的同轴心配合

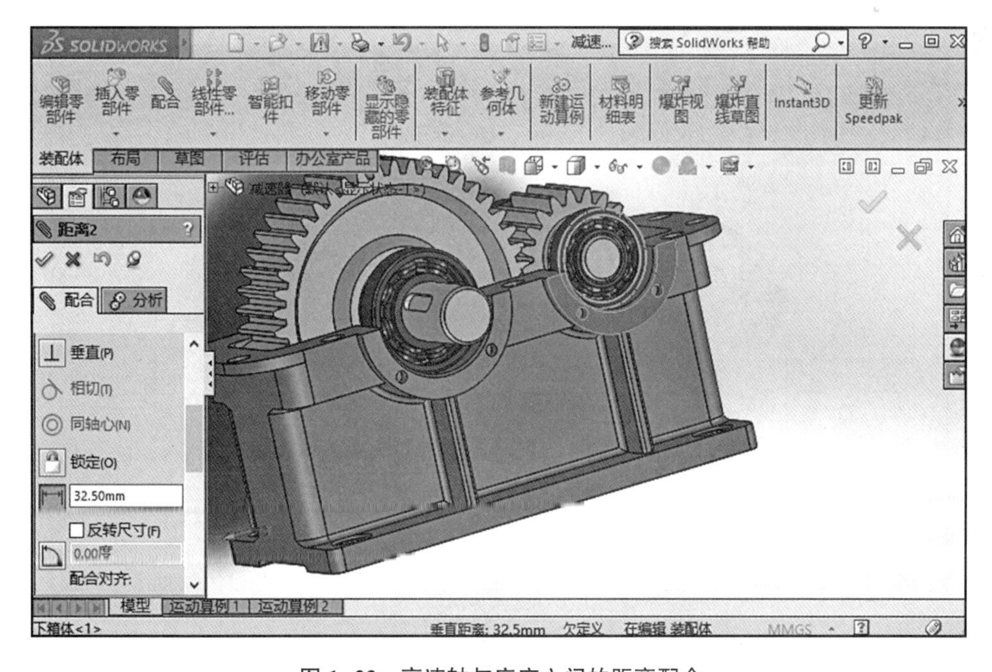

图 1-23　高速轴与底座之间的距离配合

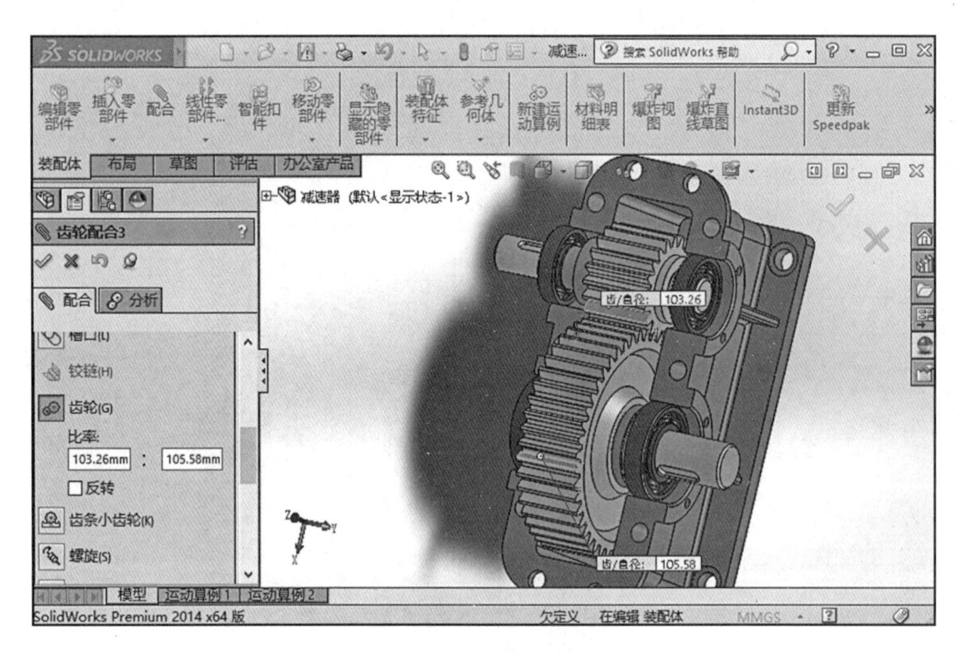

图 1-24　高速轴与底座齿轮啮合

轴盖、减速器上盖以及其他零件装配，如图 1-25 所示，装配完成体如图 1-26 所示。

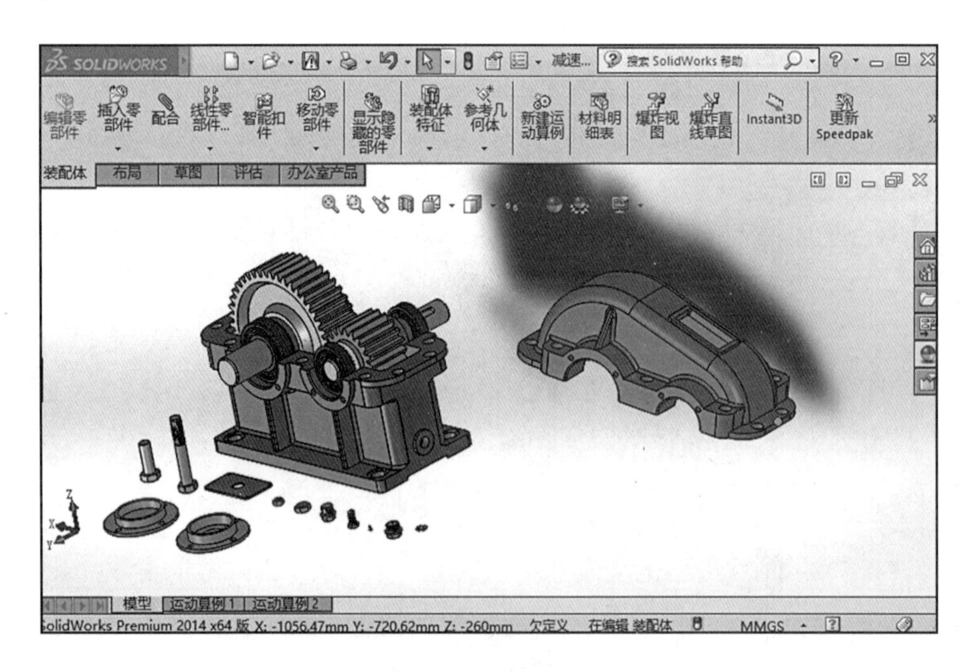

图 1-25　轴盖、减速器上盖及其他零部件

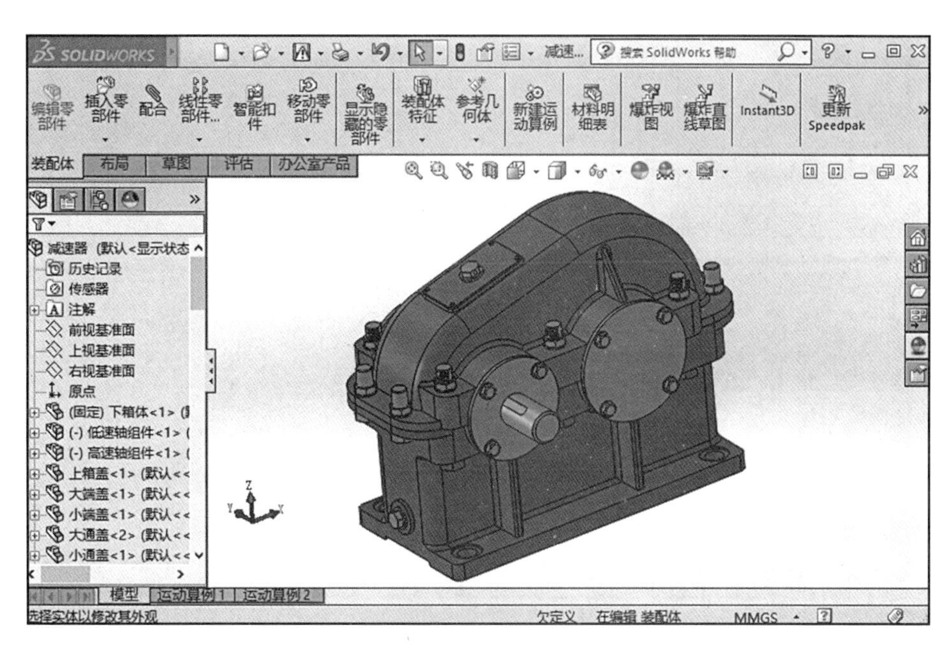

图 1-26　装配完成体

（4）设计检查。装配零件之间的静态干涉检查、动态干涉检查，如图 1-27、图 1-28 所示。

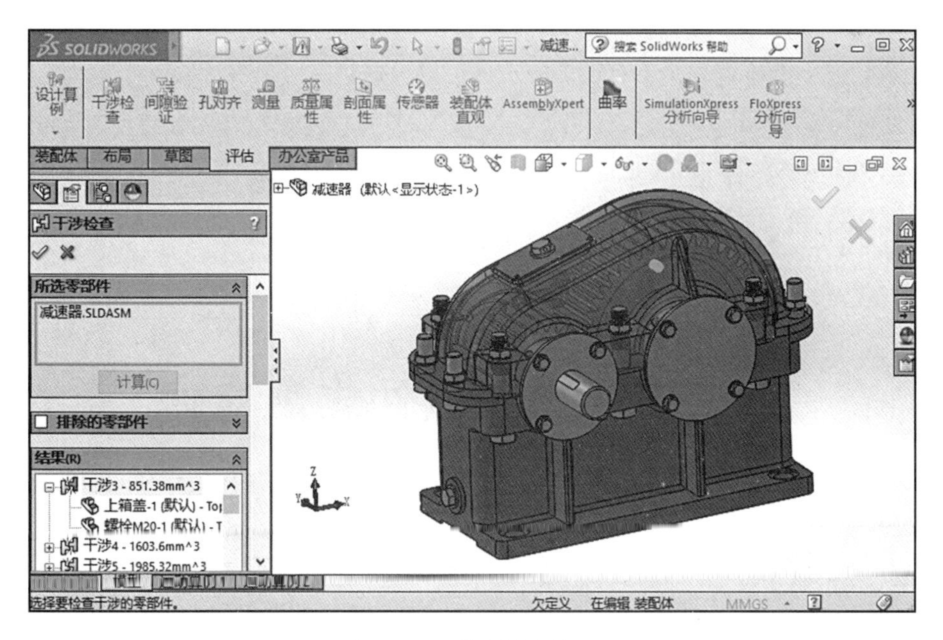

图 1-27　静态干涉检查

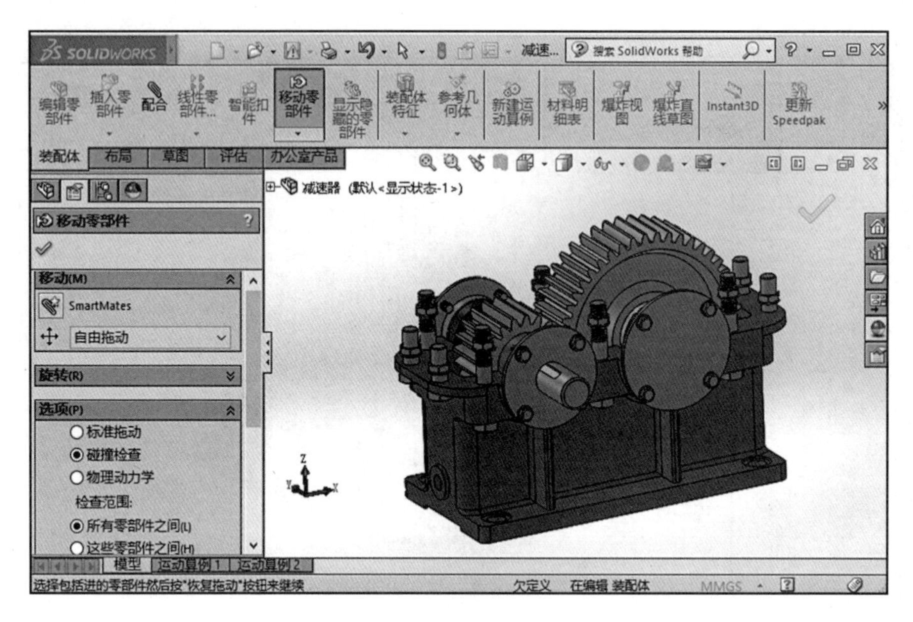

图 1-28　动态干涉检查

在“评估”中选择“干涉检查”并计算，静态干涉检查结果会在左侧栏显示，随后可以有针对性地找到原因，解决干涉问题；在“装配体”中选择“移动零部件”，勾选“碰撞检查”选项，此时拖拽零部件，当发生物理碰撞时，软件会发出警告声音。完成动态干涉检查后，还有很多的选项可以根据实际情况进行设置。

第二节　CAM 软件应用基础

考核知识点及能力要求：

- 了解 CAM 的基本概念和各模块功能；

- 了解常用的 CAM 软件及其特点；
- 掌握实体零件的造型及其数控编程方法。

一、CAM 的基本概念与模块功能

CAM（computer aided manufacture，CAM）是计算机辅助制造，是基于计算机技术发展起来的、与机械制造技术相互渗透相互融合的一门多学科综合性技术。CAM 有广义和狭义之分，广义上是指利用计算机进行零件的工艺规划、数控程序编制、加工过程仿真等，而狭义上则指数控加工，它的输入信息是零件的工艺路线和工序内容，输出的信息是加工时的刀位文件和数控程序。本节仅讨论狭义上的 CAM。

CAM 软件一般由 5 个基本功能模块构成，即工艺参数输入模块、刀具轨迹生成模块、刀具轨迹编辑模块、三维加工动态仿真模块和后置处理模块。每个基本模块的具体功能如下：

1. 工艺参数输入模块。通过人机交互的方式，用对话框和过程向导的形式输入零件、毛坯、编程原点、夹具、刀具、切深、切宽、主轴转速等工艺参数。

2. 刀具轨迹生成模块。该模块用于生产刀具轨迹，包括铣削、车削、钻削、线切割等加工方法。以铣削为例，铣削加工有简单的单轴运动加工，也有复杂的五轴联动加工。以 UG 软件的铣削方法为例，其轨迹生成主要包括孔加工、平面加工、固定多轴投影加工、可变轴投影加工、等参数加工、粗加工、型腔加工、曲面加工等。

3. 刀具轨迹编辑模块。该模块用于查看刀具的运动轨迹，并提供延伸、缩短和修改刀具轨迹的功能。同时，能够通过控制图形和文本的信息编辑刀轨。因此，当对生成的刀具轨迹进行修改，或显示刀具轨迹和使用动画功能显示时，都需要刀具轨迹编辑模块。选择动画功能可显示刀具轨迹的特定段或整个刀具轨迹。能够用图形方式修剪局部刀具轨迹，以避免刀具与定位件、压板等的干涉，并检查零件过切情况。

4. 三维加工动态仿真模块。该模块可以交互检验仿真和显示数控刀具轨迹，检验刀具、零件和夹具是否发生碰撞、是否过切以及查看加工余量分布等情况，以便在编程过程中及时解决问题，达到低成本、高效率测试数控加工的目的。

5. 后置处理模块。该模块包括一个通用的后置处理器（graphics postprocessor module，

GPM)，用户可以方便地建立定制的后置处理。通过使用加工数据文件生成器(machine data file generator，MDFG)，一系列交互选项将提示用户选择定义特定机床和控制器特性参数，包括控制器和机床规格与类型、插补方式、标准循环等。

二、常用的 CAM 软件

CAM 软件为 CAD 软件创建模型和部件生成刀具路径，是帮助机床将设计变为物理零件的工具。目前工程上应用比较多的有 UG NX、Mastercam、FeatureCAM、Cimatron CAM、CATIA、EdgeCAM、Worknc、Hypermill、PRO/E、SolidWorks、Solidcam、Powermill、Esprit 等。国产 CAM 软件有中望 VX、CAXA 制造工程师等。下面简要介绍几种常用 CAM 软件的功能及特点。

（一）UG NX

UG NX 处于该领域内的领先地位，属于美国麦道飞机公司，是飞机零件数控加工首选编程工具。它能提供可靠精确的刀具路径，能直接在曲面及实体上加工，具有良好的使用者界面，客户也可以自行设计界面，拥有多样的加工方式，便于设计组合高效率的刀具路径，具有完整的刀具库（包含大型刀具库管理）及加工参数管理功能，以及实体模拟切削、泛用型后处理器等功能。UG NX 软件的界面如图 1-29 所示。

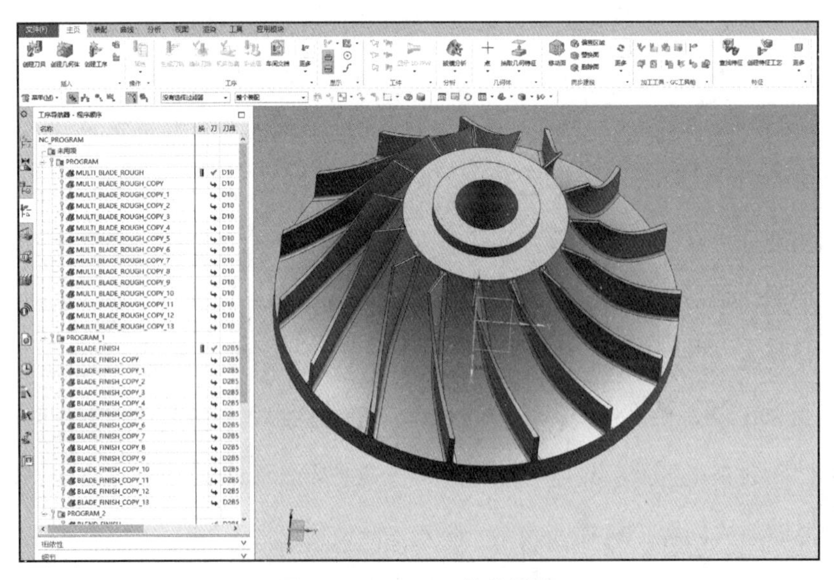

图 1-29　UG NX 软件界面

（二）Mastercam

Mastercam 是美国 CNC Software 公司开发的基于 PC 平台的 CAD/CAM 软件。它集二维绘图、三维实体造型、曲面设计、体素拼合、数控编程、刀具路径模拟及真实感模拟等多种功能于一身，具有较强的曲面粗加工及曲面精加工功能。对于曲面精加工有多种选择方式，可以满足复杂零件的曲面加工要求，同时具备多轴加工功能。由于性能优越、价格低廉，成为通用机械、航空、船舶、军工等行业数控编程软件的首选，其界面如图 1-30 所示。

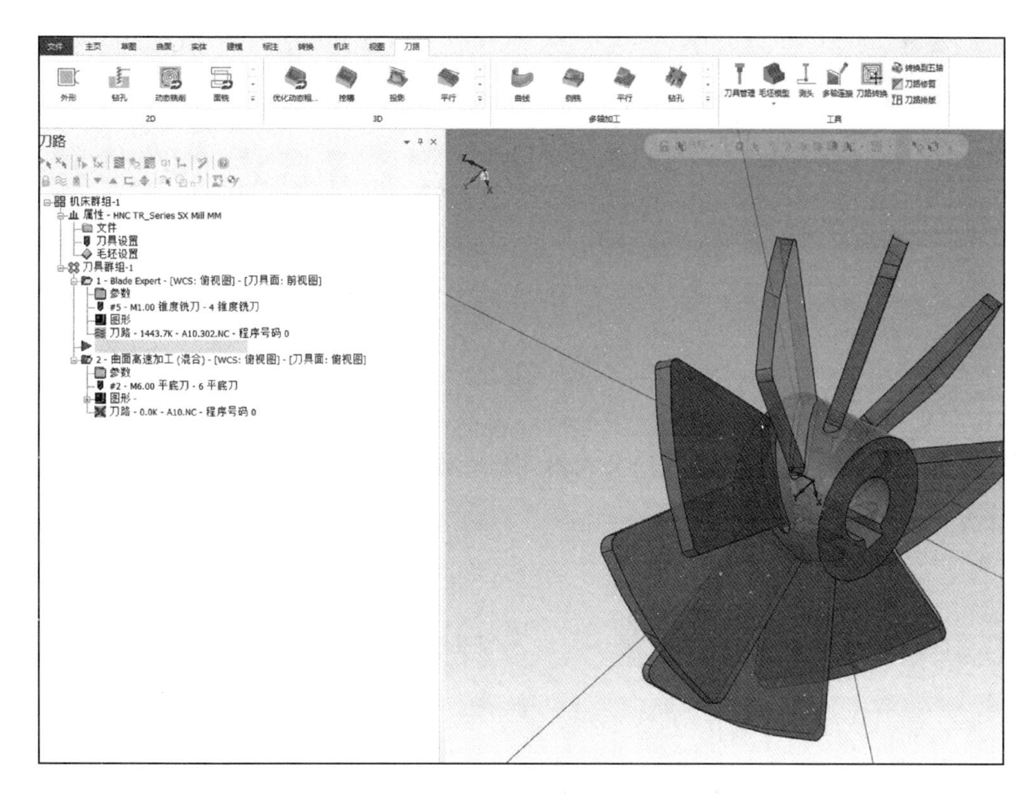

图 1-30　Mastercam 软件界面

（三）Cimatron CAM

Cimatron CAM 是以色列 Cimatron 公司的 CAM 产品，能提供全面的数控加工，各种通用、专用数据接口以及集成化的产品数据管理，在国际模具制造业备受欢迎，国内模具制造业也广泛使用，其界面如图 1-31 所示。

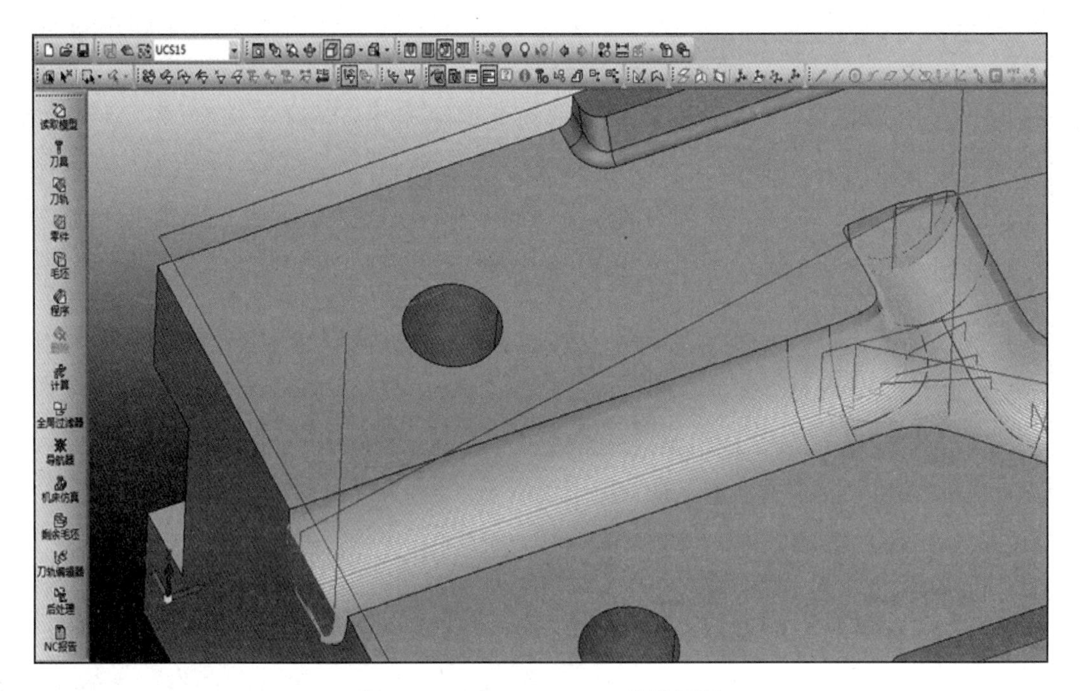

图 1-31　Cimatron CAM 软件界面

（四）CATIA

CATIA 是法国 Dassault System 公司旗下的 CAD/CAE/CAM 一体化软件，在 CAD/CAE/CAM 以及 PDM 领域内具有领导地位，已得到世界范围内的承认。它具有高效的零件编程能力，具备变更管理、高度自动化和标准化、优化刀具路径并缩短加工时间、减少管理和技能要求等特点，可满足复杂零件的数控加工要求。CATIA 软件界面如图 1-32 所示。

（五）CAXA 制造工程师

国产的 CAXA 制造工程师是北京某软件有限公司推出的一款全国产化的 CAM 产品，在国内 CAM 市场占据了一席之地。作为我国制造业信息化领域自主知识产权软件的优秀代表和知名品牌，CAXA 制造工程师已成为我国 CAM 业界的领导者与主要供应商，它是一款面向二至五轴数控铣床与加工中心，具有良好工艺性能的铣削、

钻削数控加工编程软件。该软件具有性能优越，价格适中的特点，在国内市场颇受欢迎。

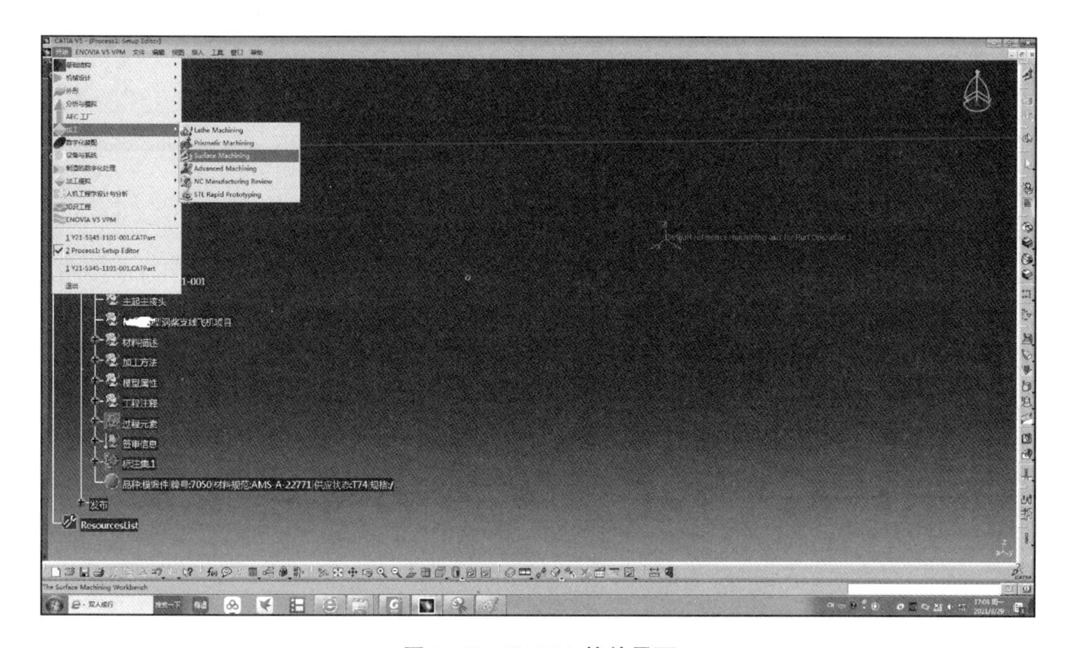

图 1-32　CATIA 软件界面

三、机械零件实体造型及数控编程案例

以离心叶轮（直纹面）为例，介绍离心叶轮的实体造型及数控编程过程。

离心叶轮的实体造型一般是根据流体（气体或液体）动力学设计的性能较优的空间曲面，该空间曲面则由数据点的坐标信息拟合构成。案例以 UG NX 软件为例阐述基本的建模步骤。将已知空间曲面的数据点坐标信息（离心叶轮直纹面的两组数据点），分别执行如下步骤便可得到叶轮的三维模型。

1. 文件→导入→文件中的点→选择数据点文件，如图 1-33 所示。

2. 菜单→插入→曲线→拟合曲线（注意节次，一般选择节次≥5），如图 1-34 所示。

3. 菜单→插入→网格曲面→直纹/通过曲线组均可，如图 1-35 所示。

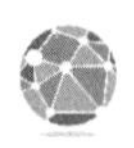

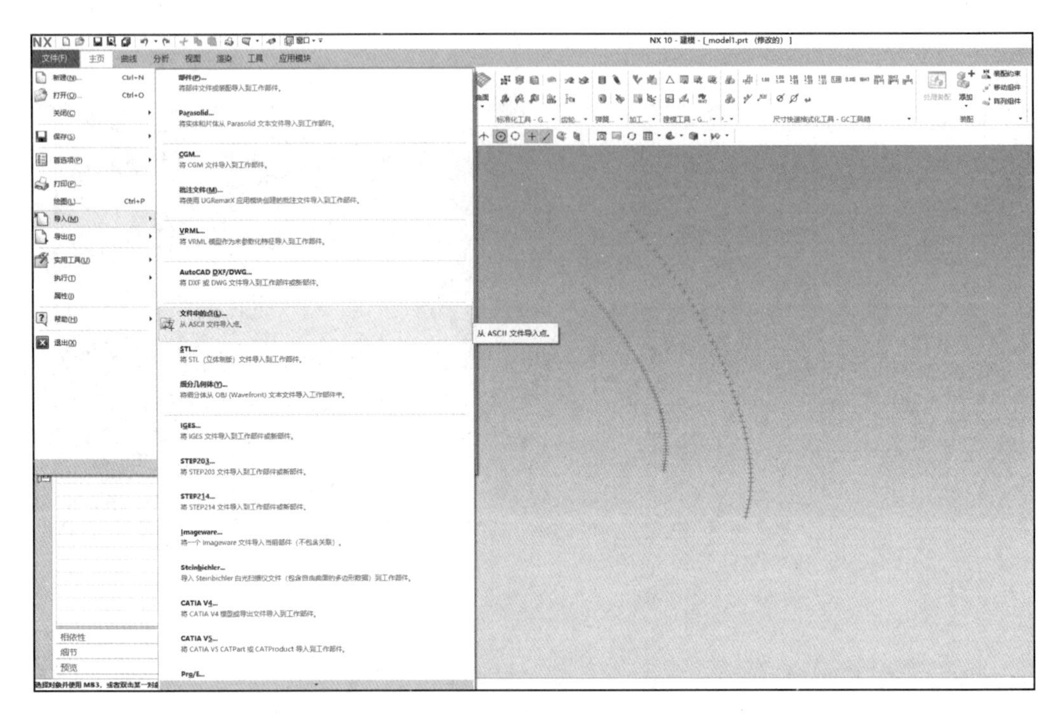

图 1-33　数据点导入界面

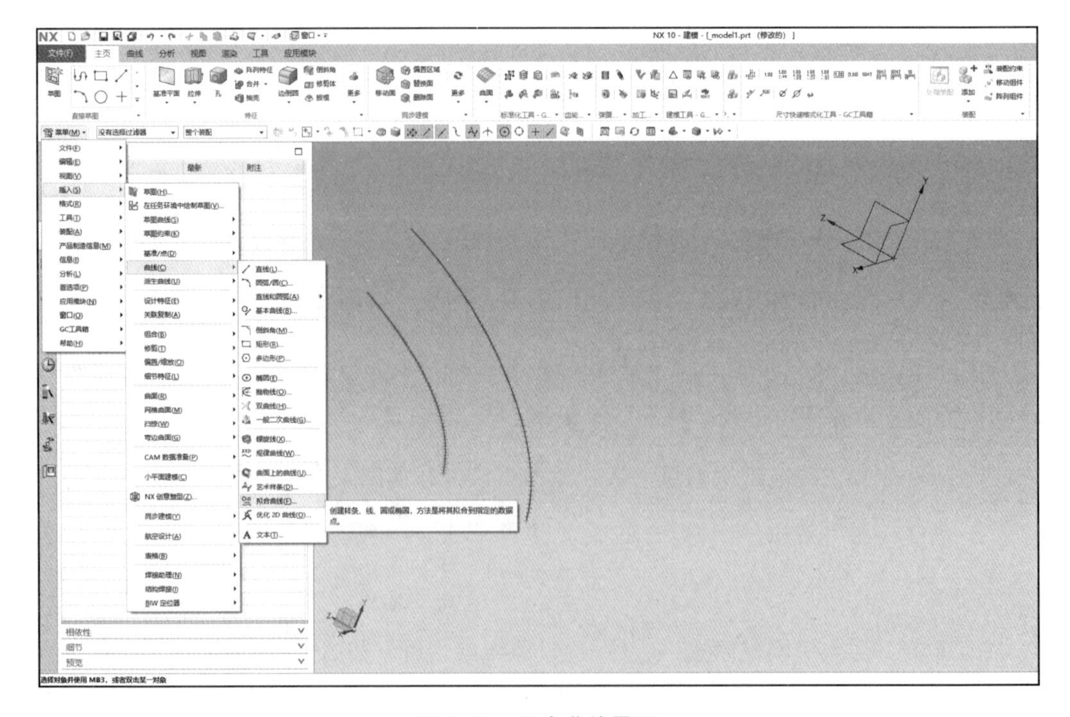

图 1-34　拟合曲线界面

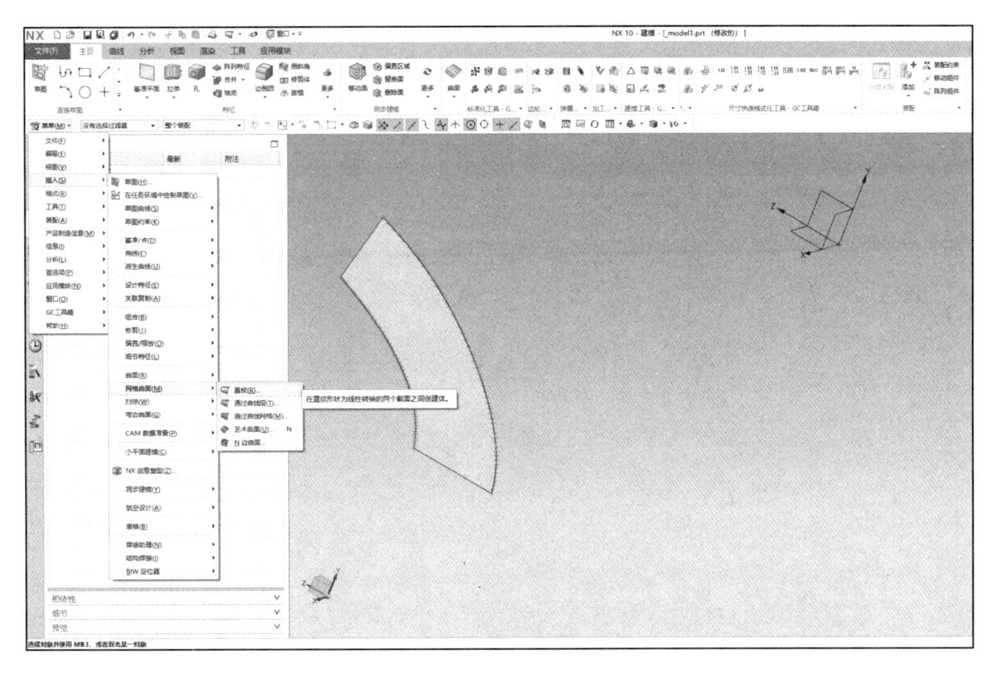

图 1-35　直纹曲面界面

4. 菜单→插入→偏置/缩放→加厚→选择面与加厚的厚度、方向（按照所建模型要求进行设置），如图 1-36 所示。

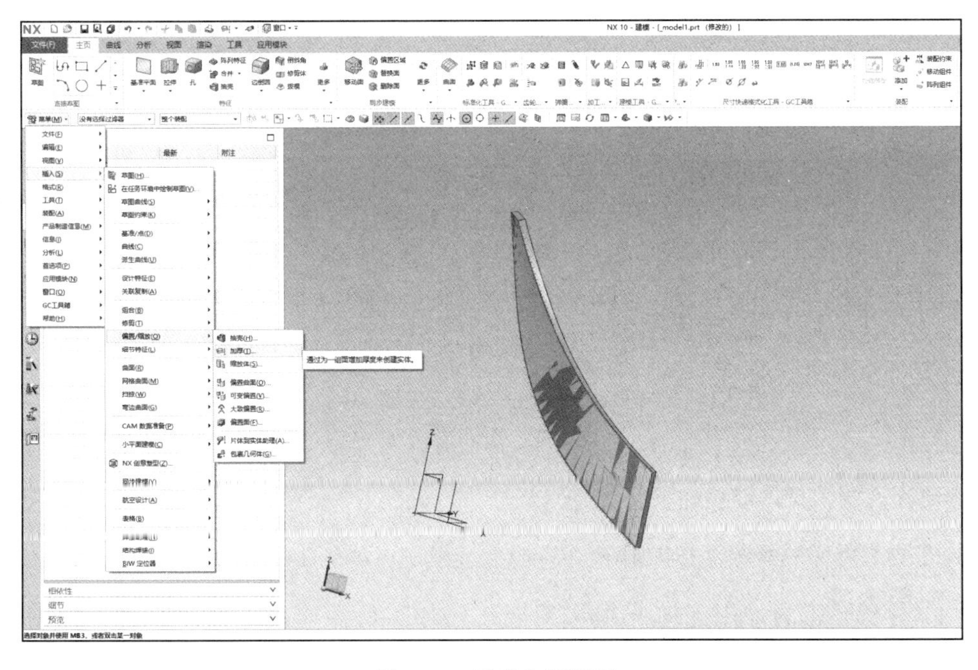

图 1-36　叶片加厚界面

5. 菜单→插入→关联复制→阵列几何特征→定义相关参数等（按要求定义），如图 1-37 所示。

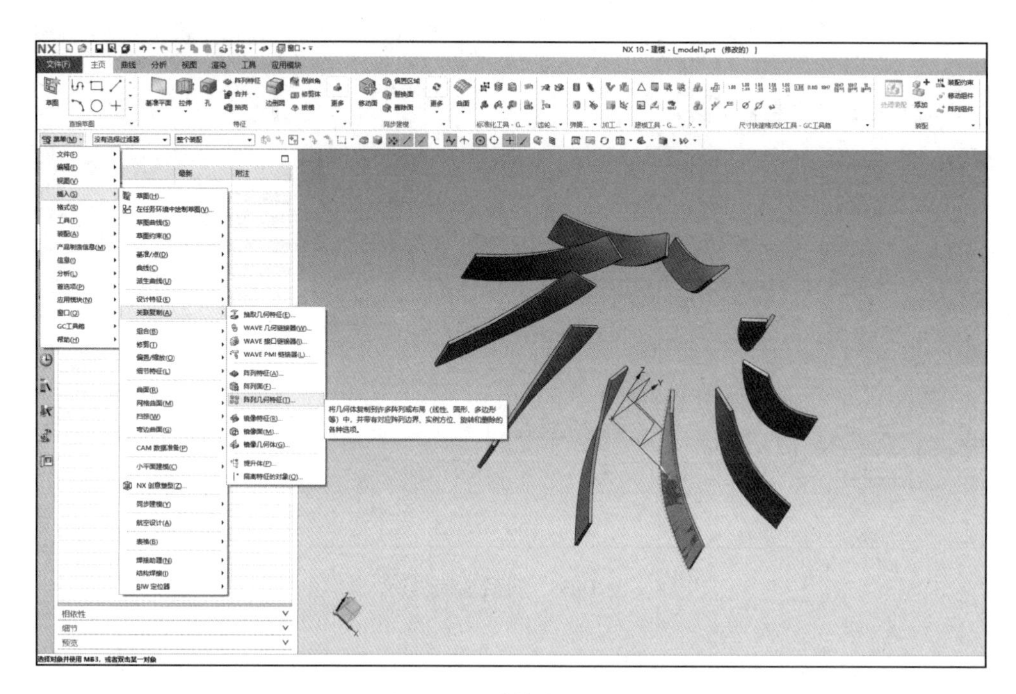

图 1-37　叶片阵列界面

6. 构建其他实体并按照模型要求进行相关处理，如图 1-38 所示。

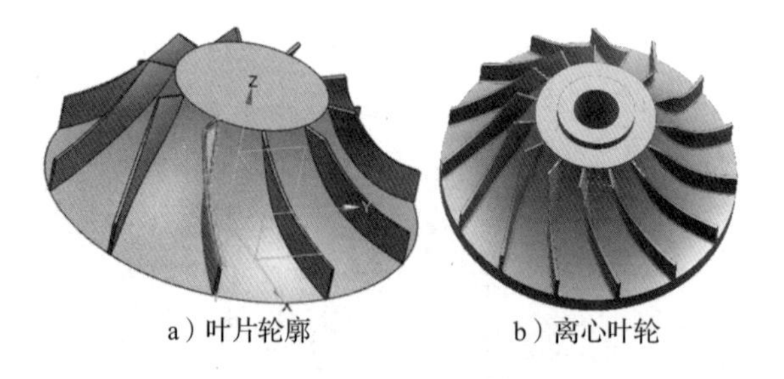

a）叶片轮廓　　b）离心叶轮

图 1-38　离心叶轮三维模型

以图 1-38 的模型为例，打开 UG NX 软件进入 CAM 加工模块，基于加工模块进行编程流程说明，具体流程如下：

1. 导入叶轮三维模型以及叶轮对应的毛坯模型，如图 1-39 所示。

2. 分析叶轮的加工工艺并根据工艺创建加工所需要的刀具信息，如图 1-40 所示。

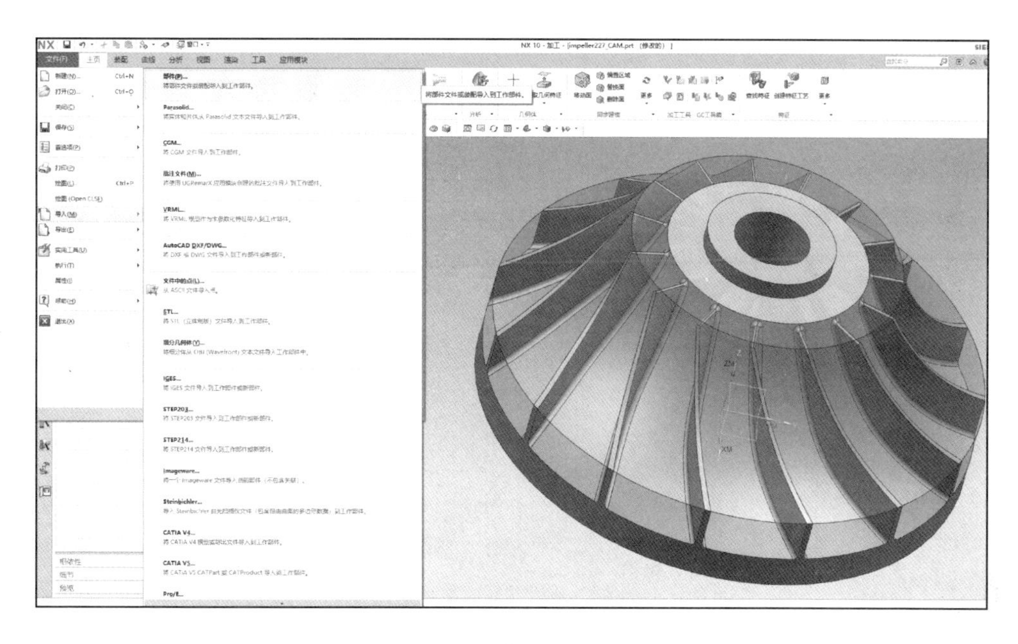

图 1-39　模型导入界面

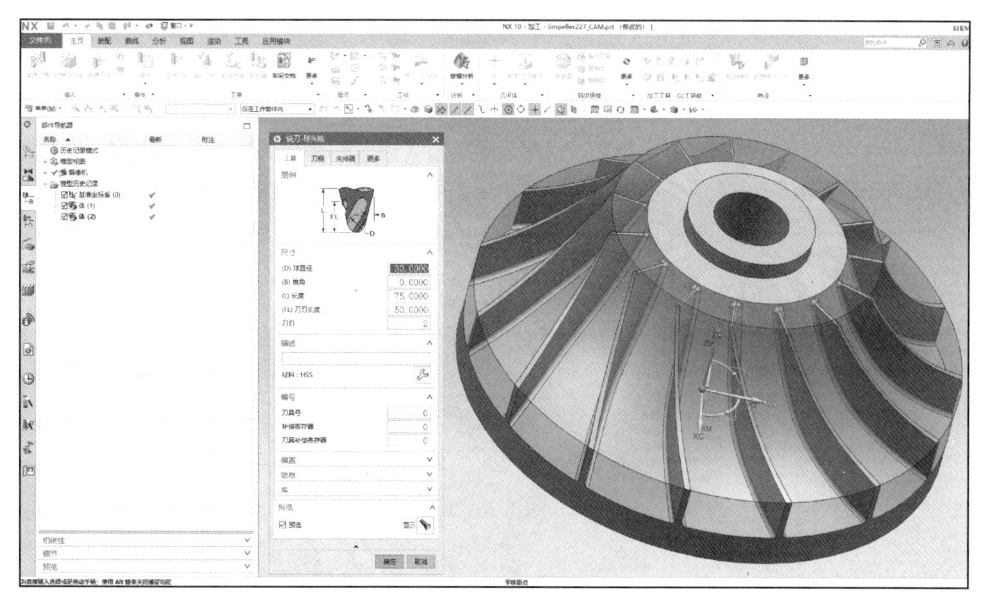

图 1-40　刀具创建界面

3. 创建叶轮对应的几何体，该几何体含坐标系、工件等信息，如图 1-41 所示。

4. 根据加工工艺创建工序，选择叶轮流道开粗加工，选择对应的刀具信息并设置叶轮流道粗加工切削工艺参数，如图 1-42 所示。

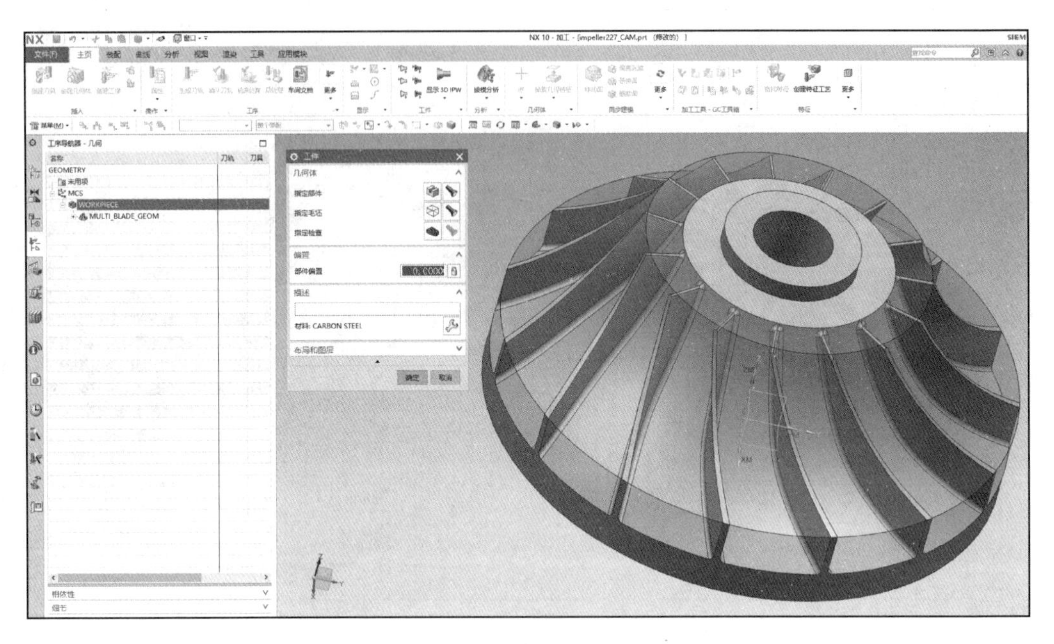

图 1-41　几何体创建界面

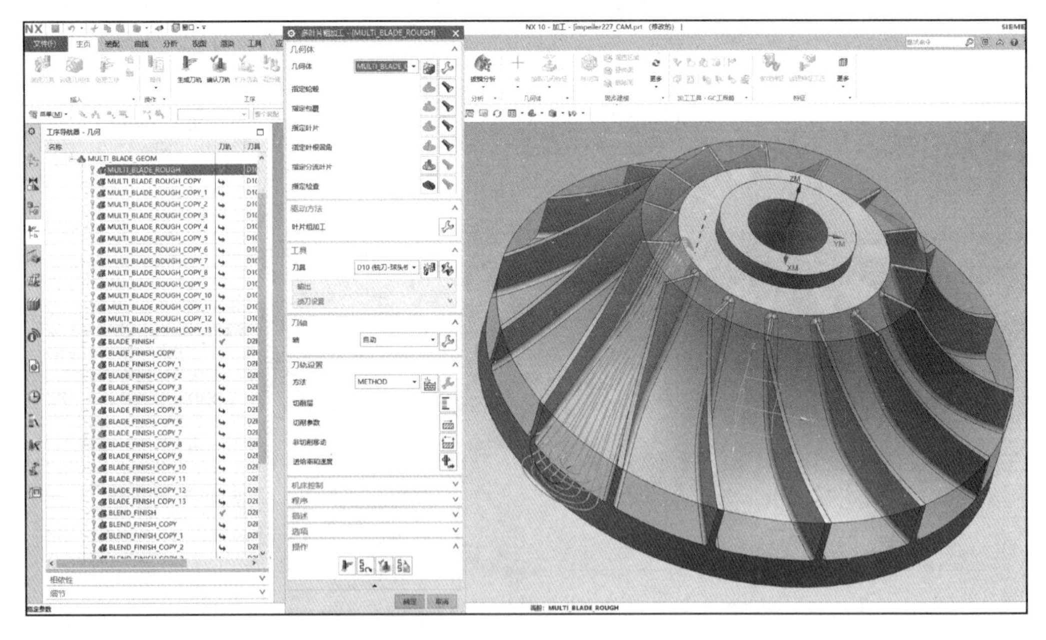

图 1-42　流道粗加工界面

5. 根据加工工艺创建工序，选择叶轮流道精加工，选择对应的刀具信息并设置叶轮流道精加工切削工艺参数，如图 1-43 所示。

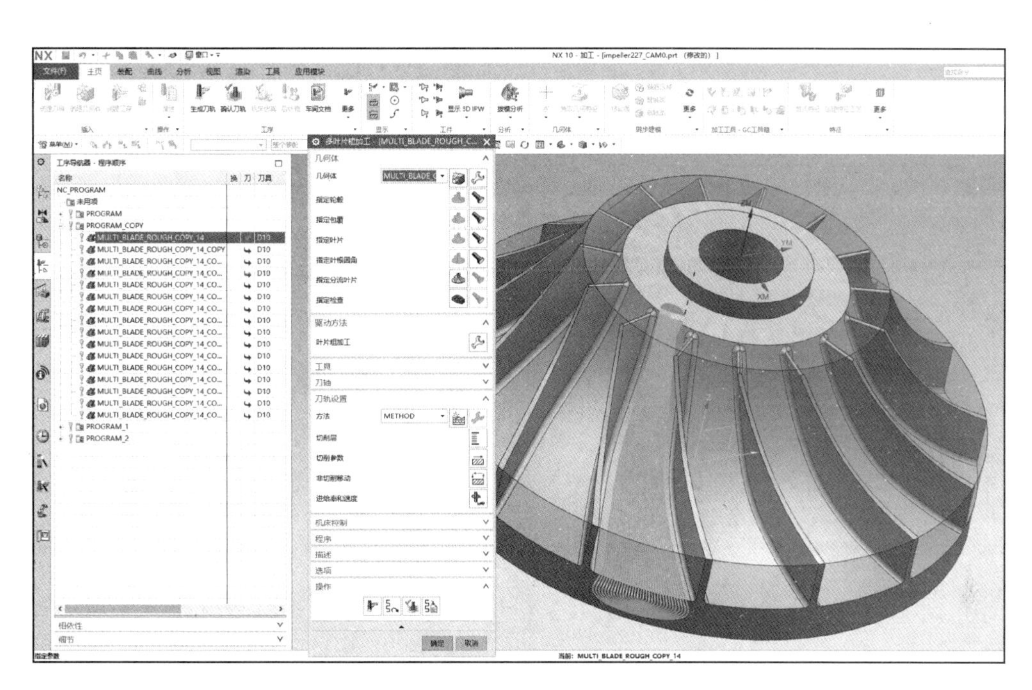

图 1-43　流道精加工界面

6. 根据加工工艺创建工序，选择叶片精加工，选择对应的刀具信息并设置叶片精加工切削工艺参数，如图 1-44 所示。

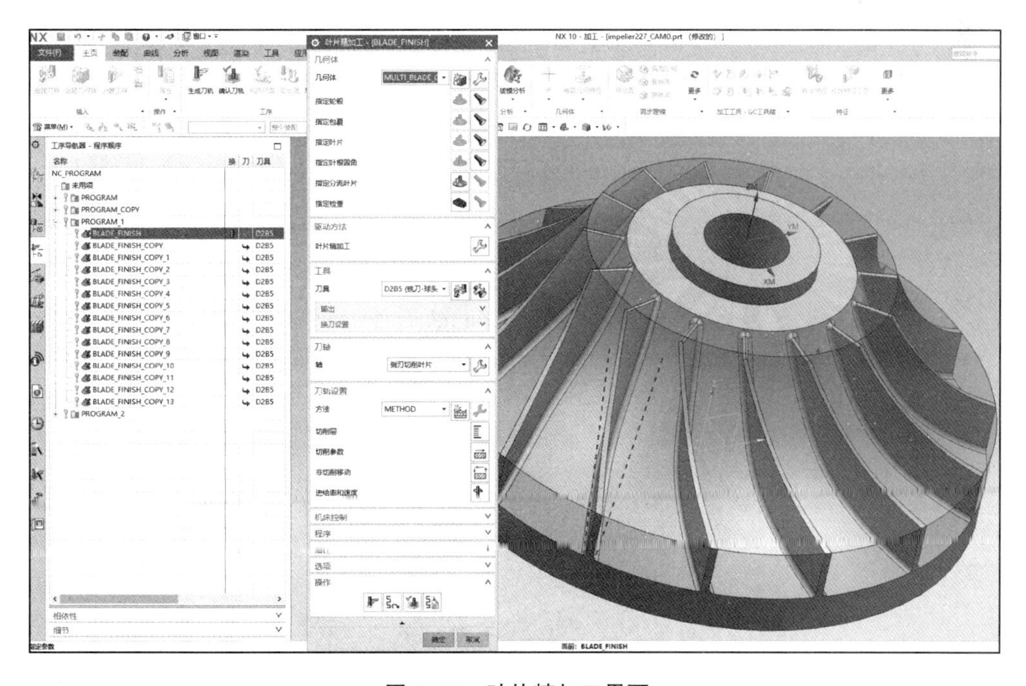

图 1-44　叶片精加工界面

7. 根据加工工艺创建工序，选择叶片圆角精加工，选择对应的刀具信息并设置叶片圆角精加工切削工艺参数，完成叶轮的大部分加工，如图 1–45 所示。

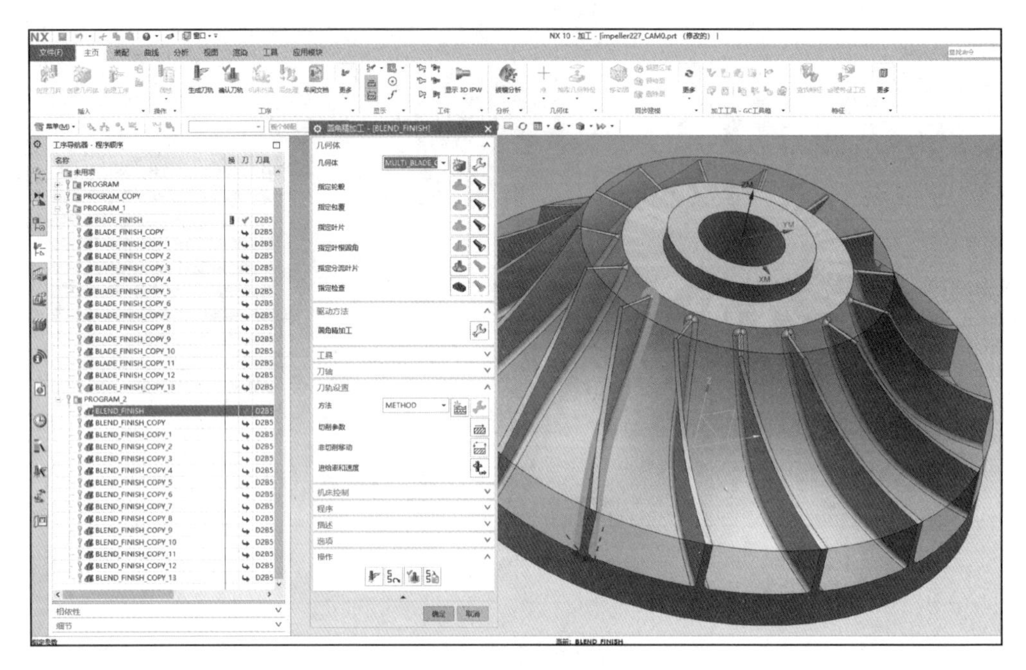

图 1–45　叶片圆角精加工界面

8. 根据生成的刀路轨迹，选择要加工的机床与对应的数控系统，创建夹具及对应的毛坯，设置坐标系与 G 代码偏置，添加 G 代码与对应的刀具进行防碰撞检查仿真，如图 1–46 所示。

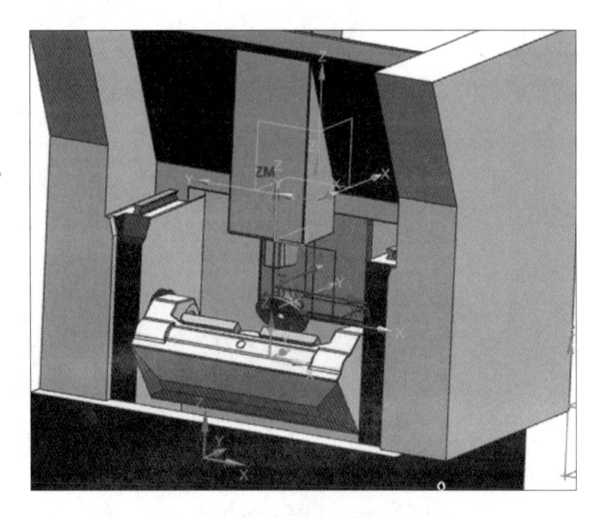

图 1–46　机床防碰撞检测加工

9. 根据指定的机床选择定制的后处理，计算并生成对应机床的 G 代码，上机并最终完成叶轮的加工。

第三节　人机交互技术基础

考核知识点及能力要求：

- 了解人机交互技术的基本概念与发展历程；
- 掌握人机交互感知、认知和交互技术的基本知识；
- 了解人机交互系统设计准则，能够对人机交互系统设计方案进行评估。

一、人机交互技术的基本概念与发展历程

（一）基本概念

1. 人机交互定义

人机交互（human-computer interaction 或 human-machine interaction，HCI/HMI）是一种支撑用户与计算机或机器之间进行相互理解和有效交互的技术。人机交互的主要作用是控制有关设备的运行，理解并执行通过人机交互设备传来的各种命令和要求，实现人与计算机或机器之间的有效交互与协作。

经过多年的发展与应用，人机交互已成为融合认知心理学、人机工程学、多媒体技术、虚拟现实（virtual reality，VR）/增强现实（augmented reality，AR）技术、人工智能技术等多个学科领域的交叉学科。

2. 人机交互系统

人机交互系统是指由用户（人）、计算机或机器（机）、交互设备和交互软件构成的一套软硬件系统。一方面，用户通过交互设备将操作需求传达至特定的交互软件程序，然后由交互软件程序完成对计算机或机器的相应操作；另一方面，计算机或机器可发送特定数据信息至交互软件程序，由交互软件程序将数据信息通过图形化用户界面传达至用户。

人机交互系统主要包括 4 类参与主体，即：用户（人）、计算机/机器（机）、交互设备和交互软件，如图 1-47 所示。

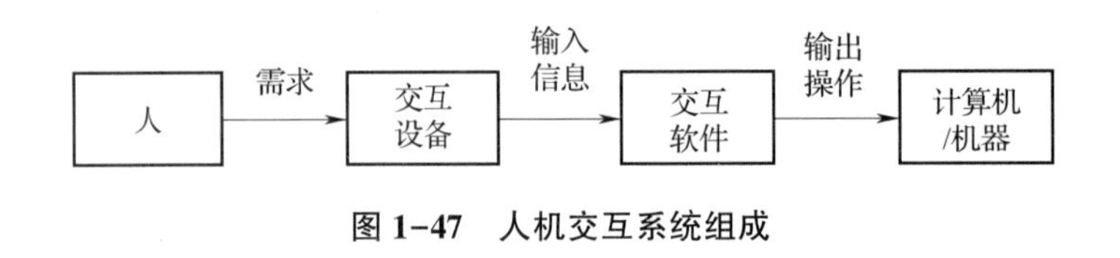

图 1-47　人机交互系统组成

其中：

（1）用户是人机交互系统中的需求方，不同的用户具有不同的需求特征，对交互设备、交互软件的功能要求也不同。

（2）计算机或机器是人机交互系统中的执行方，主要将来自交互设备的输入信息进行处理并执行相应操作或输出信息。

（3）交互设备是人机交互系统中的关键硬件，如键盘、鼠标、显示器、触控屏等，可以是为用户提供输入数据、指令等信息的媒介，也可以是向用户输出处理结果、错误提示等信息的媒介。

（4）交互软件是人机交互系统的核心组成部分，用户通过交互软件与计算机或机器进行通信，并驱动计算机或机器进行相应的操作。

3. 人机交互界面

人机交互界面通常是指用户可见的部分，不同的人机交互系统具有不同类型的人机交互界面，往往需要根据人机交互系统的功能需求和特性来开发人机交互界面。

常见人机交互界面的类型包括：

（1）命令行交互界面：用户通过命令行界面向计算机系统或机器控制系统输入数据、指令等信息，计算机系统或机器控制系统收到后对信息进行计算处理，并执行相应的操作，最后将计算结果或操作结果返回至用户。

（2）图形化交互界面：借助于鼠标、键盘等输入设备，用户通过鼠标点击、键盘录入等操作生成输入指令信息，计算机系统或机器控制系统响应上述指令输入事件并进行处理，将处理后的结果返回至用户。

（3）直接交互界面：用户根据计算机系统或机器控制系统输出设备显示的要求或提示，通过输入设备向系统输入信息或指令，系统收到后做出相应的计算处理，并在输出设备上进行同步显示。

（二）发展历程

1. 机器语言人机交互阶段

用户采用手工操作和依赖机器（二进制机器代码）的方法去适应计算机。1946 年诞生了世界上第一台通用计算机 ENIAC，研究者通过手工开闭计算机上的开关作为输入，通过机器上指示灯的明暗作为输出；20 世纪 50 年代，人们开始使用穿孔纸带与计算机进行交互，如图 1-48 所示。

ENIAC交互

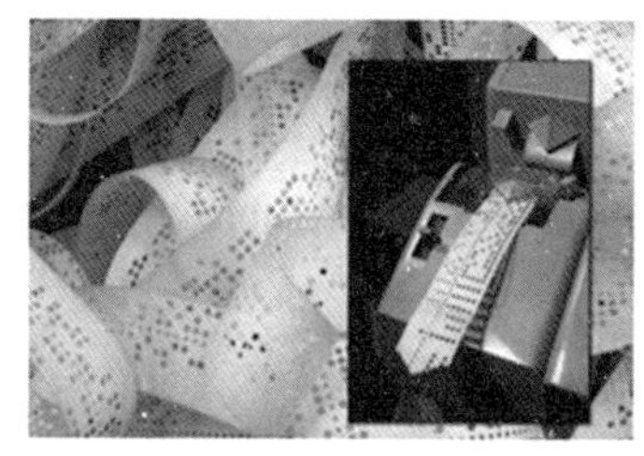

纸带交互

图 1-48　机器语言人机交互阶段

2. 字符界面人机交互阶段

用户采用批处理作业语言或交互命令语言的方式，通过键盘等交互设备与计算机进行交互，可以较方便地调试程序、了解计算机执行情况。20 世纪 60 年代中期，操作人员通过命令行界面输入命令，界面接收后把命令行文字转化为相应的系统功能；UNIX、DOS 操作系统均采用命令行方式，如图 1-49 所示。

命令行提示符界面

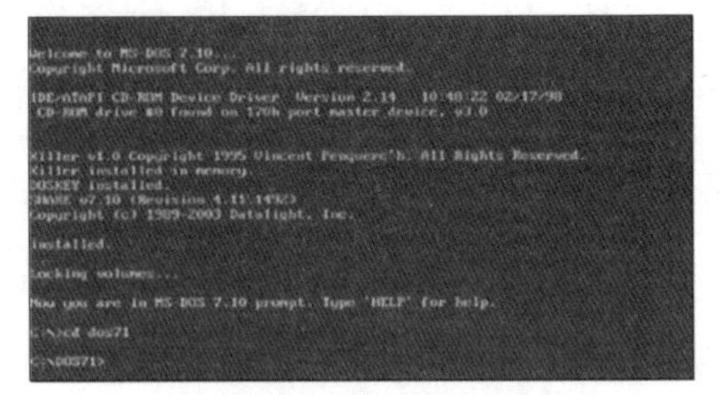

DOS操作系统界面

图 1-49　字符界面人机交互阶段

3. 图形界面人机交互阶段

用户使用鼠标和图形显示器，通过所见即所得的方式与计算机进行交互，人机交互复杂性得以降低。20 世纪 70 年代，Xerox Palo 研制出原型机 Star，形成了以窗口、图标、菜单和指示器为基础的图形界面；1983 年，苹果公司开发的 Lisa 计算机配置了鼠标，并首次采用了图形化用户界面；1985 年，微软公司推出了具有图形化交互界面的 Windows 操作系统，如图 1-50 所示。

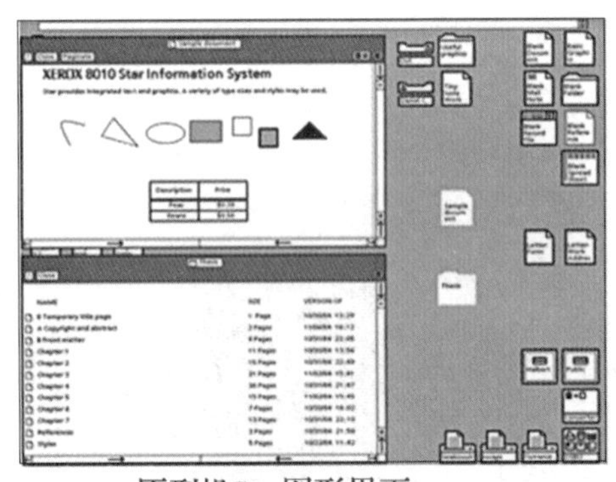

原型机Star图形界面

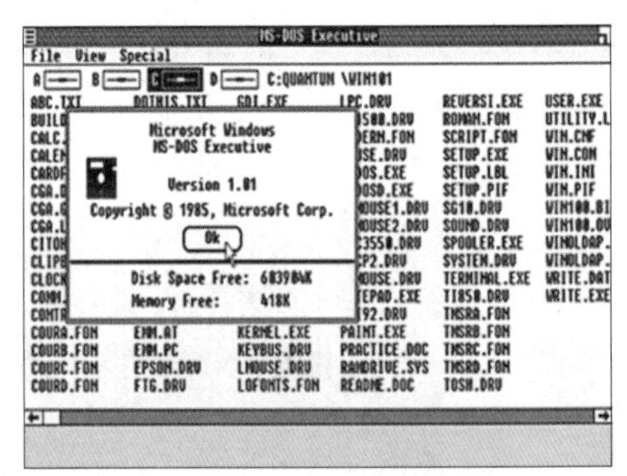

早期Windows图形界面

图 1-50　图形界面人机交互阶段

4. 自然人机交互阶段

用户通过手势识别、姿态识别、语音识别等方法，以协作、并行的方式进行人机交互，摆脱了对鼠标及键盘等传统外设的依赖。1977 年诞生了手套式传感器系统 SayreGlove，用户只需要戴上手套就可以向计算机输入特定指令；2007 年，苹果公司发布了第一款触摸与显示同屏交互的 iPhone 手机；2010 年，微软发布的体感交互设备

Kinect 通过传感器主动感知用户的三维姿态，理解用户交互意图；2011 年，Tobii 推出了带眼动追踪技术的笔记本计算机，用户可以使用眼睛运动来与计算机交互；2015 年至今，Oculus Rift、HTC Vive、HoloLens 等设备的出现促进了自然人机交互技术的发展，如图 1-51 所示。

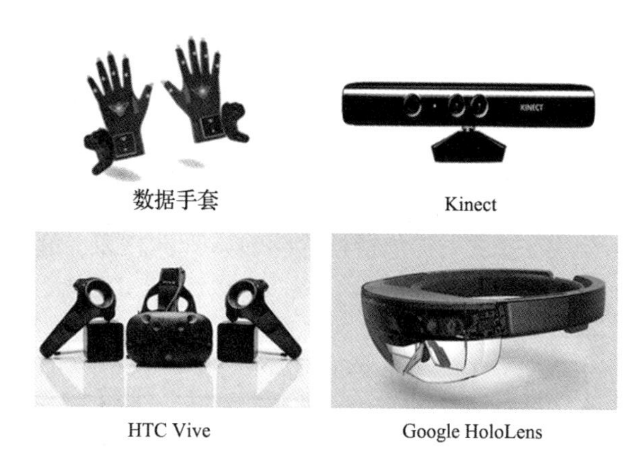

图 1-51　自然人机交互阶段

二、感知、认知和交互技术基础

（一）认知过程

认知过程是指大脑通过感觉、知觉、记忆、思维、想象等形式来反映客观对象的性质以及对象之间关系的过程。人的认知过程一般为：接受外界输入的信息（感觉、知觉），经过信息存储（记忆）、大脑加工处理（思维、想象），进而支配人的行为或以其他形式输出结果（反应），如图 1-52 所示。

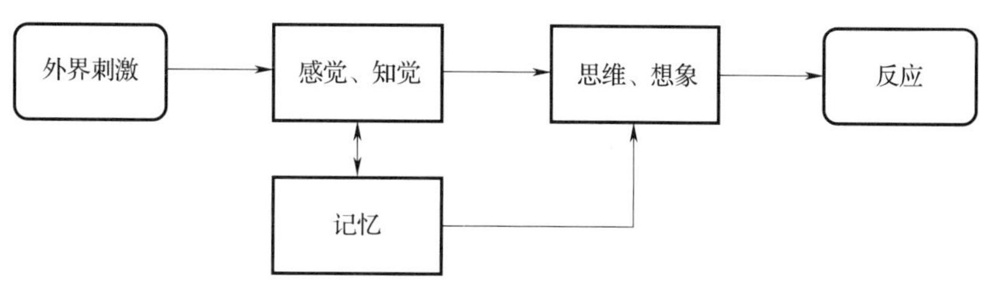

图 1-52　认知过程

认知能力是指加工、存储和提取信息的能力，如观察力、记忆力、想象力等。人们认识客观世界、获得知识，主要依赖于人的认知能力。

（二）感知

感知包括感觉与知觉，是人们利用感官对客观事物获得有意义的印象，是客观事物在人脑中的直接反应。

感觉是人们对客观事物的个别属性（如物体的颜色、形状、声音等）进行直接反映的过程；知觉是人脑对客观事物多种感觉的综合反映，是大脑对不同感觉信息进行综合加工的结果。

人机交互过程中的感知方法主要包括视觉感知、听觉感知、触觉感知等。

1. 视觉感知

人类从外界获取的信息约有 80%是通过视觉得到的，人的视觉感知分为两个阶段：受到外部刺激接收信息阶段和解释信息阶段，如图 1–53 所示。

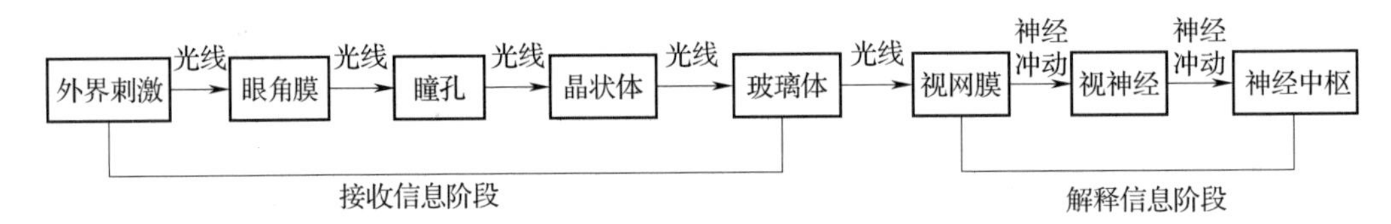

图 1–53　视觉感知

人机交互界面设计时需重点考虑人的视觉感知，并明确视觉感知两个阶段对人真正看到的信息的影响。

视觉主要感知物体大小、深度和相对距离、亮度、色彩等属性。

2. 听觉感知

听觉感知主要是声波作用于听觉器官，听觉器官接受刺激，把刺激信号转化为神经兴奋，并对信息进行加工，然后传递到大脑，经各级听觉中枢分析后引起的感觉，如图 1–54 所示。

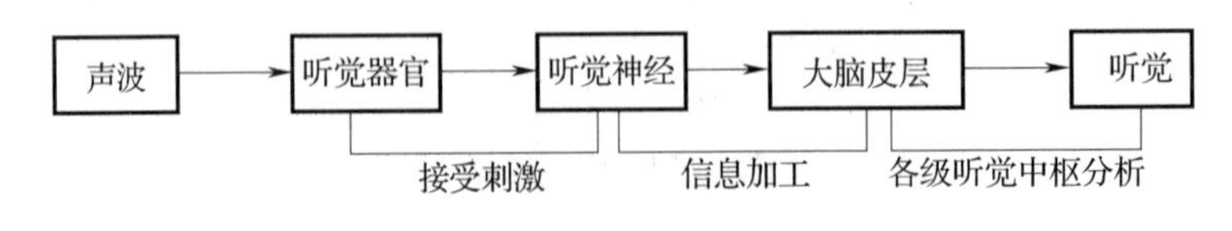

图 1–54　听觉感知

听觉主要感知声音的响度、音高和音色 3 个属性。

3. 触觉感知

触觉主要通过分布于人类皮肤上的神经细胞接受来自外界的温度、湿度、疼痛、压力及振动等方面的感觉，如图 1-55 所示。

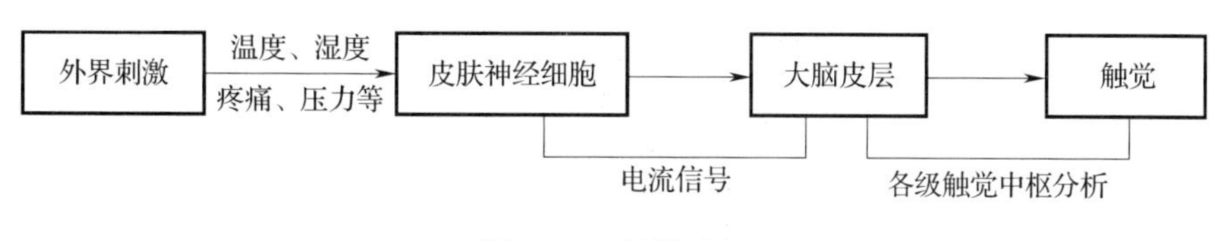

图 1-55　触觉感知

触觉也可以反馈大量交互环境中的关键信息，因此触觉在人机交互中的作用仍然不可低估。

除此以外，人们还可以通过嗅觉、味觉等方式感知外部环境，并以此来与外部环境进行交互。

（三）认知

感知是认知过程的基础，而包含记忆、思维、想象等活动的狭义认知则是人脑认知过程的关键。认知为实现人机之间的有效交互提供了基础，在计算机或机器理解人的意图方面体现得尤为重要。

1. 记忆

记忆是过去经验在人脑中的反映，是人脑对经历过的事物的识记、保持、再现或再认，它是进行思维、想象等高级心理活动的基础。根据记忆内容或映像的性质，记忆可分为形象记忆、逻辑记忆、情绪记忆和运动记忆。根据记忆保持时间长短的不同，记忆可分为瞬时记忆、短时记忆和长时记忆。

2. 思维

思维是对新输入信息与脑内存储知识经验所进行的一系列复杂心智操作过程，它所反映的是客观事物共同的、本质的特征和内在联系。主要的思维活动有分析与综合、比较与分类、抽象与概括，如图 1-56 所示。

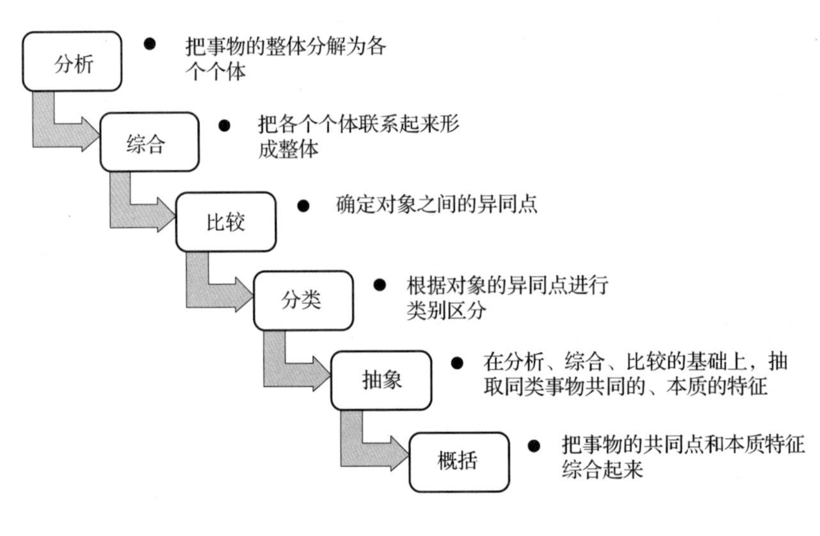

图 1-56　思维过程

分析是指把事物的整体分解为各个个体的过程；综合是指把各个个体联系起来形成整体的过程。

比较是确定对象之间异同点的过程；分类是根据对象的异同点进行类别区分的过程。比较是分类的基础，通过比较才能确认事物的主次特征、异同点，进而对事物进行分类，揭示事物之间的从属关系。

抽象是在分析、综合、比较的基础上，抽取同类事物共同的、本质的特征而舍弃其他特征的过程；概括是把事物的共同点和本质特征综合起来的过程。

3. 想象

想象是人脑对已有表象进行加工改造，从而形成新形象的心理过程。想象的加工方式包括：黏合、夸张、拟人化、典型化、联想等。

根据产生时有无目的可以将想象分为两类：无意想象和有意想象。有意想象又可以分为再造想象和创造想象。再造想象是根据言语、图样、音乐等的描述和示意，在人脑中形成新形象的过程；创造想象是根据一定的目的、任务，在人脑中独立创造出新形象的过程。

（四）新型交互技术

在感知与认知过程中，交互技术起到了至关重要的作用。随着多媒体技术、虚拟现实/增强现实技术、人工智能技术的发展，人机交互技术取得了长足的进步。目前使用较多的新型人机交互技术包括：语音交互、多点触控交互、手势交互、眼动追踪交互、肌肉感应交互、脑机交互、情感交互等。

图形交互系统把操作计算机、机器人等硬件设备的指令分解为各种图形，用户通过点击图形交互界面上的图标进行命令的组合、生成和执行，从而使计算机、机器人等完成相应的操作。

1. 语音交互

语音交互技术是人以自然语音或机器合成语音与计算机进行交互的一种综合性技术。人通过语音与机器进行对话交流，机器将识别的语音信号转变为相应的文本或命令，以此来理解用户的交互意图。

语音交互过程包括 4 个部分：语音采集、语音识别、语义理解和语音合成。其中：语音采集完成音频的录入、采样及编码，语音识别完成从语音信息到机器可识别文本信息的转化，语义理解根据语音识别转换后的文本字符或命令完成相应的操作，语音合成完成文本信息到声音信息的转换。

语音交互技术在智能机器人、智能家居、智能驾驶等多个领域应用广泛。典型的语音交互产品包括：苹果 Siri、HomePod，谷歌 Assistant、Home，微软 Cortana、Invoke，亚马逊 Echo，阿里天猫精灵、百度小度助手等。

2. 多点触控交互

多点触控交互技术是一种允许多用户、多手指同时输入信号，并根据动态手势进行实时响应的新型交互技术。该项技术采用裸手作为交互媒介，使用电学或者视觉技术完成信息的采集与定位，如图 1 - 57 所示。

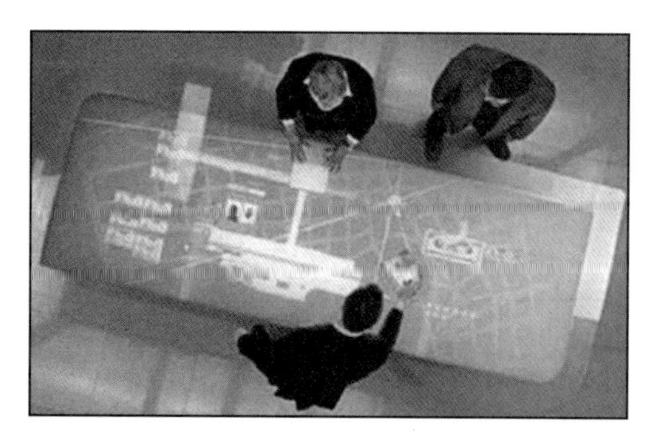

图 1-57　多点触控交互示意图

2007 年，苹果公司发布第一款触摸与显示同屏交互的 iPhone 手机，上市后引发热潮。随后，结合开放式系统 Android，支持多点触控能力的智能手机逐渐成为手机业发展的主流。在多媒体方面，基于多点触控技术的产品橱窗、互动游戏桌、广告面板等相继出现。

3. 手势交互

手势交互是指人利用手部动作表达特定的含义和交互意图，通过具有符号功能的手势来进行信息交流和控制计算机的交互技术，如图 1-58 所示。手势的形状、位置、运动轨迹和方向等能映射成为丰富的语义内容信息。

手势交互技术的核心是手势识别，根据识别对象可将手势识别技术分为静态手势识别和动态手势识别。静态手势识别是指在某一静态图片中对手姿或手型的识别；动态手势识别是对连续手势轨迹跟踪和变化手型识别的技术，具有较高的实时性和高效性要求。

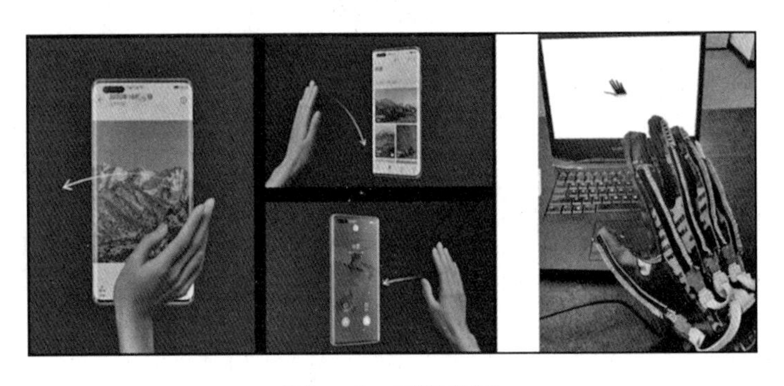

图 1-58　手势交互

数据手套是一种应用较为广泛的手势识别设备，通过在手指关节等重要部位放置多个传感器，采集手指弯曲程度和手指之间的角度数据，从而区分出每根手指的外围轮廓，然后将传感器的输出数列进行计算，从而得出相应的手势。

4. 眼动追踪交互

眼动追踪交互技术是一种通过设备捕捉用户的眼球运动数据，利用计算机视觉算法对运动目标进行检测、识别和追踪，从而获得运动目标的运动参数，并精准算出用户目光停留在操作对象上具体区域的技术，如图 1-59 所示。

眼动追踪交互技术作为一种新型视觉人机交互手段，具备双向输入/输出的特性。用户视线所指即为用户关注的对象，直接检测用户视线方向和位置，即可实现与机器人的交互，相比于传统的人机交互方式，这种方式具有自然、高效和直接等特点，应用领域更广。

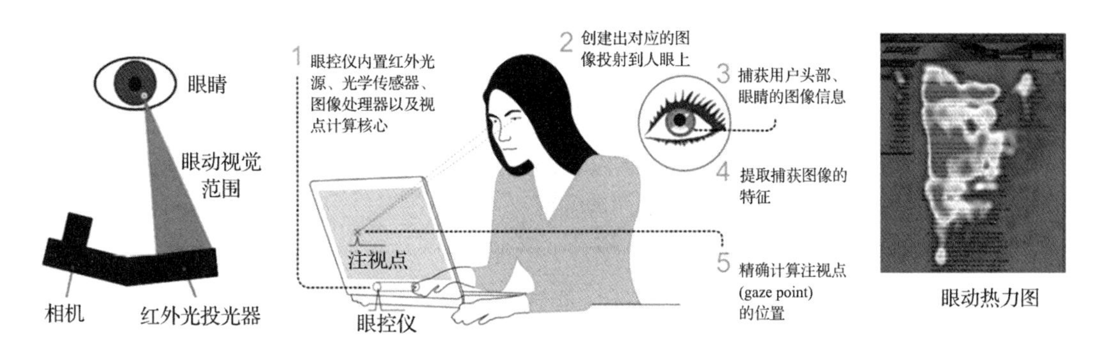

图 1-59　眼动追踪交互

5. 肌肉感应交互

肌肉感应交互技术通过检测用户运动过程肌肉产生的生物电信号变化，并结合人的物理动作监控来实现人机交互。

人体的不同部位运动，生物电信号的强弱有明显的区别，肌肉感应交互可以用传感器捕获信号，然后转化成智能装备能够识别的指令，以一定的方式发送给被操纵对象，完成对被操纵对象的间接操作。

Thalmic Labs 公司推出的 MYO 腕带即为一种肌肉感应交互设备，腕带上的传感器可以感应用户运动过程中肌肉产生的电信号变化，以此判断用户的意图并做出相应的处理，处理的结果通过蓝牙发送给受控设备，如图 1-60 所示。

图 1-60　MYO 腕带肌肉感应交互

6. 脑机交互

脑机接口（brain-computer interface，BCI）能够提供一种非神经肌肉传导的通道，直接把从人头皮上采集到的脑电信号进行预处理、特征提取、选择和分类，最终转换成计算机或其他外部设备的控制指令，如图 1-61 所示。

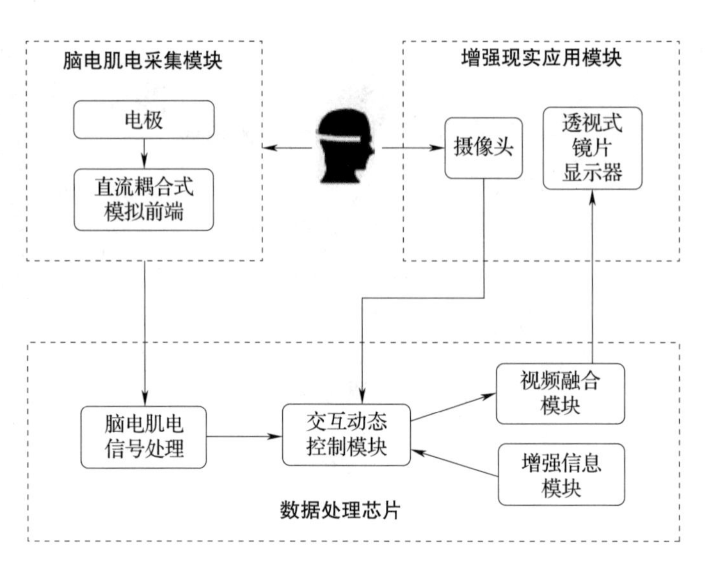

图 1-61　脑机交互

目前脑机接口普遍使用的脑信号观测方法和工具主要有以下 3 种：EEG（脑电图）、EMG（脑磁图）和 FMRI（功能核磁共振图像）。

国内外学者对脑机接口的研究已有 40 多年的历史。按照脑电信号采集方式不同，脑机交互系统可以分为植入式和非植入式；按照脑电信号控制方式不同，脑机交互系统可以分为同步式和异步式；按照脑电信号产生方式不同，脑机交互系统可以分为自主产生式和事件诱发式。

7. 情感交互

人与机器的情感交互依赖于情感计算。情感计算的目的是赋予机器识别、理解、表达和适应人类情感的能力，以此建立人与机器人自然和谐的交互环境，并使机器人具备更高、更全面的智能。

人机情感交互可以从人脸表情交互、语音情感交互、肢体行为情感交互、生理信号情感识别、文本信息情感交互等方面进行研究。

KODA 公司在第 54 届国际消费电子展上发布的具有情感认知和分布式 AI 计算能力的机器狗，不仅能响应主人的呼唤，更能认知并记录主人的情绪波动，并做出适当的反应，如图 1-62 所示。

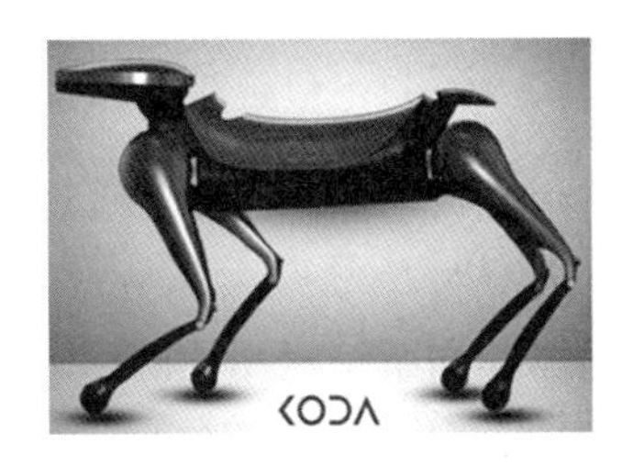

图 1-62　情感交互——KODA 机器狗

三、人机交互系统设计准则

（一）Ben Shneiderman 的人机交互界面设计黄金法则

美国马里兰大学人机交互实验室教授 Ben Shneiderman 在 “*Designing the User Interface Strategies for Effective Human-Computer Interaction*” 一书中提出了人机交互界面设计的八个黄金法则：

1. 尽量保持一致性。在设计类似的功能和操作时，应该利用类似的图标、颜色、菜单的层次结构来实现一致性。

2. 确保用户能用快捷键操作。随着使用次数的增加，用户需要使用更快更轻松的方法浏览和操作用户界面。

3. 提供有帮助的反馈信息。对于用户的每一个动作，应该在合理的时间内提供适当的、有帮助的反馈。

4. 会话和流程设计要完整。直接告诉用户执行当前操作会引导他们到哪个步骤。

5. 提供防止用户出错的机制以及简洁的错误提示信息。设计时应该尽量考虑如何减少用户犯错误的机会，但如果操作时发生了错误，要为用户提供简单、直观的分步说明，以引导他们轻松地解决问题。

6. 允许便捷的撤销操作。设计人员应为用户提供明显的方式来撤销之前的操作。

7. 给用户掌控感。设计时应考虑如何让用户主动去使用，而不是被动接受。

8. 减少加时记忆负担。界面设计应尽可能简洁，保持适当的信息层次结构。

（二）人机交互系统评估方法

对人机交互系统的评估主要有评估系统功能的方位和可达性、评估交互中的用户体验、确定系统可能存在的特定问题3个主要目标。

评估系统功能的方位和可达性，即评估系统设计的功能是否能帮助用户顺利执行所期望的任务、是否与用户的需求保持一致。

评估交互中的用户体验，即评估用户的交互体验和系统对用户的影响，例如：评估系统是否容易学习、系统是否易操作、用户对系统的满意程度、用户的使用黏性等。

确定系统可能存在的特定问题，即评估在特定环境下系统可能出现的异常结果或使用户无法继续操作的情况。

人机交互系统的评估方法包括可用性测试、专家评审法和可用性调查3类。

1. 可用性测试

可用性测试包括实验室可用性测试、现场观察法和放声思考法。

实验室可用性测试是指，在专门为可用性测试而安装配置的固定设备的环境下进行的测试，通常关注具体现象，通过观察用户如何使用被测系统界面来发现确定问题。

现场观察法是发现与使用环境有关问题的最佳手段。现场观察时的具体步骤包括：明确初步的研究目标和问题；选择一个框架用于指导现场观察活动；决定观察数据的记录方式，如笔记、录音、摄像等。

放声思考法是指用户一边执行任务一边大声地说出自己想法的一种可用性测试法。实验人员在测试过程中一边观察用户一边记录用户的言行举止，能够得到最贴近用户真实想法的第一手资料。

2. 专家评审法

专家评审法主要包括启发式评估法和步进评估法。

启发式评估法是由 Nielsen 和 Mack 开发的非正式可用性检测技术，可用于评估原型、故事板和可运行的交互式系统，是一种灵活且成本低的方法。应用启发式评估的具体方法是专家使用一组可用性规则作为指导，评定用户界面元素（如对话框、菜单、导航结构、在线帮助等）是否符合这些原则。

步进评估法是从用户学习使用人机交互系统的角度来评估系统的可用性，发现新用户使用系统时可能遇到的问题。用户使用系统过程中，往往不是先学习帮助文件，而是习惯于在直接使用中进行学习。

3. 可用性调查

可用性调查是通过问卷调查、访谈等方法，向用户提问并记录下用户的回答，从而来评估人机交互系统可用性的一种方法。

问卷调查的执行过程包括用户需求分析、问卷设计、问卷调查及结果分析。首先，进行用户需求分析，设定软件的质量目标，准确描述质量目标，通过用户调查，了解用户在使用方面的切实感受；其次，根据用户需求分析进行问卷设计，设计的问题要精确、概括，设计的问题形式可以为单项选择、多项选择、开放式问题等；再次，发放问卷，开展问卷调查，采用抽样调查、针对性调查、广泛调查等方式；最后，对调查收集到的数据用统计方法进行分析、归纳，得到对人机交互系统设计改进有用的信息。

四、人机交互系统案例

以一个桌面级装配单元为例来介绍 AR 辅助的人机交互系统。

（一）桌面级装配单元简介

该桌面级装配单元用于完成微喷发动机模型的装配，如图 1-63 所示，主要由 2 台六自由度工业机器人、机器人视觉系统、轴承自动压装装置、螺丝自动拧紧装置、工业机器人组合夹具以及其他配套自动化附件组成。

（二）人机交互系统整体架构

由桌面级装配单元和增强现实（AR）设备构成人机交互系统的整体架构，如图 1-64 所示。采用 S7-1200 PLC 作为人机交互系统的主控制器，控制器支持 TCP/IP 通信以及 Modbus 工业协议，工业机器人的网络服务模块也支持 TCP/IP 通信，通过指定的 IP 地址和端口向机器人发送和接收数据。

系统后台采用 Java 开发并部署在一台计算机上，提供数据采集和分析服务。通过向机器人的网络服务模块发送 XML 格式的请求命令（图 1-65）或者直接读取 PLC 内部数据块，可以获得装配过程中的各项实时数据，包括机器人的关节坐标、直角坐标、仓储数据、冲压装置的工作状态等。

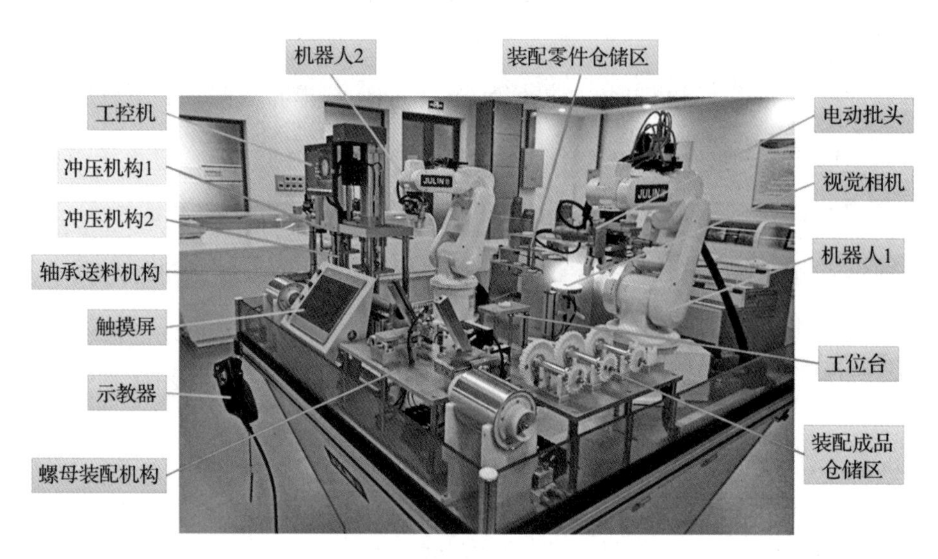

图 1-63　桌面装配单元组成

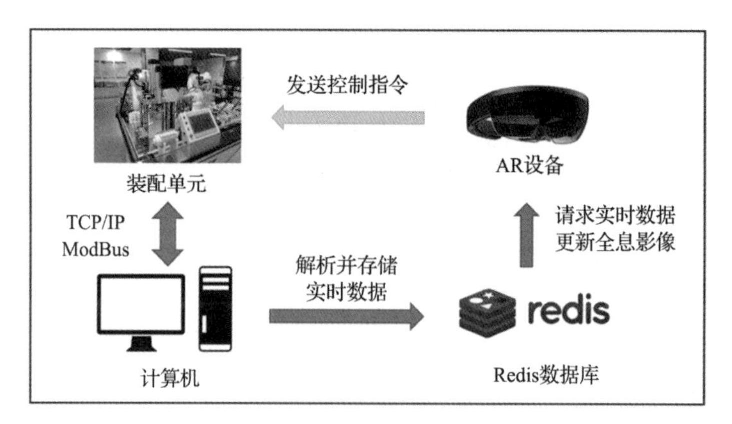

图 1-64　整体架构

```
<Bodys>
    <Cmd Name="GetCurPos" Status="Send"/>
</Bodys>
```

a）请求命令

```
<Bodys>
    <Cmd Name="GetCurPos" Status="Recv">
        <Data>900.5000,0.0000,1188.0000,0.0000,0.0000,0.0000,-0.0000,-0.0000,0.0000</Data>
    </Cmd>
</Bodys>
```

机器人直角坐标

b）返回数据

图 1-65　数据获取实例

系统后台不断发送请求，获得装配单元的实时数据，并通过对原始数据进行预处

理与解析获得结构化数据，并以 Json、Hash 等形式存储于 Redis 实时数据库中，为 AR 设备提供实时数据支持。

利用 Unity 软件开发具有网络通信能力的增强现实应用并部署在微软 Hololens 设备上，然后接入 Redis 中的实时数据，使用者通过佩戴 Hololens 设备可以看到与实际装配单元实时同步的全息影像，实现虚实同步的效果。

同时，Hololens 设备支持多种人机交互方式来操纵虚拟对象。可以根据用户对虚拟对象的操作生成对应的控制指令，从而实现以虚控实的效果。

（三）人机交互系统的具体实现

1. 三维建模

首先，通过三维建模软件如 Creo、SolidWorks、Inventor 等对装配单元进行 3D 建模，准确展示装配单元各个组件的尺寸、结构和整体布局；然后，在 PiXYZ 软件中对建立的三维模型进行轻量化处理，一方面删除一些可以忽略的结构，如零件内部不可见的孔、螺钉、垫圈等，另一方面进行顶点融合、多边形融合，在尽量不影响模型整体视觉效果的情况下使得构成模型的网格更为简单，从而提高它在增强现实应用中的运行效率；最后，在运动学分析的基础上，利用 3DSMAX 调整模型的层次关系以及进行坐标变换，最后输出保留装配关系的 fbx 格式的模型。整体过程如图 1-66 所示。

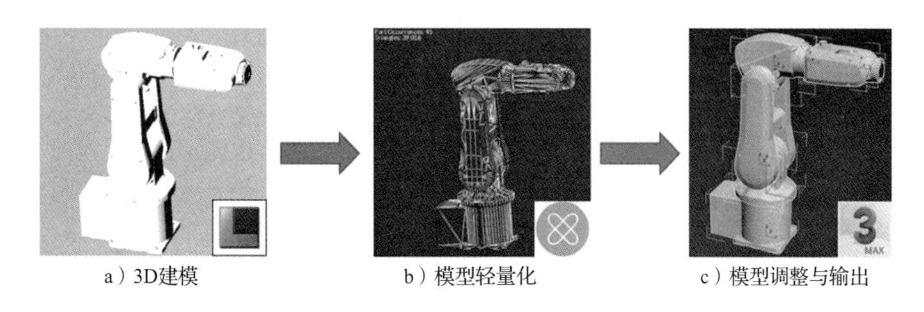

a）3D建模　　b）模型轻量化　　c）模型调整与输出

图 1-66　机器人建模实例

2. 通过 Unity3D 构建增强现实应用

微软 Hololens 支持通过 Unity 开发的增强现实应用，在 Unity 中新建一个 3D 项目，在“生成设置”中选择“通用 Windows 平台”，导入微软的混合现实开发工具 MRTK

（Mixed Reality Toolkit），完成基础配置后将混合现实工具包添加到场景中，如图 1-67 所示。

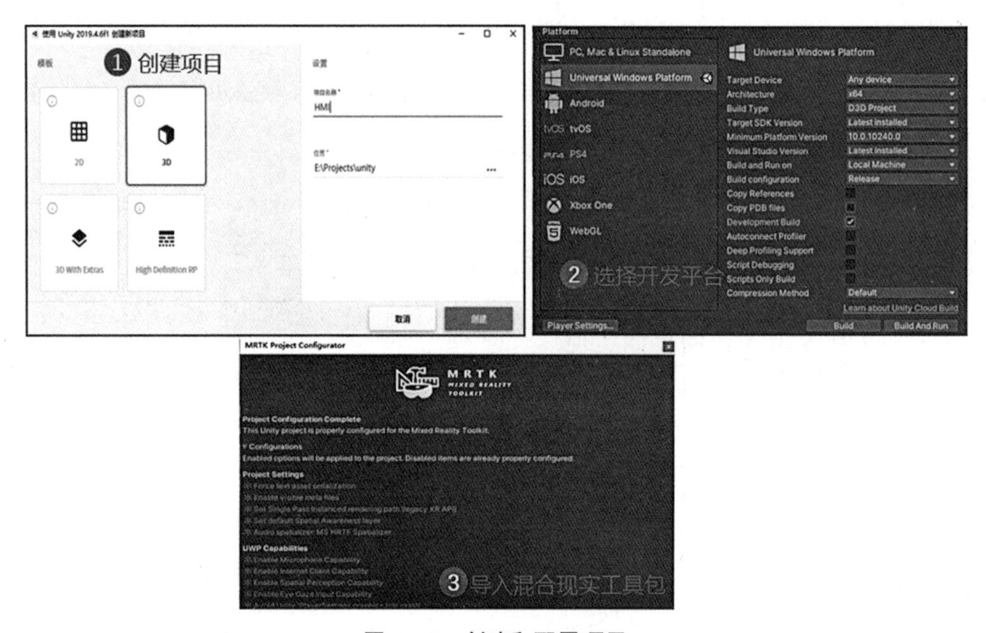

图 1-67 创建和配置项目

通过“导入新资源”将建立的装配单元模型导入到项目中，并在 Unity 的场景中创建与装配单元对应的虚拟模型，如图 1-68 所示。

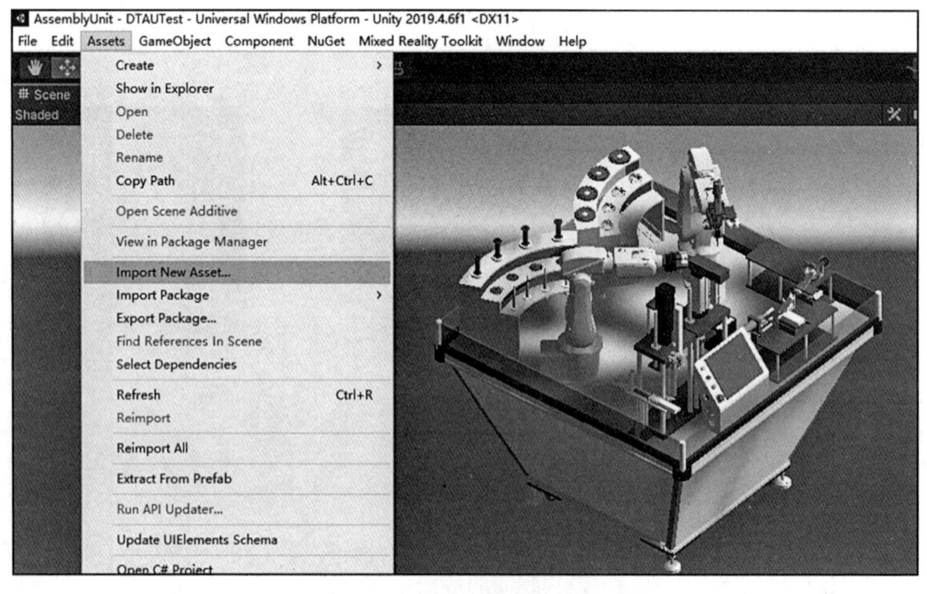

图 1-68 导入装配单元模型

Unity 中各种运动和事件都可以通过编写 C#脚本（script）来实现，包括数据输入输出、场景中虚拟对象的状态更新、各种运动逻辑设计等。

首先，利用 C#实现了异步通信功能，通过请求 Redis 服务器获得装配过程中的实时数据；其次，通过 C#编写了装配单元中的运动模块如机器人、冲压装置的运动函数，通过实时数据驱动不断更新其空间位姿，同时设计了待装配零件之间的装配逻辑，从而准确反映实际的装配过程。

此外，借助 MRTK 可以设计各种人机交互方式如手势、语音、凝视等来操纵虚拟对象。以手势操纵为例，首先给虚拟物体添加一个碰撞体（collider），然后编写物体操纵脚本并挂载到物体上，这样就可以缩放或是移动旋转该物体，为了实现用手势操作，可以编写并挂载一个辅助脚本，当手部接近或是指向物体的碰撞体时就可以触发操纵物体的功能，如图 1-69 所示。

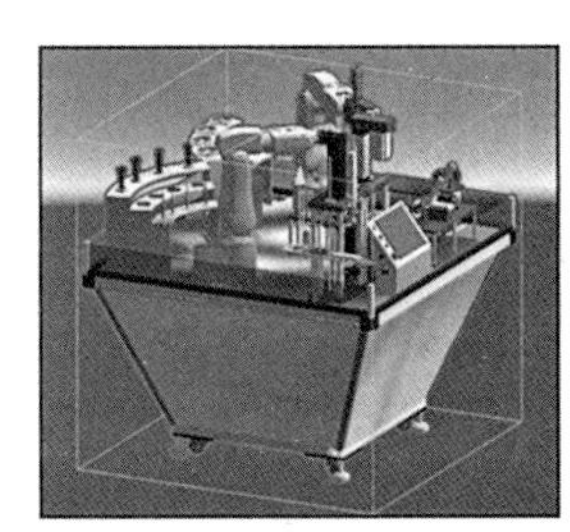

a）在Unity中添加碰撞体和脚本　　b）实际手势操纵虚拟物体

图 1-69　操纵 3D 虚拟物体

3. 增强现实应用展示

生成所开发的 Unity3D 项目，在 VisualStudio 中打开对应的文件，选择“Release”配置以及“ARM64”架构，生成解决方案并且通过有线或者无线的方式部署到 Hololens 设备上，如图 1-70 所示。

开启装配单元，启动计算机上的后端服务和远程的 Redis 数据库，用户佩戴 AR 设备后可以看到与实际设备虚实同步的全息影像，可以沉浸式地对装配单元进行远程巡检，同时可以操纵看到的虚拟物体，如图 1-71 所示。

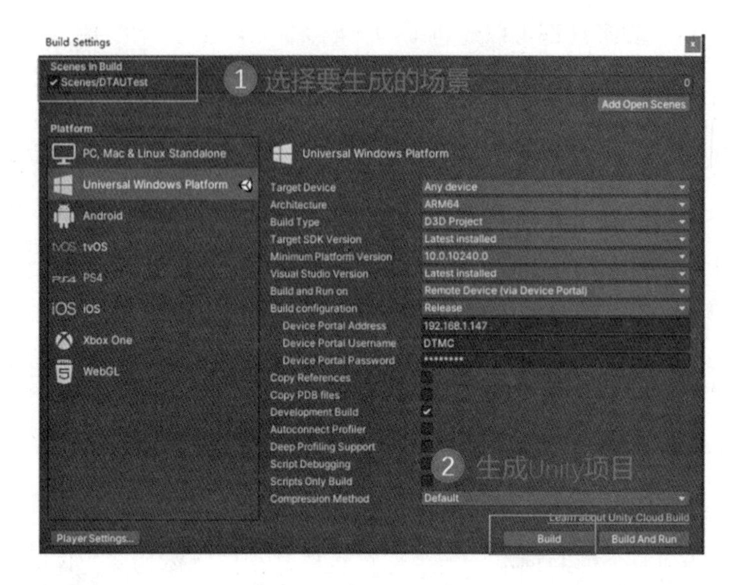

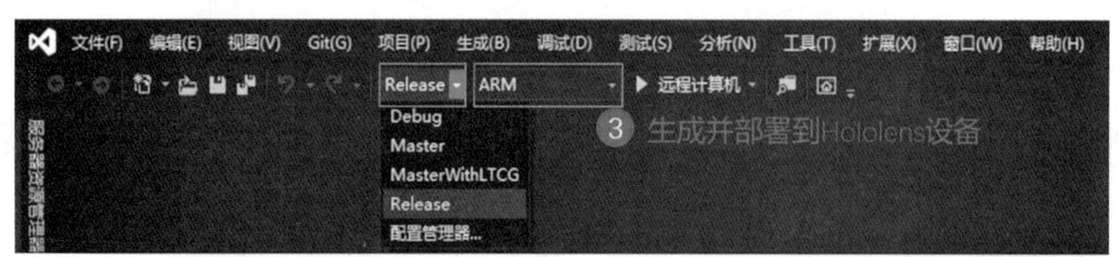

图 1-70　生成并部署增强现实应用

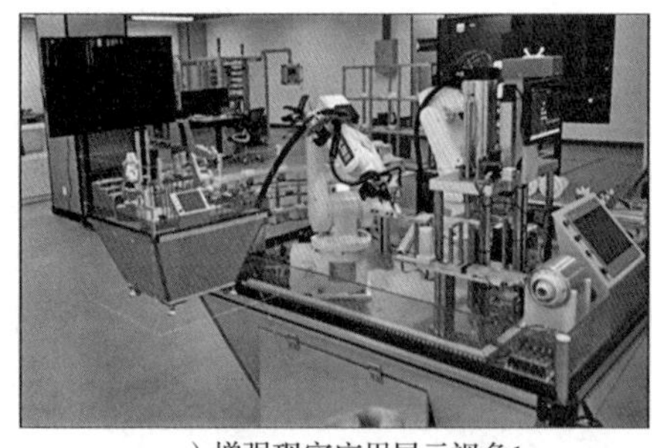

a）增强现实应用展示视角1

b）增强现实应用展示视角2

图 1-71　增强现实应用展示

思考题

1. 进行加工工艺规划之前需要进行哪些分析？每一个分析步骤具有什么意义？
2. 简述加工工艺仿真的基本原理与必要性。

3. 装配工艺规程的制定大致包括哪几个步骤？有何要求？

4. 阐述 CAM 软件的常见功能模块，并说明每个功能模块作用。

5. 请列举智能工厂中使用人机技术的典型场景，并分析该人机交互系统的特性和优缺点。

第二章
智能装备与产线单元模块现场操作技术基础

通过本章学习，理解可编程逻辑控制器的工作原理，能够进行 PLC 控制系统的设计；掌握智能装备与产线单元模块的安全操作方法；熟悉制造执行系统的功能模块和应用场景。

- **职业功能：**智能装备与产线应用。
- **工作内容：**设计智能装备与产线单元模块的安装、调试和部署方案。
- **专业能力要求：**能进行 PLC 控制系统设计；能进行智能装备与产线单元模块的标准化安全操作；熟悉制造执行系统的功能模块和应用场景。
- **相关知识要求：**可编程逻辑控制器的概念、分类和设计；典型智能装备与产线单元模块安全操作基础；制造执行系统的功能模块和应用场景。

第一节　可编程逻辑控制器

考核知识点及能力要求：

- 了解可编程逻辑器件的基本概念和分类；
- 熟悉可编程逻辑器件的基本组成和程序设计的基本知识；
- 熟悉可编程逻辑器件控制系统设计流程，能进行简单的 PLC 控制系统设计。

一、可编程逻辑控制器的分类

可编程逻辑控制器（programmable logic controller，PLC）是一种专为在工业环境下应用而设计的数字运算操作的电子系统。它采用可编程的存储器，在其内部存储、执行逻辑运算、顺序控制、定时、计数和算数运算等操作指令，并通过数字或模拟式的输入输出，控制各种类型的机械或生产过程。

可编程逻辑控制器以其结构紧凑、易于扩展、功能强大、可靠性高、运行速度快等特点取代了传统继电器控制系统。近年来，PLC 发展迅猛，几乎每年都推出不少新系列产品，其功能更加强大，广泛应用于钢铁、汽车、机械制造、化工、石油等领域。

PLC 产品种类很多，规格和性能也各不相同，通常根据其控制规模、结构形式和功能差异进行大致分类。

（一）按控制规模（I/O 点数）分类

PLC 控制规模的主要指标是数字量和模拟量的 I/O 点数。I/O 点数的多少说明了

PLC 可以处理的输入输出信号的数量，体现了 PLC 的控制规模。根据 I/O 点数，PLC 通常可分为小型、中型、大型三种。

1. 小型 PLC

小型 PLC 的 I/O 总点数为 256 点以下，用户存储容量小于 4 kB，可以连接数字量 I/O 模块、模拟量 I/O 模块以及各种特殊功能模块，能执行基本的逻辑运算、计数、数据处理等指令，具有代表性的有西门子的 S7-200 系列、三菱 FX 系列等。

2. 中型 PLC

中型 PLC 的 I/O 总点数在 256 点到 2048 点之间，用户存储容量为 4～8 kB，除小型 PLC 的功能外，还具有更强大的通信功能和丰富的指令系统，具有代表性的有西门子 S7-300 系列、三菱 Q 系列等。

3. 大型 PLC

大型 PLC 的 I/O 总点数大于 2048 点，用户存储容量 8～16 kB，具有多 CPU，有极强的软硬件功能、自诊断功能，可以构建冗余控制系统，还可以构成三级通信网络，实现工厂自动化管理，具有代表性的有西门子的 S7-1500 系列，通用公司的 GE-IV 系列等。

（二）按结构形式分类

PLC 按照结构分为整体式、模块式和叠装式三种。

1. 整体式 PLC

整体式 PLC 将 CPU、电源、I/O 接口等部件都装在一个机壳内，具有结构紧凑、体积小、价格低的特点，适用于单体设备的开关量自动控制或机电一体化产品的开发应用等场合，小型 PLC 一般采用整体式结构。

2. 模块式 PLC

模块式 PLC 将 PLC 的各组成部分分成若干独立模块，如 CPU、存储器组成主控模块，将电源分为电源模块、单独的若干输入（I）点组成输入模块、单独的若干输出（O）点组成输出模块，用户可根据需求自行配置主控、电源和 I/O 以及其他扩展模块，直接安装在机架和导轨上。这种 PLC 具有配置灵活、装配方便、便于扩展和维修等优点，多用于中型、大型 PLC。

3. 叠装式 PLC

叠装式 PLC 是将整体式 PLC 和模块式 PLC 特点各取一些，CPU、存储器、I/O 单元仍是各自独立的模块，但模块之间的安装不用基板，通过电缆连接，且各单元可层层叠装，节省空间。

（三）按功能分类

PLC 按功能分，可将其分为低档、中档、高档 PLC 三类。

1. 低档 PLC

低档 PLC 具有逻辑运算、计时、计数、移位、自诊断、监控等基本功能，有的还有少量模拟量输入/输出、算数运算、数据传输与比较、通信等功能，主要用于逻辑控制、顺序控制或少量模拟量控制的单机控制系统。

2. 中档 PLC

中档 PLC 除具有低档机的功能外，还具有较强的模拟量输入/输出、算数运算、数据传送与比较、数制转换、远程 I/O、通信联网等功能，有的还增设了终端控制、PID 控制等功能，主要用于复杂控制系统。

3. 高档 PLC

高档 PLC 除具有中档机的功能外，还具有带符号算数运算、矩阵运算、位逻辑运算、平方根运算及其他特殊功能函数的运算、制表及表格传送等功能。高档 PLC 具有更强的通信联网功能，可用于大规模过程控制或构成分布式网络控制系统，实现自动化管理。

二、可编程控制器的基本组成

可编程控制器包含了 CPU、存储器、输入/输出接口电源、通信接口等，基本组成如图 2-1 所示。

（一）中央处理器 CPU

CPU 由控制器和运算器组成，是可编程控制器的核心。通过固化在 PLC 系统存储器中的专用系统程序，CPU 完成对 PLC 内部端口、器件的配置和控制，并按照用户存储器中的程序完成逻辑运算、算术运算、数据处理、时序控制、通信等工作。

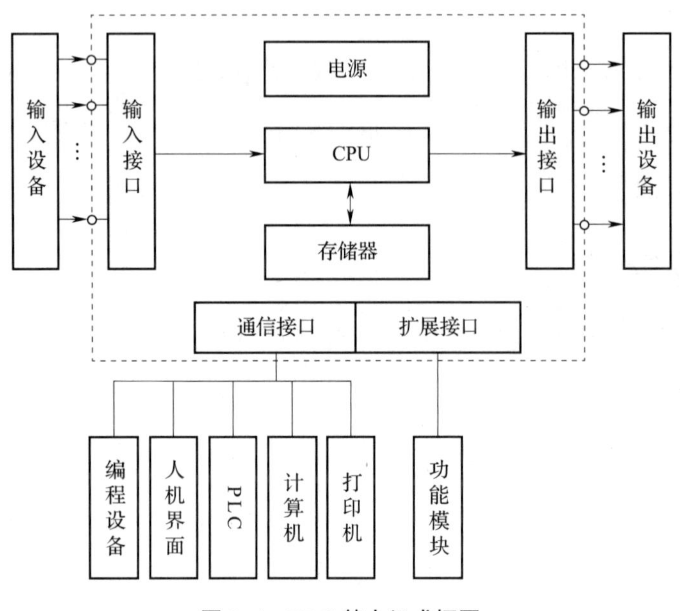

图 2-1　PLC 基本组成框图

CPU 的主要任务有：

1. 接收和存储用户的程序和数据。

2. 诊断编程中的语法错误和 PLC 内部的工作故障。

3. 用扫描的方式接收现场的输入信号，并将其存入相应的输入映像寄存器或数据存储器。

4. PLC 进入运行状态后，从用户程序存储器中逐条读出并执行用户指令，进行逻辑运算、算术运算和数据处理。

5. 根据运算结果，更新有关标志位状态和输出映像寄存器内容，通过输出部件实现输出控制或数据通信等功能。

（二）存储器

存储器有两类，一类是只读存储器 ROM、PROM 或 EPROM 和 EEPROM；另一类是支持读/写操作的随机存储器 RAM。在 PLC 中，存储器主要完成存储系统程序、用户程序和工作数据的功能。

系统程序是由 PLC 制造厂家编写的和 PLC 的硬件组成密切相关的程序，在 PLC 的使用过程中不会改变，所以由制造厂家直接固化在只读存储器中，用户不能修改和

访问。

用户程序是根据 PLC 控制对象的生产工艺和控制要求编写的，为了便于编写、检查和维护，用户程序一般存储在静态 RAM 中，用锂电池做后备电源，也有些厂家直接用 EEPROM 作为用户存储器。

工作数据是随着 PLC 的运行经常变化、存取的一些数据，存放在 RAM 中。

由于用户在 PLC 的使用过程中，对系统程序和工作数据并无直接接触，所以 PLC 产品手册中所列的存储器形式和容量是指用户存储器。

（三）输入/输出接口

工业现场的输入和输出信号包括数字和模拟两类，因此，PLC 的输入/输出接口共有 4 种类型，数字信号输入接口（digital input，DI）、数字信号输出接口（digital output，DO）、模拟信号输入接口（analog input，AI）、模拟信号输出接口（analog output，AO）。

1. 数字信号输入接口

数字输入信号分为交流和直流两种，数字信号输入接口依次为数字信号输入电路和光耦合电路。光耦合电路是为了防止现场强电干扰进到 CPU，有的 PLC 还有增加滤波电路，以增强抗干扰能力。

2. 数字信号输出接口

数字输出信号是从 CPU 发出，经过功率放大和隔离，驱动外部负载的信号。根据驱动能力从小到大，依次为晶体管输出、晶闸管输出和继电器输出。

3. 模拟信号输入接口

模拟信号输入接口多用于连续变化的电流和电压信号的输入，在数据采集和过程控制系统中广泛应用。模拟信号输入后，经过模数转换单元（analog-to-digital converter，ADC），将模拟信号转换成数字信号，在经过光耦隔离后，送入 PLC 内部进行相应处理。模拟信号输入接口选型需要注意输入信号的范围和系统要求的 ADC 转换精度。

4. 模拟信号输出接口

模拟信号输出和模拟信号输入的过程相反，将 CPU 输出的数字信号经过光耦隔离和数模转换器（digital-to-analog converter，DAC）输出到外部设备。模拟信号输出接口的选型需要注意输出信号的形式、范围以及接线方式。

（四）电源

PLC 电源的输入电压一般有 AC220 V、AC110 V 和 DC24 V 三种，用户可以根据实际情况选择。输入电压经过 PLC 电源模块变换后，输出 DC5 V、DC±12 V 和 DC24 V 三种类型的电源，用于满足整个 PLC，包括 CPU、存储器和其他设备的不同用电需求。一般采用交流供电的 PLC，会对外预留一路 DC24 V 的电源，方便用户接传感器或检测元件使用。

（五）通信接口

PLC 配有各种通信接口，可以通过各种通信协议实现和打印机、编程设备、人机界面、其他 PLC、计算机等的通信。其中，PLC 之间相连，可以连成网络，实现更大规模的控制；PLC 和计算机相连，可以组成多级分布式控制系统，实现多级控制和管理。

三、可编程控制器的程序设计

（一）PLC 编程语言

1994 年国际电工委员会（International Electrotechnical Commission，IEC）公布了 IEC61131-3《PLC 编程语言标准》，该标准阐述了两类编程语言：图形化编程语言和文本化编程语言。前者包括梯形图语言（ladder diagram，LD）和功能块语言（function block diagram，FBD），后者包括指令清单语言（instruction list，IL）和结构化文本（structured test，ST）。标准中并未将顺序功能图（sequential function chart，SFC）单独列入编程语言，而是将它划为公共元素，也就是说，无论是图形化语言还是文本化编程语言都可以使用 SFC 的概念和语法，在行业的使用过程中，也有人习惯上将它划为第五种编程语言。

1. 梯形图语言（LD）

梯形图语言是使用最广的 PLC 编程语言，它是基于图形表示的继电器逻辑，直观

易懂，主要由触点、线圈和功能块组成。触点代表系统的逻辑输入，常用的有常开触点、常闭触点；线圈表示系统的逻辑输出结果，常用的是一般线圈；功能块代表特殊的指令，可实现多种功能，例如数据运算、数据传输、定时、计数等标准功能或者用户自定义的功能块功能。

梯形图语言中，为分析各个元器件的输入/输出关系，引入了功率流的概念，如图 2-2 所示，左右两侧两条线为名义上的电力轨线，左侧的电力轨线，是功率流的起点，功率流从左到右沿着水平阶梯通过各个触点、功能块、线圈等，为其提供能量，功率流的终点是右侧的电力轨线。其中流经的每一个触点代表一个布尔变量的状态；每一个线圈代表实际设备的状态；功能块与 IEC61131-3 的标准库或用户自定义的功能块相对应，根据这些元素的逻辑状态来决定是否允许能量流通过，便构成了所需的逻辑程序。

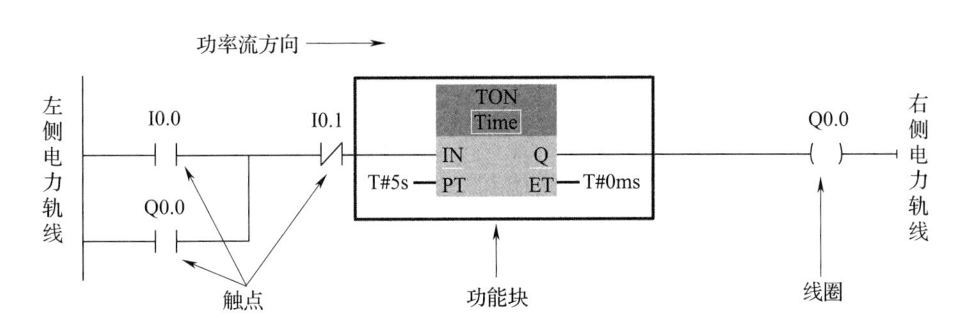

图 2-2　PLC 梯形图语言示意图

2. 功能块语言（FBD）

功能块语言是和数字逻辑电路类似的一种 PLC 语言，用矩形框表示，每个功能块左侧有不少于一个的输入端，右侧有不少于一个的输出端，信号从功能块左端流入，并经过功能块的逻辑运算，从功能块右侧流出结果。

3. 指令清单语言（IL）

指令清单语言也叫指令表语言，是和汇编语言类似的注记符编程语言，由操作码和操作数组成，适合在无计算机情况下，采用 PLC 手持编辑器完成对用户程序的编写。

4. 结构化文本（ST）

结构化文本更类似于高级编程语言，用文本来表述控制系统中各变量的关系，主要用于编制其他编程语言难以实现的程序。

5. 顺序功能图（SFC）

顺序功能图语言体现了顺序逻辑控制，由步、有向箭头和转换条件组成。步由矩形框组成，表示被控系统的一个控制功能任务或者一种特殊的状态，每个步中可以有完成相应控制任务的图形化或文本化编程逻辑；有向箭头表示状态转换的路线；转换条件，是从一种状态转换到另一种状态需要满足的条件。

需要说明的是，这五种编程语言允许在同一个 PLC 程序中同时出现，可以针对不同的任务选择最合适的语言，还允许统一控制程序中不同程序模块使用不同的编程语言。

（二）PLC 的编程软件

编程开发是通过程序编辑、程序调试、PLC 程序运行监控等动作，完成 PLC 控制对象的可靠运行。早期，手持式编辑器是 PLC 开发的重要外围设备，但由于功能限制现已很少使用。随着计算机技术的发展和 PLC 控制规模的变大，PLC 厂商为用户提供了各种编程软件和硬件接口，用户可以在个人计算机上完成对 PLC 的编程、调试和对运行状态的监控。常见的 PLC 编程软件有：西门子的 TIA Portal、A-B（allen-bradly）的 RSLogix5000、三菱的 GX Developer 等。

（三）PLC 常用编程指令

虽然市场上 PLC 的品牌众多，但是编程指令大同小异。以西门子 S7-1500 系列 PLC 为例，介绍 PLC 的常用编程指令。S7-1500 系列 PLC 的常用编程指令包括基本输入输出指令、定时器指令、计数器指令、数据操作指令等。

1. 基本输入输出指令

PLC 的基本输入输出指令包括触点指令和线圈指令。触点指令也叫输入指令，常用的有常开触点指令和常闭触点指令。线圈指令也叫输出指令。基本输入输出指令具体功能见表 2-1。

表 2-1　　基本输入输出指令

指令名称	梯形图	功能说明
常开触点	—| |—	常开触点：标准输入指令，当常开触点为“1”时，常开触点闭合
常闭触点	—|/|—	常闭触点：标准输入指令，当常闭触点为“0”时，常闭触点闭合
输出线圈	—( )—	输出线圈：输出指令，将输出位的值写入输出映像寄存器

2. 定时器指令

定时器是一种根据设定时间动作的继电器，相当于继电器控制系统中的时间继电器，常用的有接通延时定时器、关断延时定时器和时间累加器。定时器指令具体功能见表 2-2。

表 2-2　　定时器指令

<table>
<tr><th>指令名称</th><th>梯形图</th><th>功能说明</th></tr>
<tr><td>接通延时定时器</td><td>TON
Time
IN　Q
PT　ET</td><td rowspan="3">（1）指令参数说明
IN：为真，则定时器开始计时
PT：预设定时器定时时间
ET：当前计时值
R：复位信号，为真，ET 复位
Q：定时器输出
（2）功能描述：
TON：定时器输出在预设的延时后设置为 ON
TOF：定时器输出在预设的延时后设置为 OFF
TONR：定时过程是累加输入信号为“1”时所记录的时间值，累加值大于预设值后，定时器输出</td></tr>
<tr><td>关断延时定时器</td><td>TOF
Time
IN　Q
PT　ET</td></tr>
<tr><td>时间累加器</td><td>TONR
Time
IN　Q
R　ET
PT</td></tr>
</table>

3. 计数器指令

计数器指令常用的有加计数、减计数、加/减计数，具体功能见表 2-3。

表 2-3　　计数器指令

指令名称	梯形图	功能说明
加计数	CTU Int CU　Q R　CV PV	指令参数说明： CU：加计数，按加 1 计数 CD：减计数，按减 1 计数

续表

指令名称	梯形图	功能说明
减计数	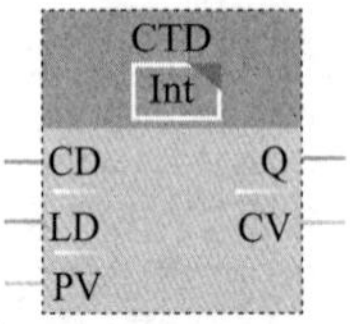 CTD Int CD Q LD CV PV	PV：预设计数值 CV：当前计数值 R：将当前计数值 CV 重置为 0 LD：将预设值重新装载到当前计数值 CV Q/QU：当 *CV*≥*PV* 时为真 QD：当 *CV*≤0 时为真
加/减计数	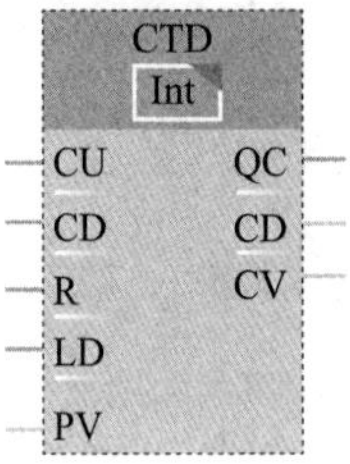 CTD Int CU QC CD CD R CV LD PV	

4. **数据操作指令**

数据操作指令常用的有比较指令、数学运算指令和移动指令等。比较指令、数学运算指令功能见表 2-4、表 2-5。

表 2-4　　比较指令

指令名称	梯形图	功能说明
等于	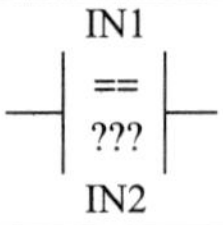 IN1 == ??? IN2	IN1 等于 IN2，则指令返回逻辑运算结果“1” “???”（下同）为选择数据类型，如整数、实数等
不等于	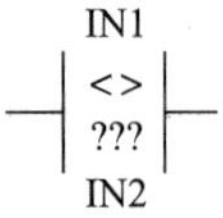 IN1 <> ??? IN2	IN1 不等于 IN2，则指令返回逻辑运算结果“1”
大于或等于	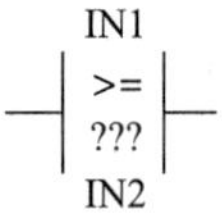 IN1 >= ??? IN2	IN1 大于或等于 IN2，则指令返回逻辑运算结果“1”
小于或等于	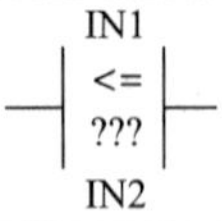 IN1 <= ??? IN2	IN1 小于或等于 IN2，则指令返回逻辑运算结果“1”
大于	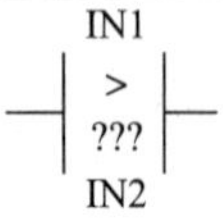 IN1 > ??? IN2	IN1 大于 IN2，则指令返回逻辑运算结果“1”
小于	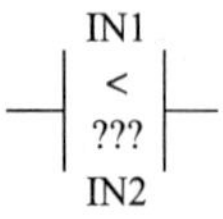 IN1 < ??? IN2	IN1 小于 IN2，则指令返回逻辑运算结果“1”

表 2-5　　数学运算指令

<table>
<tr><th>指令名称</th><th>梯形图</th><th>功能说明</th></tr>
<tr><td>加</td><td>ADD
Int
EN　ENO
IN1　OUT
IN2</td><td rowspan="6">指令参数说明：
EN：使能输入
IN1：操作数 1
IN2：操作数 2
ENO：使能输出
OUT：运算结果输出</td></tr>
<tr><td>减</td><td>SUB
Int
EN　ENO
IN1　OUT
IN2</td></tr>
<tr><td>乘</td><td>MUL
Int
EN　ENO
IN1　OUT
IN2</td></tr>
<tr><td>除</td><td>DIV
Int
EN　ENO
IN1　OUT
IN2</td></tr>
<tr><td>最大值</td><td>MAX
Int
EN　ENO
IN1　OUT
IN2</td></tr>
<tr><td>最小值</td><td>MIN
Int
EN　ENO
IN1　OUT
IN2</td></tr>
</table>

移动指令可将数据元素从原存储地址复制到新的存储地址，也可以完成数据类型的转换，并且在移动的过程中不改变原数据，常用的有移动值指令、块移动指令、无中断块移动指令、交换指令。移动指令功能见表 2-6。

表 2-6　　　　移动指令

指令名称	梯形图	功能说明
移动值	MOVE EN ENO IN OUT	MOVE 指令可将 IN 输入操作数中的内容沿地址升序方向传送到 OUT 输出操作数中，各引脚功能如下： EN：使能输入 ENO：使能输出，若 EN 为“0”或者 IN 参数的数据类型和 OUT 的不匹配，则 ENO 输出为“0” IN：源值 OUT：传送源值中的操作数
块移动	MOVE_BLK EN ENO IN OUT COUNT	MOVE_BLK 指令可将 IN 存储区的内容沿地址升序方向移动到目标存储区；COUNT 参数是待复制到目标区域的元素个数；IN 输入端的元素宽度代表待复制的元素宽度
无中断块移动	UMOVE_BLK EN ENO IN OUT COUNT	UMOVE_BLK 指令可将 IN 存储区的内容沿地址升序方向连续复制到目标存储区；COUNT 参数是待复制到目标区域的元素个数；IN 输入端的元素宽度即代表待复制的元素宽度
交换	SWAP Word EN ENO IN1 OUT	SWAP 指令：交换 IN 中数据高低字节的顺序，并可在 OUT 中查询数据交换结果，交换的最小单位是 8 位 例如： IN：1110 0001 1100 0101 0110 1010 0101 1100 OUT：0101 1100 0110 1010 1100 0101 1110 0001

四、PLC 控制系统设计

以 PLC 为核心组成的自动控制系统，称为 PLC 控制系统。在掌握 PLC 的工作原理，编程语言、硬件配置及编程方法后，就可以开始进行 PLC 控制系统的设计了。PLC 控制系统设计包括硬件电路设计和软件程序设计两项主要任务，其中软件程序质量的好坏直接影响整个控制系统的性能。

PLC 控制系统设计的一般步骤如图 2-3 所示。首先，详细了解被控对象的生产工艺过程，分析控制要求，选择 PLC 机型，确定所需输入元件、输出执行元件。然后，分配 PLC 的 I/O 点，设计主电路。接着，使用 PLC 软件程序设计，同时设计控制柜及

现场施工。最后，进行系统调试，试运行，编制技术文件，交付使用。

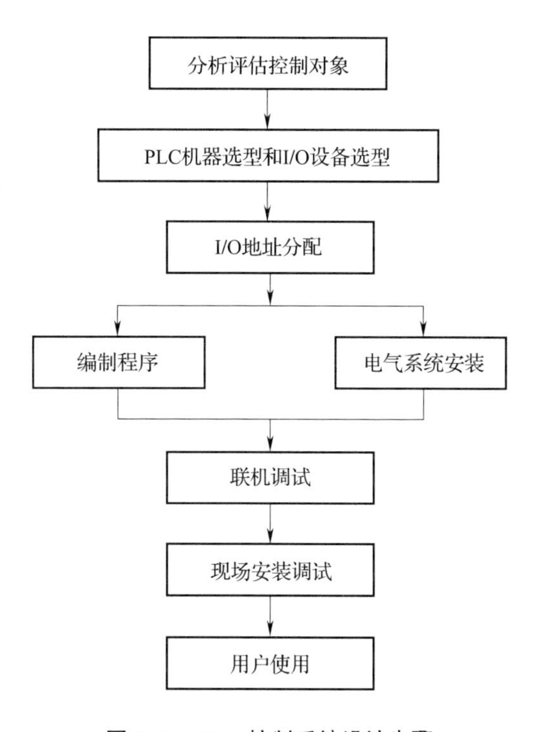

图 2-3　PLC 控制系统设计步骤

PLC 控制程序一般都是由一些基本电路及程序构成，设计者应熟练掌握这些典型环节和程序模块，以确保程序的可靠性，并缩短程序开发周期。由于篇幅有限，仅介绍部分基本程序案例，其他程序请查阅相关资料。

五、程序案例

（一）启保停电路

为了控制电动机的启动、保持、停止，设计如图 2-4 所示的电路梯形图。PLC 的 I/O 分配如下：启动按钮 I0.0，停止按钮 I0.1，电动机接触器 Q0.0。常开触点 I0.0 闭合，线圈 Q0.0 得电，其对应常开触点闭合，维持线圈 Q0.0 持续得电，电动机持续转动，此时断开 I0.0，电动机仍转动。I0.1 常闭触点断开，线圈 Q0.0 断电，电动机停转。

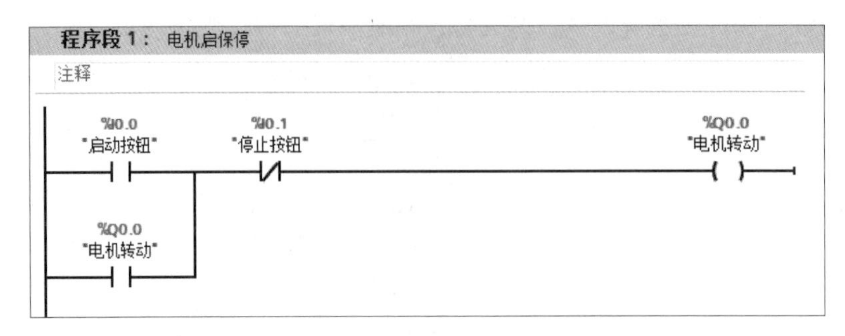

图 2-4　电动机启保停电路梯形图

（二）电动机正反转控制程序

由于电动机正反转是通过改变电源的相序实现的，而 PLC 的指令执行速度较快，为防止电源短路，在电动机正反转控制程序中，需要增加正反向切换的延迟时间，因此在程序中引入定时器进行延时控制。

（三）优先权程序

PLC 对多个输入信号的响应有时有顺序要求，例如，当多个信号输入时，优先响应级别高的，或者有多个输入信号时，响应最先输入的信号。有 4 个输入信号 10. 0~10. 3，分别对应线圈 Q0. 0~Q0. 3，其优先级别从高到低的顺序为 10. 0、10. 1、10. 2、10. 3。如图 2-5 所示。

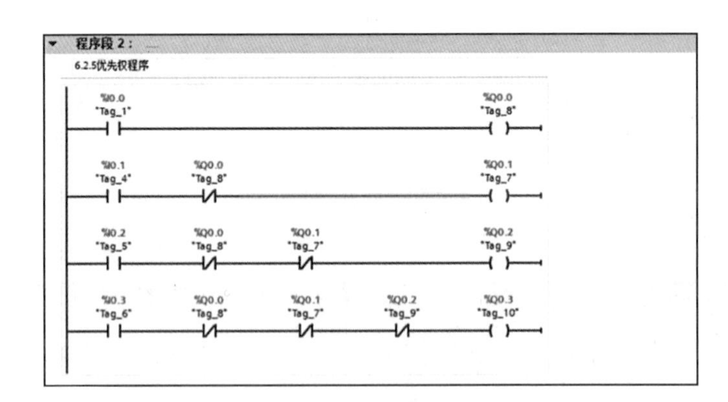

图 2-5　优先权程序梯形图

程序分析如下：

1. 设 4 个信号 10. 0~10. 3 同时输入，根据 PLC 的扫描工作原理，Q0. 0 线圈得电，

同时其对应的常闭触点断开，Q0.1～Q0.3线圈都不得电，因此，级别最高的I0.0得到响应，其他信号不予理睬。

2. 若某个级别低的信号先输入，此后又有级别高的信号输入，则级别高的信号可以得到响应，同时封锁对级别低信号的响应。如，当信号I0.1先输入，Q0.1线圈得电，此后又有高级别的信号I0.0输入，则Q0.0线圈得电，同时其对应的常闭触点断开，Q0.1线圈断电。高级别信号得到响应，低级别信号被封锁。

第二节　典型智能装备与单元模块安全操作

考核知识点及能力要求：

- 了解智能装备与产线的定义及发展状况，了解智能装备与产线的功能需求；
- 掌握智能装备与产线的常见安全隐患与安全操作；
- 熟知单元模块的安全操作；
- 借助案例帮助了解智能装备与产线的安全操作。

一、智能装备与产线常见安全问题概述

（一）智能装备与产线简介

自改革开放以来，我国以高技术、智能化等为代表的制造业不断壮大，相应地促进了智能制造装备产业的快速升级。以智能化特征为代表的智能制造装备是实现我国智能制造的核心支撑，其通常具有感知、分析、推理、决策和控制功能，是先进制造

技术、信息技术和智能技术在装备产品上的集成和融合。由于智能装备体现了制造业智能化、数字化和网络化的发展要求，为装备制造业的转型提供了良好的契机，也显著提升制造过程的智能化程度，推动智能制造在各行业的应用普及，因此制造装备的智能化水平已成为当今衡量一个国家工业化水平和综合国力的重要标志。对此，工业和信息化部提出，面向传统产业改造提升和战略性新兴产业发展的需求，要大力支持与推进智能装备的发展。

智能装备的重点研发方向主要聚焦以下四大领域：

1. 工业机器人

工业机器人自20世纪60年代诞生以来，在电子、物流、机械加工等各个工业领域中得到了广泛的应用。工业机器人是一种集成了自动控制、电子及制造技术等的多自由度机械装备，其主体由机器本体、控制器、伺服驱动系统和检测传感装置构成，具有拟人化、自控制、可重复编程等特性，可有效节省人工成本、代替工人进行危险性或灵活性较高的机械加工作业，如图2-6所示。随着科技与工业的持续发展，配置了VR和智能控制系统的工业机器人正呈现出智能化、服务化以及标准化的发展趋势。智能化是指，工业机器人通过传感器接口感知周围环境，从而实现人机之间、机器人与周围设备之间的互动，以此进行判断与决策，实现智能化抓取等操作行为，在此过程中机器人对人的依赖程度得到降低；服务化是指，在离线的状态下，依托于专业的软件环境，机器人可实现在线的主动服务；标准化是指，工业机器人的结构模块、组

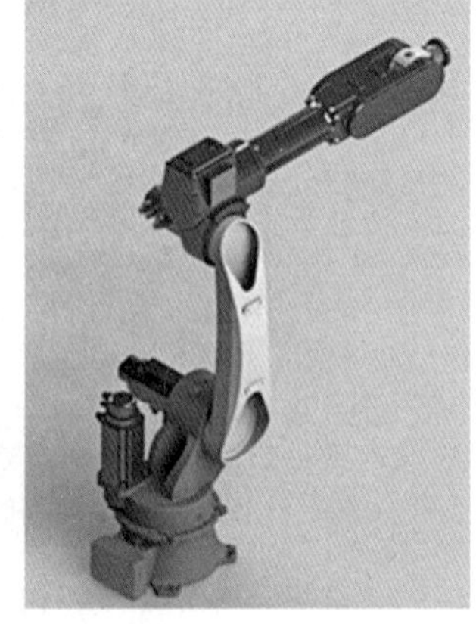

图2-6　工业机器人

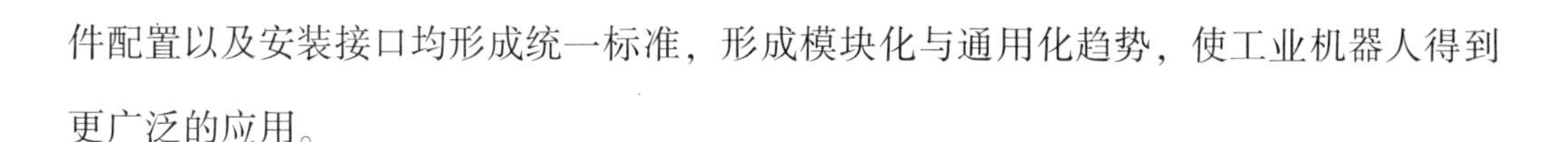

件配置以及安装接口均形成统一标准，形成模块化与通用化趋势，使工业机器人得到更广泛的应用。

2. 智能机床

受益于国家振兴装备制造业的大环境和强劲的市场需求拉动，数控机床得到了蓬勃发展，并呈现出高速化、高精度化、智能化、复合化、绿色化等趋势。迄今为止，机床的发展经历了三个阶段：传统机床、数控机床和智能机床。与传统机床相比，数控机床一方面增加了数控系统，实现了加工程序的自动执行和控制，另一方面采用伺服电机代替了原先的普通电机和减速装置组合，应用数字技术实现对机床执行部件工作顺序和运动位移的直接控制，使得传统机床的变速箱结构被取消或部分取消，因而其机械结构得到相对简化。同时，由于计算机水平和控制能力的不断提高，同一台机床上同时执行更多功能部件所需要的各种辅助功能已成为可能，因而数控机床比传统机床具有更高的机械结构集成化功能要求。而智能机床是新一代信息技术、人工智能技术以及先进制造技术与机床深度融合的数控机床高级形态。它通过自主感知获取有关自身加工能力、所需加工工艺、加工工件和加工环境的信息，通过自主学习和建模生成加工所需知识，并根据生成的知识进行自主优化和决策，最终通过各种功能模块完成加工过程的自主控制，提高加工能效。通过智能数控机床的一系列自主式学习与决策控制，机床加工过程的多个目标，如精度高、可靠性好、效率高、安全性好、能耗低等都可得以实现。智能数控机床的基本原理，如图 2-7 所示。

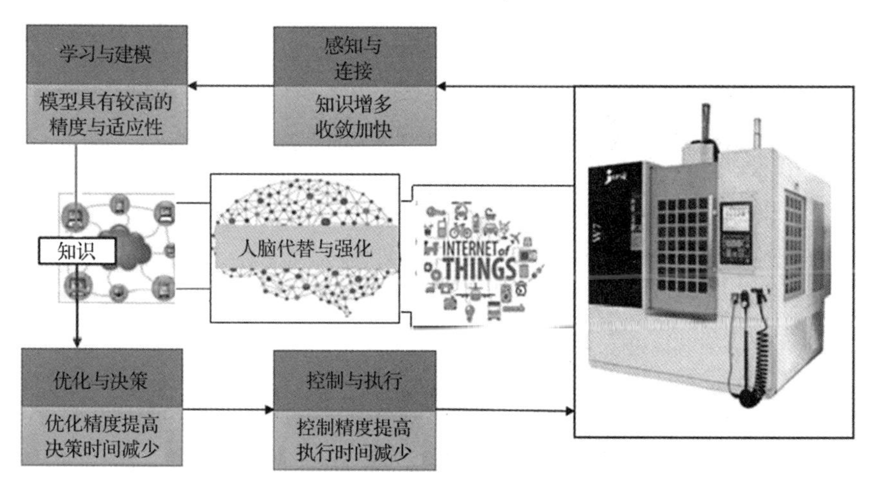

图 2-7　智能数控机床

3. 工业传感器

工业传感器是数字化工厂及工业互联网的基础和核心，是自动化智能装备的关键部件。随着 IT 技术与工业互联网的飞速发展，传感器产业也迎来了蓬勃发展。在此发展过程中，工业互联网对传感器提出了网络化、集成化、智能化等新要求，由此，智能传感器应运而生。智能传感器（intelligent sensor）一词大约在 20 世纪 80 年代中期被引入传感器市场，是一种将待感知、待控制的参数量化并集成应用于工业网络的新型传感器。推动这种“智能”传感器发展的因素主要有：嵌入式微控制器、微处理器、模数和数模转换器的发展、网络和诊断软件的普及以及传感器网络接口标准的简化。智能传感器均配置有微型处理机，具有高性能、高可靠性、多功能等特性，而未来的智能传感器将被投入到新型工艺材料和微处理机的结合研究中，以提升传感器的精度和对环境的适应性；同时，传感器厂商将利用新一代计算机等技术，提高智能传感器的实时数据采集功能。

按被测物理量划分，车间常见的智能传感器有力传感器（图 2-8）、湿度传感器、压力传感器、位移传感器、流量传感器、液位传感器、温度传感器、加速度传感器、转矩传感器等。按工作原理可划分为：电学式传感器、磁学式传感器、光电式传感器、电势型传感器、电荷传感器等。

图 2-8　三分量力传感器

4. 智能物流仓储

智能物流仓储是相对于传统物流而言的。在传统物流基础上，智能物流仓储结合IoT等技术，利用物流系统和相应软件、按照实际业务需求，实现对企业的人员、物料、信息进行协调管理，最终达到整体生产的高效性目标。在智能工厂框架中，智能物流仓储常位于末端，是连接制造端和客户端的核心环节，由智能物流仓储装备和智能物流仓储系统所组成。其中，智能物流仓储装备主要包括自动化立体仓库、多层穿梭车、巷道堆垛机、自动分拣机、自动引导搬运车等；而智能物流仓储系统则需根据生产工人需求，对物流以及信息进行协调管理。通过企业资源计划系统（ERP）等进行集成，智能物流仓储可实现进出仓和货位等信息的透明化，并在减少人力成本消耗和空间占用等方面具有优势。

智能柔性化的装备促使智能生产线得到发展。智能生产线是在专业化及自动化生产线基础上，将智能装备运用至各流水线生产环节，同时在其他环节引入智能化搬运技术、自动装夹技术以及智能检测与识别技术，实现对刀具、物料、零件等的自动识别、存储、配送与管理。相对于传统生产流水线而言，智能生产线的特征在于其智能化水平较高，运用至企业实际生产中可大大节省人力成本，并提高加工效率，为企业带来一定的经济效益，因此受到许多行业与企业的青睐，如将工业机器人应用在车身焊接的加工等，如图2–9所示。

图2–9　工业机器人在车身焊接中的应用

（二）智能装备与产线的功能与需求

在数字化工厂概念的推动下，部署在工业互联网内的智能装备也随之增多。在车间生产过程中，智能装备与物流单元、检测单元以及工业云平台通过现场总线、以太网等通信技术实现了数据的互联互通，为 MES 的控制与管理提供了加工生产的数据支持。与此同时，智能装备面临的网络威胁与设备故障问题不容小觑。为提升智能装备与产线的平稳运行能力、促进生产加工效率，需了解辨析智能装备与产线的功能与需求。

1. 加强智能装备操作防范

在传统车间，机械装备的操作大多凭车间操作人员的经验进行，而对维修与故障检测也未统一规范，无法保证设备的安全性问题。智能装备（尤其是智能硬件）一旦发生故障，可致使周围加工装备的大范围停机，影响车间的加工效率。对此，有必要加强智能装备操作规范，并对加工生产装备实行安全检测和故障预诊断，对重要生产环节实行加工过程的实时监控。

2. 加强安全监测和与预警能力

智能装备的设备安全与网络安全需引起高度重视。通过底层信息网络或工业摄像头等渠道，攻击者可对智能装备进行远程操作，获取加工机密数据，甚至入侵智能工厂，严重者会影响到社会安全。因此，有必要提高车间加工网络环境的时间应急响应和恢复能力，以实现车间网络系统的安全可控。

（三）智能装备与产线常见安全问题

我国智能制造装备产业发展势头迅猛，在制造业智能化转型升级的过程中，在智能制造环境下，制造设备正在朝着高速、高精、高效的方向发展，生产线信息物理资源的融合进一步加深。然而，随着万物互联时代的到来，部署在智能产线网络边缘侧的智能装备越来越多，而智能装备在实际生产线中的利用率较低，由此产生的安全问题呈爆炸式增长。智能装备与产线常见安全问题主要有两类：一是由于操作失误和设备故障引起的安全问题；二是网络安全问题。

第一种安全问题主要由操作人员对设备与产线安全性能与隐患了解不彻底以及对智能装备的利用率较低而造成的。实际上，在智能装备运行过程中，小部分的性能退

化、自然磨损、生产力下降和意外事件均将使设备的性能发生一定的变化，引起整个智能化工厂停机、引起不必要的损失与人身损害。而目前在我国大力发展智能制造和高度强调工业网络信息安全的背景下，对智能装备如机床、传感器等的运转性能没有足够的重视，智能装备的自有优势包括自我感知、自主决策等未体现在安全诊断中，其承载的数据也未得到深入挖掘，以至于机器磨损状况无法获取，存在操作与运行时突然停机、黑屏等隐患。

现以常见的智能装备工业机器人、机床和传感器为例，对安全操作问题进行概述说明。

1. 工业机器人存在的安全操作问题

由于工业机器人通常体积大、动作快、携带重物或钝器，因此在操作过程中，可能与人发生碰撞，造成严重的伤害。对此，为减少事故发生，避免不必要的人机伤害，首先需要求机器人开发者或操作人员对机器人作业初期的作业活动进行安全性分析，即明确作业活动中机器人系统的用途和作业范围，以此识别该次操作存在的潜在危险。在识别危险源时，操作人员应从整个机器人系统的各层面进行考虑，包括设备层面、设备的构建与安装层面以及人机交互层面等。

（1）设备层面

在该层面中，潜在危险包括以下两种：

一是设施失效或故障产生而引起的危险。包括传感器、控制元件以及防护栏的移动或拆卸引起的危险，配电系统和控制系统突然发生故障（如短路、断路和掉电问题）引起的危险以及控制装置失效引起的危险。

二是移动机械部件运动引起的危险。包括在作业期间机器人部件发生相对运动，如机械臂的回转、弯曲以及手腕旋转等受到挤压和撞击，引起所夹工件发生抛射、脱落的危险；在机器人作业区域内其他相关设备或部件运动发生挤压、撞击，或末端执行器如喷枪、高压水切割枪产生的喷射，焊接时引起的熔渣飞溅等危险；在电力传输时，机器人系统的动力装置或部件在移动时发生的触电、短路等危险。

（2）设备的构建与安装层面

首先应考虑安装的稳定性所带来的危险，即在安装和试运行时，机器人系统或作业范围内的关联设备和安全防护装置安装不牢固，或未安装安全防护装置，造成机器人操作不稳定，对操作人员造成一定的伤害；作业范围的人员通道狭窄，使得操作人员在紧急事故发生时未能迅速撤离从而受到伤害。其次应考虑在构建系统和布置设备时，由于布置不合理，设备间距过窄，形成无意识的机器设备启动、失效等危险。

（3）人机交互层面

应考虑机器人系统与操作人员发生交叉干涉所带来的潜在危险，即人因差错危险。具体指未考虑对操作人员的防护或未及时对关联设备进行安全维修，未及时发现与处理设备故障导致关联设备在作业期间造成故障与失效，从而对操作人员造成伤害。此外，还包括在机器人作业期间操作人员误操作，如人工上下料与机器人作业节拍不协调，发生相互干涉从而对设备和人员造成的伤害。

2. 机床存在的安全操作问题

机床是重型机械，处于高压电流、噪声、压缩空气的环境中作业均存在一定的危险隐患。因此，操作或维修机床时应识别当前危险隐患，并规避因不规范操作而造成的意外伤害事故。

（1）作业环节

主要危险及有害因素包括以下方面：

①加工区工件、刀具以及卡盘可能造成碰撞、挤压、剪切、割、刺和夹击等，以及工作台面上的重型工件坠落造成脚和腿部砸伤。可能造成的伤害类型为机械伤害，可能伤害的对象为操作人员。

②作业时工件、刀具、卡盘破损飞溅造成头部伤害。可能造成的伤害类型为物体打击，可能伤害的对象为操作人员及周边人员。

③作业过程中使用气枪清理加工铁屑时产生的噪声可能对听力造成损伤，可能伤害的对象为操作人员及周边人员。

④机床照明灯具未使用安全电压及各类电源线破损可能引发触电危害，可能伤害的对象为操作人员及周边人员。

（2）维修环节

在维修人员对工件、刀具和卡盘进行调整或维修时，未切断电源导致机床突然启

动，可能受到碰撞、刀割和夹击等机械伤害，以及维修人员到机床设备上方进行检修和维护保养时，可能有高处坠落的危险。

（3）工件拆装环节

工人在拆装刀具、工件时，可能受到碰撞和夹击等机械伤害。

3. 传感器存在的安全操作问题

以加工过程中常见的压力传感器为例，对常见的安全操作问题进行简要概述。压力传感能直观地显示出各个工序环节的压力变化，洞察工件或介质流程中的条件形成，监视生产运行过程中的安全动向，并通过自动连锁或传感装置，构筑一道迅速可靠的安全保障，为防范事故、保障人身和财产安全发挥了重要作用，被称作安全的"眼睛"。然而由于现场工作人员对压力传感器存在忽视或违法使用问题，可能给工件安全带来隐患，导致设备使用寿命严重缩短或者耗损过大。

（1）安装配置不规范

现行规程规范中对压力传感器的配置、安装、使用、维护、检验等均有明确规定要求，在实际装配时，减少次要部位或双（多）表监控处的设置指数，盘径与量程不适合工作要求，易燃、易爆、有毒、腐蚀等特殊条件环境下未采用特殊仪表等，随意改变规范规定等情况突出。

（2）日常使用维护不重视

在使用传感器时较少进行不定期检查和清洗，以及存在表针不归零位或波动严重、防爆孔保护膜脱落、表盘腐蚀或玻璃破碎、表盘不清扫等现象。这些问题导致传感器在使用过程中发生故障，影响工件的加工效率。

针对上述由操作不当引起的智能装备安全问题，操作人员应熟悉各种智能装备的功能并掌握安全操作技能，规范科学地进行试验，确保科研工作的顺利进行。

第二种安全问题即网络安全问题的主要原因在于，海量的数据占用云存储，造成资源浪费与处理延迟，引起设备安全与损失。同时，随着企业工业互联网进程推进，现有主流的智能装备核心系统大多不是我国自主开发的，特别是机器人和高精度数控机床主要从国外厂家全套引进，核心技术受制于人，大大增加了不可控因素。同时，这些智能装备在运用至智能生产线时，引入了大量的开源智能软件以及开放式互联网技术，这些软件带来了多样的工业病毒和网络攻击风险。而数控生产系统一旦受到威胁，直接影响到整个工厂生产效率。此外，当非自主研发的智能装备需要由厂商进行远程升级与维修管理时，企业可能面临工艺信息和生产数据等机密泄露的风险，直接影响到国家战略安全。2010 年发生的“震网”病毒事件，更是为我国的工业控制系统安全敲响了警钟，保障数控加工制造的产业安全，成为亟待解决的重大问题。

对此，针对智能装备与产线面临的操作安全与网络安全等问题，有必要学习与掌握安全操作知识，掌握智能装备的安全操作技能，将安全隐患消灭在萌芽状态，为工业领域提供安全服务和监管服务。

二、智能装备安全操作基础

（一）智能装备操作安全措施

在通信、汽车、工控、航空航天等高科技领域，智能装备随处可见，需要从底层操作系统提供多种功能安全保障措施，以保障智能装备的持续稳定运行。针对各种不同智能装备的特征，对常见的智能装备安全操作进行概述。

1. 工业机器人的安全操作

为防止工业机器人在移动时对操作者和维修人员产生潜在伤害，规避各类不安全因素，现对工业机器人的安全操作进行归纳与总结。

（1）开机前的安全操作

在开机或启动机器人前，首先应确保操作人员熟悉操作规范、进行过相关安全培训并通过安全考核。其次，检查机器人系统、关联设备以及安全保护装置的运行状态以及完整程度，并确认该项作业已符合各项安全要求，清除阻碍机器人运动区域内的阻挡物，同时请勿控制机器人进行危险动作。在机器人运行和等待中，绝不允许无关人员进入机器人工作区域。如果需使机器人停止作业，请触发紧急停止按钮。为防止除示教者之外的其他人员误操作，示教人员应给予一定的警示。

（2）示教过程中的安全操作

在示教过程中，仅允许示教人员在安全防护区域工作；示教人员应保证操作区域

内有合理的撤退空间，且撤退空间无障碍物。在操作机器人时，示教人员应保证在机器人运动区域外完成示教，如果必须进入该区域完成示教，禁止非示教人员指挥操作。如果存在需要两人配合进行的示教活动，禁止采用呼喊的方式进行示教协作。在示教过程中，如果安全防护区域存在多台机器人，请确保与本次示教无关的其他机器人处于切断电源状态。为避免无关人员通过控制器、示教器等误操作机器人系统装置，请给予标识表明示教工作正在进行。在示教过程中，确保机器人的移动速度处于低速状态（通常应低于 250 mm/s），具体情况应考虑机器人发生故障时，示教人员能够有时间撤退或停止机器人运动。

（3）自动运行时的安全操作

在自动操作前，请确认机器的工作区域是否安全，所有紧急停止开关正常，预期的安全防护装置处于有效状态，其他关联设备（如示教器等）处于安全位置。且保证示教人员完整阅读机器人操作手册。同时，确保当前运行程序经过手动运行示教点时是检验无误的。在自动运行过程中，勿进入安全防护围栏内，并在安全运行围栏上标示“自动运行中禁止进入”警示语。如有故障导致机器人在运行中停止，请检查显示的故障信息，按照正确的故障恢复顺序恢复或重启机器人。在使用示教器后，请将其放回原位，方便下次使用。

（4）维修时的安全操作

在进行机器人维修时，请保证机器人急停开关不被短接。禁止非专业人员维修和拆卸机器人任何部件，在进入安全围栏前，确保所有安全措施功能良好，请切断控制电源，并放置清晰的标示表明维修正在进行。在拆除关键轴的伺服电机前，使用合适的提升装置支撑机器人手臂。

2. 机床的安全操作

为防止工业机器人在移动时对操作者和维修人员产生潜在伤害，规避各类不安全因素，现对工业机器人的安全操作进行归纳与总结。

（1）作业前的安全操作

在作业前，操作人员应确保熟悉机床的性能，掌握刀具手柄的功用，并经过机床安全培训，同时应穿戴好相应防护服；操作人员应检查安全装置的有效性，包括安全门联锁、侧面、后面安全防护网、急停开关；查看油管、气管等有无泄漏，确认周边作业环境亮度、作业空间、电源电线等是否符合要求。

（2）作业时的安全操作

在机床运转前，应向需润滑的部位添加适量的润滑油，并在机床低速空转试运行后进行操作。在操作开关时手部不可潮湿，防止感应电发生；由于切削时产生的铁屑、木屑、切屑容易飞溅，在加工时必须将门紧闭，关闭门时应保持距离，以免夹手。需调整夹具或刀具时，请确保主轴处于停止旋转状态，在装夹刀具时，工件、刀具和夹具必须牢固才能切削，且吃刀深度不能超过设备本身的负荷。当设备发生异常或故障，请触发急停按钮，并请专业人员修复后方可作业。严禁私自调节安全防护装置，以免防护失效。

（3）作业后的安全操作

当操作人员离开设备或作业完成后，必须使机器停机并切断电源。在停机断电后，请做好维护保养工作和相关记录。如果需到设备上方进行保养和检修，必须使用安全梯具并佩戴好安全帽和安全绳。

3. 传感器的安全操作

在使用传感器前，应保持室内温度处于界定范围内（通常为20±5 ℃）且湿度正常（通常为40%~75%），对传感器进行校准，并将其放置在室温下一段时间。此外，需熟悉各类传感器的操作用途及相应的注意事项。如在使用压力传感器时，在加压或降压过程中，应缓慢平稳摇动手柄，以免造成压力波动。在满足检定要求的温湿度条件下，将500 V兆欧表的一端接在电测压力表接线柱上，一端接在外壳上，然后摇动兆欧表的发电机手柄，待示值稳定后读数，保证该读数处于正常范围内。

（二）智能装备网络安全措施

1. 智能装备的网络安全防护平台搭建

针对多个智能装备的设备层、主机层、网络层以及数据层，首先建立完善的网络安全制度，构建基于大数据的工业网络安全防护平台，从功能层、数据层和数据接口层等多视图多层次突破威胁预测、安全防护和快速响应技术，达到对装备和产线系统

内的主机、日志、任务以及服务全要素信息的归纳和重要数据的及时备份。同时，应采用防病毒软件、防火墙等防护措施，实现对智能装备网络平台的管理，并提高情报采集和漏洞采集的能力。

2. 智能装备的分区隔离方式

各装备之间采用分区隔离的方式，实时监测控制关键任务的运行状态，允许网络安全系统根据实际情况重新配置，并显著提高故障排除能力，同时，保障多个组件协调合作以提高安全诊断能力。例如，同时关闭一个单元中的所有机器，并在适当的情况下协调“软关闭”（在不损坏系统和/或报废产品的情况下逐步关闭系统的安全算法）。此外，分区隔离技术能够在保证安全性的前提下进行内外网的数据交换，使处理多设备信息故障的能力提高，能够缓解复杂网络（一般包含三台以上智能装备）信息爆炸导致处理不及时的问题。智能装备分区隔离技术的主要功能如图 2-10 所示。

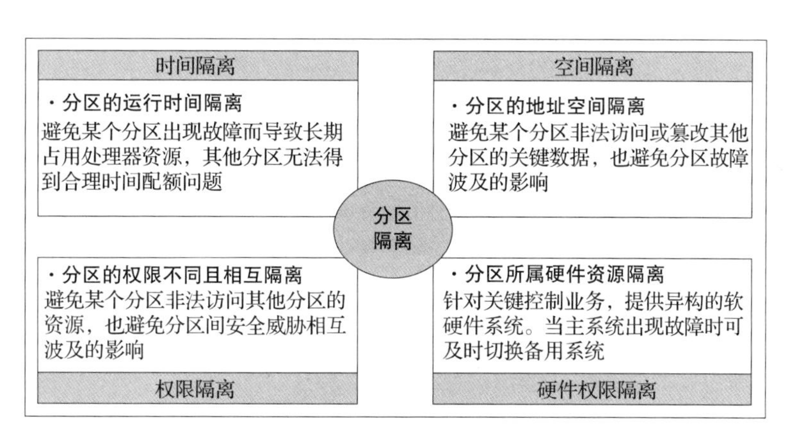

图 2-10　智能装备的分区隔离技术功能

3. 实时数据监测

如果想保证设备的安全允许，必须利用好智能装备的“预警”和“报警”功能。例如，对于某些传感器，当自身压力超过阈值时，即表明当前检测位置出现问题。对此，有必要通过信息技术对车间内的智能装备进行检测与预警，主动发现违规或异常的设备状态，及时向管理人员报警，实现预警和报警的联动管理。同时，建立智能装备典型故障知识库和应急知识库，在发生预警时，给出维修或安全管理建议。

4. 安全防御技术

高级持续威胁（APT）是智能装备面临的最大的安全威胁形式，例如曾在工业领域发生过的伊朗震网事件和乌克兰电网事件等。APT 攻击过程包括：系统探测、漏洞挖掘、系统突破以及系统控制。为增强网络安全防御，应建立智能装备的内生安全信息机制和可信架构。此外，设计威胁诱捕系统，捕获 APT 实时攻击行为，获取被威胁主机的具体状态，实行主机数据监控，包括可疑进程、非授权用户网络访问等关键数据。

（三）常见的智能装备安全问题诊断

我国机械装备制造业正朝着集成化、复杂化、智能化等方向发展。对于大型机械装备而言，其关键部件一旦发生故障，轻则造成停机检修，影响任务品质并带来经济损失，重则造成装备报废，甚至引发人员伤亡事故威胁。因此，建立可靠的安全诊断或健康监测系统，实时地开展大型机械装备关键部件服役性能的研究，及时对可能出现的故障发出预警，实现故障的准确识别判断与剩余寿命评估，指导完成机械装备关键部件的维护维修，对于保障装备与人员安全是至关重要的。

随着智能装备复杂化程度的提高，部署的工业生产线接收的信息数据呈爆炸式增长，建立智能装备系统的安全诊断模型相对困难。如何从智能装备的海量数据中提取隐含的数据诊断信息，是工业诊断领域值得关注的重点之一。对此，国内外专家学者研究了 3 种可行的方法，即基于知识驱动、基于数据驱动以及基于价值驱动的安全诊断方法。基于知识驱动的方法适用于存在大量历史数据的故障诊断中。基于数据驱动的方法本质缺陷在于只能学习重复出现的片段，不能学习具有语义的特征。基于价值驱动的方法适用于海量多源异构数据，并可借助人工智能技术，有效挖掘内在隐含故障特征，实现自动分析与决策。这 3 种方法需结合实际情况使用，提高对智能装备进行安全处理的效率。

三、单元模块的安全操作基础

（一）单元模块的定义

在现有工厂中，基于 MES 的数据采集和过程控制无处不在。而在 MES 产线中，往往存在各种不同型号、不同代级的设备，如加工设备、信息采集设备、物流设备等。如何将功能不一的智能装备进行有效集成，保障多设备共线运行，实现对车间生产的控制和管理，提高车间生产的信息交互水平，进而提高 MES 控制执行的能力，是当代数字化工厂急需研究的问题。为此，车间单元模块应运而生。

车间单元模块，是数字化工厂或车间的基本工作模块。基于离散制造业的加工特点，将一组功能互补或功能相似的设备进行集成，组成模块化生产加工单元，可进行车间各项功能的互补，且具备生产多品种产品的生产能力。提高实现基本工作单元的模块化，可大大提高车间生产过程的信息化水平，形成自上而下的车间管理与控制，满足数字化工厂或车间的数字化、高效率运转。在车间模块化设计时，常贯穿“以人为本、智造先行”原则。例如在车间生产过程中，对于不易搬运的大型机械设备，利用 AGV 和机器人等进行智能物流搬运（图 2-11），从而将各单元线进行有效集成。这种模块化设计原则，从 MES 产线到生产再到单元设备按照从大到小进行拆分，逐渐进行嵌套式和模块化处理，发挥数字化工厂自动化、网络化和智能化特点。

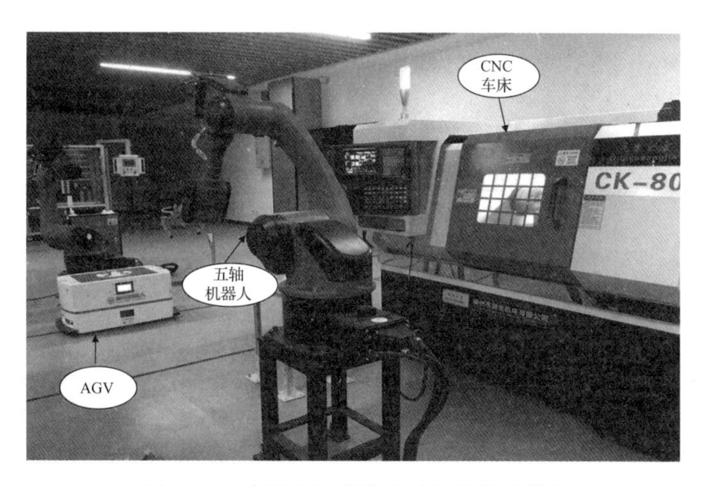

图 2-11　车间单元模块中的智能物流搬运

（二）单元模块的发展

传统上，生产单元周围的安全联锁装置采用超可靠的安全继电器进行硬接线，以确保在单元门打开或单元内有操作员的情况下，单元内的机器人和机器无法运行。这种硬接线不容易重新配置，如果出现问题（例如连接松动），则很难排除故障。此外，安全网络系统通常提供更好的保护，防止操作员绕过安全联锁装置，从而使整个系统更安全。

1. 传统的车间设备单元模块

传统车间设备单元以加工机床为主，设备的模块化交互主要通过手工录入，如工序集成卡等方式实现，操作人员按照工序集成卡的需求进行加工，在每道工序完成后进行打卡记录，之后接受质检人员质检并签字确认。工序集成卡在工序初始就与工件一起下放，保证每道工序都有操作和质检记录，这些记录作为加工零件的档案进行存放。传统的车间单元集群式布置，如图 2-12 所示。

图 2-12　传统的车间单元集群式布置

随着万物互联时代到来，工序卡逐渐增多、信息数据呈现爆炸式增长的特点，此外，这种以工序卡进行模块化集成的手段往往具有明显的信息滞后性，使得对该车间单元的实时管理、实时监控和实时控制愈加困难，难以辅助 MES 系统以及车间提高管理效率和加工质量以及加工效率。

2. 本地化的车间设备集成

为提高手工录入工序卡进行信息管理的效率，改变原有的信息滞后性，本地化车间设备单元得以发展。这种单元模块主要通过分析数据需求，再借助前端传感设备以及 RS23 串口或 USB 接口等不同类型的数据采集设备完成本地化数据的采集，简单方便并提高了 MES 产线或车间生产管理水平和加工效率。

面对日益丰富的数据需求，本地化的车间模块单元有如下缺陷：

（1）缺少网络扩展功能，无法满足车间生产管理过程中多样化的数据需求。

（2）易受现场环境限制，各设备之间的数据连接只能在本地完成，无法进行远程信息汇入。

（3）随着车间设备的不断丰富，这种模块化数据采集方式只能通过不断增加设备进行信息传输和管理，无疑加大了工厂的成本投入。

3. 基于网络化的单元模块

随着车间信息化建设的不断发展，车间衍生出许多新的生产模式，如网络制造、计算机集成制造等，进一步促进了车间信息化的发展。在 MES 生产线管理中，车间设备逐渐向信息交互的方向发展，促使一种新的单元模块方式，即基于网络化的单元模块得到发展。

这种基于网络化的单元模块架构，主要是利用计算机网络技术、大数据技术以及总线技术将分布在车间不同位置的装备，通过信息交互接口进行归一化、模块化处理，组成局域网监控系统，方便对车间不同设备实行生产过程监控。这种模式的交互方式如图 2-13 所示。

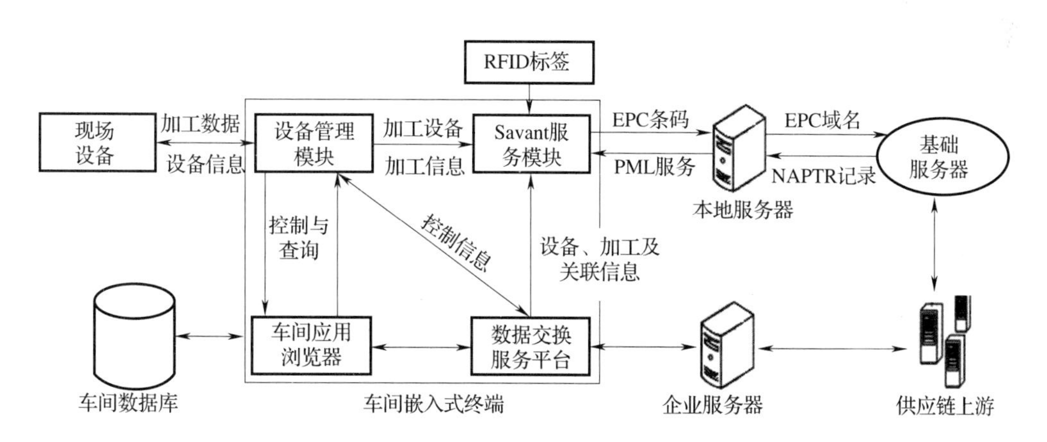

图 2-13 车间装备网络化集成交互流程

这种模块化方式的特点主要有：采用通用化通信模型进行设备交互，实用性和适应性较强；车间设备的节点可选用车间底层不同传感器设备和测控仪器仪表，实现对设备分布式数据的采集和监控管理，进而达到对车间生产过程的远程监控。

（三）单元模块安全操作

在数字化车间的建设过程中，常常依据生产需求来组建生产单元模块，此过程会引入大量不同的异构装备，即加工单元（例如数控机床和加工中心等）、检测单元（智能传感器等）、装配单元（工业机器人等）等，车间底层设备逐渐呈现多样化趋势。而在车间生产过程中，一旦智能装备发生变化和调整，或者增添了新的装备，这样对 MES 系统来说是灾难，因为相关的所有功能模块都需要进行调整来适应新的装备环境，这样除了巨大的工作量之外，还会造成系统的不稳定。此外，由于不同开发商研制的智能装备具有不同的通信机制和访问接口，导致了智能装备之间的共享和交互只能依靠开发相应的驱动程序来实现，同时随着需要访问网络数据的智能装备不断增加，车间管理层对数据的访问也会随之增加，这就需要研制更多的驱动程序，为企业带来较大的开发投入成本，也导致车间底层的异构智能装备面临着集成化程度低和网络安全受威胁的问题，严重时造成车间大范围停机，影响企业的生产效率。为满足上层 MES 车间管理系统对现场实时数据的需要，实现离散制造数字化车间生产运行正常，需对单元模块进行安全操作，实现数字化车间 MES 系统与底层智能装备的集成运行。

在整修之前，需要对各种生产单元的智能装备进行定期的检测，即通过对其设备进行数据采集和分析处理，判断此设备是否存在安全隐患。常见的智能装备例如风机、变频机、鼓风机、齿轮箱、机床、传感器等机械设备都需要进行定时的安全预警判断，由此来确定该设备是否能够继续创造价值或者是否需要更换器件。

同时，因车间底层异构智能装备数量多而导致的数据采集量大，通信协议与接口不统一导致数据采集困难、实时性和共享性差等问题和矛盾，整个 MES 系统难以对生产过程进行有效的实时管理，影响了车间生产运营的效率，带来一定的安全隐患。因此，需要为数字化车间现场这些异构智能装备提供统一的通信机制，保证单元模块端口无冲突，实现车间现场数据信息无缝集成。

另外，随着数字化车间各种智能装备的引入，控制信号与控制规则不能再是单线的、从上至下的生产任务部署，而是需要将实时控制融入生产加工的各个环节，改进

被动的底层机械式控制，提出更智能、更实时的主动控制。

四、典型装备与产线安全操作案例

本节借助 CNC 车床的加工进行典型装备与产线安全操作案例分析，借助车削加工案例阐述其操作流程、注意事项与加工时易出现的故障，并给出相应的故障维修方案。

车削加工是机械加工中应用最为广泛的一种方法，主要利用工件的旋转运动和车床上的刀具运动，改变毛坯的形状和大小，并将坯料加工成所需零件。这种方法主要用于回转体零件的加工，其中包括：内外圆柱面、内外圆锥面、内外螺纹、成型面和端面等。现以轴类零件为例介绍车削工艺。

如图 2-14 所示的轴，其加工工艺过程见表 2-7。

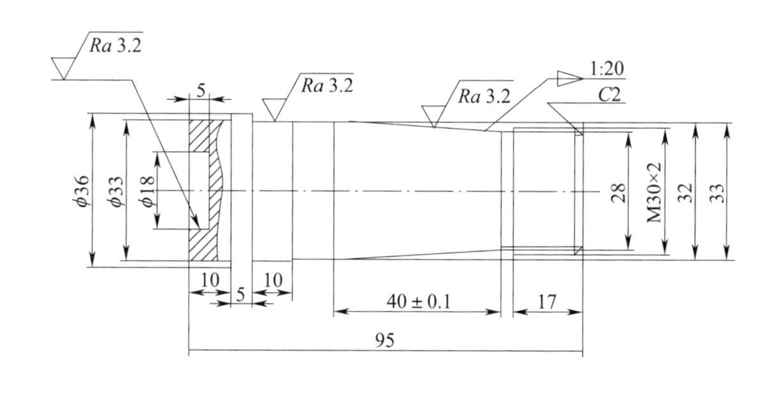

Ra 12.5 (√)

图 2-14 加工轴零件图纸

表 2-7 **加工工艺过程**

加工顺序	加工内容	安装方法	使用刀具
1	下料 ϕ40×100 mm		
2	车端面见平；钻 ϕ2.5 mm 中心孔	自定心三爪卡盘	45°弯头车刀、中心钻及钻夹头
3	调头，车端面保证总长 95 mm；粗车外圆 ϕ36×20 mm，并在离断面 15 mm 处用刀剑刻印痕；粗车、半精车外圆 $\phi 33_{-0.1}^{0}$ mm，钻孔 ϕ15×9 mm，再镗孔 $\phi 33_{0}^{+0.05}$×8 mm	自定心三爪卡盘	45°弯头车刀、右偏刀、ϕ15 mm 的麻花钻、镗刀

续表

加工顺序	加工内容	安装方法	使用刀具
4	调头，粗车外圆 $\phi35\times79$ mm，粗车 $\phi33.5\times79$ mm，粗车 $\phi30.5\times20$ mm；依次精车 $\phi33_{-0.15}^{-0.10}\times20$ mm 和 $\phi33_{-0.05}^{0}\times10$ mm；车圆锥；切槽，倒角；车螺纹 M30×2 mm；去毛刺	自定心三爪卡盘活顶尖	右偏刀、切槽刀、45°弯头车刀、螺纹车刀、镗刀
5	检验		

（一）车床安全操作事项

1. 进入车间前，操作人员在进行车削操作时应穿好工作服，扎紧袖口，长发要纳入帽内，戴好护目镜，不准戴手套。同时，操作人员必须熟悉车床性能，掌握操作手柄的功用。

2. 在启动车床前，需要检查各手柄是否处在正常位置，手动操作各移动部件有无不正常现象，检查传动带、齿轮安全罩是否装好，润滑部位需进行加油润滑。同时，保证工件夹装牢固。

工件安装、拆卸完毕，随手取下卡盘扳手。在需要安装或拆卸大工件时，应该用木板保护床面；安装刀具时，车刀要垫好、放正、夹牢。在装卸刀具时和切削加工时，切记先锁紧方刀架。

在装好工件和刀具后，进行极限位置检查。应将小刀架调到合适位置，以免小刀架和导轨碰撞卡盘而发生事故。

3. 在操作车床时，选择合适的切削量进行车削，车削长轴特征时，必须使用中心架，防止弯曲变形。同时应在刀架斜后方观察切削情况，勿将头部正对工作旋转方向，不能靠旋转工件太近。时刻注意切削流向，不得随意离开机床；在高速切削时，要戴好防护眼镜。不能用手、棉纱等触摸旋转着的工件；不能用手触摸切屑。

在操作过程中，如需改变主轴转速，必须在停车后操作，在工件转动时不得测量工件。如发现车床有不正常声音及故障，应立即停车、关闭电源，并保护好现场。另外，当车刀磨损后，要及时刃磨。

4. 在车削加工后，应及时关掉电源开关，并清扫机床。清除切屑应用专用钩子或

毛刷等工具，且防止刀尖、切屑等物划伤手。同时，加油润滑机床导轨，将溜板箱移至靠近尾架处，防止溜板箱、刀架、卡盘、尾架等相撞。

（二）车床常见的故障类型

在生产过程中，数控车床一旦发生故障，生产活动将被停止，直接影响车间的加工进程。根据调查与分析，车床常见的故障有以下几种：

1. 按故障发生的部位分类

（1）主机故障。数控机床的主机，包括组成数控机床的机械、润滑、冷却、排屑、液压、气动与防护等部分。主机常见的故障主要有：

①因机械部件安装、调试以及操作不当等原因引起的机械传动故障。

②因导轨、主轴等运动部件的干涉和摩擦过大等原因引起的故障。

③因机械零件的损坏和连接不良等原因引起的故障。

针对车床主机常见的故障问题，应对数控车床进行定期维护、保养。同时，控制和根除“三漏”现象发生是减少主机部分故障的重要措施。

（2）电气控制系统故障。通常，该类故障可分为“弱电”故障和“强电”故障两大类。

①弱电故障，又有硬件故障与软件故障之分。硬件故障是指构成主机床的集成电路芯片、分立电子元件、接插件以及外部连接组件等发生的故障。软件故障是指在硬件正常情况下所出现的程序出错或数据丢失等故障，常见的有：加工程序出错、系统程序和参数的改变或丢失，以及计算机运算出错等。

②强电部分是指控制系统中的主回路或高压、大功率回路中的继电器、接触器、开关、熔断器、电源变压器和电动机等电气元器件及其所组成的控制电路。尽管强电部分便于故障维修和诊断，但由于其经常处于高压的工作状态，发生故障的概率较大，因此必须引起维修人员的足够的重视。

2. 按故障的性质分类

（1）确定性故障，指机床控制主机内的硬件损坏，车床确定发生的故障。这类故障有矩可循，方便操作人员进行维修，但同时具有不可自我修复的特点，因此，必须由操作人员对该类故障进行维修，保证车床正常运行。针对该类故障，操作人员应掌握相应的故障维修知识和操作章程，在日常操作时也应注重对故障部位的保养。

（2）随机性故障，指车床在工作时偶然发生的故障，此类故障无矩可循，对故障的诊断相对困难。因此，操作人员应建立故障知识库，将可能造成此类故障的原因进行一一排查。

第三节　制造执行系统技术基础

考核知识点及能力要求：

• 理解制造执行系统的定义，了解制造执行系统的产生背景和发展趋势；

• 了解制造执行系统的系统架构和功能模块；

• 了解制造执行系统的应用范畴与国内外研究现状；

• 以制造执行系统技术基础为指导，了解制造执行系统在作业车间的实现方法。

一、制造执行系统技术基础概念

（一）MES 的定义

制造执行系统（manufacturing execution system，MES）是面向制造企业车间执行层的生产信息化管理系统，该概念最早由美国先进制造研究机构（Advanced Manufacturing Research，AMR）提出。国际制造执行系统协会（Manufacturing Execution System

Association，MESA）对 MES 的定义是："MES 能通过信息的传递，对从订单下达开始到产品完成的整个产品生产过程进行优化的管理，对工厂发生的实时事件，及时作出相应的反应和报告，并用当前准确的数据对进行相应的指导和处理。"

MES 作为面向车间的制造执行系统，是实现智能制造的关键一环。它可以为企业提供包括制造数据管理、计划排程管理、生产调度管理、库存管理、质量管理、人力资源管理、设备管理、工具工装管理、采购管理、成本管理、项目看板管理、生产过程控制、底层数据集成分析、上层数据集成分解等管理模块，为企业打造一个扎实、可靠、全面、可行的制造协同管理平台。MES 的系统架构如图 2-15 所示。

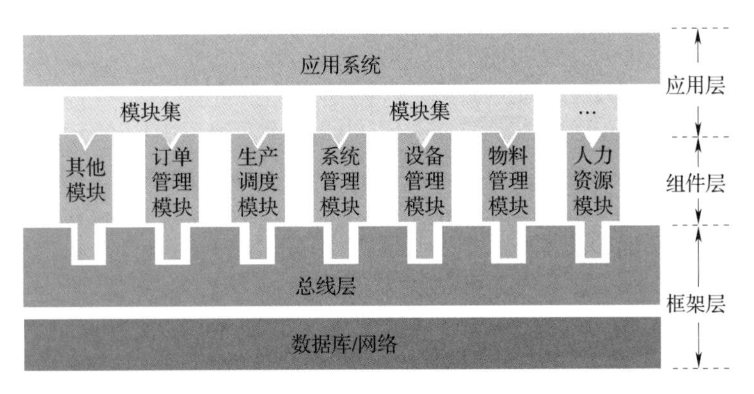

图 2-15　MES 系统架构

MES 系统是车间使用的软件系统，起着承上启下的作用。它通过集成上层企业资源系统（ERP 系统）和下层现场过程控制系统（PCS），将企业信息集成为三层功能模型，如图 2-16 所示，打破企业内部信息孤岛，通过透明的物料流实现计划精确执行，通过连续的信息流实现企业信息集成，获取 BOM 和流程数据，通过生产过程的整体优化实现完整的生产闭环。通过启动底层控制系统，MES 可以直接发送操作指令，恢复方案的执行状态。制造执行系统填补了企业资源计划和其他上层系统上线后的信息空白，使企业的信息流畅通无阻。MES 的现场控制层主要包括 PLC 编程控制器、系列计量及检测仪器仪表、条形码、机械手臂、数据采集器等。

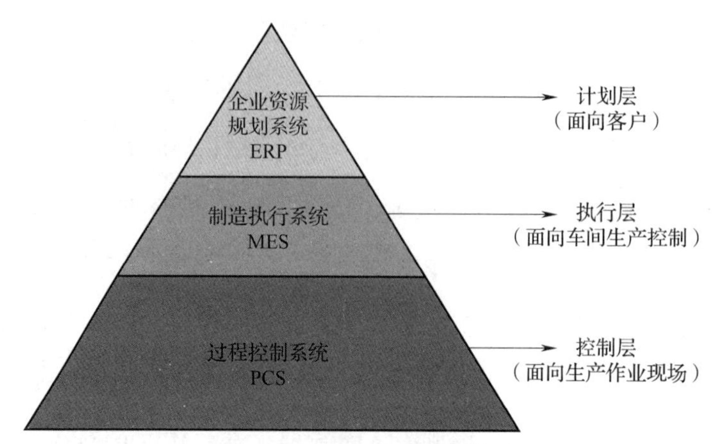

图 2-16　MES 三层功能模型

其中，计划层主要功能是为生产企业提供全面的管理和决策，强调企业的计划，根据客户的订单和市场的需求，调动企业所有资源，合理生产，减少库存，加强产品周转率；第三层是控制层，直接负责工厂车间的生产管理控制；而 MES 层是沟通计划层与控制层的信息管理系统，能够为车间管理人员提供生产计划的管理、跟踪，主要的功能是进行生产管理和资源调度，其他功能还有装配、包装、物料跟踪，将在具体的功能模块中详细介绍。

（二）MES 的产生背景

当前许多企业已经做了很多信息化项目，包括 CRM、ERP、PLM、SCM、OA 等。这些系统为企业的管理带来了不少收益，但是这些系统都未能支持到车间生产层面。企业上游管理与车间生产之间没有数据的传递。

多数企业车间在执行过程中依靠纸质的报表、手工操作实现上下游的沟通。这种方式非常低效，并且产生的数据不准确、不完整，使企业在生产方面无法准确进行各项分析，做到精细化管理，为企业的效益打了折扣。

同时，在 ERP 应用过程中，无法将计划实时、准确下达到车间，也无法实时准确获得车间生产的反馈，缺失了对生产的监控。要把 ERP 的计划与生产实时关联起来，MES 作为一种桥梁应运而生，弥补了企业信息化架构断层的问题。

（三）MES 的发展历程

在工业 4.0 背景下，MES 在生产运营环境下的核心作用及其在工业物联网和服务

互联网发展下的功能又进一步扩充。迄今为止，在智能制造、信息化和成熟工业系统的推动下，MES 系统的发展经历了专用 MES、智能 MES 和下一代 MES（MOM）3 个主要阶段。

20 世纪 80 年代末，美国先进制造研究机构（AMR）首先提出 MES 的概念；1992 年，美国成立以宣传 MES 思想和产品为宗旨的贸易联合会——MES 国际联合会（MESA）；1997 年，MESA 发布修订后的 6 个关于 MES 的白皮书，对 MES 的定义与功能、MES 与相关系统间的数据流程、应用 MES 的效益、MES 软件评估与选择以及 MES 发展趋势等问题进行了详尽的阐述；1999 年，美国国家标准与技术研究所（NIST）在 MESA 白皮书的基础上，发布有关 MES 模型的报告，将 MES 有关概念标准化。

智能化第二代 MES（MESII），是工业物联网和服务互联网引领下发展起来的新产物，其核心技术为智能感知与互联技术，数据融合与分析技术，基于数据的优化技术以及基于云计算的服务技术。其核心目标是，通过更精确的过程状态跟踪和更完整的数据记录，获取更多的数据来更方便地进行生产管理。智能 MES 通过分布在设备中的智能来保证车间生产的自动化。具体来说，现今的 MES 系统正在从多方面达到智能，如计划排产、生产协同、互联互通、决策支持、质量管理、资源管理等。今后，MES 作为智能工厂信息技术的核心软件和运行平台，将继续受到新一代信息技术（如大数据、云计算、物联网、操作技术 OT、移动应用等）发展趋势的深刻影响。在未来，改变当今的层级架构为网状控制结构是 MES 发展的重要方向。

下一代 MES（MOM）的显著特点是强调生产的同步性（协同），支持网络化制造。它通过 MES 引擎在一个和多个地点来获取工厂的实时生产信息和进行过程管理，以协同企业所有的生产活动，建立过程化、敏捷化、有效的组织和级别化的管理，使企业生产经营达到同步化。

二、MES 功能模块简介

（一）MES 的架构模式

常见的 MES 架构模式主要有 C/S 模式（客户端/服务器模式）和 B/S 模式（浏览

器/服务器模式），该两种架构模式分别由美国 Borland 公司和 Windows 公司提出和推广，并得到了广大开发人员的广泛使用。两种架构模式示意图如图 2-17 所示。

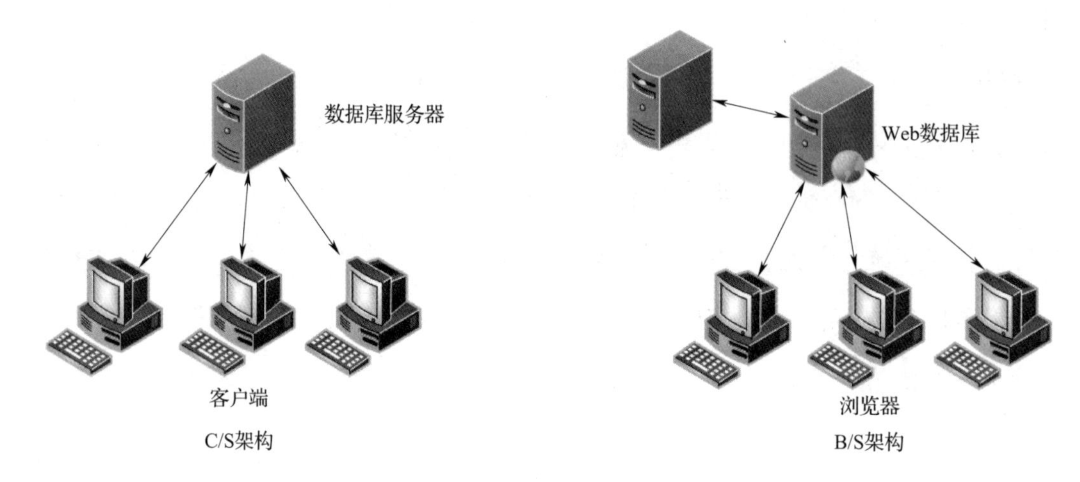

图 2-17　C/S 与 B/S 架构模式

（二）MES 的主要功能模块

MESA 所定义的 MES 主要功能模块包括以下内容，具体如图 2-18 所示。

1. 资源分配与状态管理（resource allocation and status）。

2. 工单详细调度（operation/detail scheduling）。

3. 生产单元分配（dispatching production unit）。

4. 文档控制（document control）。

5. 数据采集（data collection）。

6. 人力资源管理（labor management）。

7. 质量管理（quality management）。

8. 过程管理（process management）。

9. 维护管理（maintenance management）。

10. 产品跟踪与追溯（product tracking and genealogy）。

11. 性能分析（performance analysis）。

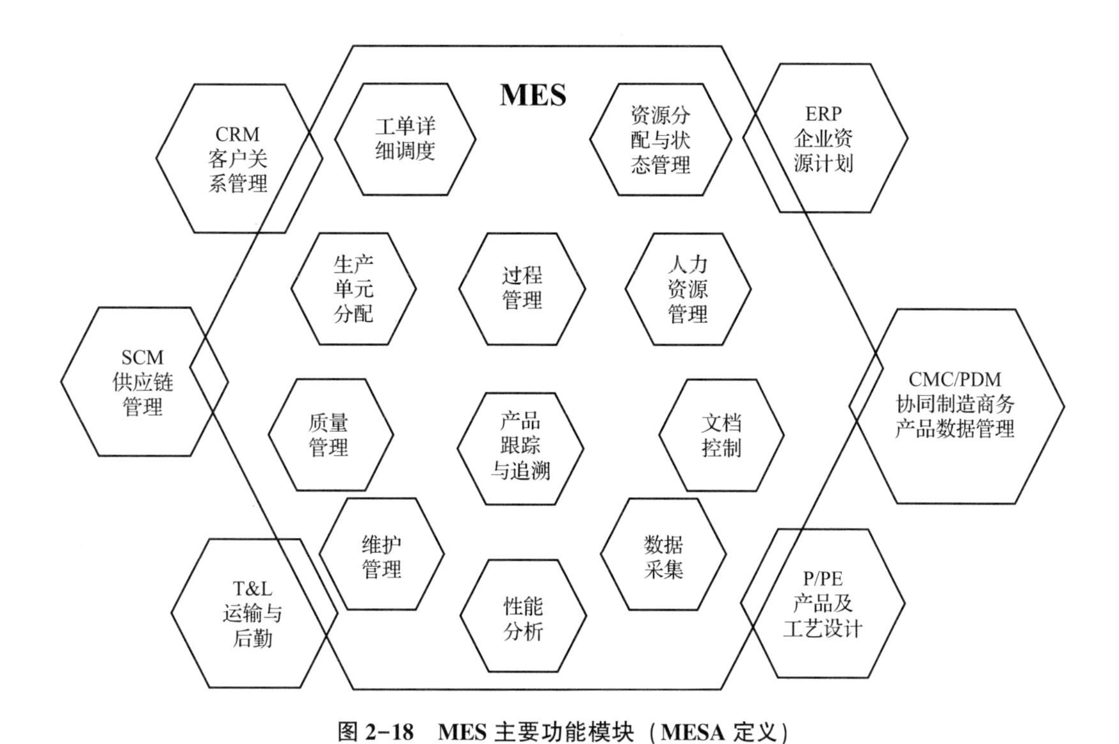

图 2-18　MES 主要功能模块（MESA 定义）

MES 是一个可自定义的制造管理系统，不同企业的工艺流程和管理需求可以通过现场定义实现，本书将 MES 系统划分为五大功能模块。

1. 生产排程与调度模块

接收生产计划后，根据当前的生产状况，结合高级排产工具（APS）对车间资源实时负荷情况和现有计划执行（能力、生产准备和在制任务等）进度进行分析，并准备生产条件（图纸、工装和材料等）。根据项目的优先级别及计划完成时间等要求，能力平衡后形成优化的详细的生产加工计划，同时监督生产进度和执行状态，充分考虑到每台设备的加工能力，根据现场实际情况随时调整，在完成自动排产后，进行计划评估与人工调整。

进行 EBOM、PBOM 等操作，对生产工序进行合理调配。根据实际生产需要，由 MES 自动调整生产设备的工作时序，避免设备闲置。设置生产优先级别，根据产品的各种属性特征，设置合理的生产调度逻辑，结合工艺要求自动调配生产流程，实现生产效率的最大化以及设备利用率的最大化。解决生产过程中遇到设备使用冲突、资源调配不合理等问题，最大限度地节约生产时间。

2. 生产过程控制模块

（1）监控生产过程、自动纠正生产中的错误并向用户提供决策支持以提高生产效率。

（2）通过连续跟踪生产操作流程，在被监视和被控制的机器上实现一些比较底层的操作。

（3）通过数据采集接口，实现智能装备与制造执行系统之间的数据交换。

（4）通过 MES 系统提供的逻辑分析算法，计算出生产执行方案的可行性，对生产加工过程进行可行性指导，对执行后的数据进行实时二次分析，通过分析报告的形式，将系统分析的结果上传到企业管理平台，指导生产企业及时发现问题并更正执行方案。

3. 质量与维护模块

（1）负责对生产过程中的产品进行实时跟踪，及时提供产品和制造工序测量尺寸分析，保证产品质量，也可以实施 SPC/SQC 跟踪、离线检测操作等，当出现不合格的产品的时候，就会立刻出现提示，并显示原因。

（2）实现生产过程关键要素的全面记录以及完备的质量追溯，比如：产品批次、各工序开始及完成时间、操作人员、加工设备、品质检测数据、用料批次/序列号、维修历史记录等。

（3）准确统计产品的合格率和不合格率，为质量改进提供量化指标。

（4）跟踪和指导设备及工具的维护活动，以保证这些资源在制造进程中的可获性，保证周期性或预防性维护调度，对应急问题做出反应（报警），并维护事件或问题的历史信息以支持故障诊断。

（5）根据产品质量分析结果，对出厂产品进行预防性维护。

4. 物料管理模块

（1）该模块负责对原材料/在制品/成品（也包括车间内物资如自制件、外协件、外购件、刀具、工装和周转原材料等）的出库入库进行实时监控。应用二维码、RFID 等技术，通过对智能芯片的读写，在整个生产过程中，对原料等进行管控、追踪，记录每一道加工工序中生产资源的去向。

（2）查看作业进行及完成的位置、状态信息等，还可以扩展到质量追溯、采购追溯、物料跟踪管理等方面。

（3）对物料的出库、入库进行全面的管理，确保生产过程中生产资源的有效利用，实现库房储存物资检索，查询当前库存情况及历史记录。

（4）提供库存盘点与库房调拨功能，当原材料、刀具和工装等库存量不足时，设置报警。

（5）提供零部件的出入库操作，包括刀具/工装的借入、归还、报修和报废等。

5. 数据管理模块

该模块通过数据采集接口来获取并更新与生产管理功能相关的各种数据和参数，包括产品跟踪、维护产品历史记录以及其他参数。这些现场数据，可以从车间手工方式录入或由各种自动方式获取。在各工作站建立信息采集系统和高速可靠的信息传输网络，实时传输采集到的生产加工数据，为企业生产管控提供有效依据。

三、MES 应用概述

MES 作为智能制造建设的基础，向上连接 ERP 等管理层，向下连接控制层或自动化设备，覆盖了整个智能制造的生产过程，与制造企业的各项业务紧密相连，与生产信息采集、工艺设计、排程管理、生产流程、资源管理和调度、设备调度等都有密切联系，是智能制造重点建设的内容。

MES 系统被应用于多个领域，不同领域的应用都反映出该领域的一些特点，根据在各个领域应用中相关企业的不同诉求，MES 应用的侧重点也不尽相同。虽然应用侧重点不同，但是 MES 应用的总体框架基本一致，即应用生产过程信息化管理的模式，对生产全过程进行信息采集、信息分析和信息判断，最终结合企业实际情况做出决策，以此达到生产制造智能化的目的。

MES 系统管控的设备包括可编程序控制器、二维码、机电设备、传感器、检测仪表、工业机器人、数控车床等。MES 系统运用精准的实时更新数据，指导、启动、响应并记录车间生产活动，能够对生产条件的变化做出迅速的响应，从而减少非增值活动，提高效率。MES 不但可以改善资本运作收益率，而且有助于及时交货、加快存货周转、增加企业利润和提高资金利用率。MES 通过多通道信息交互形式，在企业与供应链之间提供生产活动的关键基础信息。MES 系统发展至今，已经发展成一套较为成熟的面向制造型企业的生产信息综合管理、控制系统。

某些国外软件提供商开发了自己的 MES 软件产品和成套方案，如 ABB 公司的 Produce IT Management、Siemens 公司的 ProcX 和 SIMATIC IT、PEC 公司的 NWARE 等；纵观国内外企业，MES 的应用已经非常普遍，我国制造业信息系统建设的重点普遍放在 ERP 管理系统和现场自动化系统两个方面。数控车间的管理模式和生产流程对企业信息化建设提出了挑战，仅仅依靠开发 ERP 和现场自动化系统已经无法应对新的局面。MES 是近几年来在国际上迅速发展、面向执行层的实时信息系统，恰好能填补这一空白。

随着国家推动智能制造发展，在国内市场已经出现了较大的对 MES 的需求。以数控机床、工程机械、轨道交通、输变电设备、重型机械等为代表的装备制造行业是典型的离散制造模式，具有产品结构复杂、零部件种类多、工序周期长、协作部门多、企业生产组织难度大等特点。如何提高企业管理效率，实现制造过程的透明化、全过程的质量追溯，实现由粗放式管理向精细化管理的转变，是高端装备制造企业需要优先解决的问题。

MES 系统的应用开发围绕组件展开，组件可以理解为对数据和方法的封装。

标准组件是 MES 底层核心功能的集合，它提供整个 MES 系统的运行环境，为上层实现 MES 具体功能的组件服务。这些组件包括：工作流组件模块、查询组件、搜索组件、视图组件、消息组件、分类组件、系统集成插件等。

通用组件是跨行业的，实现大多 MES 系统所包含的功能。如优化计算、误差分析、故障诊断、数据可视化界面、报表生成、日期管理、事件管理等。

行业组件针对特定行业中的典型需求，实现其应具备的功能。如设备监测、设备维护、物料平衡、生产计划调度、生产绩效分析、动态成本分析等。

专业组件根据特定类型 MES 系统的特殊要求，提供定制化功能的组件，如生产过程动态仿真、物料跟踪等。

通过实施 MES 等信息化系统与 ERP、PDM、CAPP 等系统的集成，对车间进行全面、科学的管理；通过 MES 系统将 ERP 的生产计划根据车间实际情况，分解到工序级，每个设备（产线）的生产计划和计划执行层的管理；利用 APS 排产工具，将生产计划精确到每一道工序、每一台设备、每一分钟，实现企业的精细化生产，并很好地解决车间在有限能力情况下计划频繁变更的问题；通过设备物联网系统实现车间设备层数据采集，利用现场模块、质量模块实现产品的追溯，收集生产过程信息，实现生产过程的透明化管理；通过对库存及在制品进行精细化管理，实现对库存的优化，减少库存积压与资金的占用；通过对生产过程数据多维度分析，有助于车间决策领导发现问题，有针对性地优化生产流程及工艺，提高生产效率及质量。

MES 在智能制造领域的应用具有如下意义：

1. 通过 MES 实现上游 ERP 和底层设备层的信息化，解决信息孤岛问题。

2. 利用 APS 模块实现车间科学计划的排程，解决有限能力的排产及对计划交付的预测，提高了车间计划的执行性。

3. 实现设备层自动数据的采集，为计划层和追溯管理提供准确的数据。

4. 实现计划执行透明化，生产周期可控，提升设备资源利用率。

5. 实现生产计划从制订到交付过程各环节透明化，部门之间进行协同生产。

6. 决策科学高效，提高了领导层做出科学决策的效率与质量。

7. 通过生产过程可视化、任务均衡化、库存精准化等手段，促进精益生产进一步落地。

四、智能制造单元 MES 应用案例

以某大学与北京某创新科技有限公司联合打造的 MES 系统为例，该 MES 系统结合某大学智能制造平台，具备基础数据管理、BOM 管理、计划管理、现场管理、质量管理、决策管理等功能模块，具体见表 2-8。

表 2-8　　MES 系统模块与功能

模块	功能	说明
基础数据管理	组织人员管理	查看维护组织及人员主数据
	角色管理	定义角色，并分配操作权限
	角色分配管理	将角色分配给人员
	数据权限管理	按组织和物料定义数据权限，并分配给人员
	系统配置管理	配置系统参数，启用或关闭部分功能
	系统资源管理	配置系统资源，主要是系统界面显示文本
	数据字典管理	管理系统的元数据
	日志管理	记录用户登录与操作日志
	外协厂商管理	维护外协厂商主数据
	工时定义	定义工时类型的计算公式
BOM 管理	物料字典管理	维护物料字典主数据
	技术准备管理	待开发
	工序类型管理	维护工序类型主数据
	工时维护	用于修正现场统计的工时数据
	BOM 管理	维护 BOM 主数据
	生产单元管理	维护生产单元主数据
计划管理	计划签收	维护车间生产计划
	计划管理	管理车间生产计划与生成物资计划
	调度管理	将作业指令下派到生产单元
	物资计划管理	查看物资计划执行进度
	返工返修管理	创建返修计划
	外协管理	查看外协执行进度
	在制变更处理	对正在执行的计划进行变更
	工艺技术准备	查看工艺加工的技术准备情况
现场管理	任务派工	对计划进行派工相关操作
	我的任务	操作派工给自己的任务
	完工统计	统计完工情况
	工人工时	统计工人的加工工时
	未到任务	查看未到达的任务

续表

模块	功能	说明
质量管理	检验派工	对需要检验的工序进行派工的相关操作
	我的检验	查看自己的检验任务并进行检验操作
	不合格审理	查看不合格品的详情并进行审理
	检验历史记录	查看自己检验的历史记录
	检验工时统计	统计自己检验的工时
	质量快速录入	统计缺陷产品的名称和数量
决策管理	现场	统计任务加工的现场执行情况和车间进度看板的展示
	设备	查看每台设备的工时占用和加工数量
	计划	查看工单物料统计，计划执行情况和计划完工对比
	质量	统计产品的质量问题
	工时	统计员工的工时

该 MES 系统分层如图 2-19 所示，设备控制层由数控机床、机器人、AGV、立体仓库等设备组成自动化生产线，为系统提供物理层面的制造执行。

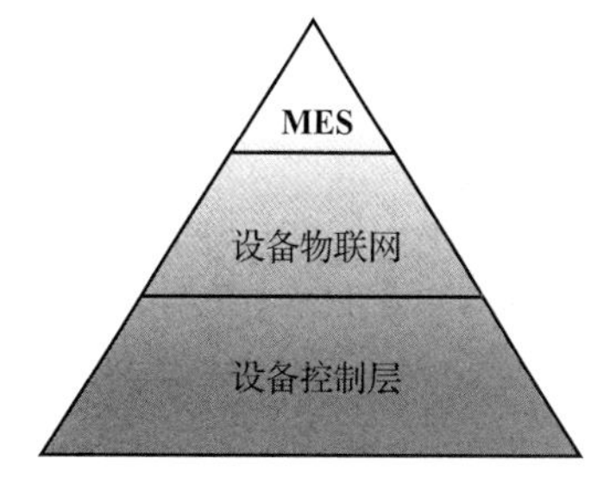

图 2-19　智能制造系统的分层

通过设备物联网子系统，在数控设备互联互通的基础上，实现了工业大数据的智能化采集、分析与可视化展现，机床、机器人等物理设备的实时状态、利用率等各类信息得到完美呈现。

通过 MES 各功能模块，将生产过程中的计划、派工、设备、物料、质量等进行全流程的智能化管控，并实现了机床等生产物理设备与信息系统的深度集成，打造成了一个产线级系统。MES 系统与自动化系统进行了深度集成，物料准备指令、计划指令等都可直接下发到总控系统中，整套系统体现了“自动化+信息化”的完美结合。

该案例由数控车床、数控加工中心组成加工制造执行系统，配置智能立体仓库、上下料工业、自动检测工作站、AGV 运载等装置，由数字化信息总控系统、生产物流传输系统、数字化信息监控系统、RFID 识别系统等系统组成，能对各种零件进行加工并达到精度要求，如图 2-20、图 2-21 所示。

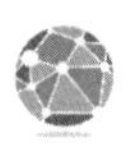

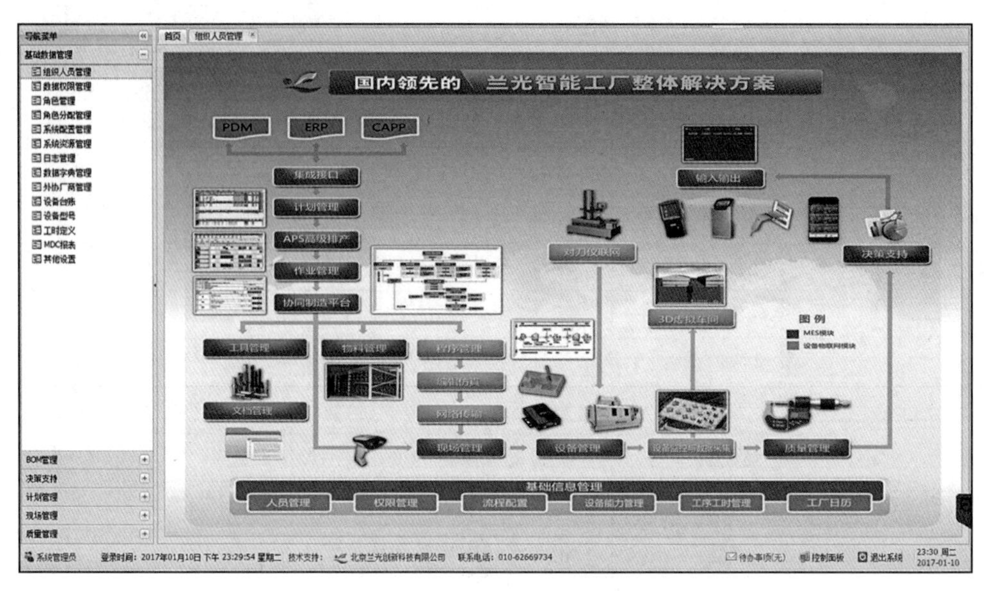

图 2-20　智能制造 MES 系统

图 2-21　智能制造平台

该 MES 系统可实现对机加工车间制造资源、生产过程（人、财、物及流程）及相关的生产数据/信息/知识产生、处理、传递的全流程执行制造管理。该系统具备如下特点：

1. 高度集成系统建立在工业工程、柔性制造、自动控制、物流工程、质量管理、生产管理以及先进制造等技术基础之上，将各个加工执行单元、物流系统、机器人、RFID、仓储系统和数字信息管理系统进行有机集成，是贴近工业生产流程的教学实训柔性制造系统。

2. 适度柔性系统能方便地调整工艺路线、重设加工流程，能够适应小批量、多品种的柔性制造要求，能实现夹具、加工、刀具、工艺路线等柔性生产。

3. 在最大程度上为客户开放，可以和工业上众多工业装备进行技术集成，由于采用通用软件开发平台，软件系统可通过接口进行深层次的二次开发，以便于开发出适合用户需求的系统调度程序和单机运行程序，极大程度上方便了课题研究工作。

4. 模块化系统中的加工执行单元、立体仓储、物流运输、机器人上下料、自动检测设备等具有“联机/单机”两种操作模式，所有的单元设备均可进行单项教学和部分系统联机教学，有利于学生参与和实践教学。

5. 工业化系统虽为教学系统，但所有单元设备乃至整个系统都采用了标准工业级的装备和技术集成，真实贴近工业化生产。

思考题

1. 简述可编程控制器 PLC 的系统结构。

2. PLC 输入输出端子与外部设备（如开关、负载）连接时，应注意哪些方面的问题？

3. 思考在智能装备与产线单元模块操作过程中必须注意的安全事项。

第三章
数据采集与处理技术

本章内容包括传感器与射频识别技术的基本原理、多源异构数据的采集、协议解析与标准化方法，实时数据库技术和关系型数据库技术及其典型应用案例，为智能装备与产线单元模块安装、调试工作流程的数字化设计及现场安装实施提供基础支撑。

- **职业功能：** 智能装备与产线应用。
- **工作内容：** 设计智能装备与产线单元模块的安装、调试和部署方案。
- **专业能力要求：** 能进行智能装备与产线单元模块安装、调试工作流程的数字化设计。
- **相关知识要求：** 传感器与射频识别技术的基本原理及安装方法；多源异构数据采集与预处理方法；典型工业协议及其标准化方法；实时数据库技术、关系型数据库技术及多源异构数据存储方法。

第一节　传感器与射频识别技术

考核知识点及能力要求：

- 了解传感器的定义及其分类，了解射频识别原理及组成；
- 掌握电阻式传感器、压电式传感器、光电式传感器、红外探测器原理及典型应用；
- 掌握射频识别关键技术，理解射频识别组成部分的功能；
- 理解常见传感器与射频识别的安装与接线方法。

一、传感器技术概述

（一）传感器概述

1. 传感器定义

传感器是一种以一定精确度把被测量（主要是非电量）转换为与之有确定关系、便于应用的某种物理量（主要是电量）的测量装置。这一定义包含了以下几方面的含义：传感器是测量装置，能完成检测任务；它的输入量是某一被测量，如物理量、化学量、生物量等；它的输出是某种物理量，这种量要便于传输、转换、处理、显示等，可以是气、光、电量，但主要是电量；输出与输入间有对应关系，且有一定的精确度。

2. 传感器组成

传感器一般由敏感元件、转换元件和转换电路 3 部分组成，如图 3-1 所示。

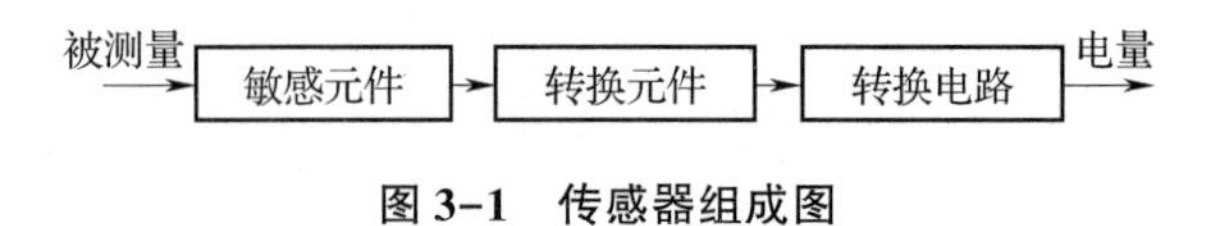

图 3–1　传感器组成图

其中，敏感元件是直接感受被测量，并输出与被测量为确定关系的某一物理量的元件；转换元件和敏感元件的输出就是转换电路的输入，转换电路把输入转换成电路参数；转换电路将上述电路参数接入转换电路，便可转换成电量输出。

实际上，有些传感器很简单，有些则较为复杂，大多数是开环系统，也有些是带反馈的闭环系统。最简单的传感器由一个敏感元件（兼转换元件）组成，它感受被测量时直接输出电量，如热电偶传感器。有些传感器由敏感元件和转换元件组成，没有转换电路，如压电式加速度传感器。有些传感器，转换元件不止一个，需要经过若干次转换。

3. 传感器分类

按照工作原理分类，传感器可以分为电阻式传感器、压电式传感器、光电式传感器、红外探测器等。电阻式传感器主要用于测量位移、压力等，压电式传感器主要用于压力、振动等参数的测量，光电式传感器主要用于测量位移、转矩等参数，红外探测器主要用于测量温度、距离等参数。

智能装备与产线需要实时监测机床在加工过程中刀具受到的压力变化、进给轴的振动以及在工件状态检测、切削过程中刀具的温度变化等物理量，与电阻式传感器、压电式传感器、光电式传感器与红外探测器的实际应用相契合，因此对以上传感器的原理与应用做重点介绍。

（二）传感器原理与应用

1. 电阻式传感器

（1）电阻式传感器原理

电阻式传感器是一种位移、压力与加速度等被测非电量的变化转变成电阻值的变化来测量非电量的传感器。按工作原理可分为电阻应变式传感器、热电阻式传感器、电位计式传感器。电阻式传感器主要用于测量材料的应变，其中热电阻式传感器主要

用于测量材料温度的变化，电位计式传感器主要用于测量物体的位移量。电阻式传感器由敏感元件、转换元件与转换电路三部分组成，敏感元件对被测物理量的细微变化产生变化，并将这种变化转化为信号输出。转换元件将非电量的变化转变为电阻的变化，转化电路一般通过直流电桥将敏感元件的电阻变化量放大，便于后续仪表接入测量。电阻式传感器构成如图 3-2 所示。

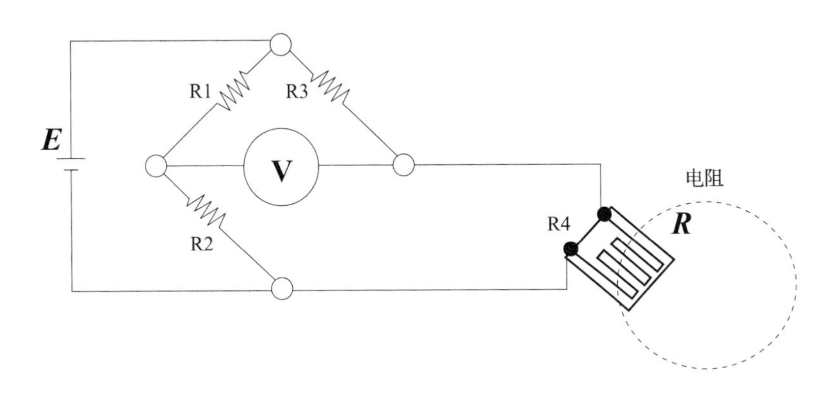

图 3-2　电阻式传感器构成图

（2）电阻式传感器应用

电阻式传感器典型应用为电阻应变式传感器，电阻应变式传感器由弹性元件和电阻应变片构成。当弹性元件感受被测物理量时，其表面产生应变，粘贴在弹性元件表面的电阻应变片的电阻值将随着弹性元件的应变而相应变化。通过测量电阻应变片的电阻值变化，可以用来测量位移、力矩、压力等各种参数。三轴力传感器作为电阻应变式传感器的一种典型应用，基于电阻应变原理，可以实时测量物体在笛卡尔坐标系下 X、Y、Z 三个方向的静态与动态受力情况，如图 3-3 所示。

2. 压电式传感器

（1）压电式传感器原理

压电式传感器的基本原理是利用压电材料（石英晶体、压电陶瓷）的压电效应，将被测量的变化转换成感应电荷量的变化，以实现测量。压电式传感器利用的是正压电效应，即外力作用于压电材料时，会在一定方向的两个表面产生电荷，如图 3-4 所示。

图 3-3　电阻式传感器在智能装备和产线的典型应用场景

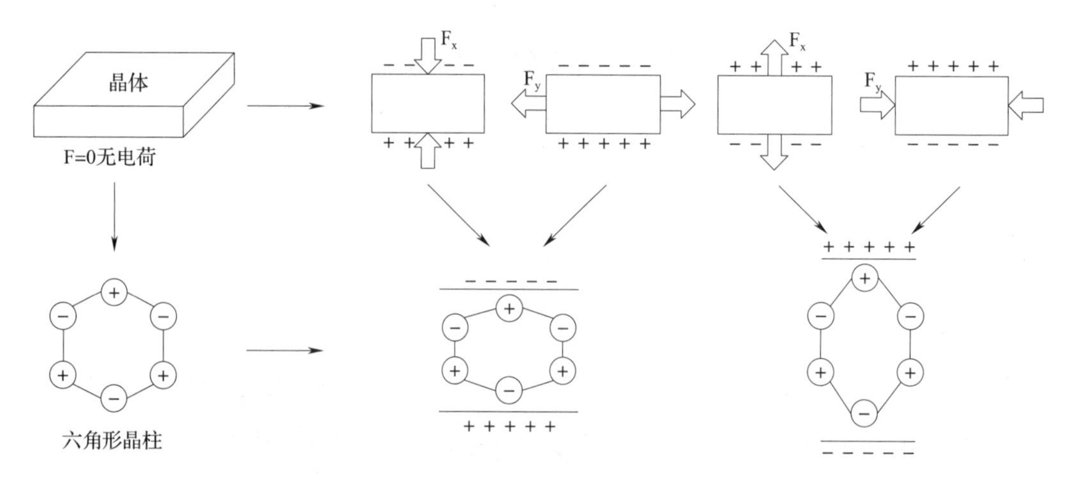

图 3-4　正压电效应

压电式传感器可测量那些最终能转化成力的物理量，包括力、力矩、压力、振动加速度、声音等。但不适合对静态、准静态信号的测量，因为压电材料受到静态力时，电荷将因为表面漏电而很快泄露、消失。

为了提高压电传感器的灵敏度，常将多片压电材料串联或并联起来。使用串联接法时，电路的电容量小、时间常数小、响应快，适合通过电压输出以测量快变信号；使用并联接法时，电路的电容量大、时间常数大、响应慢，适合通过电荷输出以测量

缓变信号。

（2）压电式传感器应用

压电式传感器作为一种刚度高、尺寸小、重量轻的近乎理想的测力元件，具有响应快、频带宽、灵敏度高、结构简单、性能可靠等特点，同时因为其低频性能差而无法用于静态测量，因此，在智能装备与产线中主要将其用于对动态力和高频振动的测量，尤其在轴承振动、机床主轴振动的测量中应用广泛。

将压电式传感器安装于加工中心的主轴上，便可对主轴的振动信号进行测量，如图 3-5 所示。

图 3-5 压电式传感器在智能装备和产线的典型应用场景

3. 光电式传感器

（1）光电式传感器原理

光电式传感器是一种基于光电效应，将光信号转换为电信号的一种传感器。光电传感器通常由 3 个部分构成，分别为：发送器、接收器和检测电路。按照传感器原理的不同，一般可以分为对射式传感器和反射式传感器两类。对射式传感器的发送器与接收器在两个装置中，分别布置在检测物的两端；反射式传感器的发送器与接收器集成到一个装置中，通过光线的反射判断检测物的存在。图 3-6 说明了反射式光电传感器的原理，发射器向其前方发射信号，当被检测物存在时，接收器收到信号，输出一个开关信号。

（2）光电式传感器应用

光电式传感器的应用场景非常广泛，既可用于检测直接引起光量变化的非电量，如光强、光照度、气体成分等，也可用来检测能转换成光量变化的其他非电量，以检测物体是否存在、物体的颜色、工件表面缺陷等。光电传感器因其可靠性好、体积小、价格低、使用便捷且为非接触式测量，因此在制造业中的应用非常广泛。在智能装备与产线中，光电传感器通常用来检测物体的有无，从而保证设备和产线的自动化运行。光电式传感器的典型应用场景如图 3-7 所示，当传感器检测到产品不存在时，产品在装配完成后才可以放到该位置。

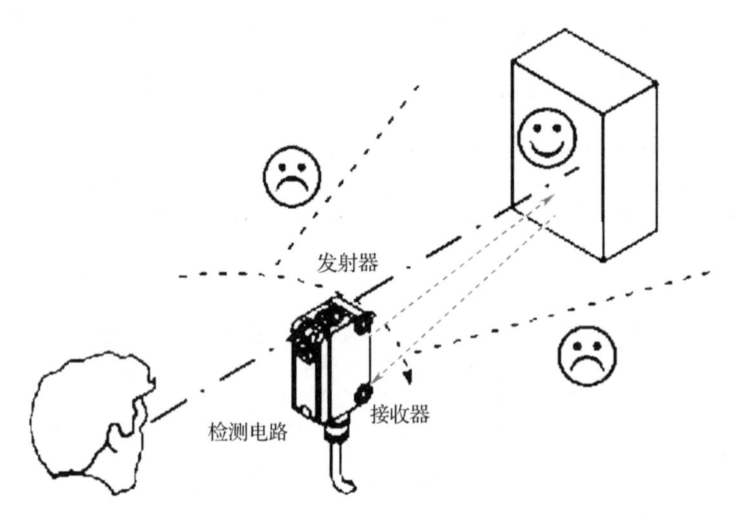

图 3-6　反射式光电传感器原理

图 3-7　光电式传感器的典型应用场景

4. 红外探测器

（1）红外探测器原理

红外探测器是靠探测人体发射的红外线来进行工作的。探测器收集外界的红外辐

射进而聚集到红外传感器上。红外传感器通常采用热释电元件，这种元件在接收红外辐射温度发出变化时就会向外释放电荷，检测处理后产生报警。红外探测器可以分为热探测器与光子探测器。其中，热探测器根据的是热电效应，当热探测器吸收红外辐射后产生温升，并伴随发生某些物理性能的变化。红外探测器通过测量这些物理性能的变化，就可以测量出它吸收的能量或功率。根据测量原理，可以将热探测器分为热敏电阻型、热电偶型、气动型与热电势型。光子探测器基于半导体材料的光电效应，利用的是入射光子与束缚电子的相互作用。根据光电效应原理，可以分为光电型、光电导型与光电伏打等光子探测器。

热探测器一般在室温下工作，对于红外辐射的波段没有选择性，但其测量的响应时间较长，一般响应时间在五毫秒到数十毫秒。光子探测器与热探测器相比，在低温条件下具有优良的性能，但光电传感器对于红外波长要求较高，只对 2~14 μm 的红外辐射才有响应。因此，光子探测器的探测率比热探测器高约 1~2 个数量级，其响应时间也较快，在微秒或纳秒级别。

（2）红外探测器应用

相较于其他传感器，红外探测器环境适应性强，在夜间与恶劣气候条件下也能正常工作。此外，由于红外探测器为非接触式传感器，在测量过程中被动接受红外信号，因此比雷达和激光探测安全，隐蔽性好。其典型应用为红外测温仪，如图 3-8 所示。

图 3-8　红外测温仪的典型应用场景

红外测温仪由光学系统、红外探测器、信号处理系统与温度指示器组成。红外探测器工作时，被测对象和反馈源的辐射线经光学系统调制后输入到红外探测器。信号处理模块将被测对象和反馈源信号的差值进行处理，使反馈源的光谱辐射和被测对象的光谱辐射亮度一致，最后通过温度指示模块显示被测对象的测量温度。

二、射频识别技术概述

（一）射频识别概述

射频识别（radio frequency identification，RFID）技术是一种非接触式的通信技术，在RFID标签未和目标产生物理接触的情况下通过射频信号识别特定目标并读写其相关数据。通过调成无线电频率的电磁场，将RFID的射频信号数据从物品上的标签发送出去，达到自动识别跟踪物品的目的。RFID具有扫描速度快、体型小、数据内存量大等特点，并且抗污染能力强、可以重复使用、安全性好，因此射频识别技术在流水线生产自动化、库存与物流管理、物联网应用等智能装备与产线领域受到广泛应用。

（二）RFID系统组成

射频识别技术通过RFID系统在智能装备与产线领域实现应用，最基本的RFID系统一般都由电子标签、天线和读写器三部分组成，如图3-9所示。

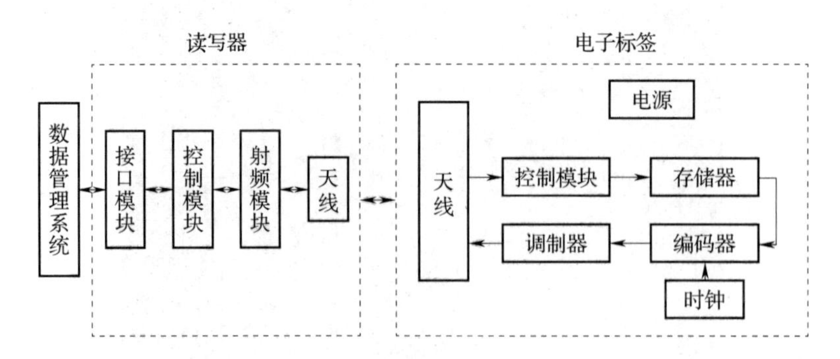

图3-9　RFID系统组成

RFID中的电子标签用来存储待识别物品的相关数据，它通常由耦合元件与芯片两部分组成。电子标签的存储区通常由ID区域和数据区域两部分构成，ID区域为该标

签的 ID 号，无法修改也不能仿造，具有独一无二性；数据区域主要用来存储待识别物品的相关数据，如对数据进行读写和擦除等操作数据。按照封装工艺可将电子标签分为粘贴式电子标签、注塑式电子标签和卡片式电子标签。RFID 的电子标签可以同时对多个物品进行识别，数据区域的存储内存很大，且可以在恶劣环境下正常工作，因此在工业领域应用较为广泛。

RFID 系统中的天线主要用于传递电子标签与读写器之间的射频信号。读写器可以连接一个或多个天线，但每次使用时只能激活一个天线。天线的形状与大小随着工作频率和功能的变化而变化，但应满足尺寸足够小的特点。在天线的性能指标中，最重要的是天线的阅读距离 r。为了保证天线在读写器与电子标签传输的效率，需要天线具有较高的功率传输系数，以避免信号在传输过程中的能量损失。此外，出于对读写器天线阅读距离的考虑，天线要有较高的增益，以避免因为阅读距离较远而引起信号不足。

RFID 系统中的读写器负责读取或写入标签数据，也是最重要的一个组成部分。典型的 RFID 读写器包含有 RFID 射频接口模块（发送器和接收器）逻辑控制单元以及读写器和天线，如图 3-10 所示。

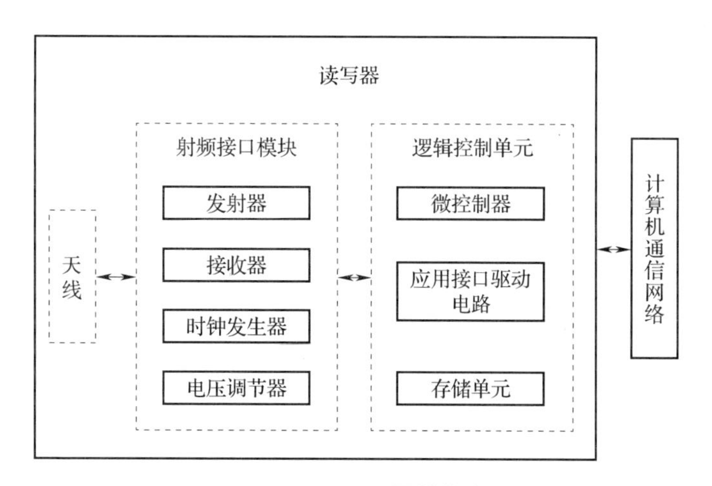

图 3-10 RFID 读写器构造图

1. 射频接口模块

读写器的射频接口模块主要包括发射器、接收器、时钟发生器和电压调节器。该模块是读写器的射频前端，主要负责射频信号的发射及接收。调制电路负责将需要发送给电子标签的信号加以调制，然后将调制后的信号发送出去。解调电路负责接收解调标签送过来的信号并进行放大。时钟发生器负责产生系统的正常工作时钟。

2. 逻辑控制单元

读写器的逻辑控制单元是整个读写器工作的控制中心、智能单元，读写器在工作时由逻辑控制模块发出指令，射频接口模块按照不同的指令做出不同的操作。它主要包括微控制器、应用接口驱动电路和存储单元。微控制器可以完成信号的编码与解码、数据的加密与解密。应用接口负责与上位机进行输入或输出的通信。存储单元存储相关指令与数据。

3. 读写器天线

读写器的天线是发射和接收射频载波信号的设备。它主要负责将读写器中的电流信号转换成射频载波信号并发送给电子标签，或者接收标签发送过来的射频载波信号并将其转化为电流信号。读写器的天线可以外置也可以内置。

RFID 标签与读写器非接触通信的一系列任务均由读写器来处理，同时读写器在应用软件的控制下，与计算机网络进行通信，以实现读写器在系统网络中的运行。

读写器与电子标签之间通信时，读写器以射频方式向电子标签传输能量，基本操作主要包括对电子标签初始化、读取或写入电子标签内存的信息、使电子标签功能失效等。读写器与计算机网络之间通信时，读写器将读取到的 RFID 标签信息传递给计算机网络，计算机网络对读写器进行控制和信息交换，完成特定的应用任务。

（三）射频识别工作原理

对于被动标签而言，读写器将要发送的信号经编码后加载在某一频率的载波信号上经天线向外发送，进入读写器工作区域后的电子标签会产生感应电流被激活。随后天线将接收到的数据传输给控制模块，并存储至存储器中。控制模块对此信号进行调制、解码与解密，随后判断数据是读取命令还是写入命令。如果为读命令，控制器则从存储器中读取相关信息，并将调制、解码后的信息发送给读写器；如果为写命令，控制器则提升标签内部工作电压，并对数据内容进行改写；若经控制器判断其信号指

令有误，则返回出错信息。

三、典型传感器与 RFID 安装方法

（一）电阻式传感器

电阻式传感器是智能装备与产线常见的一种传感器，主要用于测量加工过程中的压力与位移变化量，安装过程中需要考虑机床夹具与传感器之间的配合关系，也要考虑传感器的线路连接是否对机床的运行产生干涉。

根据安装流程（图 3-11），电阻式传感器的安装步骤如下：

1. 确定传感器的安装位置，以及接线的位置，避免接线过于复杂导致机床部分功能受阻。

2. 通过取下夹具两端的紧固螺栓，将机床原有夹具取下，便于安装压力传感器。

3. 由于压力传感器拥有与机床原有夹具相同的固定结构，便于将压力传感器以同样的安装方式固定在夹具原位置。在安装时注意数据线的走向，尽量保持与机床夹具的管道方向相同。

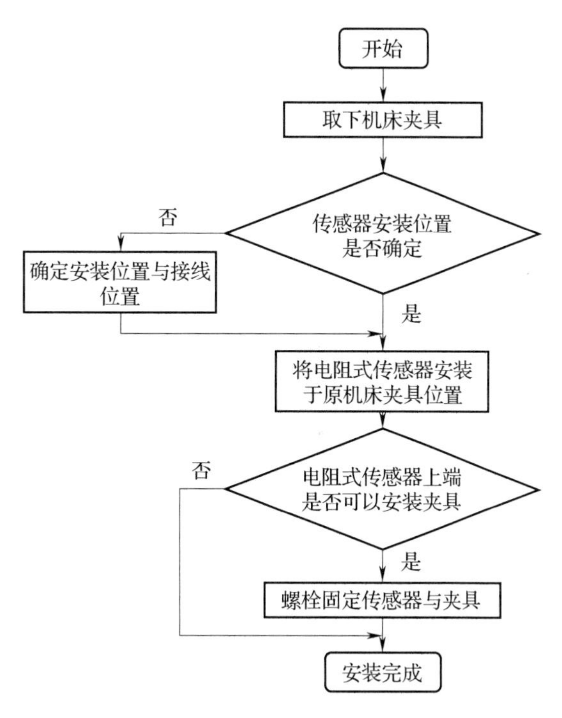

图 3-11　电阻式传感器安装流程图

4. 按照压力传感器的图纸，将机床夹具安装在压力传感器上端，通过两侧螺栓进行固定。

5. 安装完成之后，将对应的线路进行连接。

（二）光电式传感器

作为智能装备与产线常见的一种传感器，安装光电式传感器时既要考虑使用条件（测量距离和目标反射率），也要考虑传感器的布置和灵敏度。

1. 光电式传感器安装

根据安装流程（图 3-12），光电传感器的安装步骤如下：

（1）根据说明书内容，明确传感器的测量距离和目标的反射率。

（2）如图 3-13a 所示，使用传感器自带的支架或重新设计支架，将传感器牢靠固定到支架上。

（3）根据测量距离和目标的反射率，将传感器布置到合适的位置。

（4）根据传感器的工作电压，将其接入设备电路中，测试是否能够正常工作。

（5）如图 3-13b 所示，调整传感器的灵敏度，使得被检测物上面的光斑大小适宜且能明确区分出被检测物的有无。

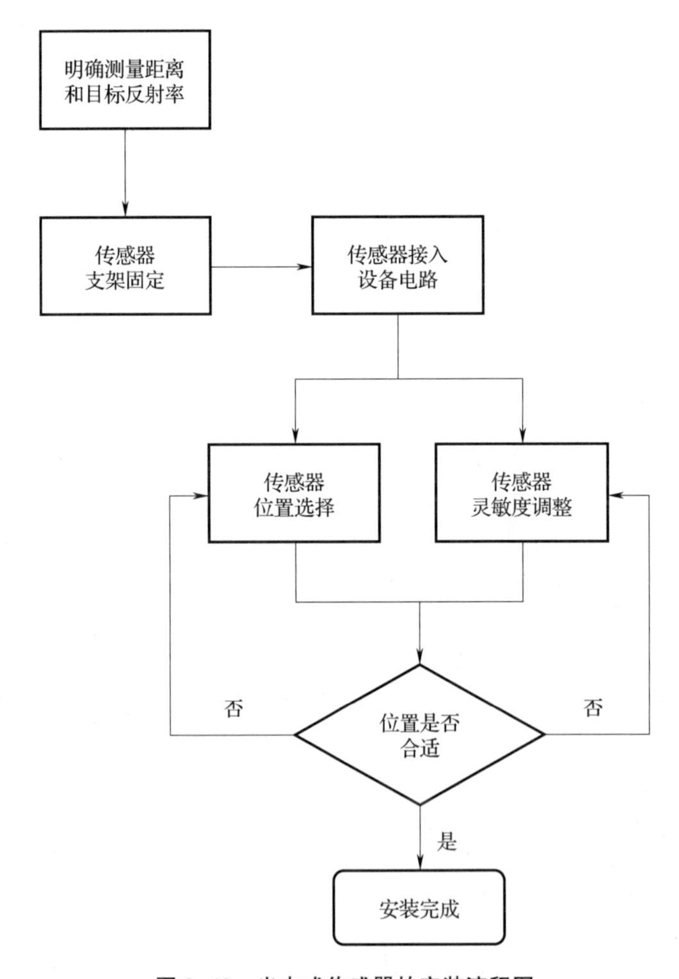

图 3-12　光电式传感器的安装流程图

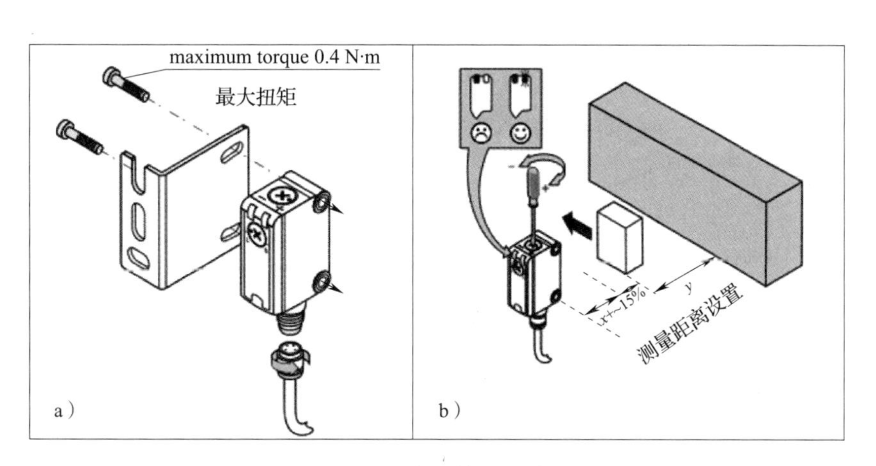

图 3-13 光电式传感器的安装

2. 光电式传感器维护

为了保证光电式传感器的正常使用，建议定期进行以下操作：

（1）清洁传感器外面镜头曲面。

（2）检查固定传感器的螺钉连接。

（3）检查传感器的接线是否牢靠。

（三）压电式传感器

压电式传感器的安装步骤如图 3-14 所示，具体如下：

（1）考虑质量负载效应。由于压电式传感器会被装在测试件上，可能会对测量结果造成影响，需要选择合适的压电式传感器以减小影响。根据一般经验，压电式传感器重量小于测试件重量的 10%即可。

（2）分析测量需求，选择合适安装方式。压电式传感器有多种安装方式，包括使用探针、使用磁力座、使用胶蜡、螺柱安装等。需要根据压电式传感器的使用说明书，考虑测量需求，选择具体的安装方式。

（3）准备一个干净、平整的测量表面进行安装。如果测量表面不是完全平坦的，压电式传感器和测试件之间的连接会给测量带来失真。此外，粗糙的表面会导致空隙的出现，从而降低高频传输率。

（4）固定线缆。线缆需自然弯曲，并用其固定在振动面上，以预防线缆和连接器的疲劳失效。

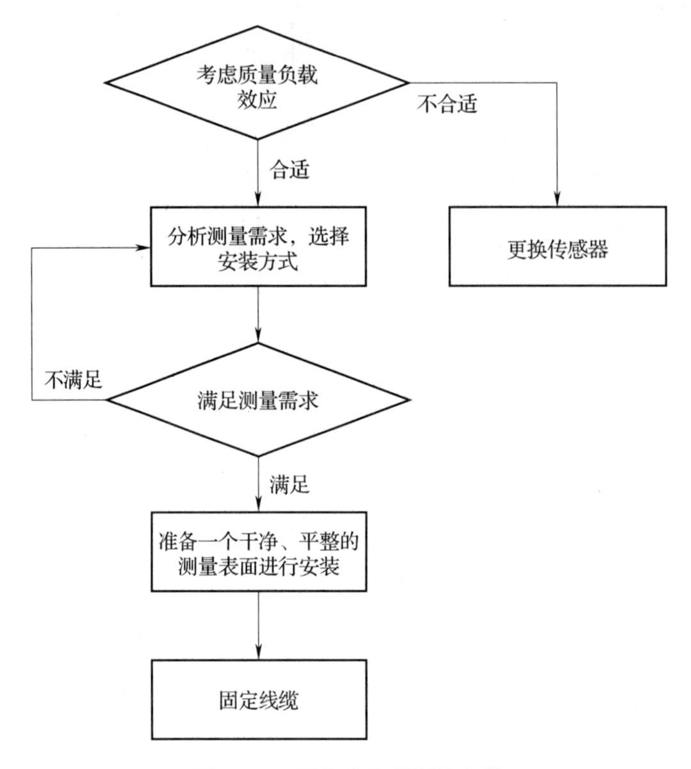

图 3-14　压电式传感器的安装

（四）红外探测器

红外探测器可以对加工过程中的温度进行远程测量，具有操作简单、安全性高、灵敏度高等特点，在智能装备与产线中，常用于测量刀具的实时加工温度。红外探测器在使用过程中需要考虑其工作温度，并根据实际测量需求确定选择合适的测量精度的探测器。

根据安装流程（图 3-15），红外测温仪的安装步骤如下：

（1）在使用过程中，先将红外测温仪的屏蔽线、地线与探测器主控板的电源负极端口“GND”连接，屏蔽线能有效减少外来辐射干扰和对外辐射干扰，使传感器运用于各种复杂的工业场合，提高传感器精度与可靠性。

（2）将红外测温仪的电源线与电源正极端口“VIN”连接，保证传感器电流供应。

（3）将红外测温仪的信号线与模拟电压输出端口“A5”连接，保证传感器在模拟

电压情况下工作。

（4）将主控板上的 USB 端口与计算机相连，安装红外测温仪相关的测温软件，即可在计算机读取红外测温仪的测量数据。

（5）最后，使用红外测温仪进行非接触测量，实现对待测物体的测温。

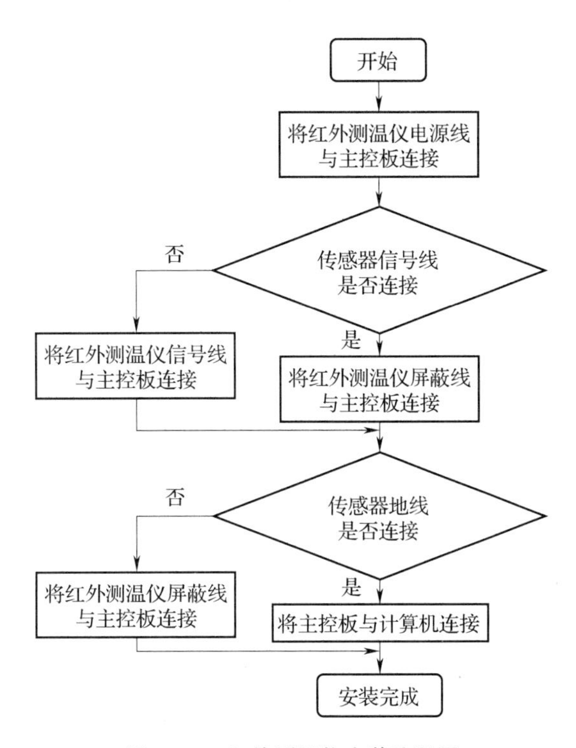

图 3–15　红外测温仪安装流程图

（五）RFID 安装方法

1. 读写器安装

（1）读写器安装间距确定

当有多个读写器协同工作时，读写器与读写器之间的安装应保持一定的距离，以防止读写器之间信号相互干扰，具体摆放距离视读写器的参数情况而定，一般读写器安装间距大于 2 500 mm。

（2）读写器缓冲区尺寸确定

当读写器安装在金属表面时，需要确定缓冲区尺寸。缓冲区指读写器到安装表面的距离。由于 RFID 的高频特性，读写器在金属表面安装时会影响读写器性能，因此需要预留缓冲区。当读写器直接安装在金属表面时，读写器读写距离降低 10%。为了保证读写器的性能接近在非金属表面安装的效果，需将缓冲区设计大于 20 mm，如图 3-16 所示。

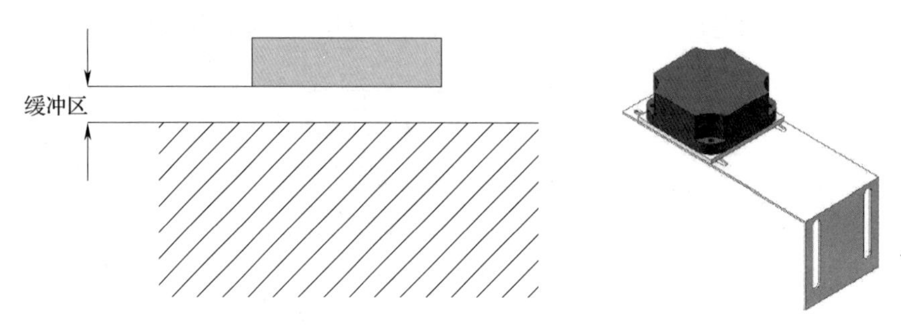

图 3-16　读写器缓冲区示意图

（3）读写器自由区尺寸确定

当读写器嵌入到物体表面安装时，需要确定自由区尺寸。自由区指读写器安装时其四周金属留空区域。自由区尺寸由 A、B、D 3 个尺寸确定。当 $A=B=0$ cm 时，即读写头安装无预留自由区时，读写器读写距离将降低 80%以上，严重时读写器将无法工作。当 $A=10$ cm、$B=10$ cm、$D=0$ cm 时，实测读写器读写距离平均降低 10%。具体应用以实际测试为准。为满足读写距离要求，实际应用中需要预留足够的自由区空间，建议 A 取值不小于读写器长度的一半，如图 3-17 所示。

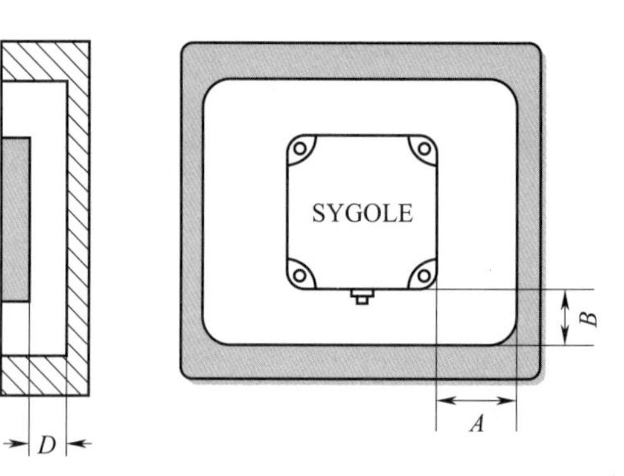

图 3-17　读写器自由区尺寸

2. 标签安装

（1）标签安装朝向确定

由于电子标签在工作过程中与读写器存在信号的发送与接收关系，为了使得标签能够在读写器提供的电磁场中得到足够的能量及稳定的信号，标签需要与读写器平面平行。

（2）标签安装环境

标签分为抗金属标签与非抗金属标签。建议将非抗金属标签安装于非金属环境，

如果无法规避，则需要对安装环境进行确认。

当非抗金属标签安装在金属表面时，需要预留缓冲区。抗金属标签可直接安装在金属表面。非抗金属标签的缓冲区尺寸应大于 20 mm，使标签性能保留 80%以上。抗金属标签可直接安装在金属表面，其标签性能可保留原性能的 90%以上。

当非抗金属标签嵌入金属安装时，需要设立自由区。建议自由区尺寸为 $X \geqslant 2a$、$Y \geqslant 2b$、$c \geqslant 20$ mm，可使传感器保留原有性能的 80% 以上，如图 3-18 所示。

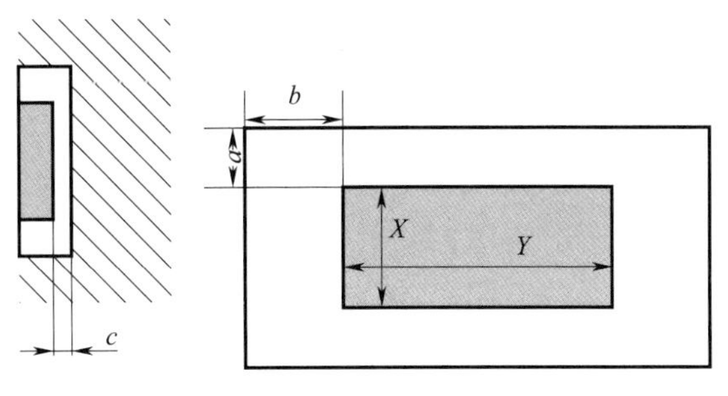

图 3-18　标签自由区尺寸

3. 电源及布线安装

给 RFID 设备供电时，建议使用开关电源单独供电。对于无法单独供电的情况，需要在 RFID 设备的前端增加推荐的电源滤波设备。

RS485 线材需要使用屏蔽线。在实施时，需要将 RS485 线路两端设备的 GND 线连接到一起。走线长度不超过 50 m，走线超过 50 m 时，需要加入信号中继器。

RFID 安装流程如图 3-19 所示。

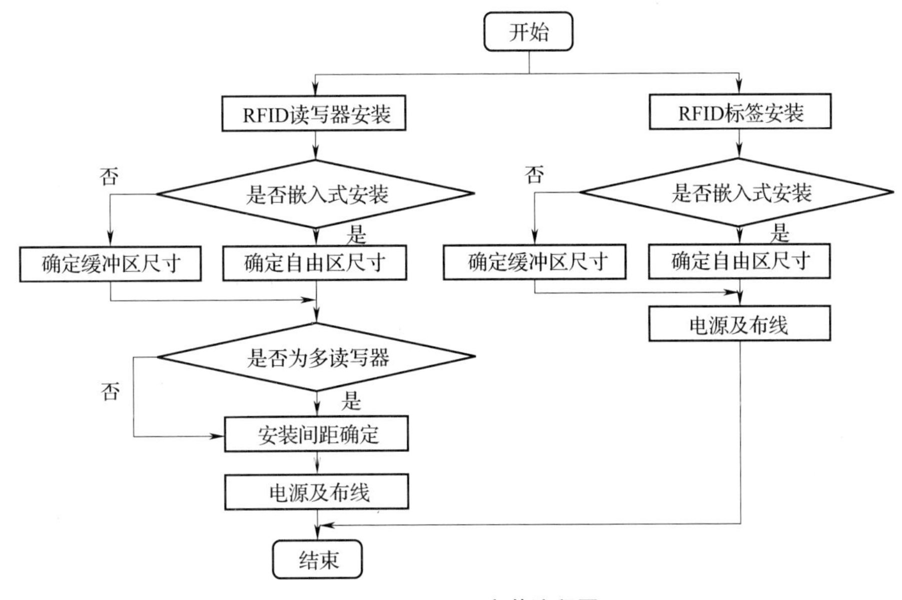

图 3-19　RFID 安装流程图

4. RFID 安装注意事项

（1）为保证网络传输的稳定性，建议架设专网。

（2）提供了接地片的设备需要接地，要求电阻小于 4 Ω。

（3）对于外壳是金属材质的设备，若应用环境的接地不标准（当接地电阻大于 4 Ω 时，则认为不标准），为保证产品稳定工作，建议使用塑料支架进行安装。

（4）接线端子静电敏感，避免带静电物体触碰。

四、典型传感器接线与应用案例

以一个温度传感器为对象，结合实际生产制造场景需求，讲解其具体的接线和使用方法。

（一）应用场景

在现代工业生产尤其是自动化生产过程中，通常使用传感器来监视和控制生产过程中的各个参数，使设备处于正常状态或最佳状态，并使产品达到最好的质量。

在离散车间的零件加工过程中，温度是监测加工过程的重要指标。通过获取刀具的温度，可以评估刀具的状态、计算加工过程的能量损耗，据此来安排车间内的资源调度，减少加工碳排放，提高加工效率。因此，在离散车间的零件加工过程中获取温度这一参数，对于提高加工效率和资源利用率具有重要意义。

（二）传感器选择

温度传感器按测温方式不同，可分为接触式和非接触式两大类。接触式温度传感器比较简单、可靠，测量精度较高，但因测温元件与被测介质需要进行充分地热交换，故需要一定的时间才能达到热平衡，存在测温的延迟现象。同时，受耐高温材料的限制，接触式温度传感器不能应用于很高的温度测量。非接触式温度传感器是通过热辐射原理来测量温度的，测温元件不需与被测介质接触，测温范围广，不受测温上限的限制，也不会破坏被测物体的温度场，反应速度也比较快。但受到物体的发射率、测量距离、烟尘和水汽等外界因素的影响，非接触式温度传感器测量误差比较大。

考虑到刀具在加工过程中为运动状态，运用接触式温度传感器测量刀具温度不稳定，可靠性低，选用非接触式红外温度传感器（型号：DFROBOT TS01）对刀具的温度进行测量，如图 3-20 所示。传感器的具体参数见表 3-1。红外温度传感器是利用辐射热效应来进行温度测量的。当物体的温度高于绝对零度时，由于物体内部存在热运动，物体会不断地向周围辐射电磁波，其中包含了波长为 0.75~100 μm 的红外线。红外温度传感器接收到物体辐射出的红外线后，内部材料的性能发生变化，将辐射能转化为电能，传感器输出的电信号发生变化，从而获得所测温度的信息。

图 3-20　DFROBOT TS01 红外温度传感器

表 3-1　DFROBOT TS01 红外温度传感器参数指标

参数名称	参数范围
供电电压	5.0~24 V
工作电流	20 mA
信号输出	模拟电压 0~3 V
工作温度	-40~85 ℃
测量温度	-70~380 ℃
测量精度	±0.5~±4 ℃
FOV 视场角	5°
接口类型	杜邦 3Pin+杜邦 Pin

（三）接线与使用

在实际测量的时候，需要该传感器与 ArduinoUNO 主控板连线，通过主控板获取传感器采集到的刀具的原始温度数据，经过一定处理后传给上位机，为后续的分析提供数据支持。具体的接线方法如图 3-21 所示。

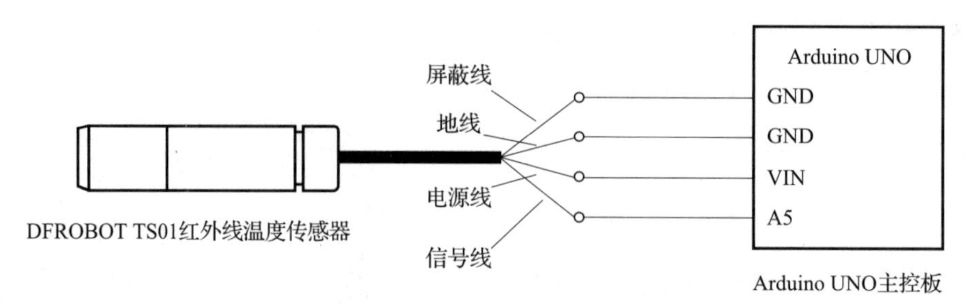

图 3-21　DFROBOT TS01 红外线温度传感器接线图

DFROBOT TS01 红外线温度传感器的外部接口包括 4 根线：电源线、地线、屏蔽线和信号线。从能量转换情况来看，红外测温传感器属于能量控制性传感器，需要供给外部电源，控制器连接传感器的电源线和地线进行电源供给，通过控制电源线接口处的电平高低来控制红外温度传感器的工作状态。为了适应各种复杂的工业场合，提高传感器精度，DFROBOT TS01 红外温度传感器采用屏蔽线来有效减少外来辐射干扰和对外辐射干扰，将传感器的屏蔽线接地以达到屏蔽效果。DFROBOT TS01 红外温度传感器输出的信号为电压信号，属于模拟信号，将该模拟信号接入控制器的模拟信号输入端，根据输出电压信号与所测温度值的关系，可以获得所测物体的温度信息。

第二节　多源异构数据采集

考核知识点及能力要求：

- 能够对智能装备与产线数据采集需求进行分析，厘清数据的关联关系；
- 了解常见的数据源数据采集方法，能够通过编程实现部分设备的数据采集；
- 了解常见的多源异构数据的预处理方法；

• 通过实例深化对于数据采集的理解并掌握实操的方法。

一、智能装备与产线数据采集需求分析

在现代工业尤其是自动化生产的过程中，工厂智能装备与产线每时每刻都在进行工作，在生产过程中会产生源源不断的数据信息。这些信息呈现出多类型多层次的特点，从不同信息源设备采集的信息容易形成信息孤岛，不同信息间无法实现交互共享。为了给上层某一信息系统或平台（如 MES）提供有效的信息支持，需要对这些多源异构的数据进行集成。应当明确数据采集的需求，对生产过程数据进行分类，并且按照不同的数据类型选择最适合的采集方案，在这个基础上才能进一步对数据进行解析，标准化和存储。

（一）数据分类

制造业可以分为流程制造和离散制造，本节主要以离散制造车间为对象来分析其生产过程中的数据采集需求。生产过程描述的是通过对原材料进行一系列如车、铣、刨、磨等操作使其发生物理变化，在这个基础上进行加工零件的装配、质检等活动，使其转化为最终产品的一系列运行过程，涉及人、机、物、环境等多种生产要素，以及配送、加工、装配、质检等多项活动。综合考虑这些生产要素以及生产活动，可以将数据分为以下几类：

1. 设备数据

设备数据是车间中直接或辅助进行加工的硬件设备的数据。设备数据可以分为以下几种：设备本身的静态数据，如设备尺寸，设备类型和具体型号，设备制造和投入使用的时间等；设备统计的历史数据，如总的加工零件个数、总加工时长、故障即维修记录等；设备运行的实时数据，如机床的主轴转速、加工坐标、报警信息等，工业机器人的关节坐标、直角坐标、运动速度等。设备数据对于反映生产过程实时状态、进行产品质量分析、优化加工工艺都有十分重要的作用。

2. 人员数据

人员数据是直接参与车间生产或是从事相关辅助工作的车间人员数据。不同工作

人员有不同的操作权限和职责任务，如车间加工人员负责操作数控机床进行零件加工，车间配送人员负责物料和加工零件的运送。人员数据是车间有序生产、合理调度，以及后期产品质量追溯的重要保障。

3. 环境数据

环境数据是车间生产环境数据，如当前车间的光照强度、室内压力、温湿度、洁净度、设备布局等。良好的环境数据保证是安全生产的重要前提，同时对于产品加工质量也会产生一定影响。

4. 物料数据

物料数据是车间加工物料的数据，包括物料的静态数据，如物料的材料、批次以及对应的加工工艺，以及物料动态数据，如当前加工状态是原材料、半成品还是成品，所处的加工阶段，已经加工的时间等。物料数据反映了生产过程的具体阶段以及物料的库存状况，对于生产进度把控和库存管理有重要的参考作用。

5. 质量数据

质量数据是加工产品的质量数据，如表面粗糙度、形位误差等。质量数据是车间生产加工能力的直观反映，同时也为加工质量分析、工艺参数优化提供了依据。

（二）数据采集技术

基于上述的数据分类，针对不同的数据类型应当选择最合适的采集方式以获得完整和准确的数据。

设备数据如数控机床的数据可以通过数控系统读取内置传感器获得，也可以利用厂家封装的外部通信接口获得。机器人、AGV 等设备通常支持 TCP/IP 通信，可以通过对其网络模块的二次开发来获取数据。

人员数据包含员工编号、姓名、类型等信息，通过员工卡和指定工位的读卡器可以对如员工编号等信息进行采集，并且可以关联到员工数据库中的其他信息，然后通过以太网或串口上传到信息管理系统。

环境数据可以根据需要采集的对象部署特定的传感器，如温湿度传感器来获得，由于一些车间工作环境比较恶劣，为了提高稳定性，这些数据通常采用有线传输。

物料数据一般通过布置 RFID 标签、条形码、二维码等获取，并通过以太网或串口通信将标签数据上传，从而对物料或是加工后的成品进行追踪和回溯。

质量数据的采集，目前主要采用机器检测或者人工检测，机器检测可以部署如视觉传感器等，通过图像处理算法对表面缺陷进行检测，然后通过通信接口直接上传数据；而人工检测数据通常需要利用特定的测量工具进行测量，然后手动录入测量数据。

二、传感器、RFID、CNC（数控机床）等数据采集方法

车间中存在大量的多源异构设备，具有多样化的数据采集方式，本节将通过 3 种典型数据源的采集方法入手，结合相应的示例程序，讲解多源设备的数据采集方法。

（一）传感器数据采集方法

1. 传感器数据采集概述

传感器是车间数据的主要来源之一，常见的传感器包括温湿度传感器、切削力传感器、烟雾报警传感器以及光栅传感器等。传感器的数据采集通常需要结合相应的数据采集装置，常见的例如 51 单片机、STM32 单片机、树莓派等。传感器通常通过串口协议进行数据传输，因此在进行数据采集之前，需要首先确定波特率、数据位、停止位等串口参数。

以 DHT11 温湿度传感器为例。DHT11 数字温湿度传感器是一款含有已校准数字信号输出的温湿度复合传感器，它应用专用的数字模块采集技术和温湿度传感技术，确保产品具有极高的可靠性和卓越的长期稳定性。传感器包括一个电阻式感湿元件和一个 NTC 测温元件，并与一个 8 位单片机相连接，用于内部程序的运行。DHT11 有 4 个引脚，分别为 VCC、DATA、N/A、GND，其作用见表 3-2。

表 3-2　　DHT11 传感器引脚定义

引脚名称	功能
VCC	供电引脚（电压为 3~5.5 V 直流电压）
DATA	串行数据，单总线
N/A	悬空引脚
GND	接地引脚，用于接入电源负极

其中，DHT11 的数据格式为 40 位的字节数据。数据格式如图 3-22 所示。

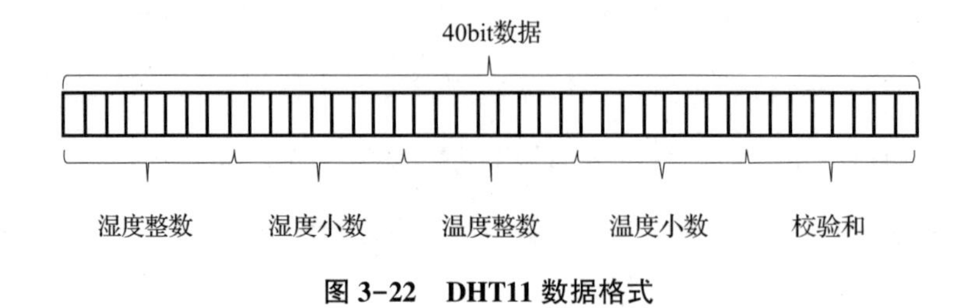

图 3-22　DHT11 数据格式

2. 传感器数据采集过程

DHT11 的整体采集过程如下：

（1）主机发起开始信号，拉低总线等待 DHT11 响应，初始化 IO 通信接口。

（2）DHT11 接收到开始信号并等待信号结束，之后发送低电平响应信号。

（3）主机在开始信号结束后进入延时等待阶段，在等待完毕后，开始读取 DHT11 的响应信号。

（4）DHT11 发送响应信号，拉高总线电平，准备发送数据。

（5）40 位数据按照等延迟进行发送，电平的高低代表了数据位是 0 还是 1。

（6）当最后一位数据发送完毕后，DHT11 拉低总线电平，随后进入空闲状态。

数据采集程序的核心部分代码如代码 3-1 所示（C 语言）：

代码 3-1　　　　　　DHT11 传感器数据采集核心代码

```
int main(void) {
  uint8_t data[5];
  // 配置系统时钟
  SystemClock_Config();

  // 初始化引脚定义及相关参数
  MX_GPIO_Init();
  // 串口初始化
  MX_USART2_UART_Init();
```

```
  // 延迟初始化
  DWT_Delay_Init();

  while (1)
  {
    // 主机发起开始信号
    DHT11_start();
    // 检验响应信号
    check_response();
    // 读取数据,每次读取 8 位
    data[0] = read_data(); // 8 bit
    data[1] = read_data();
    data[2] = read_data();
    data[3] = read_data();
    data[4] = read_data();

    // 校验和验证
    if ((data[0] + data[1] + data[2] + data[3]) = = data[4])
    {
        // 通过串口传输数据
        HAL_UART_Transmit(&huart2,(uint8_t * )data,5,HAL_MAX_DELAY);
        HAL_Delay(3000);
    }
  }
}
```

（二）RFID 数据采集方法

RFID 是一种非接触式的自动识别技术，它通过射频信号自动识别目标对象并获取相关数据。因其抗干扰能力强，无须人工干预以及多样化的数据识别方式等特点被广泛应用于多个领域。

1. RFID 组成

RFID 通常由 3 个部分组成：

（1）标签：附着在物体上用于标识目标对象，通常具有自己独有的 UID（唯一标识符）。

（2）阅读器：读取或写入标签信息的设备，可以通过无接触的方式获取标签中保存的电子数据，从而达到自动识别的目的。

（3）天线：在标签和读取器间传递射频信号，当标签进入天线的磁场时产生感应电流，将自身的编码信息发送至阅读器。

2. 数据采集过程

以思谷公司的 SG-HR-I2 一体式 RFID 为例，其数据采集的过程如下：

（1）配置 RFID 为交互模式。

（2）通过上位机发送数据写入指令，设置标签内部的数据值。

（3）保持上位机与一体式读写器的通信，当标签达到读写的范围时，可通过上位机发送指定的数据读取指令，获取相应的数据。

其中，数据采集的代码如代码 3–2 所示（Java 语言）：

代码 3–2　　　　思谷 SG-HR-12 RFID 数据采集示例代码

```
public static void main(String[] args) throws Exception {
    // 通过网络通信建立主机与读写器的连接
    Socket socket = new Socket("192- 168.1.10",3001);

    // 获取输入输出流
    OutputStream os = socket.getOutputStream();
    InputStream is = socket.getInputStream();

    // 分别代表由主机发送至读写器的写入帧指令和读取帧指令
```

```
    byte[] writeFrame = {(byte) 0xFF,0x12,0x12,0x00,0x01,0x00,0x00,0x00,0x0A,0x00,
0x01,0x02,0x03,0x04,0x05,0x06,0x07,0x08,0x09,0x66,(byte) 0xED};
    byte[] readFrame = {(byte) 0xFF,0x08,0x11,0x00,0x01,0x00,0x00,0x01,0x08,0x35,
0x72};

    // 发送写入帧后,将数据存储至标签中
    os. write(writeFrame);

    while (true) {
      // 向读写器发送读取帧指令,当有标签进入数据读取范围时,获取其内部存储
的数据
      os. write(readFrame);
     byte[] data = new byte[16];
      // 读取输入流中读写器返回的数据
      is. read(data);

      /* 执行对数据的相关操作 * /
    }

    // 数据采集完毕后,关闭通道
    os.close();
    is.close();
    socket.close();
}
```

（三）CNC 数据采集方法

1. CNC 数据采集方法

数控机床（CNC）是智能车间的核心生产器械，有关机床状态的监测是实现车间

智能化生产调度的关键。由于机床的数据协议高度定制化，不同厂家的协议具有不同的采集方案，因此实际的数据采集需参考机床厂商所提供的手册进行。

机床数据的采集通常需要依靠接入数控系统来实现，以 KND 数控系统为例。其数据链路基于工业以太网，通过 KND REST 协议进行数据的传输。

2. 数据采集过程

CNC 数据的采集过程如下：

（1）基于 REST 接口的 API，建立对应的实体类型。

（2）通过网络访问工具访问对应的 REST 接口，获取网络流中的字符数据（以 JSON 数据为主）。

（3）通过序列化工具将对应的字符数据转化为相应的实体类型，获取其数据。

数据采集的示例如代码 3-3 所示（Java 语言）。其中，采用了网络通信工具包 OkHttp 以及序列化工具 Jackson，需读者提前准备相关的工具与环境：

代码 3-3　　KND 数控机床数据采集示例代码

```
public static void main(String[] args) throws IOException {
  // 代表状态数据的实体类
  /*  JSON 数据示例
  {
    "runStatus":0,
    "oprMode":0,
    "ready":false,
    "notReadyReason":1,
    "alarms":["ps","prm- switch"]
  }
   * /
  class Status {
    Integer runStatus;
    Integer oprMode;
```

```
    Boolean ready;
    Integer notReadyReason;
    List<String> alarms;

    /* 默认的 Getter Setter 方法 * /
}

// Jackson 序列化工具类,用于反序列化 JSON 数据,需要导入相应依赖
    // 地址:https:// github.com/FasterXML/jackson
ObjectMapper mapper = new ObjectMapper();

// OkHttp 客户端工具类,用于实现 HTTP REST 通信,需要导入相应依赖
    // 地址:https:// github.com/square/okhttp
OkHttpClient client = new OkHttpClient();

// REST Api 接口地址
String restApi = "http:// 192- 168.1.101:8000/v1/status";

// 发送的 HTTP 请求
Request request = new Request.Builder().url(restApi).build();

// 执行请求指令,获取返回的响应
Response response = client.newCall(request).execute();

// 从响应体中获取返回的 JSON 数据
String json = response.body().string();
```

```
    // 执行 JSON 数据的反序列化,获取实际的机床数据
    Status status = mapper.readValue(json,Status.class);

    /* 提取 status 中的数据进行其他操作 * /
}
```

三、多源异构数据预处理方法

数据源设备的生产厂商不同，采用的协议不同，应用场景和实现功能存在差异，采集到的数据呈现出多源异构的特点。在实际生产过程中，无论从什么设备，通过什么方式采集数据，我们都无法彻底避免数据噪声、冗余和缺失等问题。如果数据来源呈现多元化，这些问题会更加明显，具体表现为数据量庞大、数据格式不一致、数据维度尺度不统一等。这些问题一方面直接导致了获取数据的准确性有限，另一方面加大了后续解析、分析、存储操作的复杂度，影响生产系统的整体工作效率。所以数据的预处理是不可忽视的一个环节，本节将从常规场景以及多源场景两个方面简单介绍数据预处理的一些方法。

（一）常规数据预处理方法

对于常规数据，数据预处理主要有以下步骤与方法：

1. 数据清洗

数据清洗是提高数据质量的一个手段。数据清洗的一个环节为填充缺失的数据值，即对于记录中空缺的数据值填充合理的期望值，常用方法有期望最大法（expectation maximization，EM）算法；数据清洗另一个环节为噪声数据平滑处理，即从原始数据中区分隐藏的异常数据并过滤，常用的方法有模糊 C 均值聚类（Fuzzy C-Means，FCM）算法。

2. 数据集成

数据集成是指针对不同的数据，用统一的数据模型将它们集中起来，为上层应用提供封装好的接口。用户可以在不考虑数据差异的情况下直接调用数据集进行分析，

主要可以采用卡方检验、相关系数和协方差等方法进行预处理。

3. 数据规约

数据集成和清洗虽然可以获得质量较好的数据，但无法改变数据的规模，数据规约的作用就是在不破坏原数据完整性的情况下，对其进行一定程度的压缩以降低数据规模。数据规约主要有以下两种方法：维度规约，即通过减少原数据中的变量或属性降低维度，主要采用的方法有小波变换、特征集选择法等方法；数量规约，简单来说就是用更加简单的数据替代原数据，可以采用对数线性回归、聚类、抽象等方法。

4. 数据变换

数据变换主要是对数据进行规范化处理便于后续的分析，主要包括：①数据聚集，即根据数据分析需要的粒度对数据进行汇总和聚集；②数据规范化，即将数据按比例缩放到特定区间；③属性构造，即在原有基础上构造和添加新的属性。

（二）多源数据预处理方法

相对于常规情景，多源数据更关注多个数据源集成时出现的一些问题，主要任务和处理方法如下：

1. 提高处理效率

多源数据具有数据量大、增长快、维度高等特征，这些因素使得系统处理数据的效率变得低下。合适的维度可以提供足够的特征用于后续分析，但随着数据的维度增加，超过一定阈值后，数据处理方法如分类算法的精度反而会降低，效率也会变差，这种现象称为“维数灾难”。可以采用交叉验证（cross-validation，CV）、特征选择算法（feature selection algorithm，FSA）、主成分分析法（principal component analysis，PCA）等方法选择合适的特征进行降维。

2. 异构数据集成

数据的异构主要表现为每个数据源都是一个独立的系统，将它们融合为一个数据集时，来自不同数据源的数据，或是来自同一数据源但是采用协议不同的数据，类型、格式和产生的机理通常不同，缺乏统一的数据模型。可以采用基于模式的数据集成进行预处理，在构建集成系统时将各数据源共享的视图集成为全局模式，使用户可以通过统一的查询接口直接获取多个数据源的查询结果而不必关心数据的来源与差异。

3. 统一数据尺度

数据尺度的不同主要表现为不同的数据源可能使用不同的参考系或者衡量尺度来获得同一个对象的数据，这就导致一个数据呈现出不同的结果。解决多尺度问题常用的方法有尺度分离、多尺度建模等，简单来说，就是试图建立不同参考系之间的映射关系，在这个基础上进行转换，从而得到全局统一尺度下的数据。

四、典型制造单元数据采集案例

本小节将从制造单元入手，分析制造单元的数据采集需求，进而针对不同的设备设计数据采集的具体方案。

（一）制造单元简介

智能制造单元作为智能制造车间的基本单元，具有完成车间功能的基础设施，可以完成基本的生产流程。本小节以一个智能制造单元为数据采集对象，其硬件组成如图 3-23 所示，包含 1 台数控车床（型号：台创 CK6150）、1 台数控铣床（型号：台创 VM7126）、2 台工业机器人（型号：BRTIRUS0805A 和 BRTIRUS1510A）、1 台 AGV 小车（型号：TLBF-300SX-001）和若干边缘计算设备。

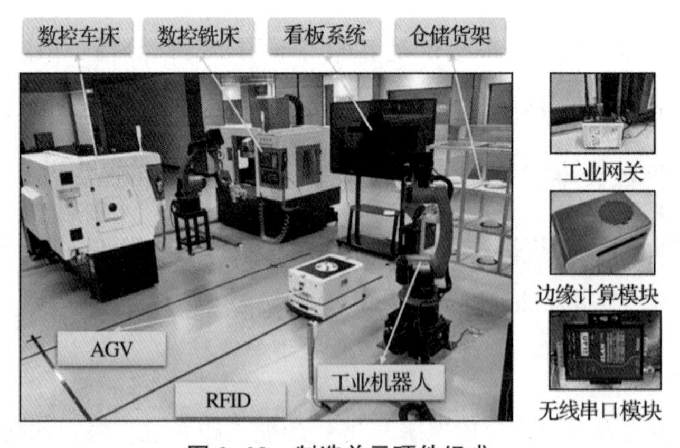

图 3-23　制造单元硬件组成

（二）制造单元数据采集需求分析

综合各种生产要素和生产活动，智能制造单元的功能大致分为 3 个部分：物料转

运、物料加工和物料追踪，根据这 3 部分对数据采集进行需求分析。

物料转运部分涉及各个运输设备的运动学、动力学数据，同时要求各个设备的 PLC 信号之间进行配合。

物料加工部分的数据涉及机床等主要加工设备的状态信息，以及工件的当前加工信息，同时，包含加工过程中设备的功耗以及动力学数据。

物料追踪部分主要是结合 RFID 数据，追踪物料当前的加工位置、时间信息以及工件当前加工状态信息等。

（三）数据采集方案

由于制造单元涉及大量的设备、传感器等，本节主要通过 AGV 与机床这两个典型的加工设备来讲解数据采集方案的设计。

以途灵智能运输 AGV（型号：TLBF-300SX-001）为例，AGV 的核心控制板预留了 232 串口，通过串口模块可以将其转换为其他接口如 Moxa、Wi - Fi、以太网等（实际采集时使用的是以太网）。按照商家提供的数据协议手册，由部署的边缘计算设备发送指定的 16 进制的协议帧数据，AGV 核心板在接收到数据后返回特定的响应数据或执行相应的动作，如图 3-24 所示。

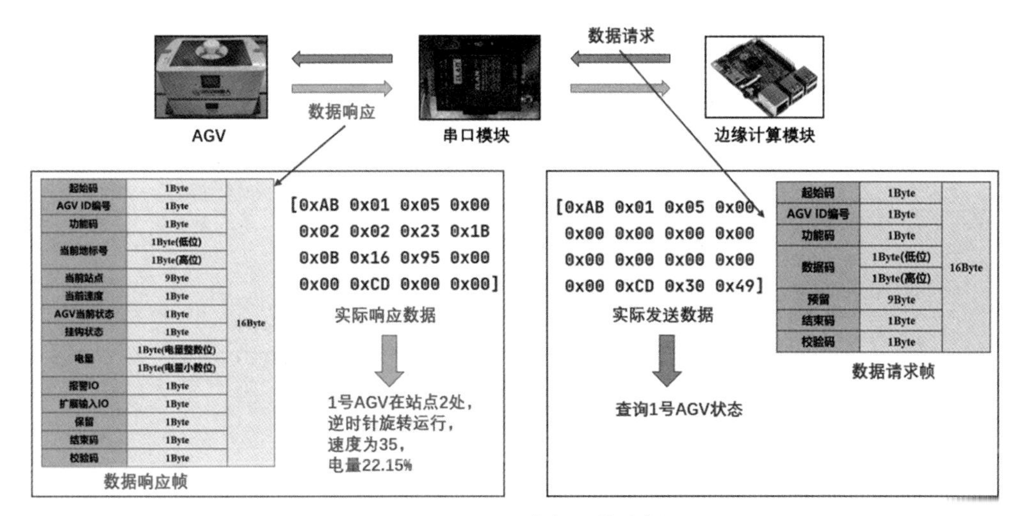

图 3-24　AGV 数据采集实例

而对于机床方面，采用创金数控车床（型号：CK6150），配备 KND 2100Ti 系列数

控系统，基于 HTTP REST 的方式进行数据的传输，数据格式为 JSON。对于例如机床 3 轴运动数据、当前加工 G 代码、加工计件以及系统信息等数据，通过 HTTP 请求 SDK，访问对应的 REST 数据接口，可以得到原始的 JSON 数据，如图 3-25 所示。

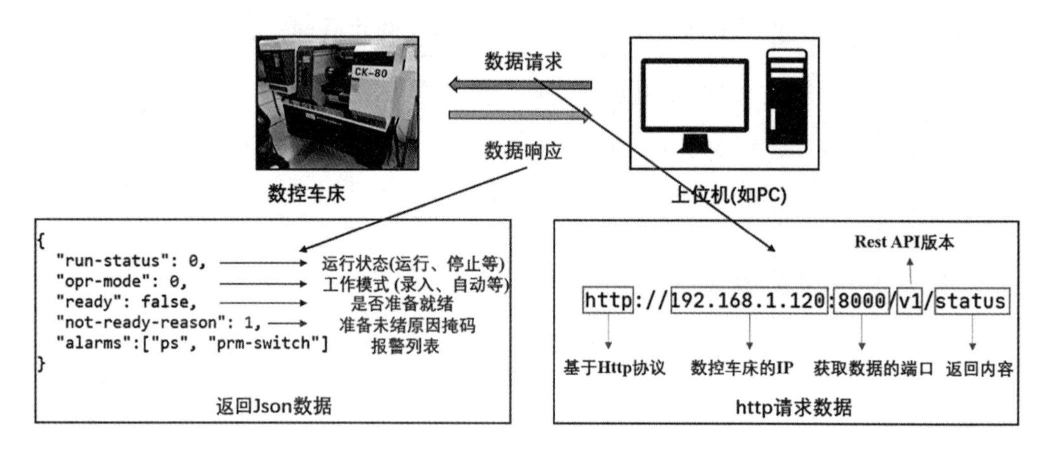

图 3-25　数控车床数据采集实例

通常需要对接收的原始数据进行一些预处理，根据程序语言将其转化为对应的结构实体数据，同时去除冗余元数据、无效数据等，如图 3-26 所示。对于批量的数据还需进行数据去重、降噪等操作，最后提取出有用的状态和运动数据，输出或存储到对应的数据库中。

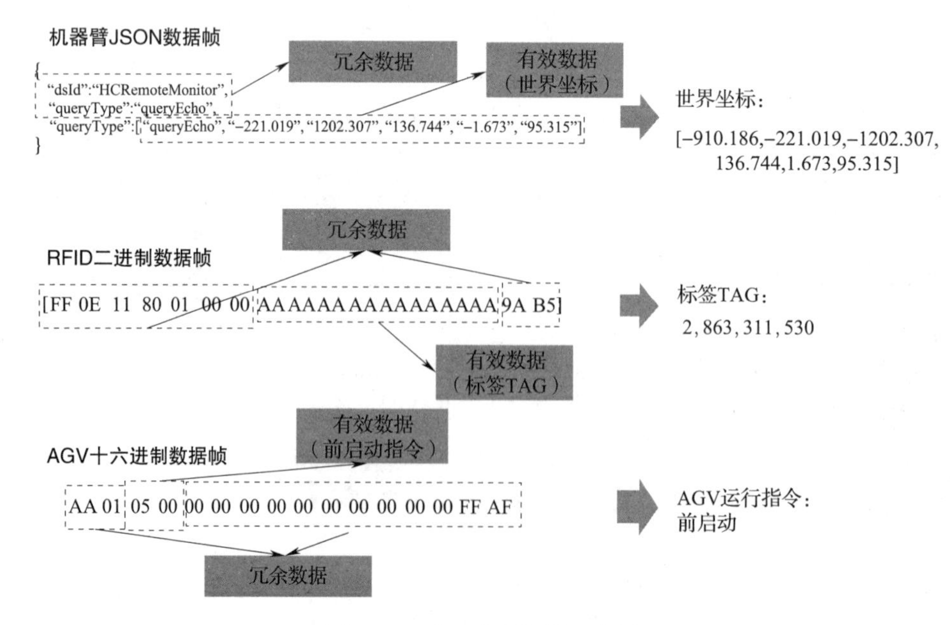

图 3-26　部分数据预处理实例

第三节　数据协议解析与标准化

考核知识点及能力要求：

- 了解工业中常见的数据传输协议；
- 了解对于一般工业协议的解析方法，能够尝试对其他协议进行解析；
- 了解 OPC UA 协议的标准化过程；
- 通过实例深化了解实际设备的数据标准化过程，能够设计自己的标准化方案。

一、典型工业协议概述

（一）Modbus

1. Modbus 简介

Modbus 协议是一种为了实现和 PLC 通信而开发的位于应用层的报文传输协议，Modbus 是工业领域通信使用最广泛的协议之一。Modbus 协议栈的层次结构如图 3-27 所示，同一网络（如以太网）内的控制器之间，或是控制器和其他设备可以通过这个协议彼此通信传输数据。

2. Modbus 工作模式

Modbus 协议的整体架构为主/从模式（master/slave），在 Modbus 总线上存在唯一的主站以及多个从站，主站主动发送指令，从站被动接收并响应。每次工作时，主站先发送指令，可以是广播也可以是针对某一特定从站的单播，然后从站返回对应的数据或者报告异常。当主站不发送请求时，从站不会自己发出数据，从站和从站之间不能直接通信。

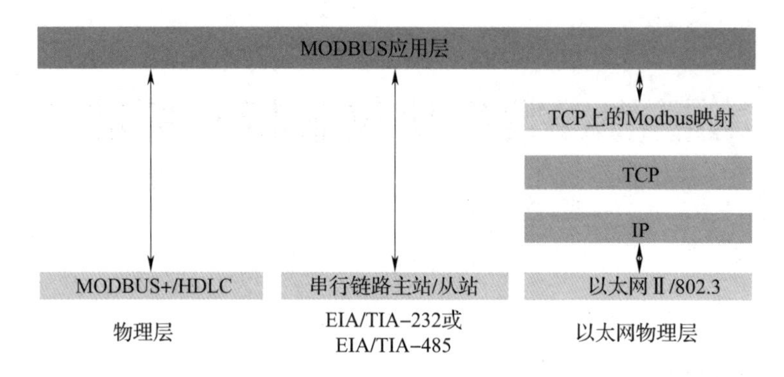

图 3-27　Modbus 协议栈

（二）Ethernet/IP

1. Ethernet/IP 简介

工业以太网协议（Ethernet/IP）是由 ODVA 所开发的基于 CIP 协议的工业网络协议。它定义了一个开放的工业标准，将传统的以太网协议技术和工业协议相结合。CIP 协议与设备介质无关，独立于物理层和数据链路层之外，提供了一系列标准的服务，提供“隐式”和“显示”方式对网络设备中的数据进行访问和控制。EtherNet/IP 基于 TCP/IP 系列协议，可以对应 OSI 层模型中较低的 4 层，如图 3-28 所示，集线器、PCI、连接器之类标准以太网通信模块可以和 EtherNet/IP 一起使用。

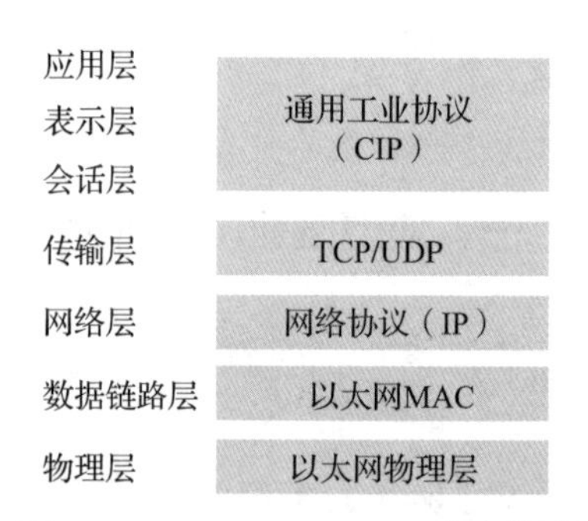

图 3-28　Ethernet/IP OSI 参考模型

2. Ethernet/IP 工作模式

Ethernet/IP 协议采用一种高效的数据传输模式即生产者/消费者模式（producer/consumer），即使网络处于高速负载的状态，它也可以提供准确和实时的服务。简单来说，端系统之间的联系不是通过具体的源和目的地址关联起来，而是一个生产者可以对应多个消费者，使数据的传输达到了最优化。网络中的数据源节点依据数据内容进

行标识，然后以组播的形式同时发送到网络中的多个中间节点，其他节点经过标识符匹配获得特定的数据。这样避免了带宽浪费，节省了网络资源，同时提高了系统的通信效率。

（三）OPC UA

1. OPC UA 简介

OPC UA（unified architecture，统一架构）协议是对 OPC 的继承与升级，解决了传统 OPC 对 Windows 平台的依赖以及对分布式系统信息交换不适用等问题。它不再依靠传统的 COM/DCOM，而是采用面向服务的架构（SOA）。现在，OPC UA 已经成为连接企业级计算机与嵌入式自动化组件的关键桥梁，尤其是在物联网（IOT）领域，OPC UA 得到越来越广泛的应用。

2. OPC UA 规范和特性

OPC UA 主要由图 3-29 中的规范构成，前两个部分给出了 OPC 统一框架概述和安全要求；第 3 和第 4 部分主要介绍如何建模和信息的访问；第 5 到第 7 部分主要给出了构建信息模型的框架、服务信息的映射以及定义了互操作性子集；其余部分主要制定了过程报警、状态监视、历史数据访问服务和服务器的查找等。

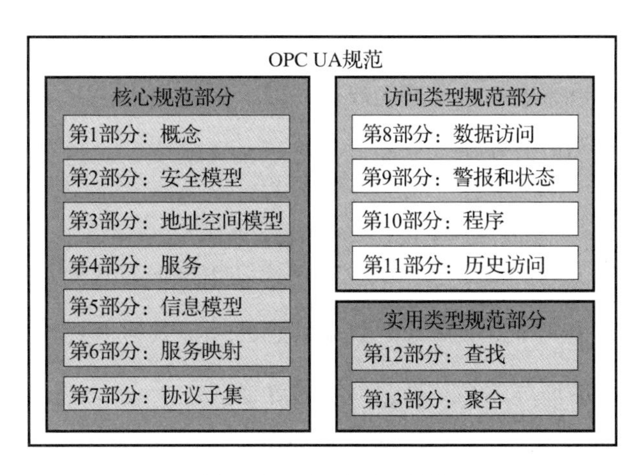

图 3-29　OPC UA 规范

OPC UA 的一些主要特性如下：

（1）功能对等性。OPC UA 是在经典 OPC 功能的基础上又实现了更多新功能。

（2）平台独立性。OPC UA 不依赖于特定的硬件或软件平台，它可以为微控制器、传统 PC、PLC 等不同硬件，Windows、Linux、Android 等不同操作系统提供全面的服务。

（3）安全性。OPC UA 通过一系列的控制方案如会话加密、信息签名、测序数据包、认证等来保证它的安全性。

（4）可扩展性。OPC UA 可以在保证原有功能完整性的基础上不断更新，将更多创新技术，如新的安全算法、编码标准、传输协议等，融入到现有的体系中。

（5）信息建模和访问。基于 OPC UA 标准，按照设备、部件、数据类别和数据之间的事件关联等，结合面向对象思想，可以建立语义化数据关联网络获得复杂对象的信息模型。

二、典型工业协议解析方案设计

协议解析，是指利用网络协议高度的规则性，使用解析程序，在不同网络层次按照不同的网络协议规范，解析各层数据包的头部及其载荷，通过拆解头部，提取实际数据，从而还原完整的协议原始信息并精确记录网络操作和访问的关键信息。

（一）协议解析原理

在网络协议的五层模型（TCP/IP 五层模型）中，当数据自上而下进行逐级传输时，每一层都需要给数据增加一个首部数据，用于添加相应的元数据信息，以定义数据在传输过程中的行为以及性质，从而确保数据的正确交付。这种方法叫作数据的封装，其过程如图 3-30 所示。

当数据自底层向上进行传输的时候，协议栈以相反的方式处理数据，将每一层的控制信息剥去，取出适应于上层定义的数据信息，并将其向上传输，这一过程叫作拆封，而底层协议解析的原理就是数据包拆封的过程。

协议解析的目的，是通过拆解和解构数据包，从而通过数据的首部、尾部等获取每一层网络施加在数据包上的实际操作内容，而这一操作往往需要结合一系列的数据包，无法通过单个数据包来实现。

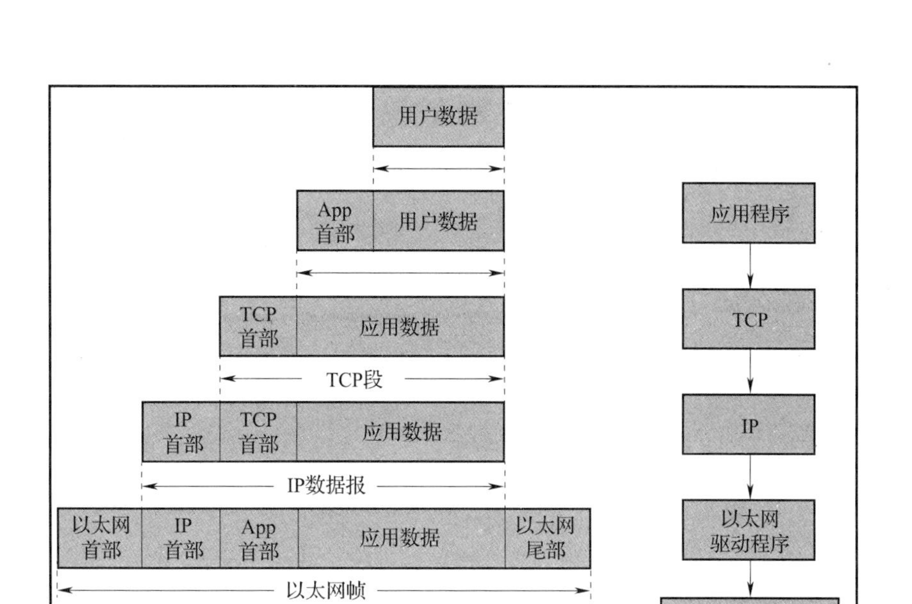

图 3-30　数据封装过程

而对于一般的协议而言，其网络层、传输层的协议按照 TCP/IP、ARP 等通用协议，具有规范化的协议解析方案，因此，智能工厂中的协议解析更多关注应用层数据的解析。而对于应用层的协议解析而言，主要由两部分组成：一是实现上位机与设备之间的数据通信，即完成应用层以下的协议解析，往往需要借助相应的软件开发包；二是解析应用层的数据，结合具体的语义信息提取真实的数据载荷。

（二）建立设备间的数据通信

不同的工业协议往往基于不同的传输协议，而实现协议解析的第一步首先需要实现设备与上位机之间的网络或总线连接。因此需要根据工业协议的底层传输协议，选择合适的方式建立连接。

通常的连接建立以 HMI 或专业的数据采集软件实现，但以这样方式实现数据的采集，只能够基于捆绑的设备进行数据展示，无法实现源数据的迁移，因此对于智能车间而言，往往需要采用 SDK 的方式，建立设备与设备之间的数据连接，从而将采集到的数据迁移到其他的平台进行展示或处理。

常见的传输协议及其所使用的 SDK 见表 3-3。

表 3-3　　传输协议及其对应的 SDK

协议名称	SDK 软件包
TCP/UDP	Winsock2（C/C++），JDK Socket（Java），Netty（Java）
HTTP	OkHttp（Java），libcurl（C），cpp rest（C++）
MQTT	mosquitto（Java），emqx（Erlang）
Modbus	Pymodbus（Python），libmodbus（C），Modbus4j（Java）
RS-232/RS-485	Serial（C++），pyserial（Python）

通过软件 SDK、上位机与现场设备的地址，发送指定的数据请求帧或响应帧，接下来通过具体的数据帧解析，从而提取相应的设备数据。

（三）应用层数据解析

本小节将以 Modbus 协议为例，讲解常见工业协议应用层的数据帧解析方法。

1. Modbus 简介

Modbus 属于网络模型中的应用层协议，为处于不同数据总线和网络环境的设备提供基于 C/S 的数据交换模式。Modbus 采用主/从（master/slave）方式进行通信，以请求—应答方式为基础，主机发送请求数据，从机回复数据响应，当总线上无对应主机发送请求时，不存在数据通信。

Modbus 通常依赖于 3 种数据传输协议：

（1）基于工业以太网的 TCP/IP 传输——Modbus TCP。

（2）通过不同总线或其他传输介质实现的异步串行传输——Modbus RTU。

（3）基于高速令牌传输网络——Modbus Plus。

2. Modbus 协议构成及其解析案例

Modbus 的协议帧以二进制数据为主，如图 3-31 所示，应用层部分的数据单元（application data unit，ADU）由 4 部分组成，分别是附加地址、功能码、数据载荷以及校验码，其中功能码和数据载荷又组成了其协议数据单元（protocol data unit，PDU）。各部分含义如下：

（1）附加地址。通常占用一个字节，代表数据将要发往的从机地址。

（2）功能码。占用一个字节，描述本条数据指令的含义或是其实现的具体功能，

例如查询、修改数据等。

（3）数据载荷。根据功能码的不同，具有不同的含义。

（4）校验码。用于确保数据在传输过程中的正确交付，用于校验数据的正确性，其计算方式遵循 CRC-16 Modbus 算法。

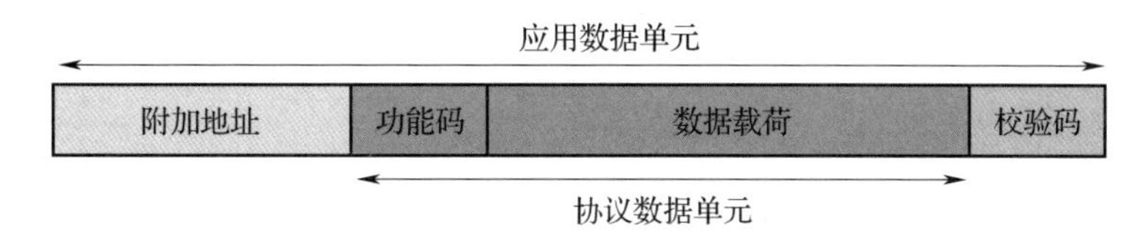

图 3-31 Modbus 协议帧组成

通过 Modbus 协议，可以实现数据的查询、修改等操作。下面通过实例，介绍如何通过 Modbus 进行数据的查询。

现需通过主站查询地址为 0x01 的从站数据，数据的起始地址为 0x006B，需要查询的寄存器个数为 3 个。按照 Modbus 的协议规则，选择对应的功能码 0x03（查询功能），其数据的请求——响应帧结构见表 3-4、表 3-5。

表 3-4 Modbus 的查询功能请求帧结构

名称	字节数	大小
功能码	1 Byte	0x03
起始地址	2 Bytes	0x0000~0xFFFF
寄存器数量	2 Bytes	0x0000~0x007D

表 3-5 Modbus 的查询功能响应帧结构

名称	字节数	大小
功能码	1 Byte	0x03
字节计数	1 Byte	2×N
寄存器值	N×2 Bytes	

注：其中 N 代表寄存器的数量，乘 2 是因为返回的是寄存器的高低位数据。

按照 Modbus 所对应的帧结构，应该向从机发送的数据请求帧为：

Request Code = {01 03 00 6B 00 03 17 74}

其中 01 代表从机地址，03 表示当前帧的功能为查询，00 6B 表示寄存器的起始地址为 0x006B，00 03 表示查询的寄存器数量为 3，17 74 为校验码。

收到的数据响应帧为：

Response Code = {01 03 06 02 2B 00 00 00 64 C8 96}

其中 01 表示回复响应数据的从机地址，03 代表其功能码，06 表示实际的字节数有 6 个（每个寄存器分别拥有高低位数据，因此总共有 3 个寄存器，字节数为 6 个），02 2B 00 00 00 64 为实际的数据载荷，C8 96 是校验码。

通过上述实例，Modbus 协议的解析过程大致如下：通过首位数据确定发送对的地址，进而根据第二位数据确定本条数据帧的功能，之后根据输入的数据载荷确定其具体含义（本例是线圈的寄存器地址与数量），最后基于 CRC-16 Modbus 校验其数据的完整性。

基于上述两个部分，解析现场设备的数据传输协议，实现了上位机与现场设备之间的数据通信。

三、基于 OPC UA 的协议标准化方法

（一）OPC UA 协议简介

工业控制领域用到大量的现场设备，在 OPC 出现以前，软件开发商需要开发大量的驱动程序来连接这些设备。即使硬件供应商在硬件上做了一些小小改动，应用程序也可能需要重写。同时，由于不同设备甚至同一设备不同单元的驱动程序也有可能不同，软件开发商很难同时对这些设备进行访问以优化操作。

为了消除硬件平台和自动化软件之间互操作性的障碍，建立了 OPC 软件互操作性标准，开发 OPC 的最终目标是在工业控制领域建立一套数据传输规范。

OPC UA 是一种通用化的工业协议标准，是基于 OPC 的一种升级。与之前的 OPC 协议不同，OPC UA 不依赖于 Windows 系统下的 COM/DCOM 功能，适用于 Linux、Unix、Windows 等多个平台，具有良好的跨平台特性。除此以外，OPC UA 还具备网络发现、地址空间优化、互访认证、数据订阅与发布等多项功能，是目前主流的工业标准协议。

（二）基于 OPC UA 的数据协议化流程

基于 OPC UA 的协议标准化，主要由以下几部分组成：一是基于现场设备的数据采集需求建立信息模型；二是根据信息模型部署 OPC Server；三是采集现场设备的数据；四是通过 OPC Client 将数据写入 OPC Server。

1. 建立信息模型

信息模型是设备所有信息节点的集合，通过语义化的组织结构，连接各个离散的数据节点，从而实现数据与 OPC UA 节点的映射。

信息模型中的数据节点，可以来自于设备本身提供的数据接口中的数据，也可以通过外加传感器，扩展可以采集到的数据，因此需要根据实际的数据采集需求来建立信息模型。信息模型最终会以 XML 文件的形式来描述节点间关系，可被 OPC Server 解析，生成相应的地址空间。

节点类型主要有 5 种：对象节点、变量节点、属性节点、方法节点、类型节点。其中，对象节点用来组织一系列具有某些相同性质的变量节点；变量节点代表实际的动态数据节点；属性节点代表实际的静态数据节点；方法节点用于通过 OPC UA 执行相应的函数操作；类型节点主要用于生成一类对象节点，以实现节点的复用。

信息模型采用 opcua-modeler 软件进行建模。建模过程大致分为以下几步：

（1）分析现场设备的数据采集需求。

（2）确定各个数据节点的类型（对象、变量、属性）。

（3）确定节点间的关联关系，通过语义化关联（reference）连接各个节点。

（4）生成 XML 文件，如图 3-32 所示。

2. 根据信息模型部署 OPC Server

OPC Server 是 OPC UA 用于缓存现场设备的一个临时服务器，可通过 OPC Client 采集现场设备的数据进行存储，也可以通过 OPC Client 提取 OPC Server 中的数据从而提供给上位机。

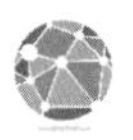

```
      <Reference ReferenceType="HasProperty">ns=1;i=2005</Reference>
      <Reference ReferenceType="HasProperty">ns=1;i=2006</Reference>
      <Reference ReferenceType="HasProperty">ns=1;i=2007</Reference>
    </References>
  </UAObject>
  <UAVariable AccessLevel="3" BrowseName="1:version" DataType="String" Historizing="true" NodeId
    <DisplayName>version</DisplayName>
    <Description>version</Description>
    <References>
      <Reference IsForward="false" ReferenceType="HasProperty">ns=1;i=2002</Reference>
      <Reference ReferenceType="HasTypeDefinition">i=68</Reference>
      <Reference ReferenceType="HasModellingRule">i=78</Reference>
    </References>
    <Value>
      <uax:String>Null</uax:String>
    </Value>
  </UAVariable>
  <UAVariable BrowseName="1:curMold" DataType="String" NodeId="ns=1;i=2004" ParentNodeId="ns=1;i
    <DisplayName>curMold</DisplayName>
    <Description>curMold</Description>
    <References>
      <Reference IsForward="false" ReferenceType="HasProperty">ns=1;i=2002</Reference>
      <Reference ReferenceType="HasTypeDefinition">i=68</Reference>
      <Reference ReferenceType="HasModellingRule">i=78</Reference>
    </References>
    <Value>
      <uax:String>Null</uax:String>
    </Value>
```

a）信息模型的XML描述文件

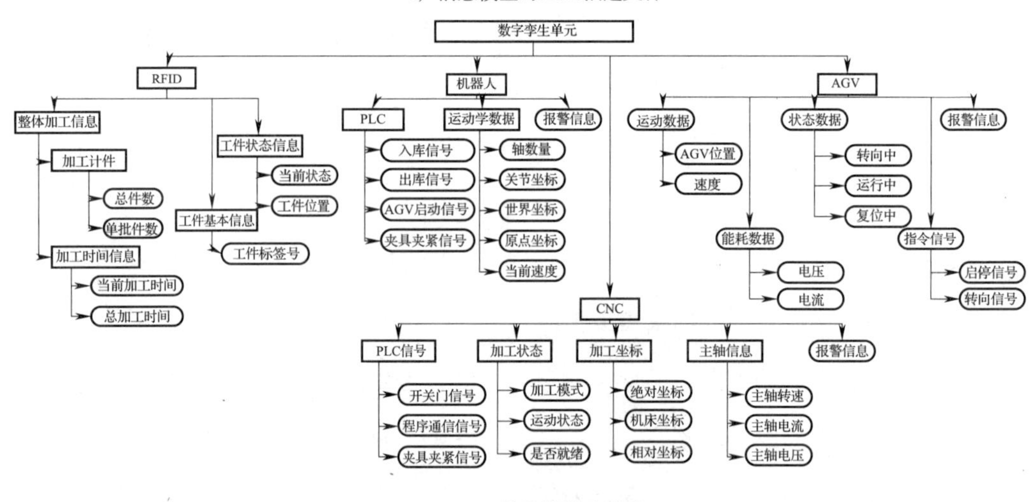

b）信息模型示意图

图 3-32　OPC UA 信息模型

OPC Server 的部署，需要配置服务器的证书信息，加密策略以及服务器的地址节点。同时，还需要解析生成的信息模型 XML 文件，将 XML 文件反序列化后生成一个 OPC UA 地址空间，从而集成数据节点。

最终还需要选择合适的服务器设备用于部署 OPC Server，部署完成的 OPC Server

将会通过 OPC Client 进行协议的标准化。

3. 采集现场设备的数据

基于本节第二部分协议解析的内容，选择合适的 SDK 开发包，根据现场设备的传输协议建立与设备之间的连接，根据数据需求发送指定的数据请求帧，对于某些设备还需要加装传感器，补充数据采集需求中的其他数据，并将获得的数据帧交由 OPC Client 进行处理。

4. 通过 OPC Client 将数据写入 OPC Server

OPC Client 是用于采集现场设备数据以及为上位机提供数据的媒介，主要负责与 OPC Server 进行数据通信。OPC Client 的建立需要读取 OPC Server 所生成的加密证书，通过非对称加密的方式建立互信机制，从而建立与 OPC Server 的安全通信。

在原始数据的基础上进行数据的解构，提取有效的数据，去除冗余数据与元数据等，减少数据量。再根据信息模型中的数据节点，匹配协议规则，组成数据节点网络。通过 OPC Client 找到对应节点的 NodeId，执行数据的输入，最终将数据实时存储在 OPC Server 中。

对于上位机而言，从设备获取数据将基于 OPC Server，协议按照 OPC UA 来实现，完成了协议的标准化过程。

总的来说，OPC UA 的数据标准化，首先，需要从现场设备进行协议解析，采集获取原始生数据。其次，按照设备的定制化数据协议，提取数据的有效数据位。再次，进行 OPC UA 协议规则的匹配，建立与孪生模型的数据映射，组织生产数据节点网络，网络模型基于孪生单元的信息模型。最后，将现场数据的节点网络集成到 OPC Server 中，对外提供统一、高效且具有自适应功能的数据接口，从而实现数据协议的标准化。

四、数据协议标准化案例

本节将通过伯朗特机器人的数据协议标准化，介绍在智能车间中常见的数据标准化方式。

（一）伯朗特机器人协议分析

本节选择伯朗特工业机器人（型号：BRTIRUS0805A 和 BRTIRUS1510A）作为数据协议标准化的对象，如图 3-33 所示。

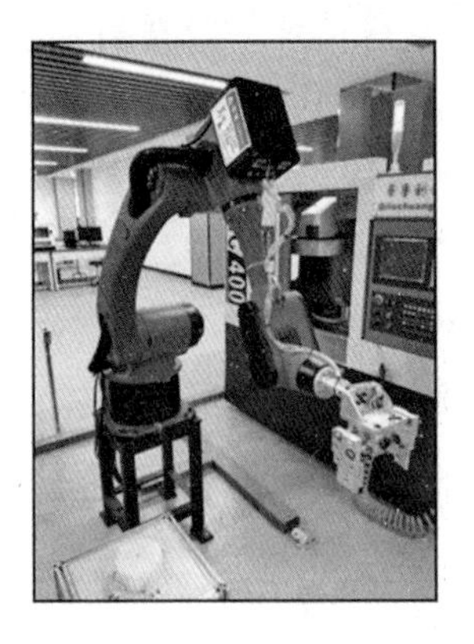
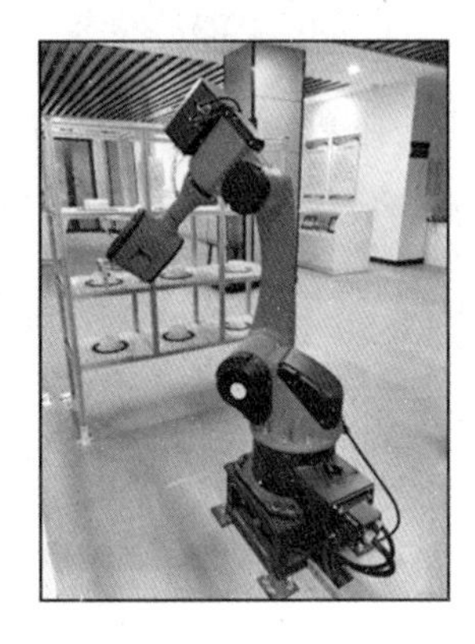

图 3-33　伯朗特工业机器人

机器人采用 HCRemoteMonitor 协议进行数据的传输。底层传输协议为 TCP，数据格式为 JSON。传输的协议帧如图 3-34 所示。

```
{
  "dsID":"HCRemoteMonitor",
  "cmdType":"query",
  "queryAddr":["world-0","world-1","world-2","world-3","world-4","world-5"]
}
```

图 3-34　机器人数据请求帧

协议帧由 3 个部分组成：

1. dsID，协议的名称，使用的是 HCRemoteMonitor。

2. cmdType，协议帧的作用，query 代表的是查询指令，command 代表控制指令。

3. queryAddr，查询的地址列表，world-0~world-5 代表世界坐标轴 0~5，即机器人的全部 6 轴。

收到的返回数据如图 3-35 所示。

```
{
  "dsID":"HCRemoteMonitor",
  "queryType":"queryEcho",
  "queryData":["-910.186","-221.019","1202.307","136.744","-1.673","95.315"]
}
```

图 3-35　机器人数据响应帧

协议的响应帧同样由 3 个部分组成：

1. dsID，协议的名称，使用的是 HCRemoteMonitor。

2. queryType，查询的类型，queryEcho 是指本条数据为数据响应。

3. queryData，机器臂世界轴坐标，序号与查询帧的序号保持一致。

从协议分析来看，如果需要添加查询的数据，只需在 queryAddr 中添加需要的数据名称即可。之后根据实际的数据采集需求，添加所需要的数据。

（二）建立机器臂的信息模型

根据信息的采集需求，对数据进行归类分析。机器人的数据类型有如下 3 种。

1. PLC

PLC 包含入库信号、出库信号、AGV 启动信号以及夹具夹紧信号。

2. 运动学数据

运动学数据包括轴的数量、关节坐标、世界坐标、原点坐标以及机器臂的当前速度等。

3. 报警信息

报警信息包括网络通信异常、程序执行异常、机器人碰撞报警等。

根据上述数据采集需求，建立机器人的信息模型如图 3-36 所示，并通过 opcua-modeler 进行软件建模，生成相应的 XML 文件，如图 3-37 所示。

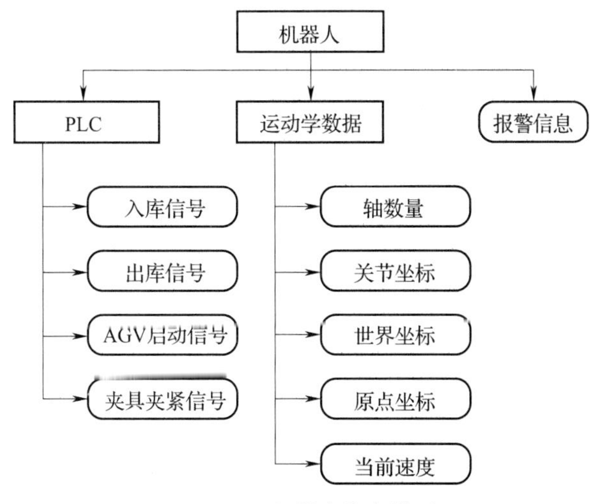

图 3-36 机器人信息模型

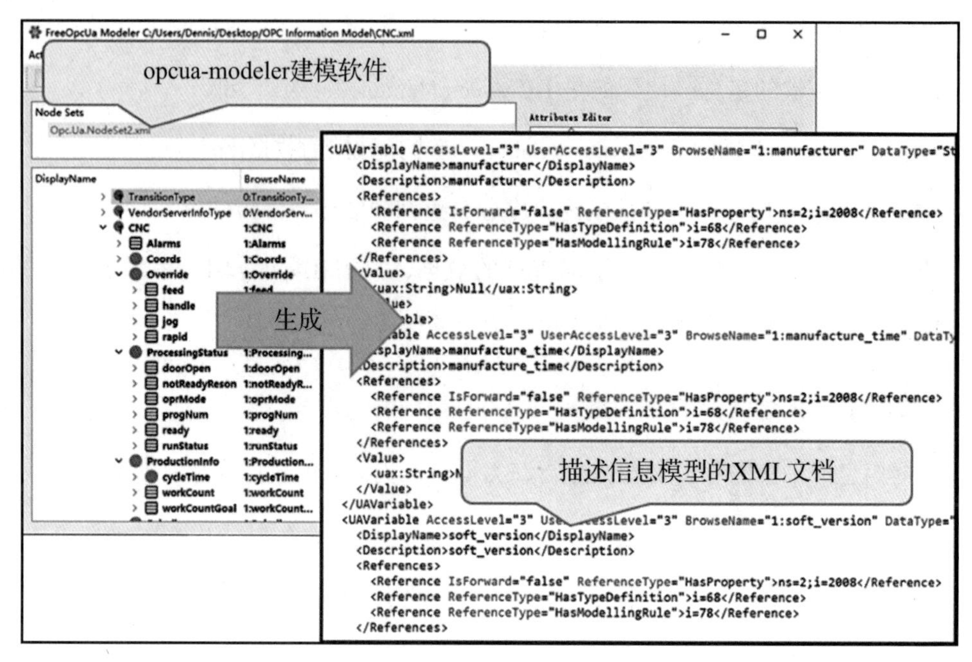

图 3-37　生成描述信息模型的 XML 文档

（三）机器人协议标准化

要实现数据基于 OPC UA 协议的传输，需要部署相应的 OPC UA 底层应用，以提供 OPC UA 协议的相关服务与功能。首先生成并部署相应的 OPC Server，如图 3-38a 所示，记录 OPC Server 的地址与相关证书，用于生成与之对应的 OPC Client，如图 3-38b 所示。

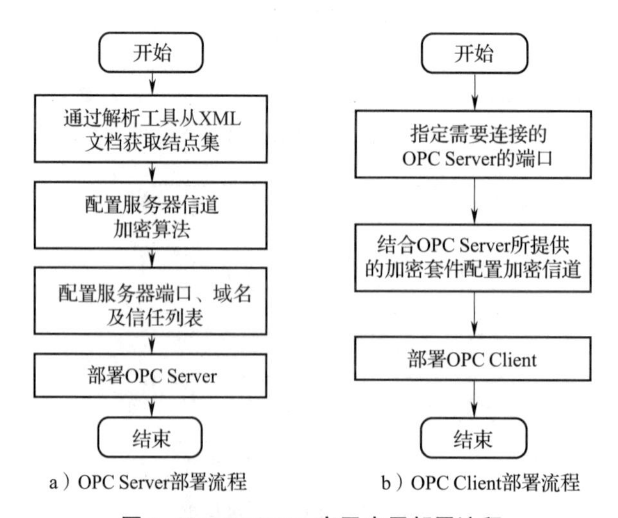

图 3-38　OPC UA 底层应用部署流程

通过数据采集的程序获取机器人的数据，由于机器人的数据是以 JSON 格式进行传输，因此需要通过程序中的反序列化工具，提取其实际的数据部分。

生成 OPC Client，将从机器臂中采集得到的数据，按照给定的信息模型，实现现场设备的数据到 OPC UA 的映射。

提供标准化的数据访问接口，上位机通过 OPC UA 协议，可以获取机器臂的相关数据，从而实现了机器臂的协议标准化，如图 3-39 所示。

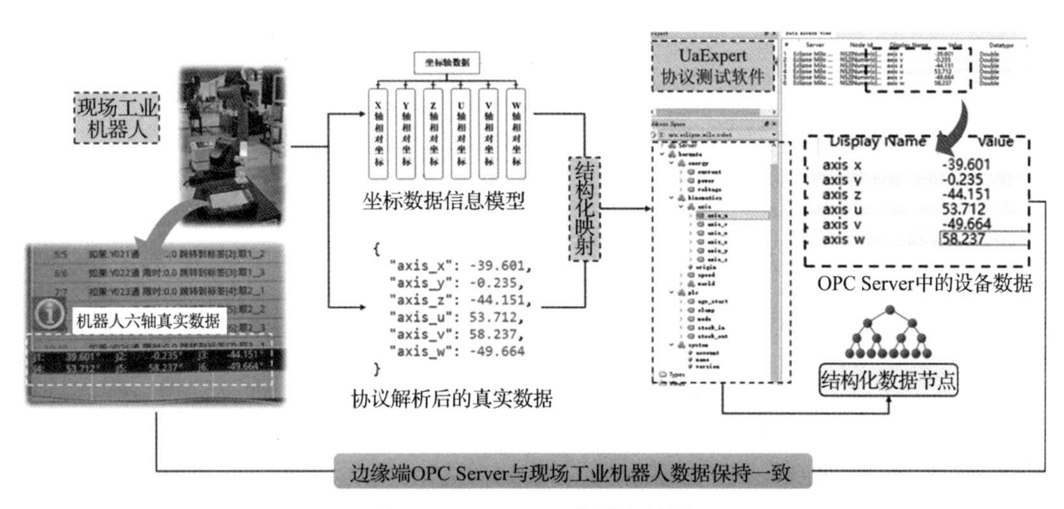

图 3-39　OPC UA 标准化结果

第四节　多源异构数据存储

考核知识点及能力要求：

- 了解数据库技术基本原理及其功能；

- 理解实时数据库基本原理及其关键技术；
- 了解关系型数据库的基本原理，掌握关系数据模型与关系运算；
- 能使用常见的数据库系统对智能装备与产线的应用建立数据库。

一、数据库技术概述

数据库技术是使用计算机进行数据处理的主要技术，广泛应用于人类社会的各个方面。在以大批量数据的存储、组织和使用为基本特征的仓库管理、销售管理、财务管理、人事档案管理以及企业事业单位生产经营管理等活动中，都要使用被称之为数据库管理系统（database management system，DBMS）的软件来构建专门的数据库系统，并在 DBMS 的控制下组织和使用数据，从而执行管理任务。时至今日，基于数据库技术的管理信息系统、办公自动化系统以及决策支持系统等，为大多数企业从事生产活动提供重要的数据基础。

数据库的基本成分是存放数据的表。数据库中的表从逻辑结构上看相当简单，它是由若干行和列简单交叉形成。它要求表中每个单元都只包含一个数据，表中的一行称为一条记录。记录的集合即表的内容。一条记录的内容是描述一类事物中的一个具体事物的一组数据，如智能装备与产线中设备的型号、名称等。一般地，一条记录由多个数据项构成，数据项的名称、顺序、数据类型等由表的标题决定。表名以及表的标题是相对固定的，而表中记录的数量则是经常变化的。

数据库系统是将累积了一定数量的记录管理起来，以便再利用的数据处理系统。具有写入数据、输出报表、查询与修改报表等功能。

二、实时数据库技术基础

（一）实时数据库概述

实时数据库系统（real-time data base，RTDB）是实时控制系统、数据采集系统、计算机集成制造系统等支撑软件。在工业领域中，通过 RTDB 对系统进行监控，并实时优化控制，为企业的生产管理、流程调度、数据分析和决策提供实时数据服务与数

据管理。实时数据库是企业信息化的基础数据平台，可实时获取企业运行过程中的相关数据，并将这些数据转化为可用的公共信息，以满足企业对于实时数据完整性与一致性的需求。

实时数据库的特点就是实时性，包括数据实时性与事务实时性。数据实时性为现场数据的更新周期，实时数据库需要考虑现场数据的实时性。事务实时性指实时数据库对事务处理的速度，事务处理可以为事件触发方式，也可以为定时触发方式。事件触发方式为事件驱动，虽然其事务处理的实时性较强，但占用系统资源较多，定时触发方式为一定时间内取得事务处理调度权。从数据库系统的稳定性与实时性出发，必须包含两种事务处理的触发方式。

（二）实时数据库关键技术

1. 数据模型与语言

典型的数据库系统都以数据模型与语言为基础，常见的层次、网状和关系模型都不能描述 RTDB 的时间信息。目前有两种修改关系模型的方法进行实时查询。一种方式为使用近似关系集，在查询命令中，通过定义各种数据模型关系及其近似关系，反复地修改近似关系以获得最接近的查询结果；第二种方式为使用关系的片段网络改善查询结果。

2. 事务模型与特性

复杂的 RTDB 实时应用包含一些反复的、彼此耦合的活动，这些活动中可能会包含子活动，从而形成层次结构，传统的 ACID 事务模型已经不适用于 RTDB 实时应用。RTDB 系统应在 ACID 事务模型上扩展，开发出 RTDB 的实时事务操作。与传统的原子型的数据库事务操作不同，实时事务可以形成数据库操作的集合，该系列操作具有嵌套、层次或合并的结构，包含多种事务。

3. 数据存储管理

数据库的操作受 I/O 限制，对 RTDB 的实时事务而言，传统数据库的磁盘存储延迟较大。因此，为了消除数据库事务操作中磁盘的存取延迟，常见的解决方法是使用内存数据库。内存数据库将数据存放至内存，从而对数据进行事务操作，显著降低了磁盘存储延迟。

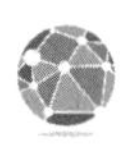

4. 缓冲区管理

缓冲区涉及实时事务之间的存储空间分配问题，其功能是使高优先级的事务顺利执行不受阻。缓冲区在实时事务中的管理任务有两个，一是为分配缓冲区给事务，二是为根据事务的优先级进行缓冲区分配的调整。

（三）实时数据库与智能装备与产线的结合

在数据驱动的智能装备与产线的生产过程中，大量的实时数据需要存储至实时数据库系统，从而为生产现场设备状态监测、虚拟仿真数据溯源、大数据分析等过程提供数据支撑。智能装备与产线运行过程中的实时数据包括数控机床的实时数据、机器人的实时数据、仓储的实时数据和运输设备的实时数据。在数据库应用中，需要根据现场设备的情况以及生产需求对实时数据库进行功能设计。

如图 3-40 所示，针对数控机床（以加工中心为例）的机床坐标系、世界坐标系、加工时间、门的开关状态、进给轴速度、刀具坐标系等建立实时数据库。通过该实时数据库可以将数控机床加工过程中的实时数据进行存储，并以极快的读写率支持实时数据库与服务器之间的数据交互，为智能装备与产线的加工监测提供了实时的数据支持，实现对智能装备与产线加工过程进行实时监测的功能。

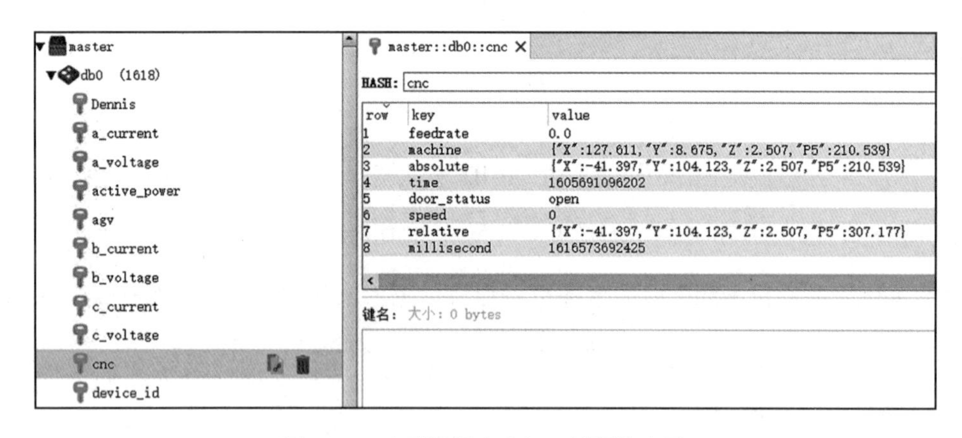

图 3-40　实时数据库在加工过程的应用

如图 3-41 所示，针对机器人（以六自由度工业机器人为例）的运行模式、世界坐标系、关节坐标系、工作信号、运行速度、运行时长等建立实时数据库。通过实时数据库的数据反馈，便可知晓机器人处于产品出库或入库的运行模式，出库或入库过

程中机器人关节的坐标位置，以及机器人工作过程中的速度等值，实现智能装备产线与应用实时监测产品出库入库的功能。

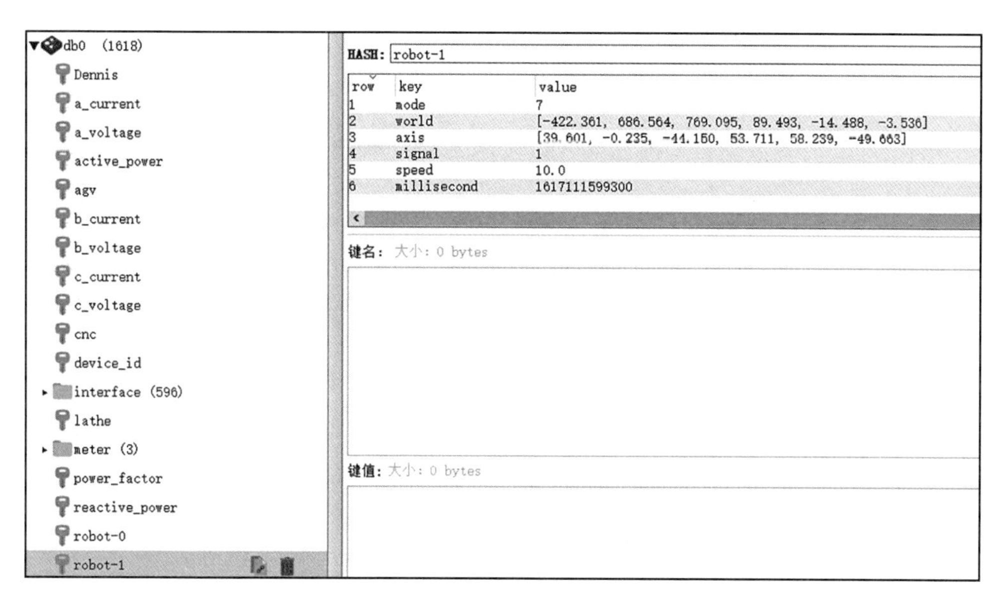

图 3-41　实时数据库在出库入库中的应用

如图 3-42 所示，针对运输设备（以 AGV 为例）的前进状态、停泊状态、路径长度、速度、转向状态、运行状态、工作电压值等建立实时数据库。对 AGV 在运输过程中的实时状态进行数据跟踪，便于实时监测运输过程中 AGV 的工作信息。同时也能对于 AGV 的异常工作状态报警，实现智能装备与产线物料运输实时监测的功能。

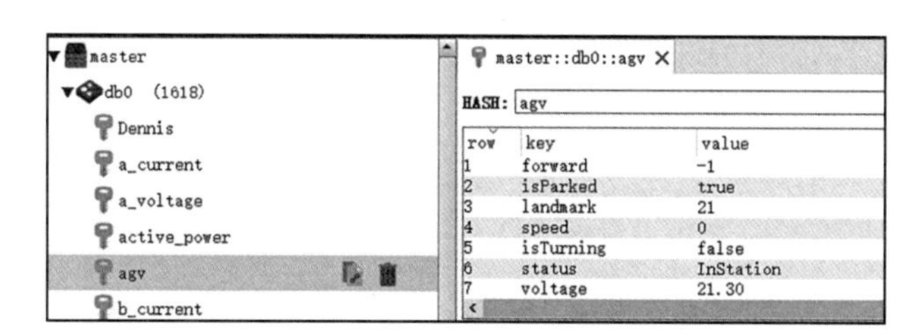

图 3-42　实时数据库在物料运输中的应用

三、关系型数据库技术基础

（一）关系型数据库概述

使用某种数据模型来抽象、表示和处理现实世界中的事物以及事物之间的联系，现有的数据库系统大都基于关系数据模型。关系数据模型有严格的设计理论支撑，用户界面简单，有力地推动了数据库技术的应用和普及。

关系数据模型中，实体以及实体之间的联系都是用关系（行列结构的二维表）表示的。在一个给定的应用领域中，表示所有实体以及实体之间联系的关系集合构成一个关系数据库。关系数据模型由三部分组成：关系数据结构、关系约束和关系数据操作。关系数据模型的基本结构是简单的二维表，便于实现且易于为用户接受。关系数据库的数据操纵语言（data manipulation language，DML）是非过程化的集合操作语言，以关系代数或关系演算为理论基础，不仅功能强，而且可嵌入高级语言中使用。关系数据模型允许定义三类完整性约束：实体完整性、引用完整性和用户定义的完整性，可以保证数据与现实世界的一致性。

（二）关系型数据库关键技术

1. 关系数据模型

关系数据模型中的逻辑结构为一张二维表，由行和列构成。这种通过二维表表示实体间联系的数据模型被称为关系数据模型。

关系数据模型由关系、元组、属性、域、关键字、主关键字等基本术语进行描述。

关系：表示关系模型中的二维表，每个关系都会有关系名。在关系型数据库中，实体间的联系用关系表来表示，见表 3-6。在智能装备与产线中，数控车床的数据由机床数据的关系表组成。

表 3-6　数控车床关系表

型号	设备名称	主轴转速（r/min）	加工功率（kW）
CKD6140	数控车床	500	5
CKD6140H	数控车床	1000	7.5
CKD6180D	数控车床	1500	10

元组：关系表的一行即为一个元组。元组对应关系表中的一条具体记录。在智能装备与产线中，机床关系表中的多条记录即为多个元组。

属性：关系表中的列为属性，每一列都有属性名。在智能装备与产线中，数控车床关系表中可以有主轴转速、加工功率等属性值。

域：表示属性的取值范围，不同元组域的范围不同。数控车床的主轴转速域的范围在 0 至 3 000 r/min，加工功率域的范围在 0 至 15 kW。

关键字：表示属性或属性的集合，用于确定特定的元组。关键字应设定为目标对象与其他对象相区别的属性。在智能装备与产线中，数控车床的产品型号具有独一无二性，可以作为关键字，但主轴转速不能作为关键字。

主关键字：为了使不同关系表中的数据产生联系，使用主关键字的方式唯一确定某个元组，主关键字也称主键。主关键字可以是一个字段，也可是多个字段。在智能装备与产线中，数控车床的型号可以作为主关键字。关系表中只能有一个主关键字。

2. 关系运算

（1）传统的关系运算

传统的关系运算主要为集合元素内的并、交、差 3 种运算。

并运算将具有相同结构的两个关系 R 和 S 中属于 R 或属于 S 的元素组成新的集合，其运算符为∪。在智能装备与产线中，如需要将数控车床与机器人的关系表进行合并，即对这两个关系表求并运算，即可获得数控车床与机器人合并的关系表。

交运算将具有相同结构的两个关系 R 和 S 中既属于 R 又属于 S 的元素组成新的集合，其运算符为∩。在智能装备与产线中，数控车床与机器人都有型号、设备名称与属性，如需要将数控车床与加工中心的关系表进行交叉，对这两个关系表求交运算，即可获得数控车床与机器人交叉后的关系表。

差运算将具有相同结构的两个关系 R 和 S 中属于 R 但不属于 S 的元素组成新的集合，其运算符为-。在智能装备与产线中，数控机床与机器人都有型号与设备名称这两个属性，如要获得又存在于数控机床关系表中的数据，对两个关系表做差运算后即可。

机器人关系见表 3-7。

表 3-7　　机器人关系表

型号	设备名称	关节坐标	功率（kW）
UR3	三自由度机器人	{0，50，50}	0.5
UR5	五自由度机器人	{0，10，10，30，20，50}	1.5
UR6	六自由度机器人	{0，20，20，40，40，50}	2.5

（2）专门的关系运算

专门的关系运算有选择、投影与联接 3 种运算。

选择运算主要用于在给定条件下，从特定的关系表中挑出符合条件的元组。选择的条件以逻辑表达式给出，满足逻辑表达式结果为真的元组被选择。在智能装备与产线中，从数控车床数据表中找到“CKD6140”的属性，即可获得相应的结果。

投影运算主要用于从关系表中挑出某些属性构成新的关系表。投影的操作从关系表中的列进行运算，经过投影后可以产生新的关系表。通常情况下，新关系表中的关系模型少于原关系表中的数据模型。在智能装备与产线中，从数控车床数据表中找到“型号”与“设备名称”的属性，即可获得两列新的数据表。

联接运算主要用于将两个或两个以上的关系表按照共有的属性拼接成新的关系表，在新关系表中对元组进行操作。在智能装备与产线中，将数控车床数据表（型号、设备名称、主轴转速、功率）与机器人数据表（型号、设备名称、关节坐标值、功率）进行联接，即可查询功率超过 10 kW 的重型设备型号与设备名称。

（三）关系型数据库的应用

将关系型数据库运用于智能装备与产线中，可以实现制造过程数据的持久化，为后续的数据分析与过程追踪提供数据支撑。制造过程数据来源众多，包括订单、仓库、加工装备、运输装备等。在具体应用时，可以根据数据的来源以及后续的需求对关系型数据库进行设计以及数据持久化。

如图 3-43 所示，将来自运输装备——AGV 小车的运行数据，包括数据的唯一标识码、AGV 小车的标识码、时间信息、状态码、速度、电压、地标信息等，存储在关系型数据库中。通过该数据表，可以根据时间信息、状态码、电压等数据总结出 AGV 小车的运行状态规律，为 AGV 小车的定期维修提供参考。此外，还可以根据数据表中存储的地标信息

与速度信息，复现出 AGV 小车当时的运动情境，为生产场景的复现提供历史数据支持。

	id	millisecond	agv_id	cur_time	status	speed	voltage	landmark
13	1325722384207634433	1604911821782	TLAGV	2020-11-09 08:50:22	14	0	24.79	21
14	1325722389282742274	1604911822993	TLAGV	2020-11-09 08:50:23	14	0	24.84	21
15	1325722393753870338	1604911824059	TLAGV	2020-11-09 08:50:24	14	0	24.84	21
16	1325722402629017602	1604911826175	TLAGV	2020-11-09 08:50:26	14	0	24.84	21
17	1325722407267917825	1604911827282	TLAGV	2020-11-09 08:50:27	14	0	24.84	21
18	1325722411634188290	1604911828321	TLAGV	2020-11-09 08:50:28	14	0	24.84	21
19	1325722416562495489	1604911829496	TLAGV	2020 11 09 08:50:29	14	0	24.8	21
20	1325722421306253313	1604911830628	TLAGV	2020-11-09 08:50:31	14	0	24.8	21
21	1325722442600734721	1604911835704	TLAGV	2020-11-09 08:50:36	11	11	24,64	21
22	1325722447348686850	1604911836836	TLAGV	2020-11-09 08:50:37	11	38	24.45	21
23	1325722451874340865	1604911837915	TLAGV	2020-11-09 08:50:38	11	40	24.63	21
24	1325722456697790465	1604911839066	TLAGV	2020-11-09 08:50:39	11	40	24.57	21
25	1325722461437353986	1604911840195	TLAGV	2020-11-09 08:50:40	11	40	24.55	21
26	1325722466382438402	1604911841376	TLAGV	2020-11-09 08:50:41	11	10	24.79	26
27	1325722470937452546	1604911842462	TLAGV	2020-11-09 08:50:42	11	10	24.69	26
28	1325722476025143297	1604911843673	TLAGV	2020-11-09 08:50:44	11	10	24.71	26
29	1325722480752123905	1604911844801	TLAGV	2020-11-09 08:50:45	4	0	24.72	26
30	1325722485927895042	1604911846036	TLAGV	2020-11-09 08:50:46	4	0	24.73	26
31	1325722492261294081	1604911847544	TLAGV	2020-11-09 08:50:48	4	0	24.79	26
32	1325722497294458881	1604911848745	TLAGV	2020-11-09 08:50:49	4	0	24.79	26
33	1325722502344400898	1604911849950	TLAGV	2020-11-09 08:50:50	4	0	24.75	26

图 3-43 关系型数据库在运输装备中的应用

如图 3-44 所示，将来自仓库的数据，包括数据的唯一标识码、操作设备标识码、时间信息、操作内容等，存储在关系型数据库中。通过该数据表，可以查询仓库的出库入库情况。结合物料存储位置表以及其他与物料信息有关的表，可以实现对各个物料生产全过程的追踪。

	id	device_id	start_time	end_time	content
1	1326168283023048705	robot-1	2020-11-10 14:21:06	2020-11-10 14:22:12	No.6 item stock out
2	1326168640889454593	robot-1	2020-11-10 14:22:30	2020-11-10 14:23:38	No.6 item stock in
3	1326169051385987073	robot-1	2020-11-10 14:24:09	2020-11-10 14:25:16	No.6 item stock out
4	1326169408195428354	robot-1	2020-11-10 14:25:33	2020-11-10 14:26:41	No.6 item stock in
5	1326419263463526402	robot-1	2020-11-11 06:58:00	2020-11-11 06:59:31	No.6 item stock out
6	1326419779757182977	robot-1	2020-11-11 07:00:03	2020-11-11 07:01:34	No.6 item stock in
7	1326421668783624193	robot-1	2020-11-11 07:07:33	2020-11-11 07:09:04	No.6 item stock out
8	1326421948828913666	robot-1	2020-11-11 07:09:23	2020-11-11 07:10:11	No.6 item stock in
9	1326426181733093377	robot-1	2020-11-11 07:25:43	2020-11-11 07:27:00	No.6 item stock out
10	1326434532986634241	robot-1	2020-11-11 07:58:45	2020-11-11 08:00:11	No.6 item stock out
11	1326435453971906562	robot-1	2020-11-11 08:02:24	2020-11-11 08:03:51	No.6 item stock in
12	1326436421895634945	robot-1	2020-11-11 08:06:15	2020-11-11 08:07:42	No.6 item stock out

图 3-44 关系型数据库在仓库中的应用

四、典型数据库应用案例

（一）制造单元数据库需求分析

上文中所述的制造单元在运行中会产生三类数据：与生产排程相关的订单源数据

(订单号、产量、生产起始时间等)、描述设备信息的静态数据（机床主要参数、刀具材料和几何参数、机器人主要参数等）和运行过程中实时变化的动态数据（机器人关节坐标、机床进给轴坐标、AGV 实时状态等)。为了实现对制造单元实时状态的感知和对关键指标的预测，一方面需要构建实时数据库缓存动态数据，从而感知制造单元的实时状态；另一方面需要关系型数据库 MySQL 在不干扰实时数据读写的情况下，持久化地存储数据，通过分析历史数据挖掘出数据背后的映射关系，从而对关键指标进行预测。根据制造单元数据库需求分析，对数据库进行结构设计，如图 3-45 所示。

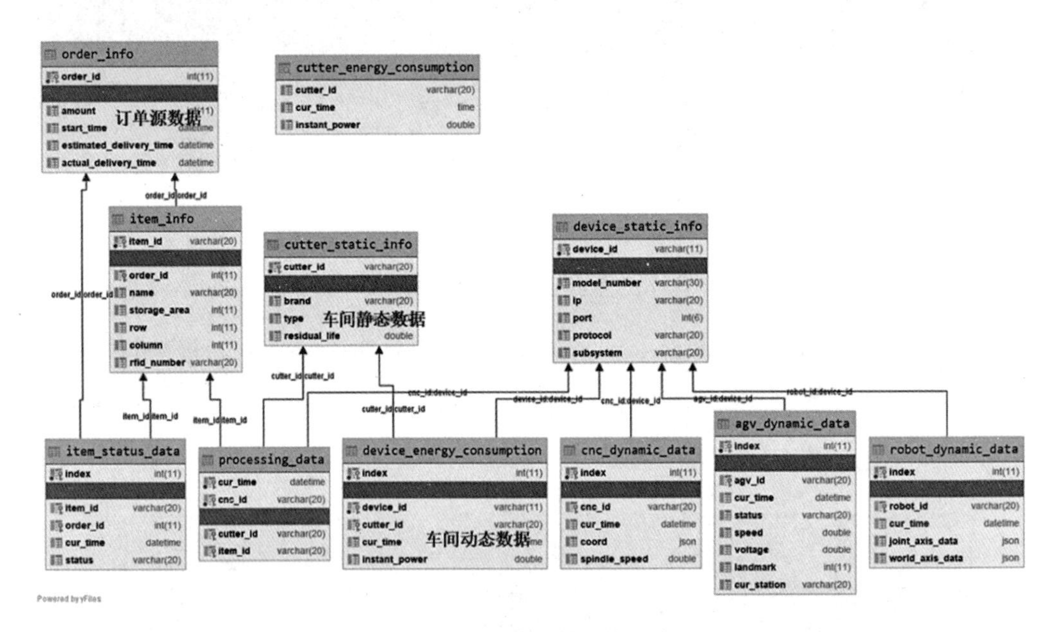

图 3-45　数据库的结构设计

（二）制造单元数据库构建方案

制造单元运行过程中实时变化的动态数据经过数据采集、数据协议解析与标准化后被存入到 Redis 实时数据库中，实时状态监测、虚实同步运动展示等上层应用需要从 Redis 实时数据库中即时调取数据，以该实时数据反映实际的单元运行状态。与此同时，Redis 实时数据库会在不干扰实时数据读写的情况下，通过消息队列这一管道技术，将历史数据保存到 MySQL 数据库中。消息队列的使用可以减少数据库的通信次数，从而有效降低延时。订单源数据和制造单元静态数据会被直接存储到 MySQL 数据库中，客户端可以对该数据库发起“增删改查”操作，查询和更新数据库中的数据。

另外，利用机器学习方法对 MySQL 数据库中的历史数据进行分析，可以挖掘出关键物理量与关键性能指标之间的映射关系，从而对关键指标进行预测，实现对制造单元的工艺流程进行优化，如图 3-46 所示。

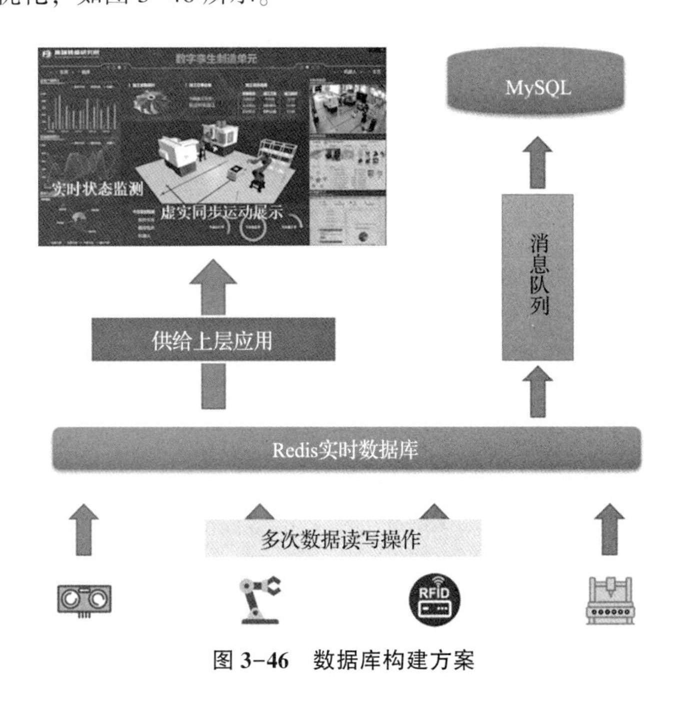

图 3-46　数据库构建方案

（三）制造单元数据库结果展示

制造单元运行过程中的数据库结果，如图 3-47 所示。

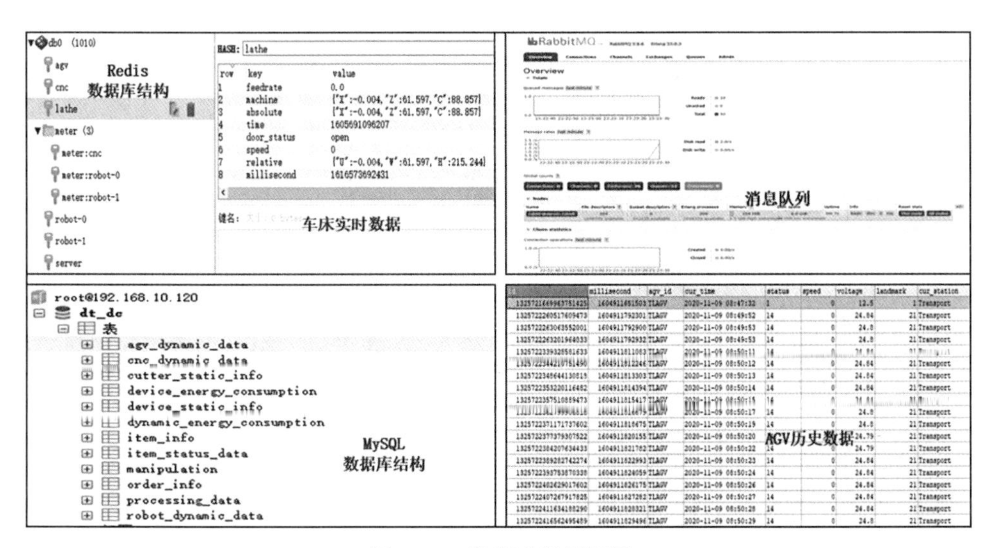

图 3-47　数据库结果展示

思考题

1. 简述传感器的定义、组成及特点，并列举智能装备与产线传感器的应用实例。
2. 简述 RFID 系统组成及各组件的功用，熟悉 RFID 的工作原理。
3. 简述智能装备与产线常见传感器的安装方法。
4. 思考实时数据库与关系型数据库的区别与联系。
5. 为什么不同的设备所支持的数据格式不一致？
6. 构建 OPC-UA 信息模型需要对数据进行分类，分类时通常需要考虑哪些因素？

第四章
数字孪生与虚拟仿真调试技术

通过本章学习，了解数字孪生的基本概念与建模方法；掌握智能装备与产线单元模块几何模型、机理模型、数据模型的构建与融合方法；能进行智能装备与产线单元模块的加工工艺编制与虚拟仿真调试。

- **职业功能：** 智能装备与产线应用。
- **工作内容：** 安装、调试、部署和管控智能装备与产线的单元模块。
- **专业能力要求：** 能进行智能装备与产线单元模块的加工工艺编制与虚拟仿真调试。
- **相关知识要求：** 智能装备数字孪生技术概述与建模基础；产线单元模块几何模型、机理模型、数据模型构建与融合方法；智能装备与产线单元模块虚拟调试与仿真。

第一节　智能装备孪生建模技术

考核知识点及能力要求：

- 了解数字孪生的概念；
- 了解智能装备孪生建模框架；
- 掌握智能装备几何模型、机理模型、数据模型的构建与融合方法。

一、智能装备孪生模型概述

智能制造的提出与发展伴随着多学科、多领域的交叉与融合，包含生产信息的感知和分析、历史经验数据和知识的表征多个方面的集成。其核心任务是借助信息物理融合系统（cyber-physical system，CPS）构建物理世界与虚拟世界的交互与共融，并在此基础上实现对生产过程的优态运行控制。数字孪生（digital twin，DT）能够建立物理世界与虚拟世界的双向动态连接，是实现制造信息物理融合、推进智能制造落地应用的关键使能技术。作为 CPS 的重要组成部分，智能装备孪生模型可以通过虚拟模型监视和控制物理实体，而物理实体也可以发送数据以更新其虚拟模型，从而实现虚实共融，为智能制造实现自组织、自适应、自决策等功能要求打下基础。

（一）数字孪生

数字孪生（digital twin）这一概念最初由密歇根州立大学的 Michael Grieves 在其讲授的 PLM 课程上提出，当时的数字孪生模型已经初具雏形。随后，在 2015 年的数字

孪生白皮书中，数字孪生的定义及概念模型得到了完整详细的阐述。数字孪生模型的概念结构如图 4-1 所示，包含 3 个部分的内容，即：实际空间的物理实体、虚拟空间的虚拟模型（数字孪生体）以及连接物理实体和孪生体的数据与信息交互接口。

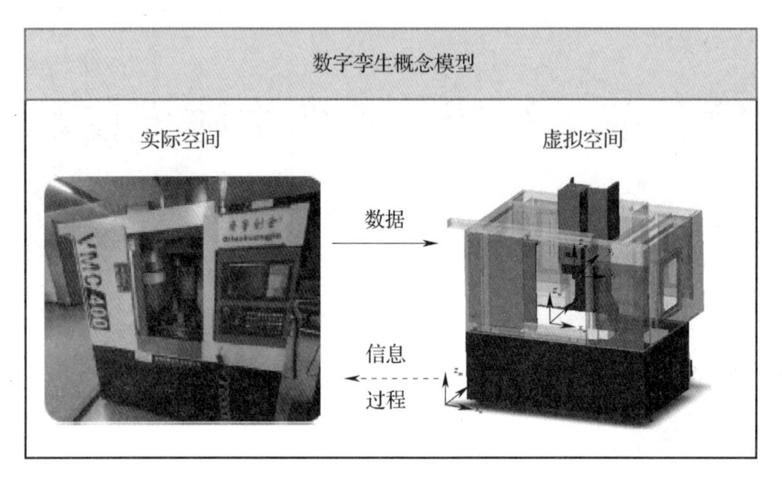

图 4-1　数字孪生概念模型

数字孪生是指用数字化技术和方法来描述和建模物理对象的特性、行为、形成过程和性能。其核心是位于虚拟空间的数字孪生体，即与物理实体完全一致的虚拟模型，利用该模型可全面、实时反映物理实体在现实环境中的行为和性能。数字孪生体是一个高度集成的多物理场耦合、多尺度以及多概率的仿真模型，能够利用物理模型、传感器数据和历史数据等反映与该模型对应实体的功能、实时状态及演变趋势。数字孪生不是一种全新的技术，而是多种技术与模型的综合，例如 CAD 模型、力学模型、控制模型等。可以利用 UG、Modelica、Ansys、Adams 等建模工具以及神经网络、机器学习等人工智能方法，建立物理实体的形状、尺寸、位置、运行状态、物理参数等多学科、多物理量和概率化的几何、物理虚拟仿真模型，以及反映物理实体运行规律的数据模型，然后将各模型进行多领域耦合进而得到数字孪生模型。

本节将数字孪生概念与智能装备相结合，主要阐述智能装备数字孪生模型的建模方法。

（二）智能装备孪生模型体系框架

智能装备孪生模型是数字孪生技术在制造领域的应用，具有数据海量与异构特性、

模型多系统领域特性等特点。需要借助数据采集、仿真与建模、机器学习等技术方法，构件智能装备孪生模型四层架构，该架构主要包括物理层、感知层、模型层以及系统应用层，如图 4-2 所示。

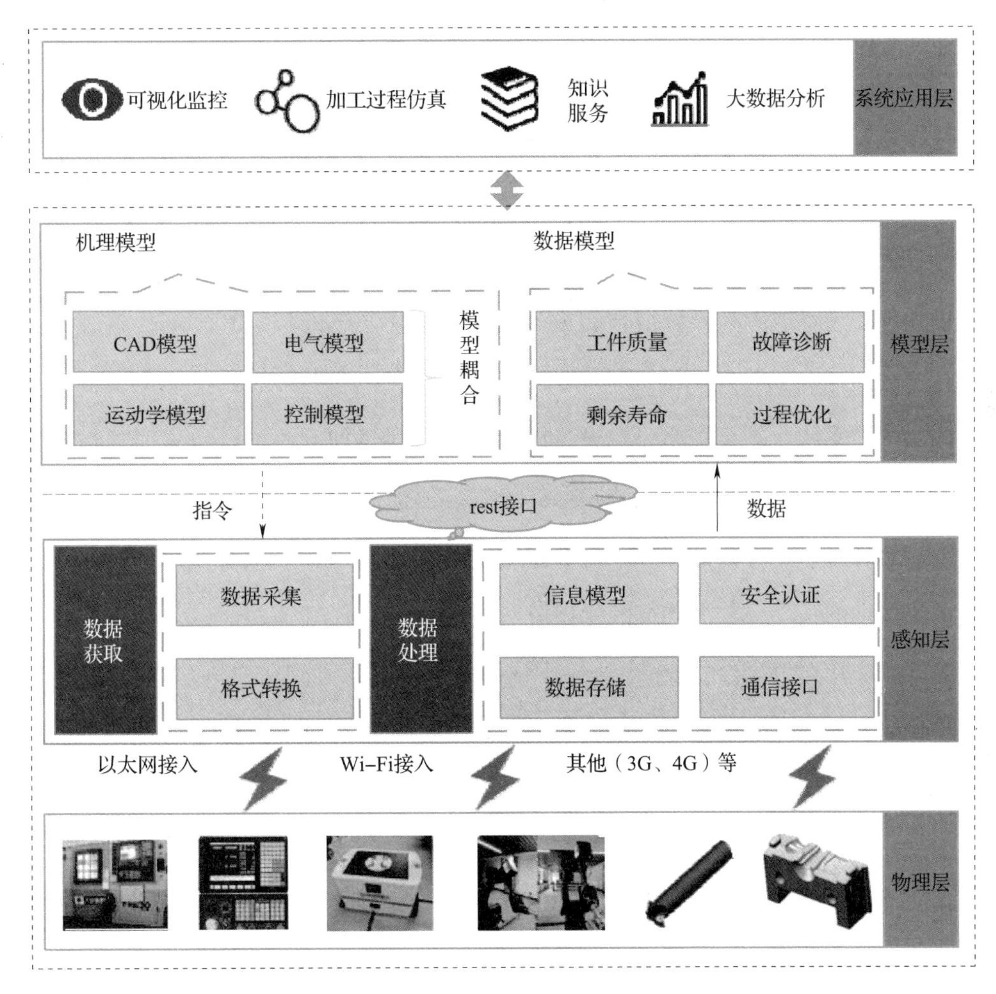

图 4-2　智能装备孪生模型架构图

1. 物理层

物理层是智能装备孪生模型的实现载体，包括设备加工过程涉及的诸多物理实体。在智能装备孪生模型架构中，物理层首先作为促动器（actuator）执行各种生产任务，其次作为数据载体产生大量的实时数据并提供给数字孪生体进行仿真、预测、诊断、优化等活动。物理层包含的物理实体主要涉及设备本体、加工刀具、工件以及各类传感器等。设备本体接收来自 CNC 控制器的控制指令，并与刀具、工件等零部件以及子系统配合完成加工任务。传感器则可包括电流传感器、功率传感器以及位移传感器、速度传感器等。一般情况下，智能装备本身通常已经附带了大量的传感器，通过设备接口可以读取相应的传感器数据。而对于较传统的设备或者不提供开放接口的设备，则需要附加各种传感器以及数据采集设备。

2. 感知层

感知层是建立智能装备数字孪生模型的基础。作为生产任务的主要执行载体，智能装备在生产过程中往往会产生海量的实时数据。如何对数据进行实时感知与高效传输存储是构建数字孪生设备的关键问题。感知层作为连接物理层与模型层的桥梁，需要通过软件、硬件或者软硬件混合的方式实现对智能装备的数据感知与传输存储。此外，在实际的作业车间中，往往存在着大量的作业实体，不同的数控加工设备一般采用不同的数控系统，甚至即使一台设备的不同传感器也拥有不同的数据表达格式，由此引发了数据异构的问题。因此感知层应该有足够的泛化能力，能够以规范的、统一化的方式处理海量的异构数据，并将数据提供给模型层以及应用层使用。所以，感知层集成了数据的采集、数据的标准化以及数据的存储和传输等功能，为物理层、模型层以及系统应用层提供数据支持。

感知层的核心任务是建立一个具有完整性、一致性、可扩展性的信息模型，实现设备间的互联互通，进而消灭“信息孤岛”。OPC UA 和 MTConnect 是目前广泛用于制造业信息建模的方法。其中 OPC UA 是一种面向对象的信息建模方法，为制造设备提供了统一的信息模型，使得数据的交互以及互操作具备了可能性；MTConnect 针对设备的通信协议与标准，为智能装备的信息交互提供了一种轻量化、开放、可扩展的解决方案。OPC UA 以及 MTConnect 技术为实现智能装备数字孪生模型的感知层提供了基础。

3. 模型层

模型层即智能装备在信息空间的数字孪生体，是智能装备数字孪生模型的核心。作为物理层实体在信息空间的真实映射，模型层应能够反映物理实体的几何、物理、行为、规则等多维要素。在数字孪生体系架构中，模型层内容包括机理模型以及数据模型两部分。其中机理模型用于描述物理实体的多种物理特性，通常由运动学模型、

动力学模型、控制系统模型等构成。机理模型构成了物理实体在信息空间一对一的全要素虚拟重建，能够全面、高保真地模拟物理实体真实运行情况，从而为应用层的决策提供参考。

4. 系统应用层

系统应用层是数字孪生模型的上层应用部分。系统应用层基于物理层、传输层以及模型层的模型与数据，为用户提供一系列人机交互接口，例如实时可视化监控、加工过程仿真、过程优化、知识服务、大数据分析等功能。

二、智能装备孪生建模技术基础

智能装备孪生模型的作用是：通过虚实空间的数据、信息交互及各空间的联动运作，按照感知→仿真→理解→预测→优化→控制→执行的逻辑，主动实现自适应调整和设备控制优化。从与孪生模型架构对应的角度出发，其建模技术主要包括几何建模、机理建模、数据建模、模型融合与接口设计 4 个部分。

（一）几何建模

数字孪生模型最直观的表现形式是三维几何模型，基于感知层提供的大量实时数据可以实现几何模型与物理实体的状态同步，进而提供可视化监控等功能。三维几何模型的建模流程包括目标实体分析、3D 几何建模、运动学模型建立以及 Web 实现。

1. 目标实体分析

目标实体分析主要包括两部分内容：结构分析以及运动学分析。其中结构分析基于独立运动原则对设备各模块进行 BOM 分解，将设备的零部件划分为各独立运动的模块；运动学分析主要分析实体的运动范围、运动轨迹等。

2. 3D 几何建模

根据结构分析结果对实体的各独立运动部件进行 3D 建模工作，建模工具通常选用 SolidWorks、NX UG、Pro/E 等 CAD 软件。几何模型主要用于可视化监控。

3. 运动学模型建立

运动学模型的建立依赖于对目标实体的运动学分析，根据实际的运动需求，求解出目标实体各部件的运动学关系方程，该方程是后期 3D 模型同步运行的基础。

4. Web 实现

在实现环节选择在 Web 平台中实现三维几何模型的动态展示功能。该过程基于 WebGL 标准以及 Threes 库在浏览器端动态展示实体的 3D 画面。首先基于 ThreeJS 库将三维模型导入到 Web 空间中，然后采用 JavaScript 语言，根据运动学关系编写运动函数，最后采用 WebSocket 的数据传输方案实现虚拟模型和物理实体的数据同步。

（二）机理建模

作为典型的多维、多系统领域耦合的智能装备，如何对其进行系统化的全面建模，进而在信息空间全要素重建物理设备，是建立数字孪生设备机理模型的关键。

采用系统建模语言 SysML 描述智能装备的结构与功能、各子系统的耦合关系以及系统的行为等特性，从而得到智能装备形式化的语义描述，实现物理实体向信息空间的映射。作为模型层的关键组成部分，建立的机理模型应该具有足够的仿真能力以支持各种仿真与虚拟试验。因此机理模型不应仅仅是智能装备的形式化描述，还应提供相应的物理方程描述，得到可试验的数字孪生体。针对这一问题，采用方程定义的方法，基于多物理统一建模语言 Modelica 实现对智能装备机械、电气、控制等多学科的统一方程描述，得到可试验的机理模型。

机理模型是物理实体的虚拟化表示，可采用相关的领域软件进行建模。例如可以采用 Adams 软件建立运动学与动力学模型；采用 Matlab/Simulink 等软件建立控制系统模型；采用 Ansys、Abaqus 等软件建立有限元模型。此外，统一建模语言 Modelica 由于具备跨领域的特性，适用于建立多领域耦合的数字孪生机理模型。

1. SysML 架构与建模过程

SysML 是一种用于系统建模的图形化语言，为系统建模提供了完备的语义基础。作为统一建模语言（unified modeling language，UML）的扩展，SysML 在 UML 基础上增加了需求图以及参数图，并修改了活动图等模块。因此 SysML 包含了系统建模所需的所有形式的图表。SysML 的结构如图 4-3 所示。图中包括 9 种基本图例，共分为三大类：行为图、需求图以及结构图，分别描述系统动态行为、系统需求以及系统的拓

扑结构。

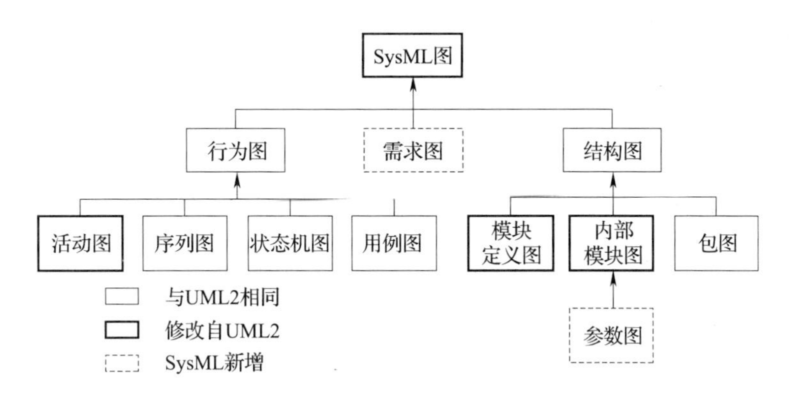

图 4-3 SysML 结构示意图

在数字孪生系统建模过程中，可采用结构图中的模块定义图（block definition diagram，BDD）以及内部模块图（internal block diagram，IBD）两部分。使用 BDD 和 IBD 可以描述系统的结构，其中 BDD 展示了系统的组成视图，而 IBD 则表示了各组成部分的内部结构视图。值得注意的是，SysML 中的参数图（parametric diagram）以及状态机图（state machine diagram）可以对系统进行一定程度的形式化验证，然而对于以智能装备为代表的复杂系统来说，其仿真能力是远远不足的。因此以 BDD 和 IBD 建立的系统模型为参考，在专业的领域仿真环境下建立仿真模型。

2. 多物理统一建模语言 Modelica

Modelica 语言是欧洲仿真协会于 1997 年提出的一种用于描述多领域复杂耦合物理系统的统一建模语言。Modelica 基于方程的陈述式语言特性，非常适用于描述事物的数学与物理特性，可以比较方便地描述不同类型工程组件（例如弹簧、电阻、离合器等）的工作特征。而且由于其面向对象的特性，这些组件可以进行继承与复用，从而方便地组合成子系统、系统，甚至架构模型。具体特点如下：

（1）面向对象建模

Modelica 语言拥有完整的面向对象特性，支持类编程、泛型编程和接口编程，使得模型的复用和迭代可以非常方便地进行。此外，Modelica 还将模块化建模的思想引入其语言特性中。在对物理实体进行建模抽象时，首先对建模对象进行领域和模块划分，然后分别对各领域模块进行建模描述，而模块之间可通过连接器（connector）进

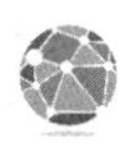

行信息交换。

图 4-4 为一个简单的弹簧阻尼 Modelica 模型，可用于模拟工程中常见的弹性阻尼系统。该模型明显地体现了 Modelica 面向对象和模块化建模的思想。整个系统由质量块 m、阻尼器 d、弹簧 s 以及固定支点 f 构成。这些模型描述了一维直线运动状态下的弹性阻尼行为。每个模型都封装了描述其物理特性的数学方程，用户只需要实例化各个部件并通过连接器（图中为机械法兰 flange_a 和 flange_b）进行连接便可得到对系统的完整描述。整个建模过程面向对象并采用模块化的方式，各模块都直接复用 Modelica 库中的一维线性运动组件。

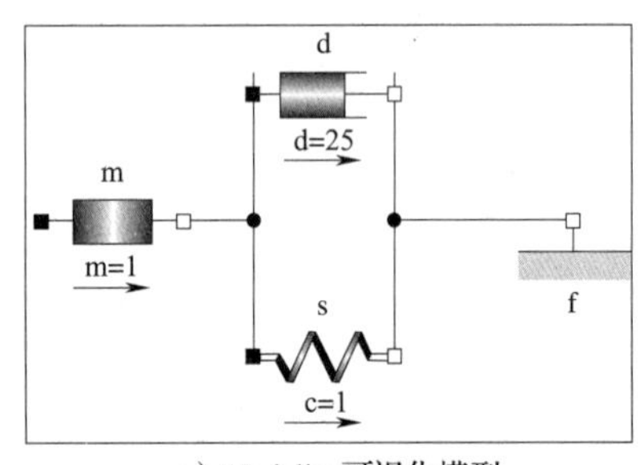

a）Modelica可视化模型

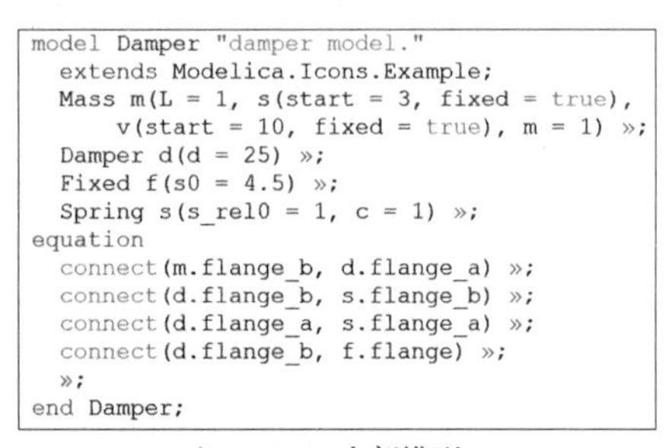

```
model Damper "damper model."
  extends Modelica.Icons.Example;
  Mass m(L = 1, s(start = 3, fixed = true),
      v(start = 10, fixed = true), m = 1) »;
  Damper d(d = 25) »;
  Fixed f(s0 = 4.5) »;
  Spring s(s_rel0 = 1, c = 1) »;
equation
  connect(m.flange_b, d.flange_a) »;
  connect(d.flange_b, s.flange_b) »;
  connect(d.flange_a, s.flange_a) »;
  connect(d.flange_b, f.flange) »;
  »;
end Damper;
```

b）Modelica内部模型

图 4-4　弹簧阻尼 Modelica 模型

（2）陈述式的非因果建模

Modelica 的建模过程基于方程定义，采用非因果的思想。即 Modelica 只通过方程的形式描述问题，模型的求解完全由求解器完成而不需要建模者说明求解过程。图 4-5 为阻尼器 Modelica 模型，可以看出模型由数学方程描述，求解变量由求解器针对具体的模型进行推导。这种建模方式关注系统本身的物理规律而不关注因果关系，

```
model Damper "Linear 1D translational damper"
  extends PartialCompliantWithRelativeStates;
  // 阻尼系数
  parameter TranslationalDampingConstant d(final min = 0,
      start = 0) "Damping constant";
  extends PartialElementaryConditionalHeatPortWithoutT;
equation
  // 方程描述
  f = d * v_rel;
  lossPower = f * v_rel;
  »;
end Damper;
```

图 4-5　阻尼器 Modelica 模型

因此系统建模的难度大为降低，对于智能装备这类复杂系统，Modelica 的这个优势体现得尤其明显。

Modelica 提供了大量标准化、可复用的领域组件库，使得用户只需编写少量的代码便能建立大型、复杂的物理系统。目前 Modelica 标准库（modelica standard library，MSL）已经包含了大量的各领域部件，表 4-1 列出了常用的零部件模型库。

表 4-1　Modelica 标准库常用零部件模型

名称	内容
Modelica. Blocks	基本的输入输出库（连续、离散、逻辑等）
Modelica. ComplexBlocks	复变量输入输出库
Modeica. Electrical	电气模型库（模拟、数字）
Modelicca. Machanics. Translation	机械库（一维平移）
Modelicca. Machanics. Rotation	机械库（一维旋转）
Modelicca. Machanics. MutiBody	机械库（多体）
Modelica. Math	数学函数库
Modelica. Thermal	热力学库

（三）数据建模

在智能装备孪生模型体系架构中，数据模型与机理模型一样，位于数字孪生模型体系架构中的模型层。其中，机理模型是物理实体的虚拟化表示，其建模对象是物理实体，能够清晰地描述物理对象的物理结构和运行机理。而数据模型则不同，其建模对象是物理实体或者机理模型运行产生的孪生数据，通过统计学方法挖掘数据背后隐藏的规律，从而为实现对物理实体的状态预测、分析优化等功能提供理论基础。

在智能制造环境下，智能装备孪生模型应具有全面准确的仿真能力以及自感知、自预测、自调整和自评估的能力，这些能力都需要数据模型的支持。基于感知层提供的精确的实时和历史数据，数据模型可以提供一系列数据驱动的运维服务。下面以数控切削加工的工件表面质量检测数据模型为例，介绍数据模型的构建方法。

1. 工件表面质量影响机理

机加工过程中，实际的加工表面和理想表面都存在一定的偏差，表现为表面轮廓度和表面粗糙度。其中表面粗糙度由细微不规则的表面纹理组成，通常包括由于生产过程的内在作用而产生的不规则几何特征。影响表面粗糙度的因素很多，可以总结为4个，即切削参数、刀具属性、工件属性和切削过程。图4-6的鱼骨图清晰地表明了表面粗糙度的影响因素。

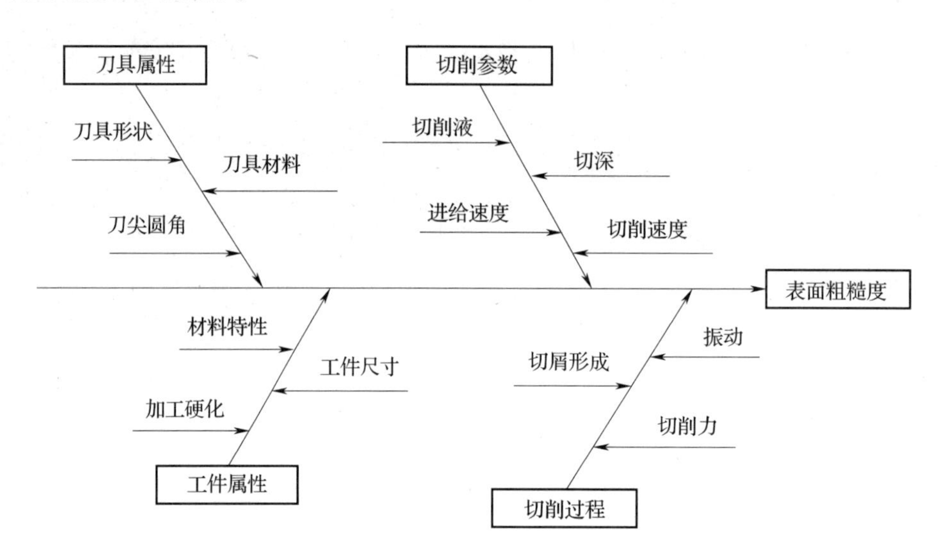

图4-6　工件表面粗糙度影响因素

综上所述，工件的最终表面粗糙度可以认为是以下两部分的影响之和：

（1）刀具几何形状与进给速度形成的理论表面粗糙度。

（2）加工过程中刀具与工件之间的多种扰动导致的不规则表面粗糙度。

2. 基于电流数据的工件表面质量监测模型

在切削加工过程中，切削力是描述切削过程的最佳变量，从切削力信号中可以得出很多有关工件质量、刀具磨损、机床振动的特征。

非侵入式负载监测方法（non-intrusive load monitoring，NILM）是一种广泛应用于能耗监测方面的方法。该方法通过分析设备现有的数据，间接获得待监测数据的值。而其中最常见的便是采用机床电信号（电流、电压等）作为监测信号，这是因为机床电信号全面地反映了加工过程中的多种动态行为，例如刀具磨损、颤振、切削力等。借鉴NILM方法，以机床本身提供的主轴电流数据反映切削力的变化情况，建立的粗糙度监测模型为：

$$Ra = F(f, d, v, I)$$

式中　f——进给量，mm；

d——切削深度，mm；

v——切削速度，m/min；

I——机床实时电流，A；

Ra——粗糙度，μm。

实际情况下，切削力并不与电流增量呈严格的正比关系，电机扭矩常量通常会随温度的变化而变化，但是切削力与电流增量依然是强相关且正相关的。这种非线性关系可以采用机器学习方法获得。

3. 基于支持向量回归的数据模型

由于机床机加工过程中有众多不确定性因素，且这些因素的影响难以准确描述，因此越来越多的学者开始使用机器学习法来对工件表面质量进行建模。其中支持向量机由于具有算法健壮性好、计算简便、不易陷入局部最优的特点，得到了广泛的应用。因此可采用支持向量回归的方法建立工件表面质量模型。

支持向量机（surpport vector machine，SVM）是一种流行的监督学习算法，广泛应用于分类和回归问题。SVM 由 Vladimir Vapnik 等人在 1952 年提出，之后得到了快速发展，使其在文本分类、模式识别、函数拟合方面都有着广泛的应用。SVM 拓扑结构如图 4-7 所示，该结构与三层前向神经网络类似，不同之处在于输入层与隐含层是直接连接的，而隐含层和输出层才采用全连接。

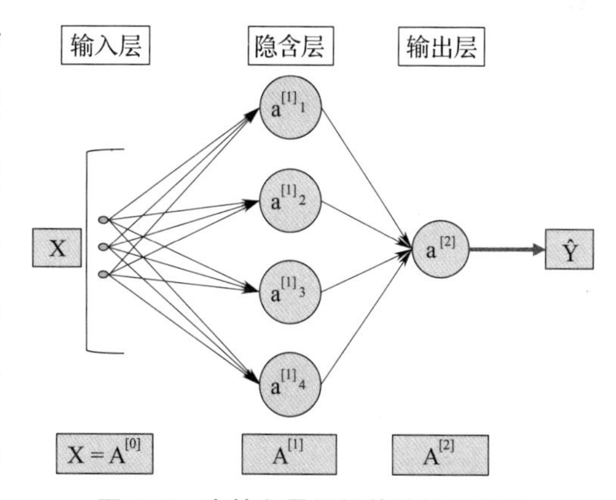

图 4-7　支持向量机拓扑结构示意图

之后，基于 Matlab 开发 SVR 程序，将实际测量的切削速度、切削深度、进给量和测得的主轴电流作为 SVR 的输入，以加工表面的粗糙度作为响应，训练支持向量回归机，形成工件表面粗糙度预测数据模型，如图 4-8 所示。

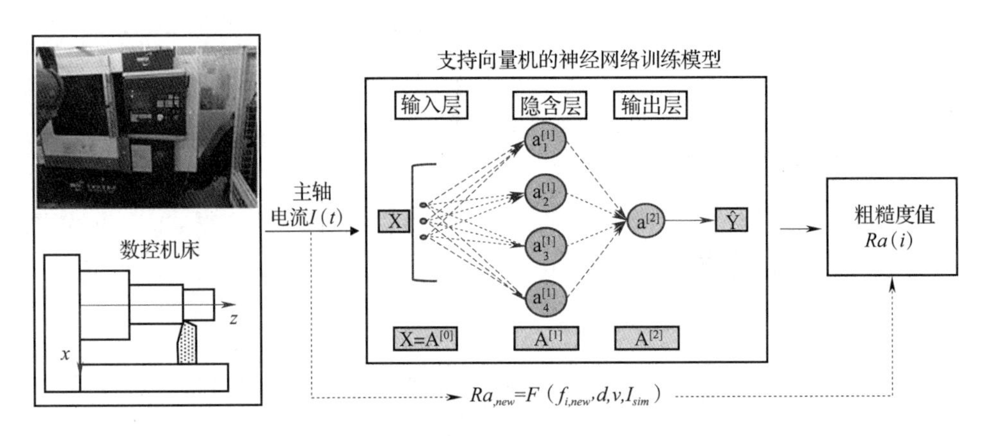

图 4-8　工件表面粗糙度预测数据模型

（四）模型融合与接口设计

1. 模型融合

在数字孪生模型中，机理模型和数据模型各有其优缺点。一方面，机理模型能清晰地描述物理对象的运行机理，但建模过程复杂，且时变性差，无法准确描述物理对象随时间推移出现的性能差异以及实际运行过程中的扰动；另一方面，数据模型具有自主进化能力，可随物理对象性能的变化而变化，并且可以挖掘数据深层的规律，但可解释性差，建模精度无法保证。因此将机理模型与数据模型进行融合，可以为智能装备孪生模型的设计改进、运行优化、故障预测等智能服务提供科学依据。鉴于智能装备孪生模型涉及人、机、料、法、环等多个制造要素，运行过程极其复杂，同时存在数控机床等复杂设备加工机理尚不明晰、小批量个性化定制零件加工质量样本数据不足等问题，导致单一的机理建模或数据建模方法难以构建完备的数字孪生模型，从机理-数据模型融合的角度，提出智能装备孪生模型机理建模、数据建模及融合方法。

在机理建模方面，基于方程定义的方式，采用 Modelica、MWorks 等建模语言或工具，构建智能装备的电气子系统模型、机械子系统模型、控制子系统模型和车削过程行为模型，采用 Tecnomatix Plant Simulation 构建制造单元孪生模型。在数据建模方面，基于历史和实时数据，结合实验或机理仿真数据，构建制造扰动、工件质量、扰动叠加分析等的样本数据集，进一步采用神经网络、支持向量机等构建制造扰动预测、工

件质量预测、扰动叠加分析等数据模型，通过迁移学习和增量式训练实现数据模型的在线自学习。此外，在数据模型训练阶段，机理模型为数据模型提供先验知识和仿真数据，提高数据模型的泛化能力和精度；数据模型在使用过程中不断反馈调整机理模型，实现智能装备孪生模型的动态更新，最终通过机理-数据模型融合，支撑智能装备孪生模型的高保真仿真分析、高置信预测优化等功能。

典型的模型融合实例如图 4-9 所示。

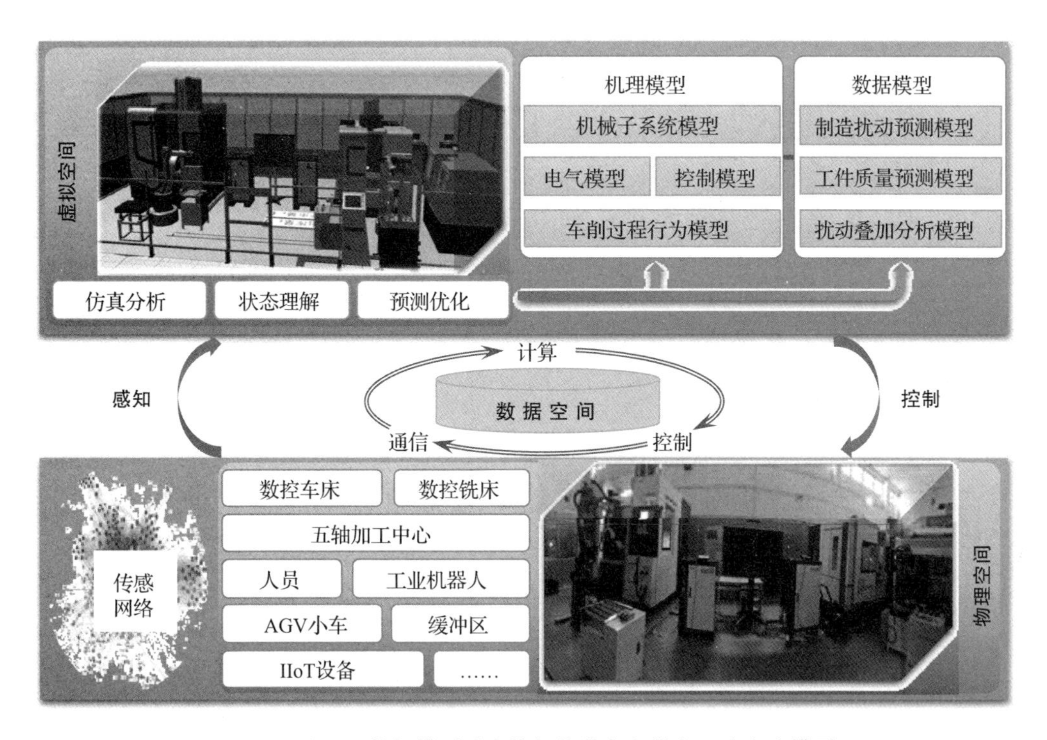

图 4-9　机理-数据模型融合的智能装备多维多尺度孪生模型

2. 接口设计

（1）机理模型各个模块接口设计

机理模型采用 Modelica 多物理统一建模语言在 Wolfram System Modeler 环境下建立，因此需要考虑模型的集成问题。Wolfram 符号传输协议（wolfram symbolic transfer protocol，WSTP）是 Wolfram 程序（Mathematica、SystemModeler 等）与其他程序（.NET C/C++、Java）间进行通信的高级符号接口，该协议针对 .NET 平台还提供了抽象实现——NETLink，通过该库用户在 .NET 平台下可以轻易地实现与 Wolfram Mathematica 内核的通信。而 Wolfram Mathematica 可直接运行 SystemModeler 环境下的 Modelica 模型。开发的智能装备孪生模型系统采用 NETLink 接口，通过 Mathematica 内核调用 Modelica 模型，从而实现机理模型与原型系统的集成。

NETLink 是以动态链路库的形式存放的，模型配置好后，其 dll 文件便可通过库中的 API 运行 Mathematica 内核，进而运行 Modelica 模型。模型运行流程，如图 4-10 所示。

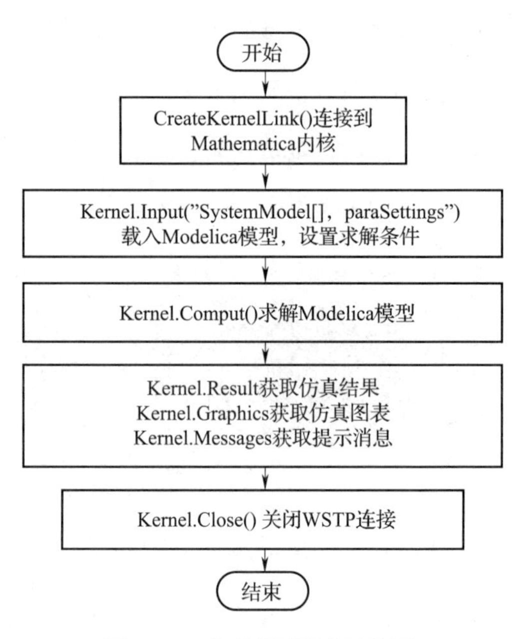

图 4-10　机理模型运行流程图

仿真机理模型的第一步是建立 WSTP 连接，然后通过 NETLink 定义的 EXPR 类载入 Modelica 模型，并设置仿真初始条件，接下来运行仿真、获取仿真结果（图表、提示、警告等），最后关闭 WSTP 连接。

系统提供机理模型的仿真接口，用户可直接在 Web 界面运行模型的仿真，图 4-11 展示了系统运行机理模型仿真的过程。首先加载 Modelica 机理模型，点击“载入模型”后，后台 . Net Core 会调用 NETLink 创建 WSTP 连接，在 Mathematica 内核里运行 Wolram 语言，将 Modelica 模型载入 MathKernel 内核；然后在模型成功载入后，将模型的图解视图（diagram view）返回给前端以展示模型的整体结构；最后通过模型仿真面板可浏览模型的详细信息（模型系统领域组成、模型方程和变量数等）以及运行仿真。

（2）数据接口设计

数据服务器一方面通过各类数据源提供的数据接口收集数据并进行标准化处理，另一方面将数据组织成 MTConnect 或者 OPC UA 等数据协议标准结构并提供 REST 架构风格的外部访问接口。模型层通过 REST 接口读取感知层的实时以及历史数据，机理模型基于实时的静态或者动态数据模拟机床的实际运行状态，数据模型则根据相应的实时和历史数据做出预测和决策。系统应用层位于最上层，通过调用感知层的接口以及模型层的各类模型提供智能服务。

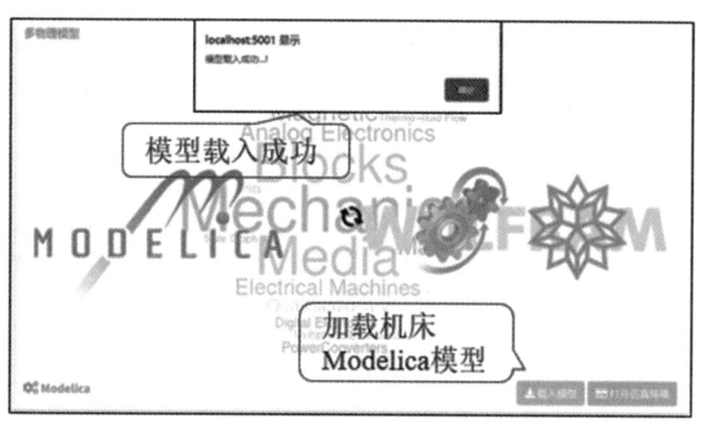

a）加载Modelica模型

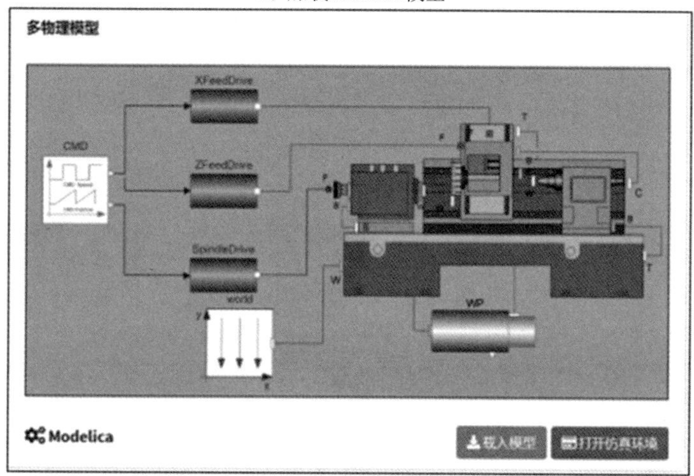

b）Modelica模型结构

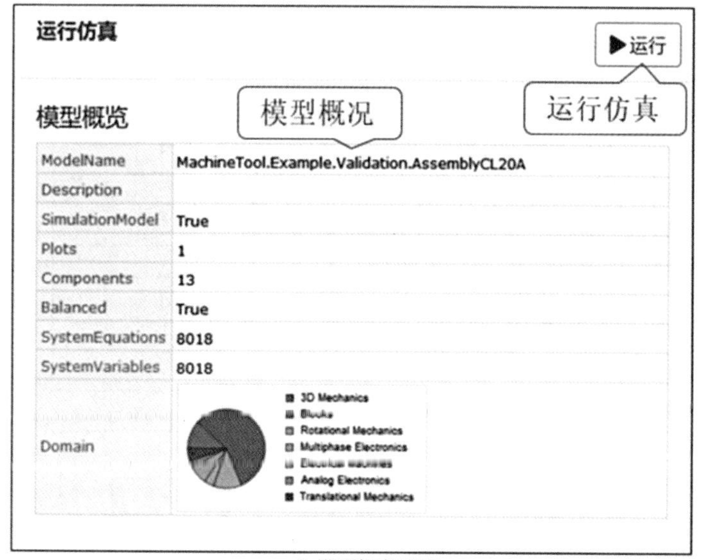

c）模型仿真面板

图 4-11　Web 端运行机理模型接口设计与仿真页面

MTConnect 以 HTTP 协议作为数据传输基础，并且要求 Agent 提供 REST（representational state transfer）架构的数据交互接口。在 REST 的思想体系下，整个 Web 被看作是一组资源的集合，资源位置通过统一资源标识符（uniform resource identifier，URI）进行标识，通过 URI 和动作的组合对资源进行访问。以“http://网络 IP：端口号/<uuid>/operation”的方式访问 Agent。其中 uuid 为资源唯一标志符，operation 为 MTConnect 的 4 种请求类型，即 Probe、Current、Sample、Asset。在 MTConnect 中，所有资源都是 XML 文件，因此可以为请求附加 XPath（XML Path Language）形式的查询字符串，以获得特定的组件或数据项的值。采用制定的 REST 接口访问智能装备轴等的实际位置结果。通过 Http/Https Protocol Debugger 工具以及浏览器对 Agent 执行 Current 请求。

Agent 的实现同样基于 . Net Core 3. 1 平台，采用 C#编程语言，主要功能有：解析设备的信息模型文件、收集机床数据、存储数据、验证 XML 以及响应 HTTP 请求。Agent 的结构如图 4-12 所示，主要包括以下 4 个模块：①数据收集模块。该模块提供

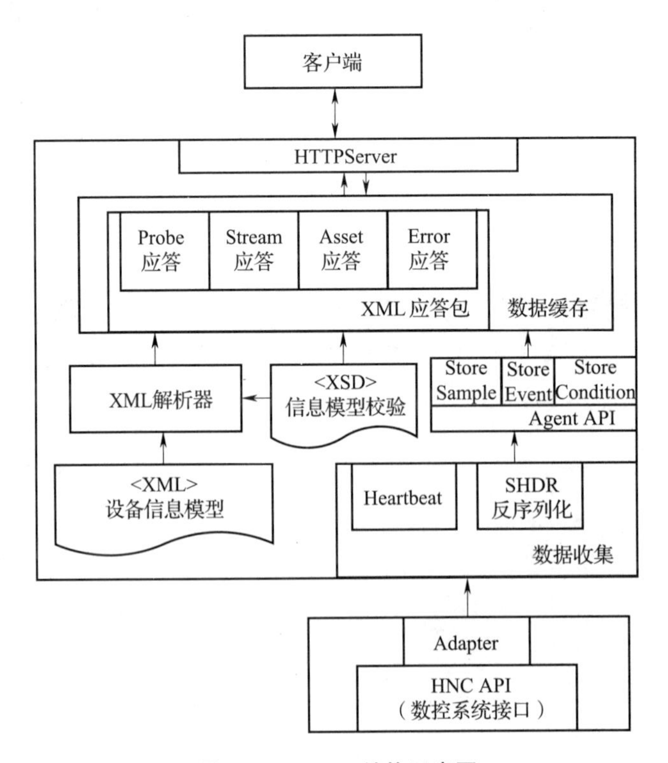

图 4-12　Agent 结构示意图

的功能包括收集 SHDR 数据并反序列化为 MTConnect 数据项，以及与适配器 Adapter 的心跳包功能。②XML 解释与验证模块。它提供 XML、XSD 文件的读取功能，并根据 XSD 文件验证 XML 文件的语法一致性。③数据缓存模块。该模块将收集的数据存储为 MTConnect 的 XML 流文件。④HTTP 服务模块。侦听 IITTP 请求，并调用相应的接口（probe、current 等）返回响应。

Agent 的主要数据接口如图 4-13 所示。其中，IData 提供了 XML 语法验证、XML 文件生成、基于 XPath 的数据查询、数据缓存等功能；IMachineAPI 提供数据写入接口，调用其中的函数便可向 Agent 写入数据；HttpServer 类提供 HTTP 服务，它解析客户端发送的 HTTP 请求（probe、current 等），调用相应的 IData 接口生成 XML 应答；SocketHandler 类与 Adapter 建立 Socket 连接并传输数据；AgentCore 类处理 Socket 消息，将其反序列化为 MTConnect 数据项，然后存入 Agent 的数据缓冲区中。

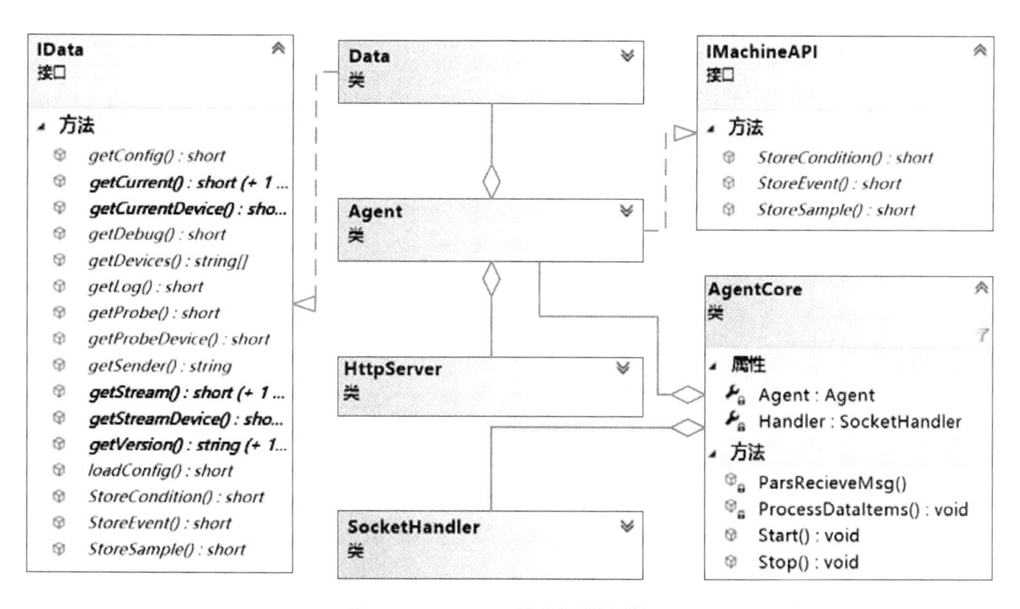

图 4-13 Agent 的主要数据接口

三、典型智能装备孪生建模案例

本案例以 CL-20A 型数控车床孪生建模为例，阐述机理建模、数据建模及其融合过程。

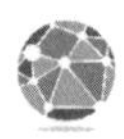

（一）基于 WebGL 的数控机床三维几何模型

三维几何模型的建模流程如图 4-14 所示。

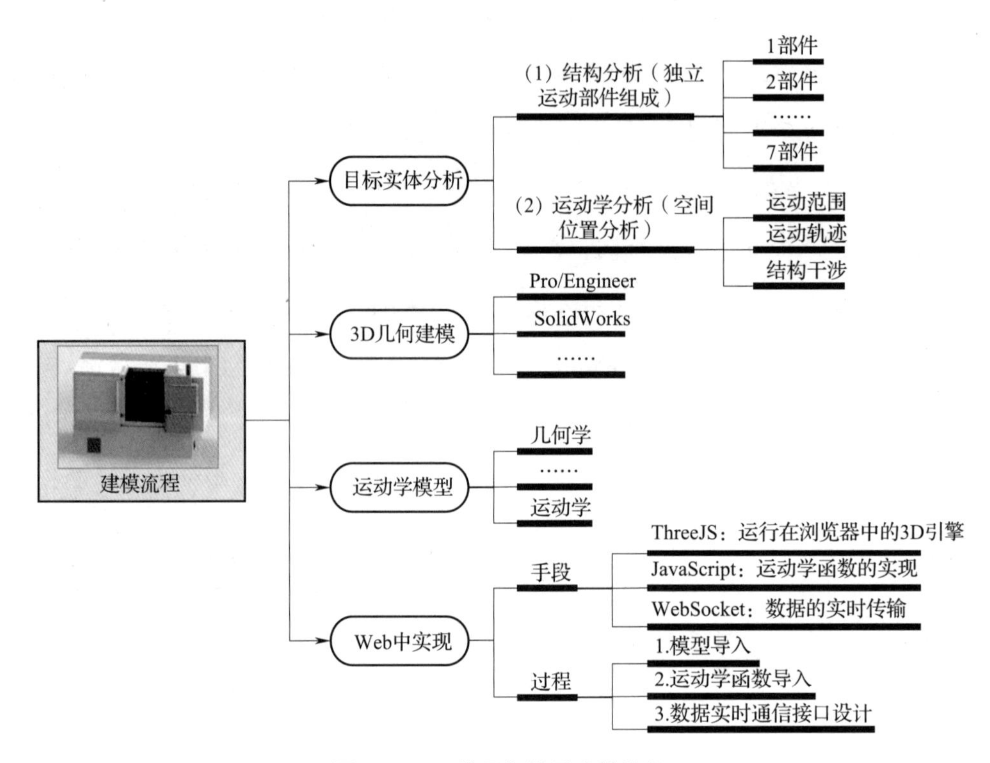

图 4-14　三维几何模型建模流程

1. 目标实体分析

首先对机床各模块进行 BOM 分解，将机床的零部件划分为各独立运动的模块；之后进行运动学分析，对于数控机床而言通常需要考虑机床的行程限制、速度与加速度限制等。

2. 3D 几何建模

选用 SolidWorks 对数控机床进行 3D 建模。由于几何模型主要用于可视化监控，因此建模过程可忽略齿轮、联轴器等传动部件以及螺栓、垫圈等紧固件，而只关注各运动部件的外形，从而加快建模过程，并提高模型在 Web 环境下的运行效率。

3. 运动学模型

根据机床实际的运动需求，求解出目标实体各部件的运动学关系方程，对于常规

的数控车床、数控铣床，各轴的实际位置变化即为实体的运动轨迹。

4. 虚实同步实例

根据数控机床的实际运动形式，将数控车床 CL-20A 分为床身、主轴、X 轴、Z 轴、刀架、安全门等部件，基于 SolidWorks 2017 建立各部件的三维几何模型。然后基于 ThreeJS 导入了 Web 空间，其效果如图 4-15 所示。

图 4-15　基于 SolidWorks 和 ThreeJS 的 CL-20A 三维几何模型

（二）机理建模

依据 CL-20A 型数控车床的设计参数，采用 Modelica 语言和 MWorks 建模工具，构建数控车床的机械子系统模型（包含机械结构、传动系统等子模块）、电气子系统模型（包含伺服电机、逆变器等子模块）和控制子系统模型，如图 4-16a 所示。考虑数控车床的剪切过程和犁切过程，基于经典切削力模型，构建数控车床的车削行为模型，如图 4-16b 所示。集成机械子系统模型、电气子系统模型和控制子系统模型形成了数控车床的机理模型，如图 4-16c 所示。

（三）数据建模

基于零件表面加工质量实测数据和机理仿真数据，构建了零件表面质量样本数据集（样本数据为第 i 次走刀的电流值和 NC 代码、切削深度、切削速度等工艺信息，标签值为对应的表面粗糙度值），采用基于高斯核函数的支持向量回归（support vector regression)，训练得到了零件加工过程表面质量预测模型。该模型的训练过程如图 4-17 所示，其平均预测精度大于 98%。

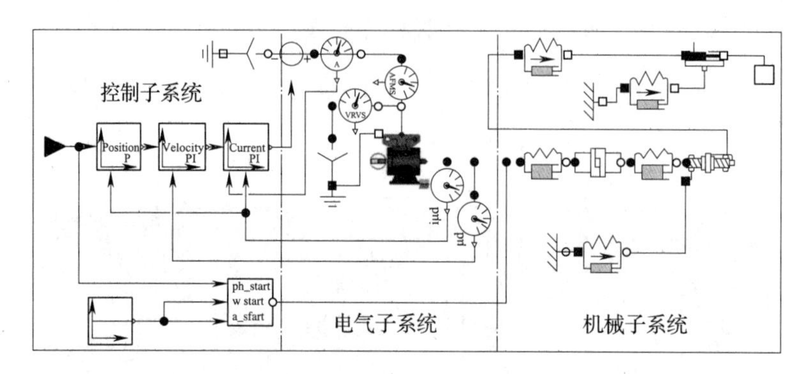

a）控制子系统模型

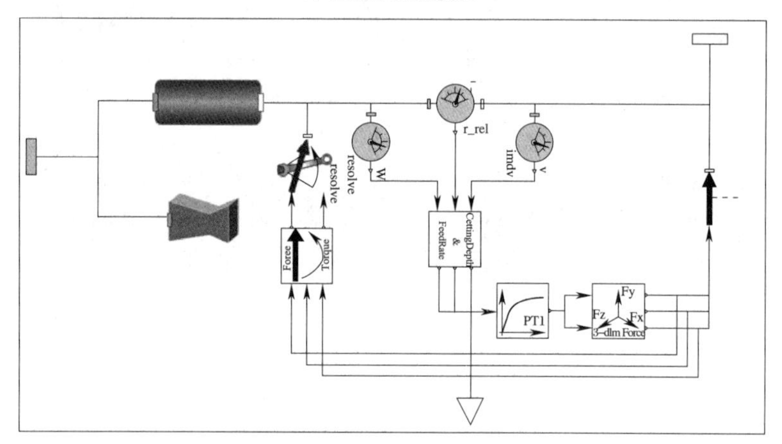

b）车削行为模型

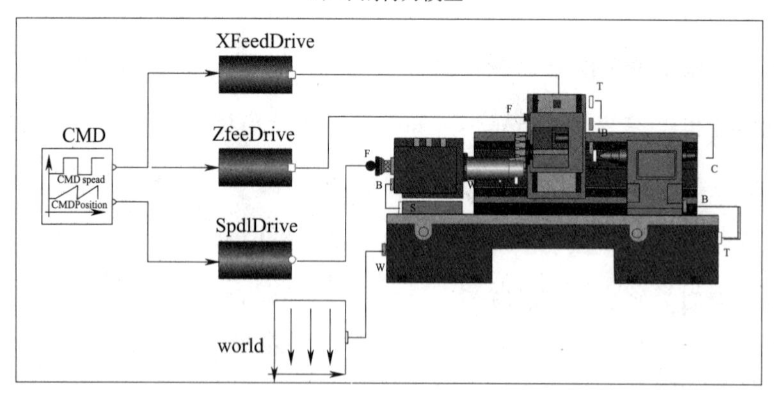

c）机理模型

图 4-16　数控车床机理模型

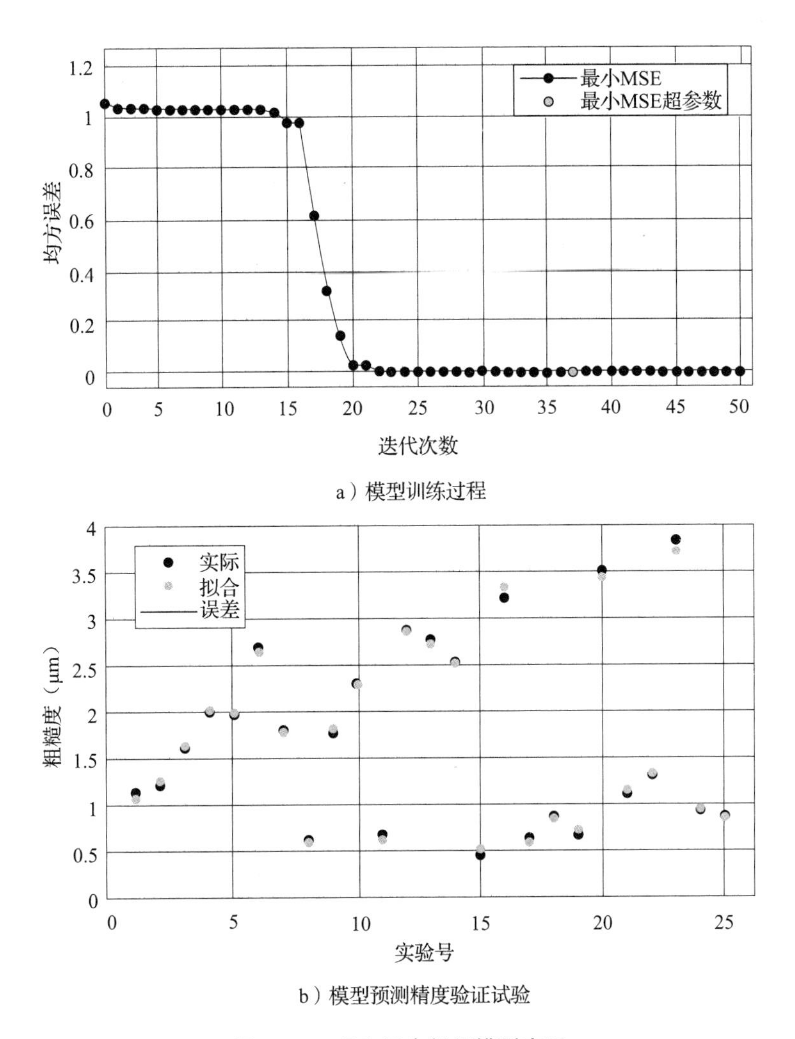

a）模型训练过程

b）模型预测精度验证试验

图 4-17　虚实同步数据模型应用

（四）模型融合与展示

通过数控车床机理模型和数据模型的融合，实现数控机床车削过程的可视化监测、车削状态的仿真分析、工件表面质量的预测优化等功能。基于此模型以及实时数据接口可以实现虚实同步功能，如图 4-18 所示。用户可以通过 Web 实时查看当前机床的运行状态。图 4-19 为虚实同步的实例图，当物理空间的实际机床执行命令并运动时，虚拟空间的机床模型也将同步运动，并在 Web 页面显示当前数控机床各轴的实时运动状态。

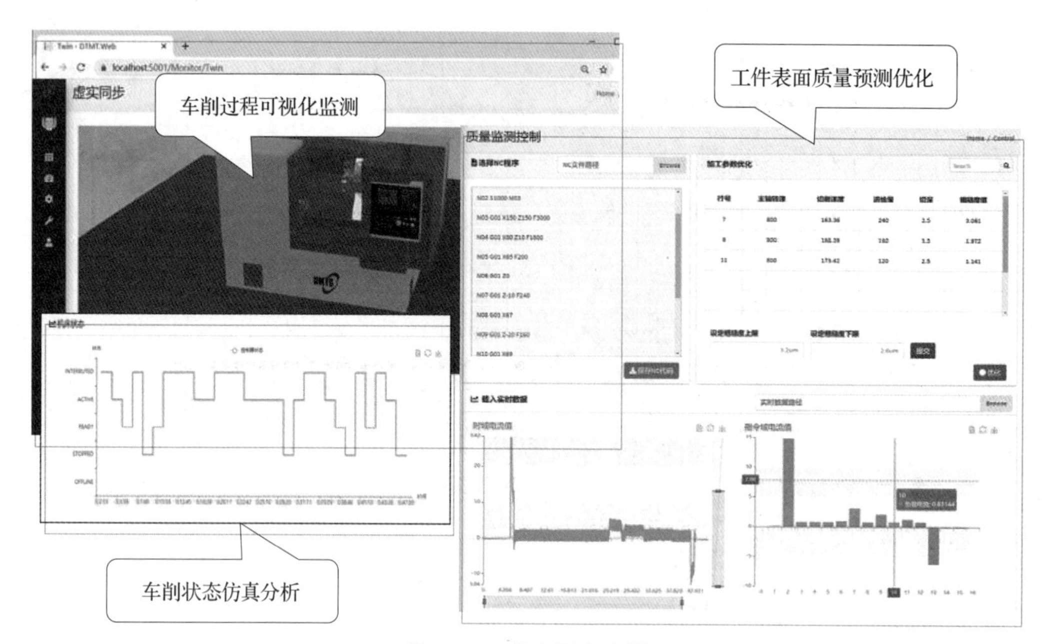

图 4-18　虚实同步应用

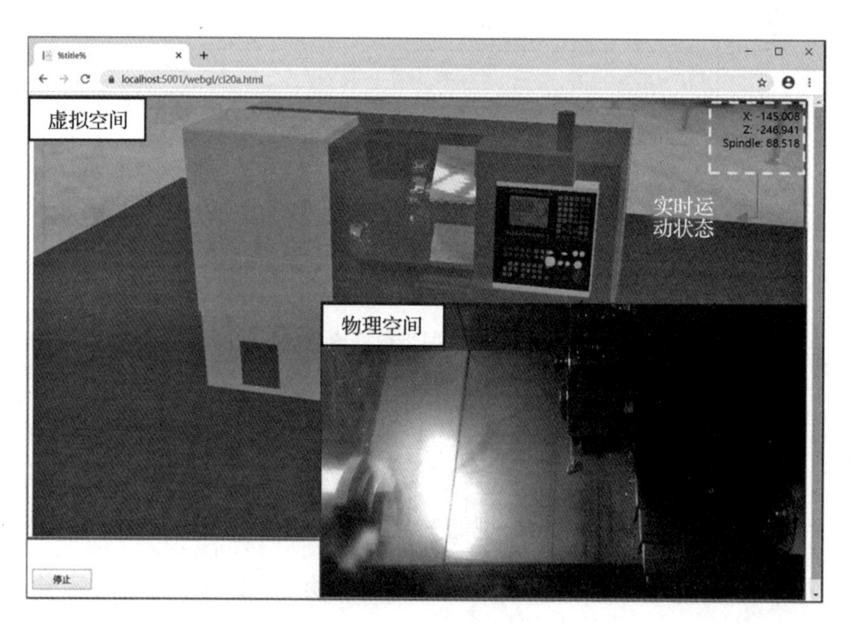

图 4-19　虚实同步展示

四、孪生机器人建模案例

以 BRTIRUS1510A 型六轴工业机器人孪生建模为例，阐述机理建模、数据建模及其融合过程。

（一）基于 WebGL 的数控机床三维几何模型

工业机器人三维几何模型的建模流程与数控机床建模流程相同。

1. 目标实体分析

首先对工业机器人各模块进行 BOM 分解，将零部件划分为各独立运动的模块；之后进行运动学分析，对于工业机器人而言通常需要考虑转轴角度、速度与加速度限制等。

2. 3D 几何建模

选用 SolidWorks 对工业机器人进行 3D 建模。由于几何模型主要用于可视化监控，因此建模过程可忽略联轴器等传动部件以及螺栓、垫圈等紧固件而只关注各运动部件的外形，从而加快建模过程，并提高模型在 Web 环境下的运行效率。

3. 运动学模型

根据工业机器人实际的运动需求，求解出目标实体各部件的运动学关系方程，对于机器人而言，其运动轨迹是各轴的位置经过一系列的坐标变换得到的，因此运动学模型需要对轴位置和运动轨迹求解运动学正解逆解。

4. 虚实同步实例

根据机器人的实际运动形式，基于 SolidWorks 2017 建立其三维几何模型。然后基于 ThreeJS 导入 Web 空间，效果如图 4-20 所示。

图 4-20　基于 SolidWorks 和 ThreeJS 的工业机器人三维几何模型

（二）机理建模

利用轨迹规划模块、通信总线模块、电气及控制子系统、机械子系统模块，构建工业机器人的机理模型，如图 4-21 所示。

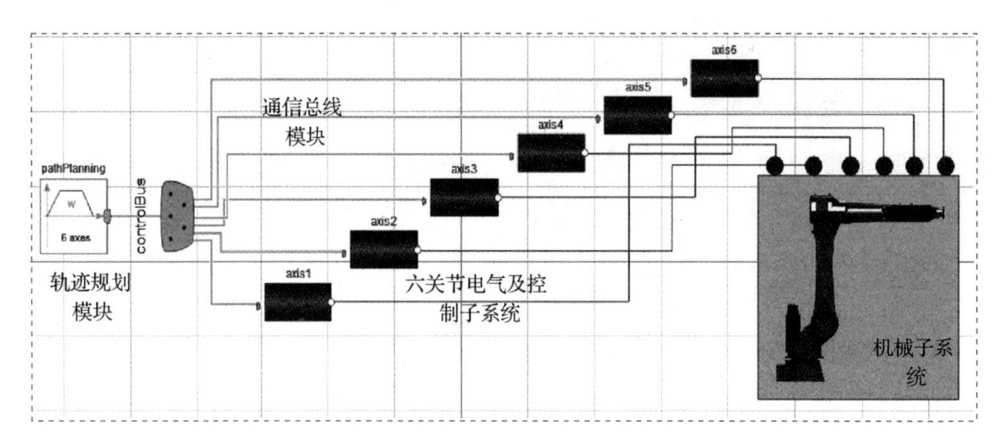

图 4-21　工业机器人机理模型

（三）数据建模

基于工业机器人各关节的实时均方根电流、各轴实时驱动力矩等，结合数据模型，实现工业机器人运行过程状态的多物理量、多尺度、高保真仿真分析与预测优化，如图 4-22 所示。

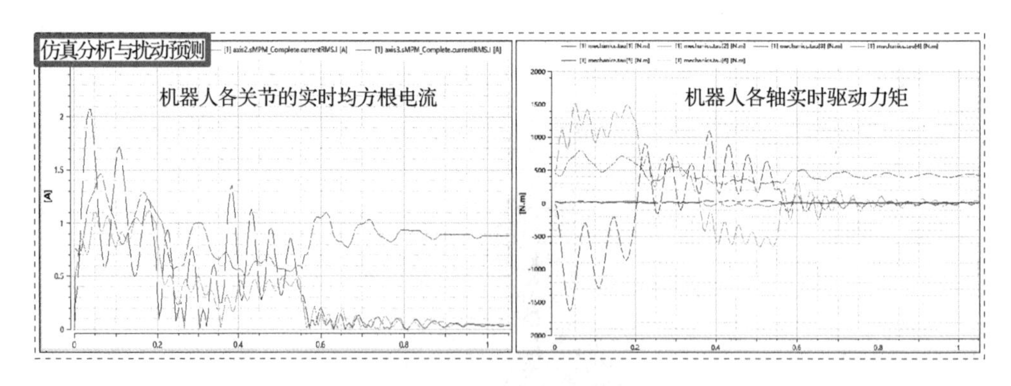

图 4-22　虚实同步数据模型应用

（四）模型融合与展示

虚拟工业机器人通过接入仿真数据或实测数据，可实现与物理工业机器人运行状

态精确虚实同步，如图 4-23 所示。

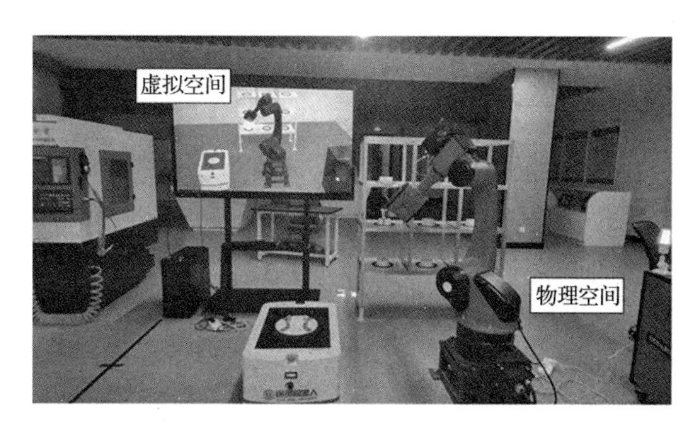

图 4-23　工业机器人虚实同步展示

第二节　智能单元孪生建模技术

考核知识点及能力要求：

- 了解智能单元孪生模型的基本概念；
- 熟悉智能单元孪生模型的构成；
- 掌握智能单元孪生模型的构建方法。

一、智能单元孪生模型概述

（一）智能单元的基本概念与实例

智能单元是指单元式制造中的各柔性生产单元，旨在将智能工件、智能制造设备、传感网络、智能网关等制造资源，按照工序集中原则，布置在有限且集中的物理空间中，形成尽可能短的物流路径，从而降低制造成本，同时保持生产柔性。

智能工件（smart workpiece，SW）是指物理空间中具有位置识别、环境感知、通信交互等能力的在制品或待加工工件。SW 基于动态知识库、历史/实时制造数据，采用基于深度学习的智能工艺决策模型自主确定工艺方案，同时在制造过程中依据基于智能合约和知识主动服务的分布式智能决策模型，实现工艺方案的动态自适应调整，以应对所处制造环境的变化。

智能制造设备（smart manufacturing device，SMD）是指在物理空间中完成 SW 加工、物流、检验等任务所需的，具有通信交互、状态感知与控制等能力的各类制造相关设备，例如：数控机床、自动导引小车（automatic guided vehicle，AGV）、工业机器人等。SMD 通过数控系统和传感网络实时感知制造状态，同时接收虚拟端的控制指令，实现制造过程的在线优化与自适应调整。

传感网络（sensor network，SN）是指由布置在 SW 和 SMD 上的射频识别设备和由速度、加速度、振动、应力应变等传感器设备构成的制造单元数据采集网络。SN 实时采集 SW 和 SMD 的位置、状态等数据，并通过智能网关将其共享至数据空间、虚拟空间、知识空间和业务交互空间。

智能网关（smart gateway，SG）是指实现物理空间中传感网络数据与虚拟空间、知识空间、业务交互空间等互联共享与数据互操作的软硬件资源，例如工业物联网中的嵌入式终端设备（Arduino、STEM32、树莓派等）、网络路由等。SG 具备传感网络数据协议解析、存储、传输以及一定的边缘计算能力，能实现物理端制造单元向虚拟端制造单元实时传输制造数据，并接收虚拟端的控制指令。

本书所指的智能单元具有开放的数控系统，如华中数控系统、西门子 808D/840D 系统等，支持数控机床、工业机器人运行状态数据的读取及 NC 代码的写入，结合 RFID 和传感网络，通过智能网关实现制造单元实时运行数据的上传及控制指令的下达。

典型的智能单元实例如图 4-24 所示。

图 4-24　典型的智能单元实例

（二）智能单元数字孪生模型的提出背景

新一代信息技术（如：物联网、边缘计算、云计算、大数据分析、区块链、人工智能等）与制造业的持续融合和落地应用，正引领着第四次工业革命的浪潮。以德国工业 4.0、美国先进制造伙伴计划等为代表的国家战略的出台，标志着世界各国均将制造业创新作为驱动经济转型发展的核心力量，纷纷把发展智能制造业提升到国家发展战略，推进传统制造业的转型升级，力图占领全球制造业的制高点。在我国，为应对发达国家和其他发展中国家“双向挤压”的严峻挑战，抢占制造业新一轮竞争制高点，实现从“制造大国”向“制造强国”迈进，出台了《智能制造“十三五”发展规划》《新一代人工智能发展规划》《工业互联网发展行动计划》等一系列战略规划，明确提出将发展智能制造列为我国制造业实现转型升级和创新发展的突破口。

智能单元作为智能制造的典型代表，是多种软硬件结合，基于对人、机、料、法、环等制造要素的全面精细化感知，并采用人工智能、知识工程等技术，支持生产过程科学决策和精细化管理的新一代智能制造系统，最终达到生产过程的自组织、自适应和智能化。如何构建制造单元软硬件模型，并在此基础上实现生产过程的智能决策与控制，是当前学术界和工业界研究和践行智能单元面临的主要挑战。

数字孪生因其能够建立物理世界与虚拟世界的双向动态连接，而成为实现制造信息物理融合、推进智能制造落地应用的关键使能技术和研究热点，2016—2019 年被美国著名信息技术研究和分析公司 Gartner 列为全球十大战略科技技术趋势之一（即具有巨大破坏性潜力的战略技术趋势）。探索采用数字孪生技术来构建智能单元的数字孪生模型，通过制造单元物理世界和数字世界之间的互联互通和智能化决策，实现生产过程的自组织、自适应和智能化运行，已成为当前研究和践行智能单元的主要路线。因此，将数字孪生技术应用于智能单元构建，对理解和发展智能单元具有重要意义。

（三）智能单元数字孪生模型内涵及基本构成

智能单元数字孪生模型是指从智能制造的角度出发，数据和知识混合驱动，通过将物联网、边缘计算、云计算、数字孪生、区块链、深度学习、知识工程等新兴技术融合应用到制造单元运行过程中，构建物理空间、虚拟空间、数据空间、知识空间和业务交互空间五维智能时变空间于一体的智能制造系统。

1. 物理空间（physical space，PS）

物理空间是复杂零件制造任务智能执行的载体，该空间内人、机、物等物理资源共存、协同并均具有自我认知能力。

2. 虚拟空间（virtual space，VS）

虚拟空间是各类数据和知识驱动的理论工艺智能决策、工艺方案仿真分析、评估与反馈优化的载体，并集成跨空间交互接口，用于数据与指令的上传下达。

3. 数据空间（data space，DS）

数据空间是多通道数据实时采集、清洗、融合、传输与管理的载体，并通过 DT、MCT 等将数据用于制造扰动感知与预测。

4. 知识空间（knowledge space，KS）

知识空间是智能单元数字孪生模型的大脑，通过应用知识工程、深度学习等新一代人工智能技术，实现对制造状态、事件、过程、现象等的深度理解和信息/知识挖

掘，从而为物理空间、虚拟空间、数据空间和业务交互空间中的多主体协同决策与优化提供支持。

5. 业务交互空间（social space，SS）

业务交互空间是 DTMCS 与外部客户交互的桥梁，可自主感知发现客户的个性化制造服务需求，并通过制造服务配置、服务运作与服务反馈优化等业务流程，将服务最终施用到物理空间不同的制造实体。业务交互功能主要由车间服务系统完成，如：企业资源计划系统（enterprise resource planning，ERP）、MES、产品全生命周期管理系统（product lifecycle management，PLM）等。

典型的智能单元数字孪生模型如图 4-25 所示。

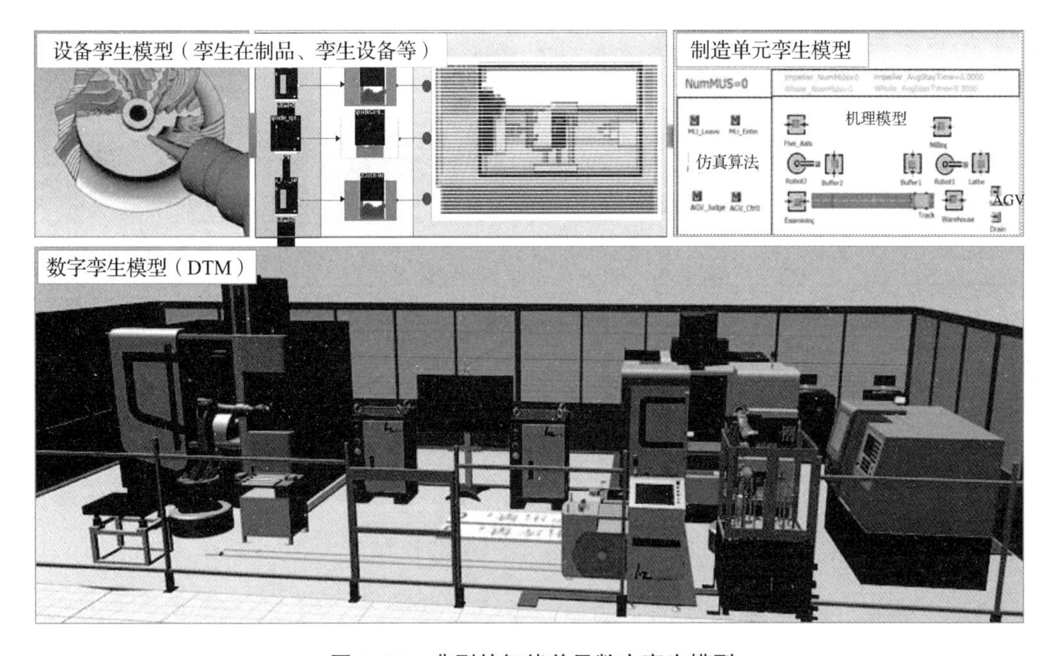

图 4-25　典型的智能单元数字孪生模型

二、智能单元孪生建模技术基础

（一）智能单元孪生建模体系框架

从功能实现与应用服务的视角出发，智能单元孪生模型的体系框架主要包含基础层、配置层、功能层、应用层和保障层 5 个层次，如图 4-26 所示。

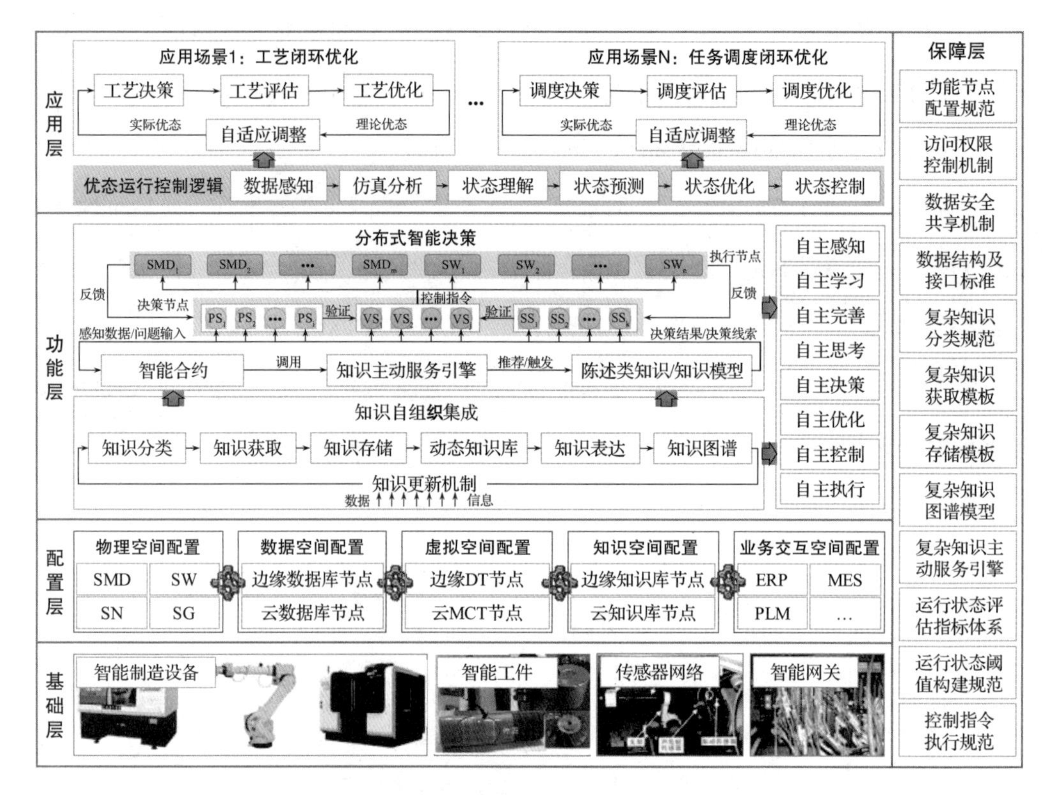

图 4-26 智能单元孪生建模体系框架

1. 基础层

基础层对应物理空间，是制造任务智能执行的载体，包含 SMD、SW、SN、SG 等物理资源。基础层通过 SN 实时感知 SMD 和 SW 的位置、运行状态等信息，并将其通过 SG 实时上传至数据空间，同时 SG 接收虚拟端的控制指令，实现对 SMD 和 SW 位置、运行状态、工艺参数等的优化控制。

2. 配置层

在基础层的基础上，采用区块链技术，从 PS、DS、VS、KS 和 SS 五个维度完成边-云协同配置，实现五维智能时变空间中数据、信息和知识的交互共享及各空间的联动运作，同时通过边-云协同机制和区块链加密机制保障数据、信息和知识的安全高效传输，支持知识自组织集成、分布式智能决策等功能，以及工艺闭环优化、制造任务动态调度等典型应用场景。

3. 功能层

功能层是智能单元运行的核心支撑，包含知识自组织集成和分布式智能决策等功能。通过知识分类→获取→存储→表达→应用的知识自组织集成体系，建立动态知识库和知识图谱模型。在此基础上，设计面向智能单元孪生模型的分布式运行智能决策的智能合约，构建知识主动服务引擎。通过物理空间（PSi）、虚拟空间（VSi）和业务交互空间（SSk）分布式决策节点的感知数据或输入问题，触发智能合约和知识主动服务引擎，并向各节点推送陈述类知识或知识模型，为各分布式决策节点提供决策方案或线索支持。同时，各节点的决策结果通过虚拟空间的 DT 或 MCT 验证，以控制指令的形式传输至各执行节点（SMDm、SWn 等），用于实时控制生产过程，结合五维智能时变空间的配置模型，最终为工艺闭环优化、制造任务动态调度等典型应用场景提供自主感知、自主学习、自主完善、自主思考、自主决策、自主优化、自主控制、自主执行等功能。

4. 应用层

基于五维智能时变空间的配置模型，结合知识自组织集成、分布式运行智能决策等功能，按照感知→仿真→理解→预测→优化→控制→执行的优态运行控制逻辑，支撑工艺闭环优化、制造任务动态调度等典型应用场景。

5. 保障层

保障层为物理层、配置层、功能层和应用层提供模板、机制、标准、规范等方面的保障与支持。例如：保障五维智能时变空间功能节点配置、访问权限控制机制、数据安全共享机制、数据结构及接口标准等；支持知识自组织集成的复杂知识分类规范、复杂知识获取模板、复杂知识图谱模型、复杂知识主动服务引擎等。

（二）基于 Process Simulate 的智能单元孪生建模技术

1. Process Simulate 软件介绍

Process Simulate 软件是 tecnomatix 平台中的软件，利用三维环境进行制造工艺过程仿真验证，可专门针对生产工序过程进行仿真，能够在三维环境中模拟制造过程的真实行为，优化生产节拍时间和过程顺序。Process Simulate 能够对装配过程、人工操作、设备、机器人的应用进行仿真，模拟真实的人工行为、机器人控制和 PLC 逻辑等。Process Simulate 的试运行过程仿真提供了一个通用的集成平台，简化了已有从概念设计到车间所有阶段的制造和工程数据。利用试运行过程仿真可以仿真实际的 PLC 代码、使用 OPC 的实际硬件以及实际的机器人程序，确保最真实的虚拟运行环境。Process Simulate 具有虚实连接接口，可以与实际的制造单元设备连接，实现虚实同步运行。Process Simulate 软件模块包括建模、机器人、操作和控制等，数字孪生建模常用的有建模模块的运动机构设计、工具设置，控制模块的传感器设置、逻辑块定义以及机器人模块等。

运动机构设计使用的软件是运动学编辑器（kinematics editor），如图 4-27 所示。启动运动学编辑器之前，需要选定要设置运动的部件，点击设置建模范围，保证模型可以编辑。启动运动学编辑器，主要包括创建连杆（create link）、创建曲柄、设置基准框架等。对于简单运动机构，可以创建连杆，之后创建关节，关节类型包括平移和旋转，如图 4-28 所示。对于复杂机构可以通过创建曲柄设置，如图 4-29 所示。曲柄机构设置如图 4-30 所示，可以选择模型中对应的结构。工具设置主要用于创建设备上的附加工具，例如夹具、焊枪等，可以安装到堆垛机、机器人上。

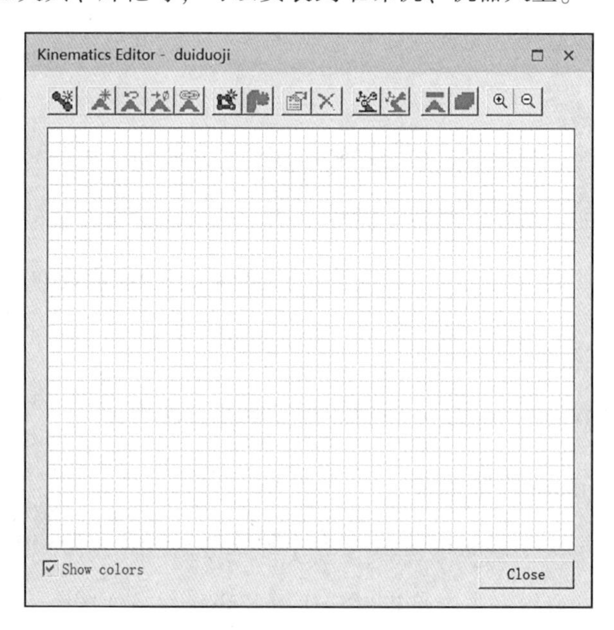

图 4-27　运动学编辑器

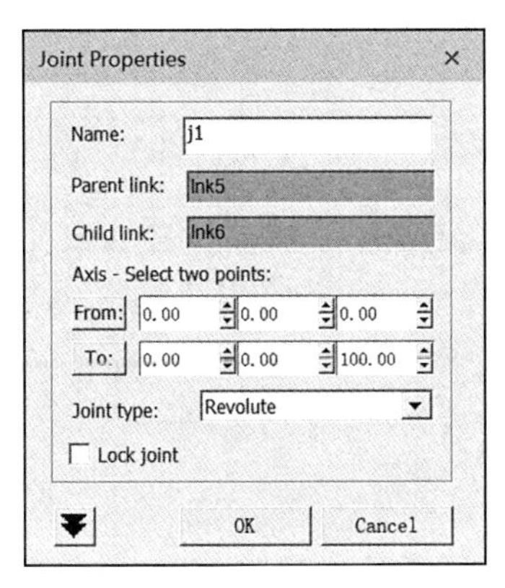

图 4-28　定义关节

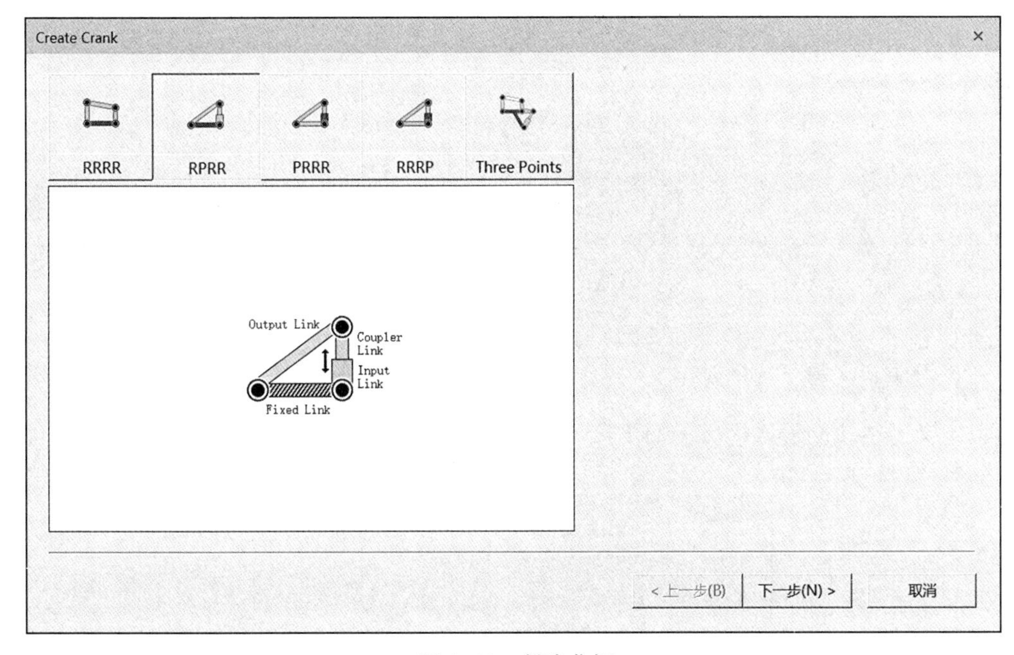

图 4-29　创建曲柄

Process Simulate 中的传感器类型包括关节距离传感器、关节数据传感器、接近传感器、光电传感器和属性传感器。关节距离传感器用于接收关节的在线反馈。关节数据传感器将机器人或设备的检测范围链接到姿势或关节值。接近传感器用于检测是否有资源接近被添加传感器的设备，接近传感器只是实例存在，不存在原型，不影响设备的外形。光电传感器检测何时有设备穿越传感器定义发射的光束，可以用于检测实体检测区域的长宽尺寸，光电传感器有原型存在。属性传感器用于检测设备在仿真过程中的一些属性。

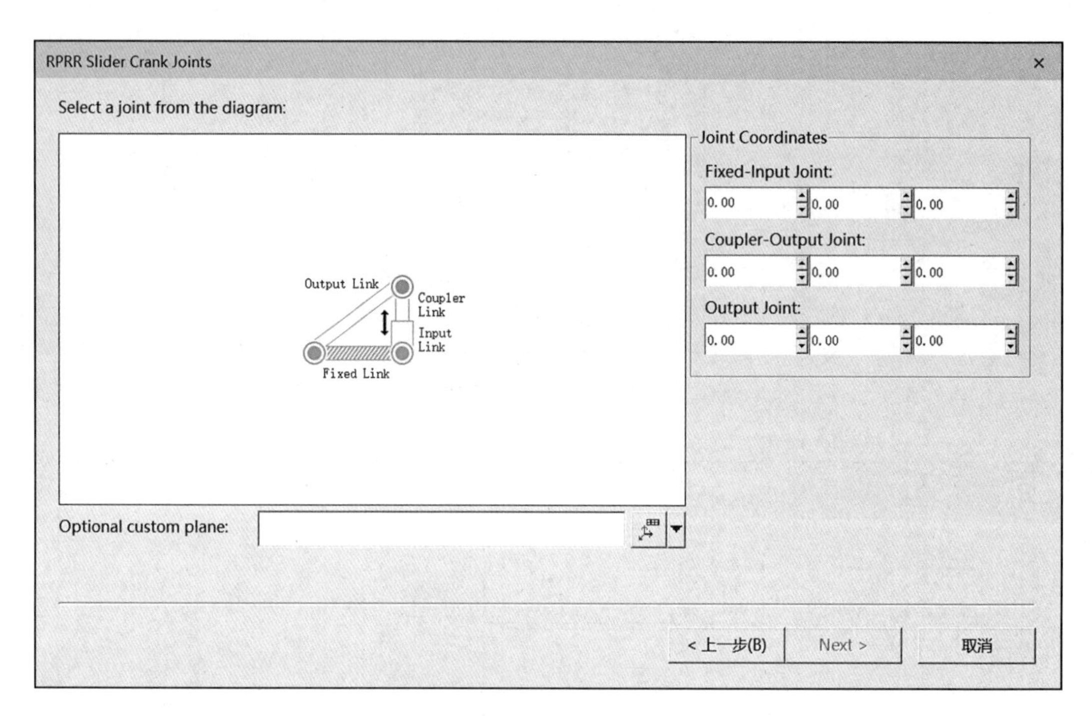

图 4-30　曲柄机构设置

逻辑块定义需要选中要定义为逻辑块的部件，点击创建逻辑块，如图 4-31 所示，可以定义逻辑块的输入接口、输出接口、运动行为、运动参数等。

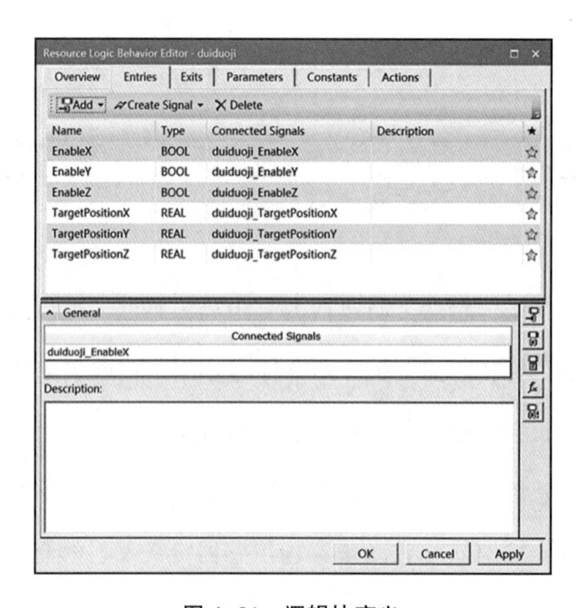

图 4-31　逻辑块定义

Process Simulate 的机器人模块支持多种品牌的机器人仿真，支持点焊、弧焊、激光焊、装配、搬运、喷涂、滚边等多种操作。机器人模块的仿真功能包括设计与优化机器人工艺操作过程、优化机器人路径、规划无干涉的机器人运动、设计机器人工位布局以及协调多个机器人工作等。

2. 基于 Process Simulate 的智能单元孪生建模流程

基于 Process Simulate 软件的智能单元孪生虚拟空间建模主要包括以下 3 个部分。

（1）智能单元几何建模

建模对象的几何模型外观、大小和位置要与物理生产线完全保持一致。关键结构参数、零部件间的约束与定位关系等要精确。通过三维 CAD 模型的曲面细分、拓扑校正、抽取、修复等实现几何模型的优化、轻量化、格式转换等。jt 格式模型可导入 Process Simulate 软件，在软件中进行三维模型布局，也可以通过其他建模软件布局打包后导入 Process Simulate 软件中。

（2）运动机构建模

运动机构建模主要是对智能单元的工艺流程、物流路径、资源输入输出、信息输入输出、运行原理等进行数据建模。根据智能单元加工工艺流程、物流路径等，定义各个设备的运动部件以及运动部件的运动路径、方向并创建运动学关系，定义设备的工作姿态，创建基本坐标系和工具坐标系等。

（3）定义传感器

根据智能单元的运行及分析要求设置不同类型的传感器，可以检测接近或进入检测区的 3D 虚拟零件和资源，用于干涉检测和距离检测等。

三、智能制造单元孪生建模案例

依托某智能制造实训平台，构建智能单元孪生模型装配模型。该平台基于个性化产品装配产线构建，各个工站既可独立运行，也可组合成产线运行。整个平台硬件包含机器人、立体货架、堆垛机、工业相机、输送机系统、PLC 控制器、伺服电机、触摸屏、RFID、计算等，如图 4-32 所示。系统利用 TIA 博途软件进行调试。运行过程为：智能仓储工站完成物料托盘和装配托盘的出库，到达机器人装配工位，利用机器人模拟装配过程，物料托盘进入视觉检测工位进行拍照识别，图像识别通过后，运行至仓储工位，物料托盘入库。

基于该平台，在软件中建立 1∶1 实物模型，包括机器人、堆垛机、立体货架、输送系统等，在 Process Designer 软件中可以对智造工艺进行规划，完成设备布局设计，在 Process Simulate 中设置运动机构，建立数字孪生模型。利用数字孪生模型可以通过 PLC 进行虚拟调试，对整个智能制造产线平台进行运动学仿真，分析产线的运行状况，如图 4-33 所示。

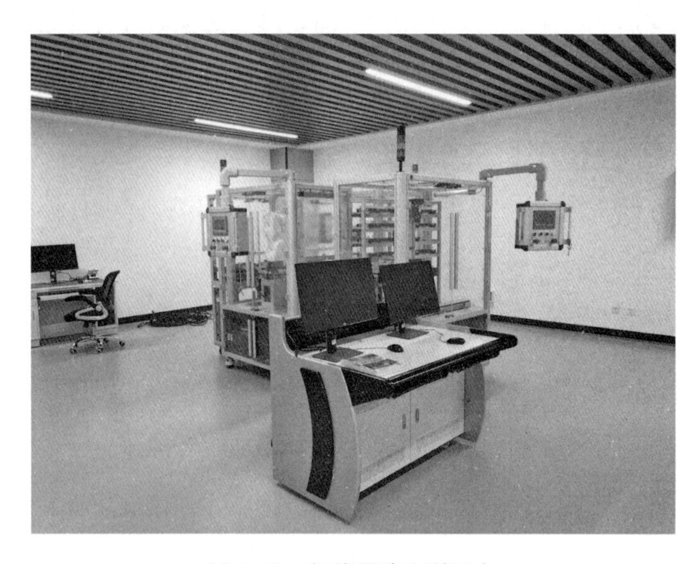

图 4-32　智能制造实训平台

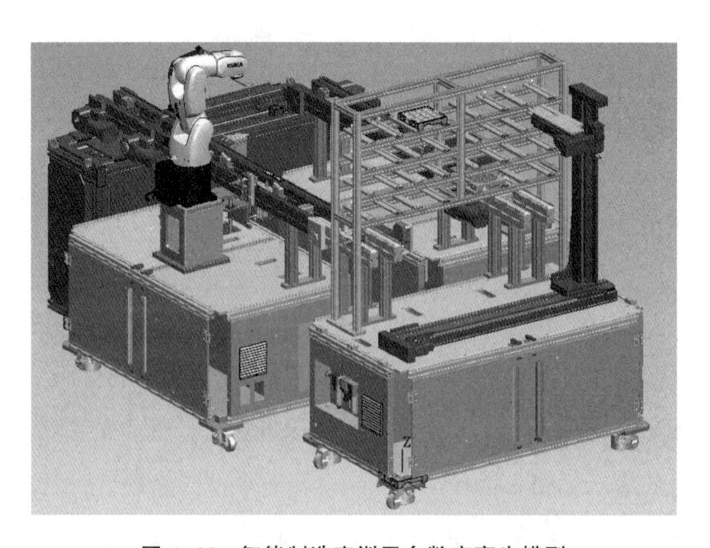

图 4-33　智能制造实训平台数字孪生模型

第三节　智能装备和智能单元虚拟调试技术

考核知识点及能力要求：

- 了解虚拟 PLC 技术；
- 了解智能装备和智能单元虚拟 PLC 调试基本流程；
- 熟悉智能装备和智能单元的虚拟调试方法；
- 能够利用软件工具对智能装备和智能单元进行虚拟仿真调试。

一、虚拟 PLC 技术

（一）虚拟 PLC 技术概述

PLC 是一款面向工业应用的控制器，可以为逻辑控制、过程控制和顺序控制等应用场景提供完美的解决方案，并可依托其强大的数据处理和通信能力，构建基于现场总线和工业以太网的分布式控制系统。PLC 控制系统输出信号给输出继电器和输出模块驱动外部执行机构运行，外部执行机构反馈信号通过输入继电器进入 PLC 内部，实现 PLC 对外部执行机构的控制。

虚拟 PLC 技术是基于组态软件和虚拟 PLC，在虚拟环境中实现 PLC 控制的技术。在虚拟环境中，PLC 输出模块与外界是断开的，输出继电器信号通过通信线与组态软件数据库进行数据交换，而组态软件中的数据可以与数字孪生模型进行连接，进而实现数字孪生的虚拟调试。TIA 博途是针对多款 PLC 推出的组态开发软件。基于该软件平台，用户可以实现对 PLC 等设备的软硬件组态和调试。为方便对 PLC 进行虚拟仿真调试，专门推出了 PLCSIM。基于该软件集成在 TIA 博途中，可以实现在没有实际硬件设备的情况下，启动虚拟 PLC 与 TIA 博途软件进行数据互联，对 PLC 进行仿真调试。针对数字孪生模型的虚拟调试，推出的 PLCSIM Advanced 软件是一款高功能仿真软件。该软件除了可以生成虚拟 PLC 控制器仿真一般 PLC 程序，还可以仿真通信，支持 TCP/IP 协议，支持将虚拟 PLC 控制器连接到 Process Simulate、NX 等仿真软件上，对数字孪生模型进行虚拟调试。PLCSIM Advanced 软件主要支持 S7-1500、ET 200 系列 PLC 设备，PLCSIM 支持 S7-1200、S7-1500、ET 200 系列 PLC 设备。PLCSIM Advanced 软件启动后界面如图 4-34 所示，可以选择创建 PLC 的类型，PLCSIM 仅支持本地通信，PLCSIM Virtual Eth. Adapter 基于 TCP/IP 协议通信。该软件可以设置 PLC 名称、类型，点击 start 创建虚拟 PLC 用于虚拟调试。基于仿真调试的 PLC 程序可以直接切换到真实的 PLC 上运行。

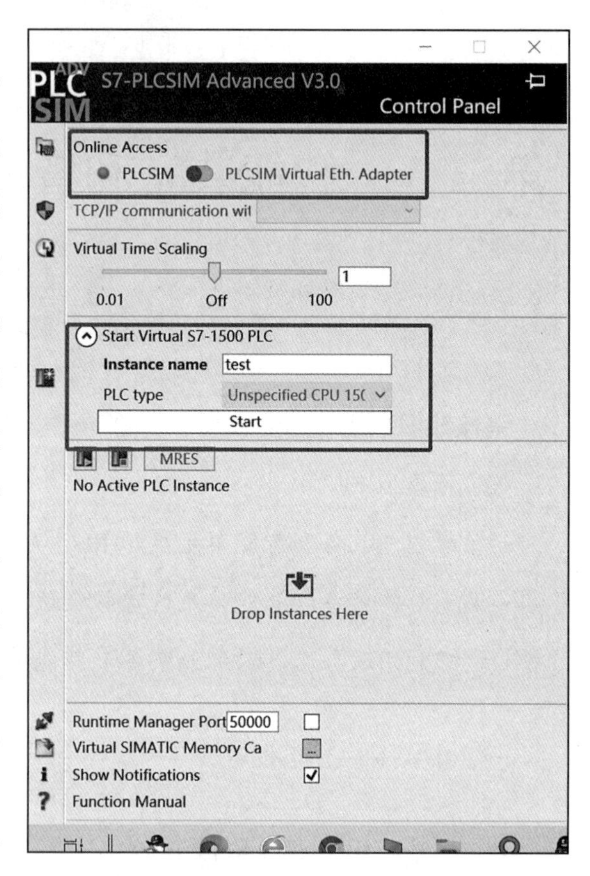

图 4-34　PLCSIM Advanced 软件

（二）虚拟 PLC 调试技术

以设备报警系统的虚拟 PLC 调试为例，利用 TIA 博途和 PLCSIM 介绍虚拟 PLC 调试技术。

1. 添加并连接设备

启动 TIA 博途软件，创建新项目，添加设备。在左侧的项目树中双击“添加新设备”对话框，打开控制器菜单，选择需要的 CPU 类型，比如，CPU1511T-1 PN 中的

6ES7 511-1 TK01-0AB0 型号，如图 4-35 所示。在设备视图下，在 CPU 上添加输入模块 DI，输出模块 DQ，如图 4-36 所示。添加新设备选择 HMI-7 寸面板，如图 4-37 所示。在网络视图下，连接 PLC 和 HMI 面板，如图 4-38 所示。

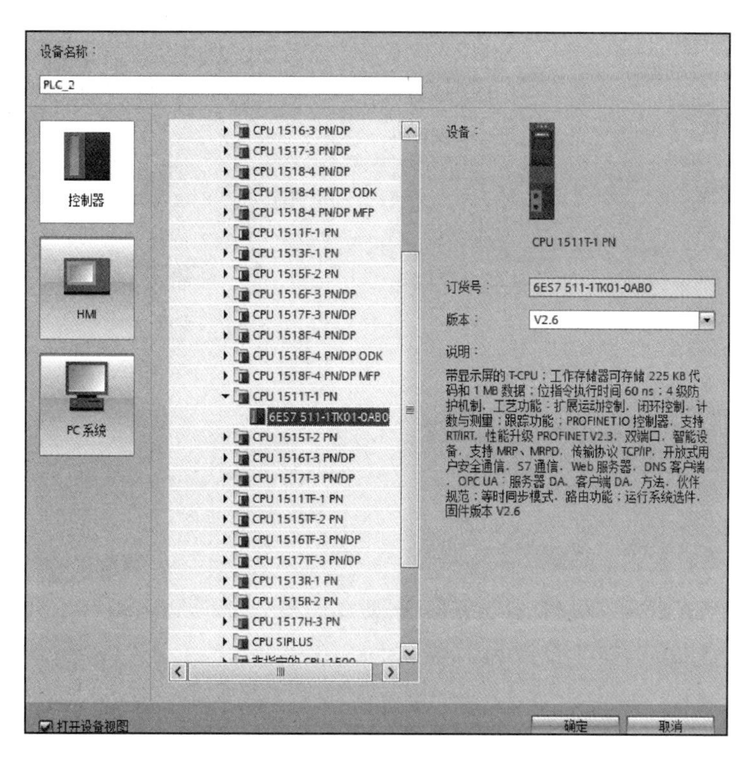

图 4-35　选择控制器

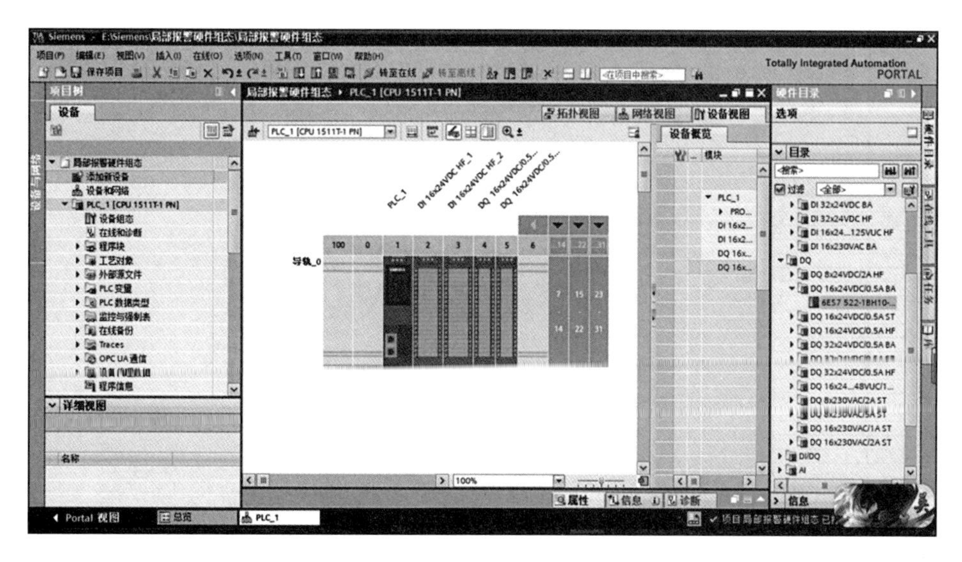

图 4-36　添加 CPU 输入输出设备

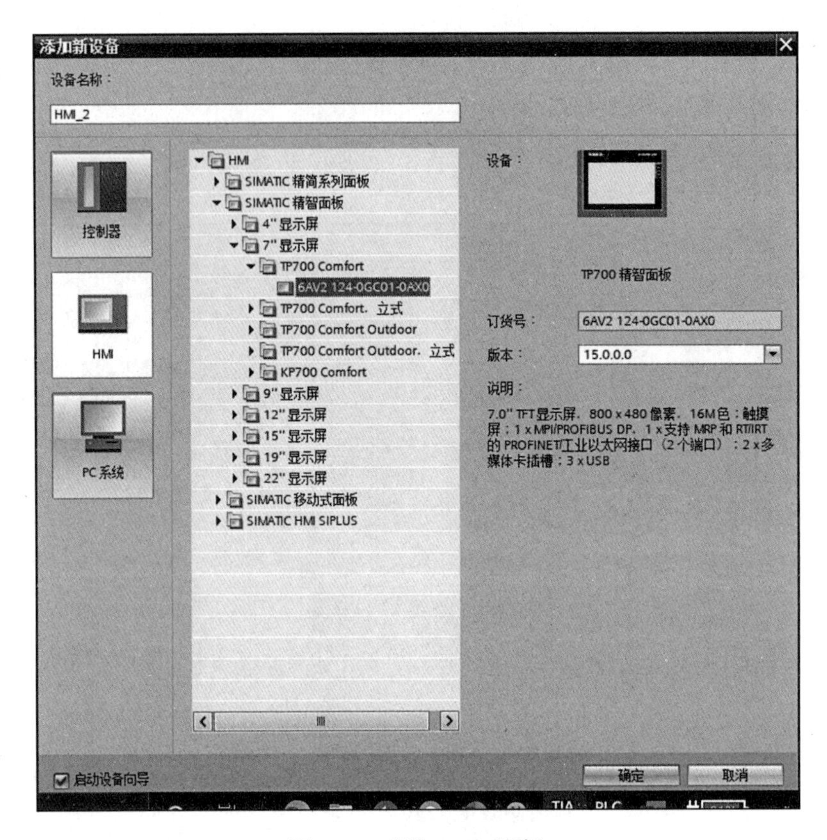

图 4-37　添加 HMI 面板

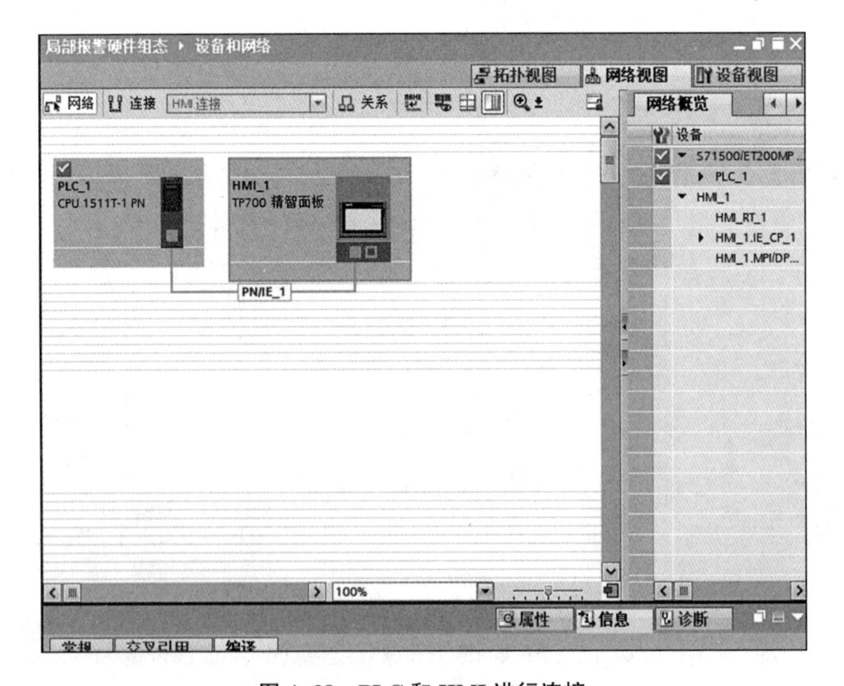

图 4-38　PLC 和 HMI 进行连接

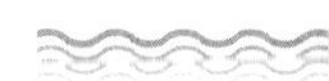

2. 编写 PLC 程序

根据设备运动要求，定义变量表，PLC 变量表会自动与 HMI 变量表相关联，编写 PLC 程序，部分程序如图 4-39 所示。

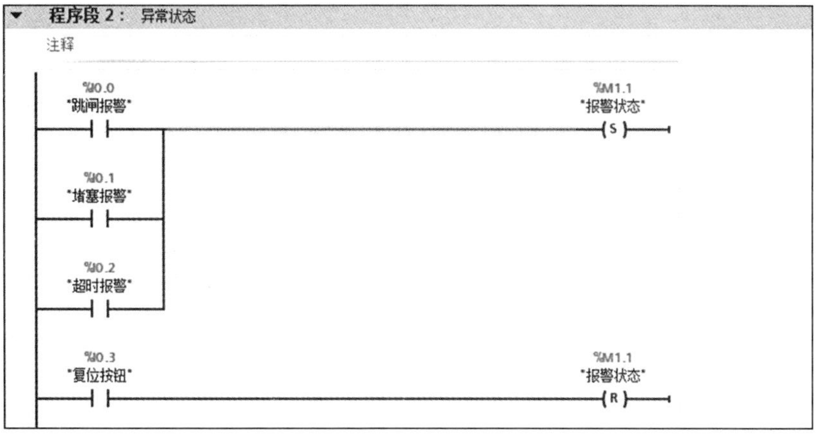

程序段 2： 异常状态
注释
%I0.0
"跳闸报警"
%M1.1
"报警状态"
S
%I0.1
"堵塞报警"
%I0.2
"超时报警"
%I0.3
"复位按钮"
%M1.1
"报警状态"
R

图 4-39　编写 PLC 程序

3. 编写 HMI 界面

在 TIA 博途软件左侧设备树中，打开 HMI 设计界面，设计设备切换按钮与各类指示灯等，如图 4-40 所示。设计好界面后，将界面中的按钮与变量关联。选中手自动切

局部报警硬件组态 ▸ HMI_1 [TP700 Comfort] ▸ 画面 ▸ 根画面
SIEMENS
SIMATIC HMI
根画面
TOUCH
手自动切换
手动指示灯
自动指示灯
报警指示灯
蜂鸣器
复位按钮
跳闸报警
超时报警
堵塞报警
80%

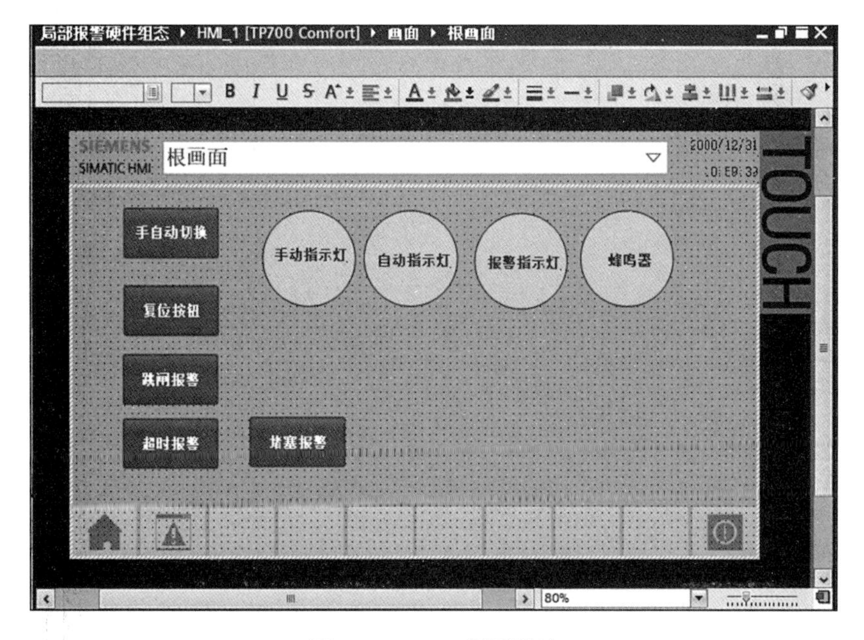

图 4-40　HMI 界面设计

换，属性框切换至事件，在左下方选中按钮的动作，如“单击”，右下方选中对应的变量和执行的动作，如图中的“手自动切换按钮”和“取反位”，如图 4-41 所示。

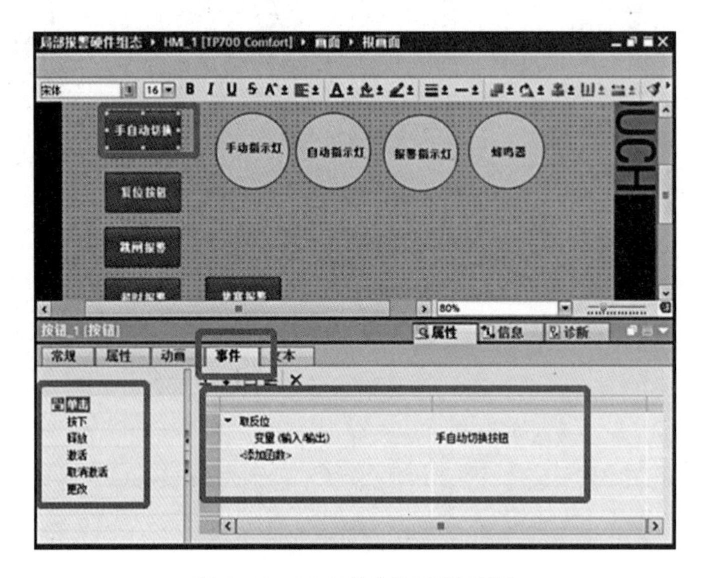

图 4-41　HMI 按钮与变量关联

4. 启动 PLC 虚拟仿真

在 PLC 编写界面，点击启动虚拟仿真，如图 4-42 所示。启动 PLCSIM，点击启动

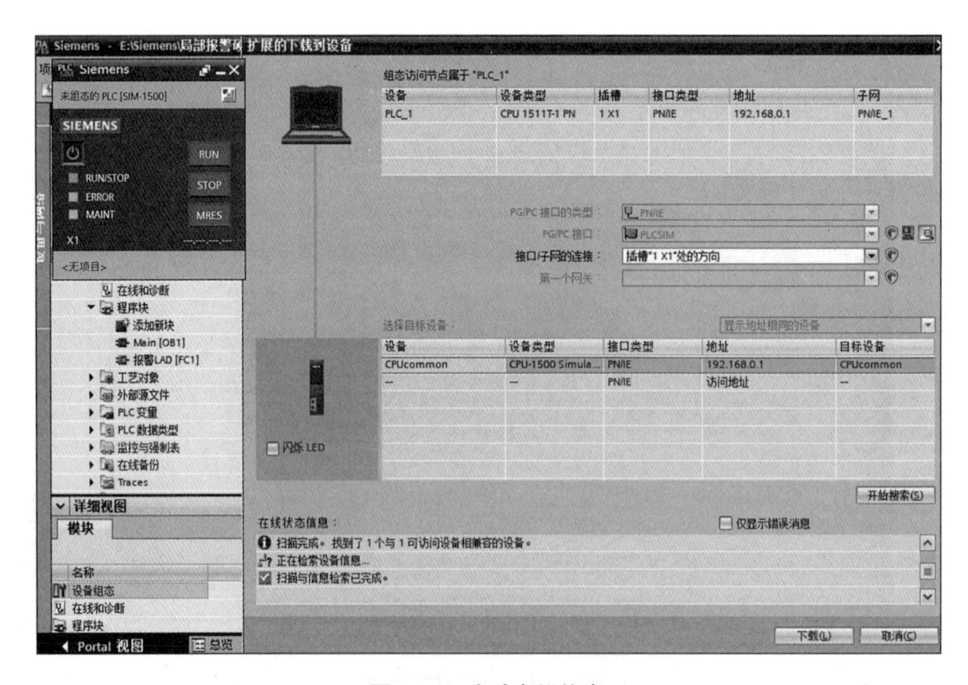

图 4-42　启动虚拟仿真

CPU，转至在线，PG/PC 接口选择 PLCSIM，程序同时下载至虚拟 PLC。点击开始搜索连接 PLC，此时可以在 PLC 界面设置接口状态，查看整个程序的运行状态。返回 HMI 界面点击开始仿真，在 HMI 上点击相应按钮可以看到对应指示灯亮灭或闪烁，如图 4-43 所示，实现了整个 PLC 控制的虚拟仿真，该 PLC 程序可以直接对接实物 PLC 设备。

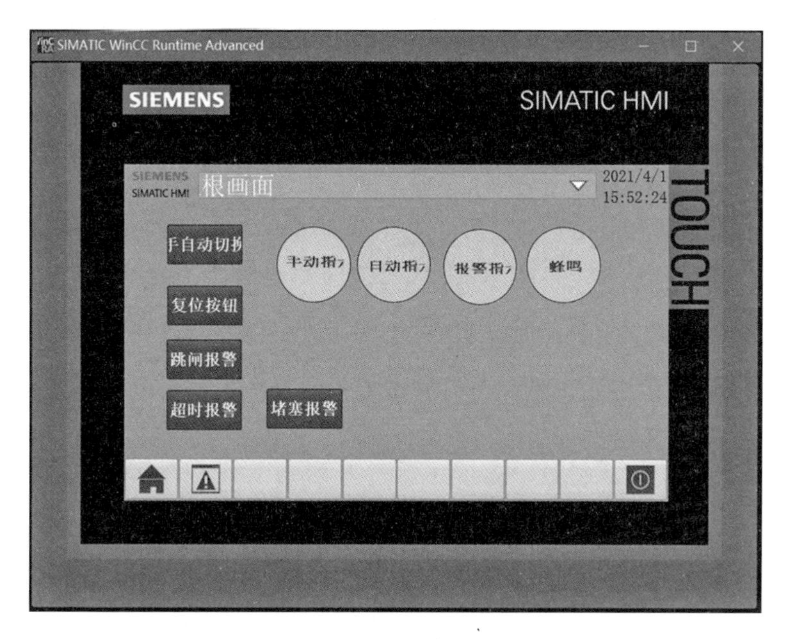

图 4-43 HMI 虚拟仿真

二、智能装备数据接入与虚拟调试

（一）数据接入

随着现代微电子技术和新一代信息技术的飞速发展，人们越来越多地意识到数据对产业发展的重要性。全球化、经营化、协同化、服务化是智能装备制造业发展的主要趋势，而大数据将为智能装备制造业转型提供重要的支撑手段。智能装备本身具有采集和处理信号的能力，并能提供智能接口。智能装备数据接入是针对不同的数据来源和合作伙伴，完成数据采集、数据传输、数据处理，并将数据缓存到统一规范的智能数据平台的过程。目前，数据接入主要面临的挑战包括：数据源体量大、种类多种多样，智能装备企业存在数据爆炸现象且数据源的变化概率大；数据分散化存储模式及碎片化主题导致存在大量的信息孤岛，数据无法联动；数据流量大，业务高峰期每小时产生 G 级别增量数据；业务场景对时效性的要求不同，不同类型数据有不同的计算时效；数据维护和使用成本过高。

常见数据接入手段包括 socket 方式、ftp/文件共享服务器方式以及 message 形式。socket 方式提供了易于编程的多种框架，屏蔽了底层通信细节以及数据传输转换细节，可通过 https 传输层协议进行数据的加密传输，安全性较高。但是，socket 服务器和客户端必须同时工作，且当传输数据量比较大时会严重占用网络带宽，可能导致连接超时，使得数据量交互时服务可靠性差。ftp/文件共享服务器方式可以通过文件传输体量较大的文件，相比 socket 方式更为简单易操作，但对传输的文件格式提出了较为严苛的要求。message 形式提供了开源的消息中间件供客户选择，接入方式较为简单，消息处理的方式包括同步、异步等，但是数据接入的细节学习成本较大，并且在大数据量的情况下，可能会产生消息积压、延迟、丢失等情况。

数据的接入模式包括实时数据接入和离线数据接入。实时数据接入是采集器实时采集数据源数据，通过消息队列提供给不同消费者，针对不同的实施数据源提供不同的 adaptor，如图 4-44 所示。离线数据接入是大批量且无实时分析场景的数据以离线接入方式接入平台，通过定时任务调度将数据源中数据汇总到存储层，如图 4-45 所示。

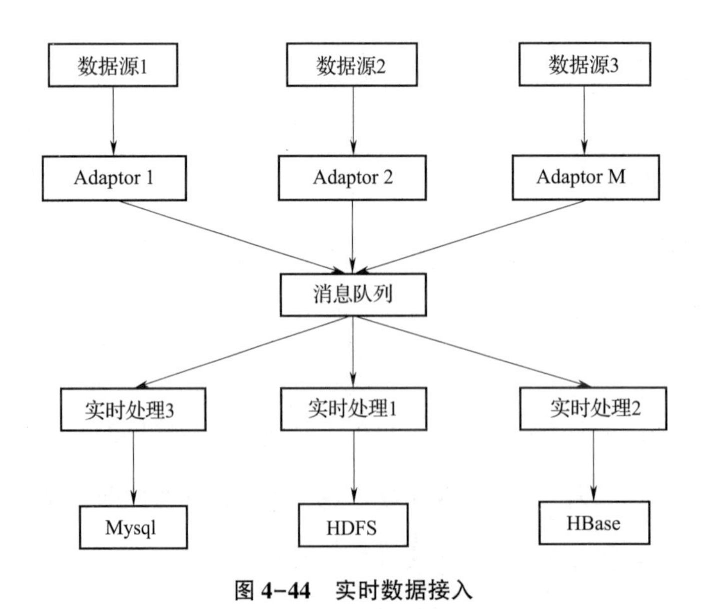

图 4-44　实时数据接入

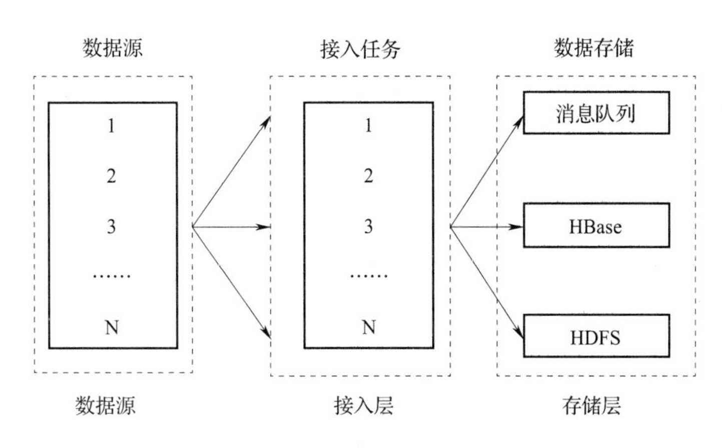

图 4-45　离线数据接入

由于数据源及接入任务增加，带来开发和维护工作量陡增，且效率不高。需要从采集端到存储端定制开发新增数据源，且成本高，同时数据源格式或参数发生变化需要修改一系列相对应的采集器，不易维护。因此，需要设计数据接入优化流程，抽取接入优化配置模板。实时数据接入优化，如图 4-46 所示。离线数据接入优化，如图 4-47 所示。

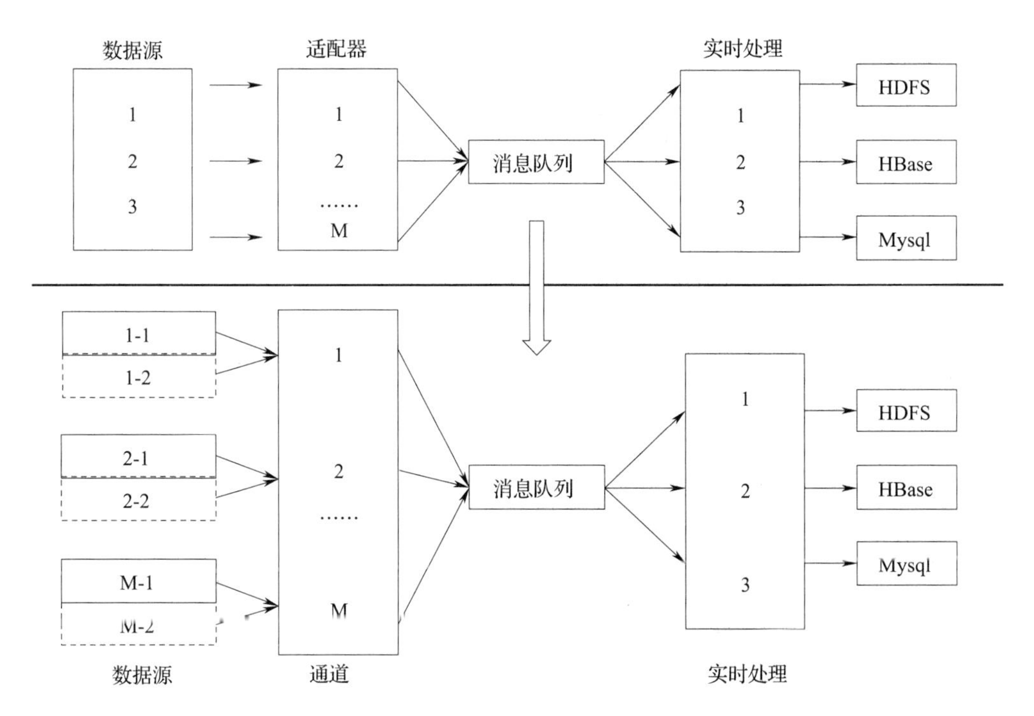

图 4-46　实时数据接入优化

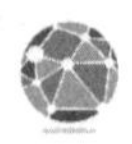

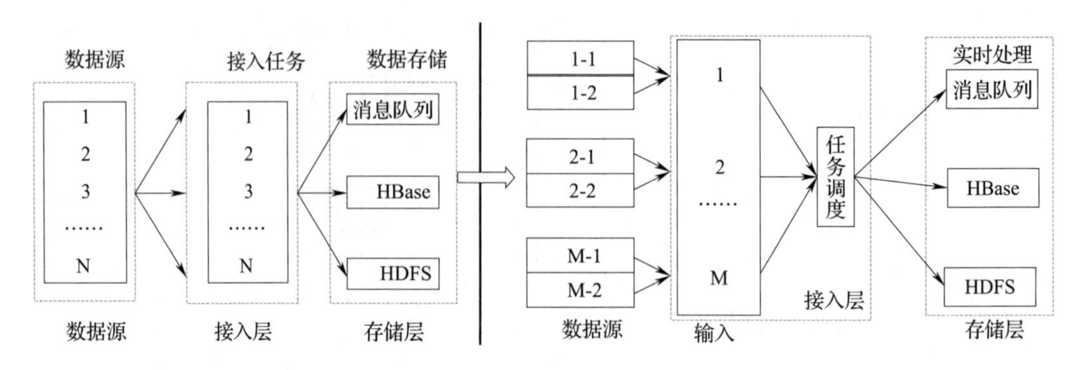

图 4-47　离线数据接入优化

（二）虚拟调试

1. 虚拟调试的概念

虚拟调试是指通过虚拟技术将仿真模型与物理的 PLC、HMI 等自动化设备相结合，创建出物理模型对应的虚拟模型，在虚拟环境中利用编好的 PLC 程序对虚拟模型进行自动化控制，并对生成系统的控制情况进行测试和验证。与传统调试不同的是，虚拟调试可以在现场安装设备之前，直接在虚拟环境中对机械设计、工艺仿真、电气调试进行整合；可以对正在运行设备的系统进行调试，缩短现场调试时间，减少停产时间；还可以对干涉及碰撞事故进行提前检测与预判，降低调试风险。

2. 虚拟调试的意义

（1）虚拟调试是基于事件的仿真。这种仿真可以基于虚拟的事件，事件的因素、来源等，也就是控制层面、HMI、控制器和执行层面、传感器、执行器和整个设备、整个产线甚至整个工厂的信息交互事件。由于虚拟环境下的 PLC 程序、机器人程序和真实环境下的程序是一模一样的，因此这种基于事件的仿真逻辑和现实中的仿真逻辑是一致的。

（2）虚拟调试具有高保真度。基于真实环境下仿真事件的虚拟调试是把控制层面的 PLC 程序和 HMI 进行互联，从而控制虚拟的外部设备动作，真实环境中的外部设备与虚拟层面的设备完全 1∶1 的输出，从而保证了调试的无缝衔接。

（3）虚拟调试可以降低调试时间和成本。在设计开发过程中，很难预测到生产和使用过程会不会出现问题，虚拟调试允许设计者在设备生产之前进行任何修改和优化，这样可以节省时间。用户在测试过程中可以修复错误，及时对程序进行编程改进。在

测试阶段，使用虚拟调试来提前编程和测试产品，可以减少过程停机时间，制造商可以降低将设计转换为产品的成本风险。

（4）虚拟调试可以降低企业更改流程的风险。使用虚拟调试构建的数字模型，使企业在生产方面取得了显著的改进，最终以最可靠的方案进行生产，并能缓解传统制造停机或生产损失的风险。例如，汽车制造工厂在制造与装配产品时可以使用虚拟调试重新编程数百台机器人，而不需要花费大量时间在现场停机进行调试。

三、智能单元运行虚拟仿真

（一）智能单元的虚拟调试

智能单元的虚拟调试是将仿真技术与物理的 PLC、HMI 等自动化设备相结合，创建出物理模型对应的虚拟模型，在虚拟环境中对设备的运行姿态、运动关系进行仿真，利用 PLC 程序对虚拟模型进行自动化控制，并对生成智能单元系统的控制情况进行测试和验证，主要流程如图 4-48 所示。

Process Simulate 支持的仿真方式有 2 种，一种是基于顺序的仿真（standard mode），另一种是基于事件的仿真（line simulation mode）。基于顺序的仿真是标准仿真模式，是依靠定义的时间顺序触发操作执行，可以对智能单元的工艺和运行姿态进行仿真。基于事件的仿真过程则是依靠特定事件、信号或状态变化触发操作执行，与实际工业现场控制更为一致。Process Simulate 支持 PLCSIM Advanced、OPCDA、OPCUA 等多种外部通信方式与 TIA 博途软件进行数据通信和信号响应。博途 TIA 是工程组态和项目环境的自动化软件，可对西门子全集成自动化中所涉及的所有自动化和驱动产品进行组态、编程和调试。PLCSIM Advance 软件是一款高功能仿真软件，基于该软件可以生成虚拟 PLC 控制器，可以将虚拟 PLC 控制器连接到 Process Simulate 软件上，对数字孪生模型进行虚拟调试。基于西门子 Process Simulate、TIA 博途软件、S7-PLCSIM Advanced 进行智能单元虚拟调试，首先将智能单元模型导入 Process Simulate 软件中，采用基于顺序的仿真模式，对设备进行运动学仿真，可以分析工艺方案的特性，进而进行优化、编辑工艺路径、确定资源的布局等。基于 Process Simulate 软件的单元级的虚拟调试，是基于事

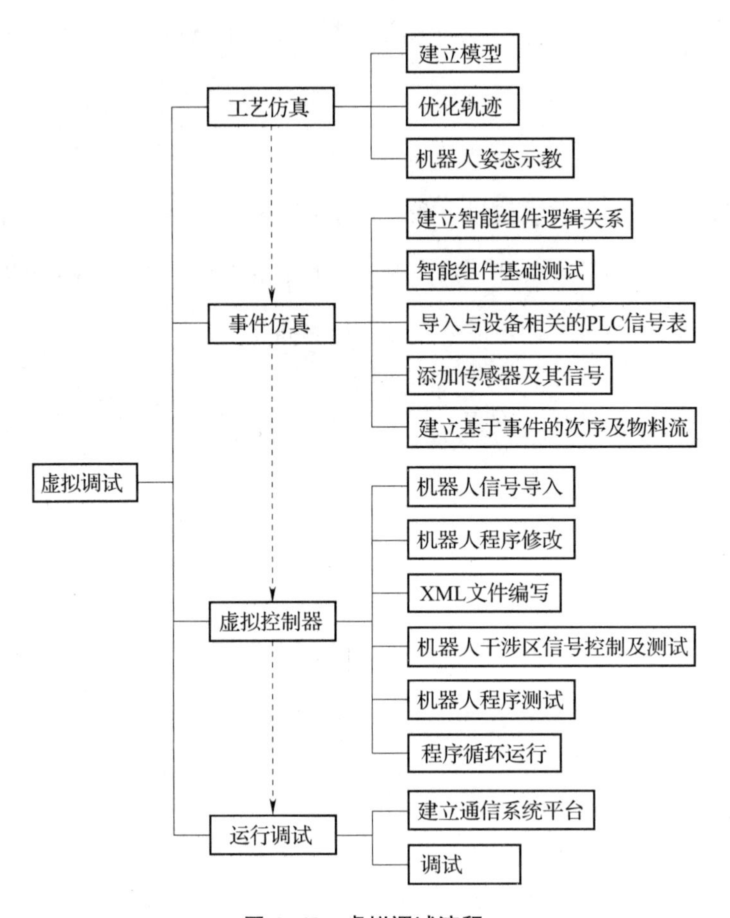

图 4-48　虚拟调试流程

件的仿真，引入 PLC 设备，使用虚拟 PLC 设备和虚拟的智能单元模型连接，使用 PLC 信号驱动模型运行，可用于智能单元、设备安装前调试验证，可以有效缩短现场调试周期，降低调试成本。整个调试流程如图 4-49 所示。

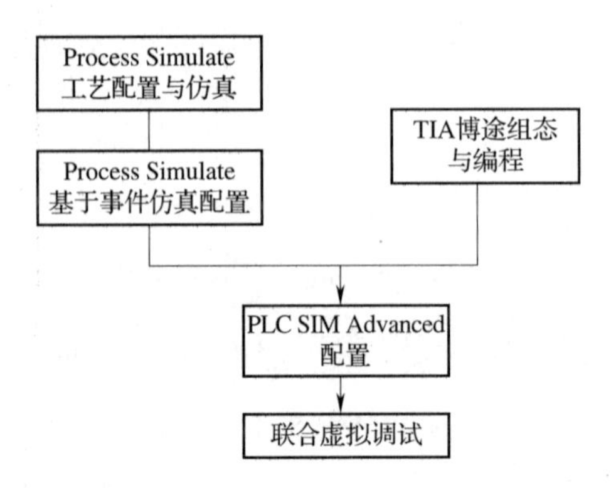

图 4-49　基于 Process Simulate、TIA 博途与 PLCSIM Advanced 的虚拟调试工作流程

（二）Process Simulate 工艺配置与仿真

在 Process Simulate 中基于顺序的仿真可以对智能单元的工作姿态、工艺进行仿真分析，在智能单元的数字孪生模型建模中，主要进行了智能单元的布局、运动机构和传感器定义，在此模型上进行工艺配置仿真。

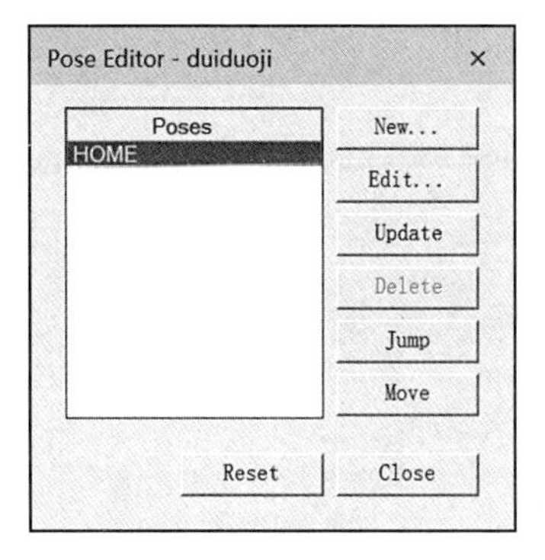

图 4-50　姿态编辑器

1. 创建设备的工作姿态

在 Process Simulate 软件中，从运动学编辑器中可以启动姿态编辑器，如图 4-50 所示。新建姿态，如图 4-51 所示，可以设置姿态名称，编辑该姿态对应的关节位置变化值。依次可以定义多个关节要运动的姿态。

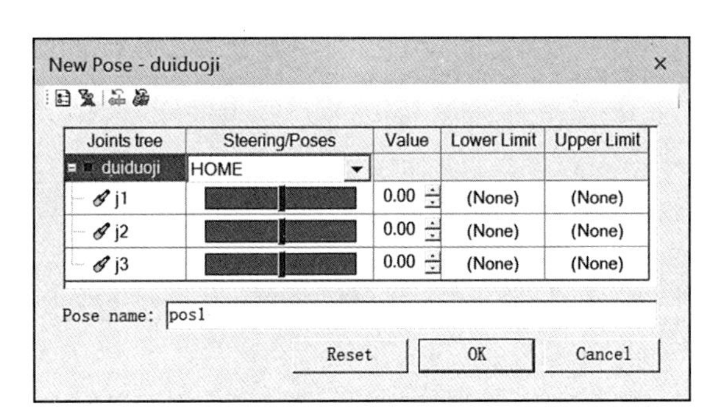

图 4-51　定义新姿态

2. 创建设备操作

在 Process Simulate 软件中，操作指设备从一个姿态运行到另一个姿态的动作。在操作模块中，点击新建操作，首先创建一个复合操作，如图 4-52 所示。然后创建设备操作，如图 4-53 所示，可以设置操作的设备、运行姿态、持续时间等。依次可以创建多个设备的操作。

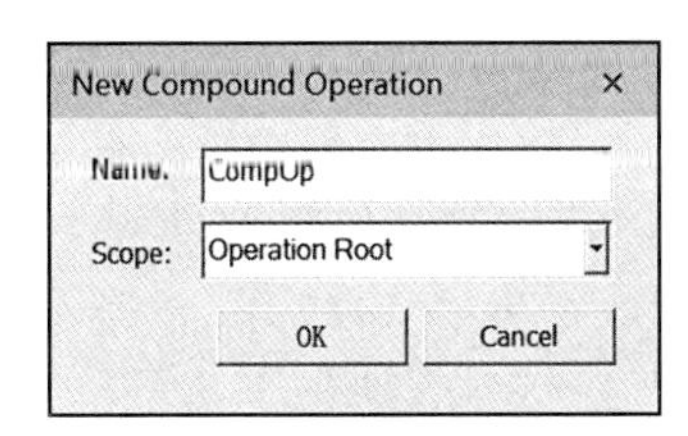

图 4-52　创建复合操作

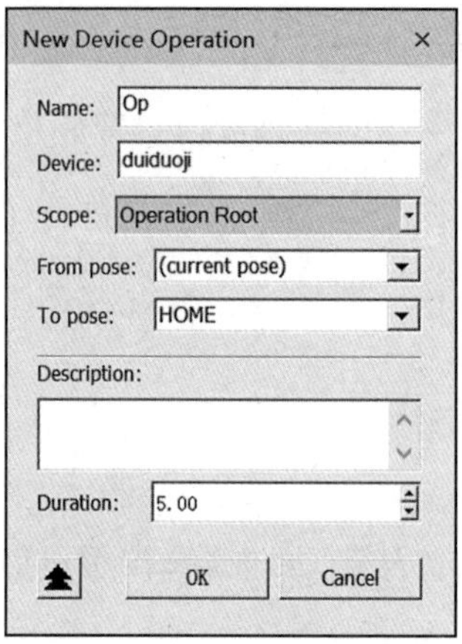

图 4-53　创建设备操作

3. 运行设备操作

在序列编辑器中，将所有创建的设备操作关联起来，点击播放即可查看整个智造单元的操作动作。

（三）Process Simulate 基于事件的仿真模型配置

在 Process Simulate 软件中进行基于事件的仿真，对智能单元模型进行配置，主要包括以下内容。

1. 定义智能组件

定义有输入、输出和内部逻辑计算能力的逻辑设备，即逻辑块。定义逻辑块的输入输出接口，如图 4-54 所示。通过逻辑块的输入输出接口实现与外部控制设备的通信，从而实现运动控制。逻辑块的输入信号是 PLC 的输出信号，逻辑块的输出信号是 PLC 的输入信号。根据逻辑块的输入输出接口可以设置运动行为。

2. 分配信号与地址

信号是虚拟调试中很重要的一个部分，PLC 与 Process Simulate 中的模型信息交互主要通过信号实现。信号类型主要包括机器人信号、设备信号、传感器信号、按钮信号等。Process Simulate 中的信号与逻辑块的输入输出接口相对应，Process Simulate 中信号 I/O 地址与 TIA 博途 PLC 输入输出 I/O 地址是一一对应关系。分配地址与信号如图 4-55 所示。

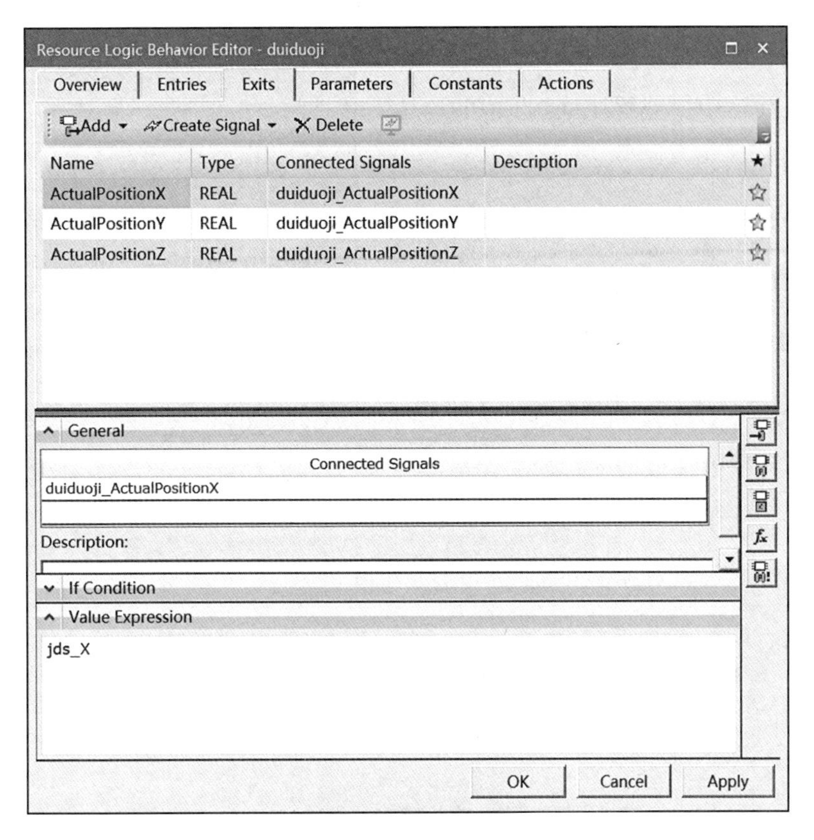

图 4-54　定义逻辑块

Signal Viewer

Signal Name	Memory	Type	Robot Signal N	Address	IEC Formal	PLC Conne	External Conne	Resource	Comment
light_sensor	☐	BOOL		10.0	I10.0	☑		light_ser	
duiduoji_EnableX	☐	BOOL		10.0	Q10.0	☑		duiduoji	
duiduoji_EnableY	☐	BOOL		20.0	Q20.0	☑		duiduoji	
duiduoji_EnableZ	☐	BOOL		30.0	Q30.0	☑		duiduoji	
duiduoji_TargetPositionX	☐	REAL		40	Q40	☑		duiduoji	
duiduoji_TargetPositionY	☐	REAL		50	Q50	☑		duiduoji	
duiduoji_TargetPositionZ	☐	REAL		60	Q60	☑		duiduoji	
duiduoji_ActualPositionX	☐	REAL		20	I20	☑		duiduoji	
duiduoji_ActualPositionY	☐	REAL		30	I30	☑		duiduoji	
duiduoji_ActualPositionZ	☐	REAL		40	I40	☑		duiduoji	

图 4-55　分配地址与信号

（四）虚拟 PLC 配置

首先创建虚拟 PLC，启动 S7-PLCSIM Advanced V2.0 后，软件配置界面如图 4-56 所示。在 Online Access 之中，显示有 2 种连接方式：PLCSIM 和 PLCSIM Virtual Eth. Adapter。设置 PLC 名称和类型可以启动虚拟 PLC。

（五）联合调试

在 TIA 博途中加载程序到虚拟 PLC、启动在线及监视功能。在 Process Simulate 软件中设置与 PLCSIM 的通信，实现智能单元的仿真运行，即智能单元在 Process Simulate 软件中的虚拟模型按照设计的工艺路径运行。在调试过程中如发现程序问题可以立刻在 TIA 博途软件中调整与修改，然后重新连接调试。如果智能单元模型运行出现与实际要求不符的情况，可以对模型布局、运动机构等进行修改、调整。

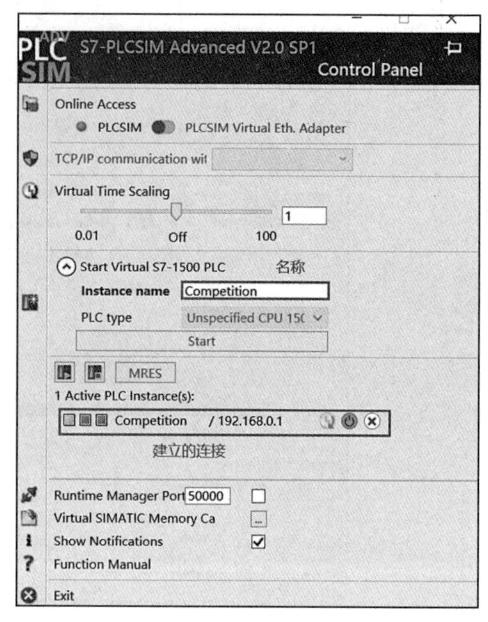

图 4-56　S7-PLCSIM Advanced 软件配置界面

思考题

1. 思考数字孪生与虚拟样机的区别与联系。

2. 虚拟调试的基本流程是什么？

3. 在虚拟调试中，Process simulate 模型中智能组件的输入/输出与博途 PLC 的输入/输出是如何对应的？

4. 在虚拟调试时，设备若发生干涉，系统有何响应？能否自动停止运行？

5. 在虚拟调试中，如何进行机器人路径规划？

6. 在虚拟调试中，如何建立机器人信号，并与其他设备进行通信？

第五章 现场安装与调试技术

通过本章学习，熟悉智能装备的安装与调试流程，掌握数控机床、工业机器人、AGV等典型智能装备的安装与调试方法；熟悉产线单元模块安装的基本流程，掌握产线单元模块中软件与硬件的安装和调试方法；能进行智能装备与产线单元模块的现场安装和调试。

- **职业功能：** 智能装备与产线应用。
- **工作内容：** 安装、调试、部署和管控智能装备与产线单元模块。
- **专业能力要求：** 能进行智能装备与产线单元模块的现场安装和调试。
- **相关知识要求：** 智能装备安装与调试的基本内涵与标准流程；数控机床、工业机器人、AGV等典型智能装备的安装与调试方法；产线单元模块中软件与硬件的安装与集成方法，典型产线单元模块的安装与调试实例。

第一节　智能装备安装与调试

考核知识点及能力要求：

- 掌握典型智能装备安装需求；
- 熟悉智能装备安装调试方法。

一、设备安装概述

智能装备主要包含智能生产设备、智能检测设备和智能物流设备。智能装备安装必须符合国家相关规范要求，包括设备机械装配图、电气原理图及接线图规范以及企业制订的设备安装技术规范等。智能装备安装与调试分为机械部分安装、电气部分安装和控制部分安装。智能装备必须具备设计和设备技术文件才允许安装，大中型特殊复杂的设备安装工程还应编制组织设计方案或施工方案。设备安装前的准备工作主要包括技术准备、工具和材料准备、场地准备、设备吊装准备等。

在智能装备安装前，必须了解智能产线的工艺流程、产线的组成及各部件的功能特点，严格按照智能产线布局图安装设备。根据生产工艺及设备规格尺寸，提前设计设备安装顺序。另外，安装场地的地基、电源、安装环境等要满足设备安装需求。

（一）设备安装电源需求

按照安装说明书，在安装现场合理布置电源线路，配置必要的断路器、接地线等保护措施。

（二）设备安装地基要求

地基要能承受设备的恒载以及设备上的其他活荷载。设备进场时，地基必须有足够的承载力。

（三）设备安装间距

间距除应满足防火、防爆规范外，还应满足以下要求：①操作、检修、装卸、吊装所需场地和通道的布置；②构筑物（包括平台、梯子等）的布置；③设备基础、地下埋设的管道、管沟、电缆沟和排水井的布置；④管道和仪表安装等。

（四）安装环境要求

安装环境的温湿度、空气洁净度、气压等要符合设备安装要求。为满足设备正常、精确运行，若对安装环境有特殊需求的，需提前安装温湿度调节设备及空气净化装置。

二、典型设备安装及调试

（一）数控机床安装与调试

数控机床设备一般分为小型数控机床设备和中大型数控机床设备。小型数控机床设备由厂家安装调试完毕后整体运输到用户现场，直接开箱检查。安装及调试流程主要包括开箱检查（主要检查文件材料及装箱单，按照装箱单进行物品清点，查看是否齐全）、连接对应的电缆线、使用调平垫铁等工具调整小型机床设备至水平、试加工等。

针对中大型数控机床设备，由于其体积较大，不方便或者不能整体运输，一般需要在厂家整体调试完毕后进行解体，分别运输到用户现场后再进行安装、调试，方可进行正常投入使用。下面以嘉泰 GL8-V 五轴加工中心为例（图 5-1），简述安装调试的基本要求和注意事项。

1. 安装位置

（1）安装场地的照明要适合操作，所需的照明强度应符合相关的标准。光源的位置不应影响操作者的视线或造成操作者不适。

（2）维修区内，不应有障碍物阻挡电气箱门或其他护盖的开启。

图 5-1　嘉泰 GL8-V 五轴加工中心

（3）留出机床的冷机及排屑小车的空间。

（4）控制振动在正常范围之内，尤其不可安装在已有冲床的附近。如果操作者有振动感，可允许 0.5 G 以下的振动程度。

2. 地基

（1）根据场地土壤的特性，选择能够对机床的重量有足够耐力并能维持机床稳定和水平的地基。

（2）本机床配有水平调整螺栓及支撑板。假如地面是平稳的，则仅使用水准调整螺栓及支撑板即可支撑安装机器。

（3）机床底座上留有地脚螺栓孔，机床必须安装在坚固的混凝土地基上，并确保各点水准。地基制作如图 5-2 所示。地脚螺栓紧固后，校正水准在 0.02 mm/m 以内。

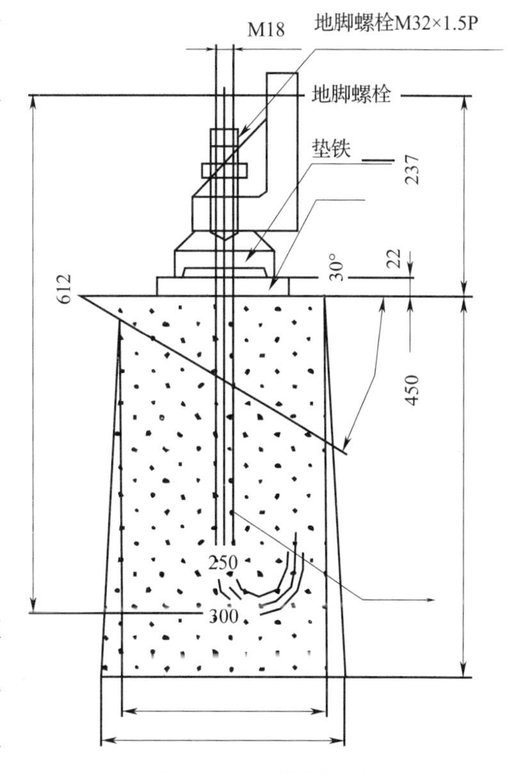

图 5-2　地基螺栓箱

3. 电源需求

（1）三相交流 380±10% V，频率 50 Hz，阻断电流 50 A。

（2）电源线：6 mm^2×4 C，电源线颜色配置依当地指定。电线外在端子应以保险丝或断电器保护。电线不可连接其他机器，应独立接线。

（3）接地线规格 6 mm^2，接地线电阻小于 2 Ω。

4. 机床吊装与就位

应使用机床制造商提供的专用吊装工具进行吊装，或者按照生产厂家指定的吊装方式将机床吊装到预先准备好的地基上，如图 5-3 所示。本机床的钣金超出机床较多，且左右两部分的外形尺寸和重量不一样，只能用天车搬运，不建议用铲车搬运，绝对禁止用钢管直接垫在床身下滚动运输。

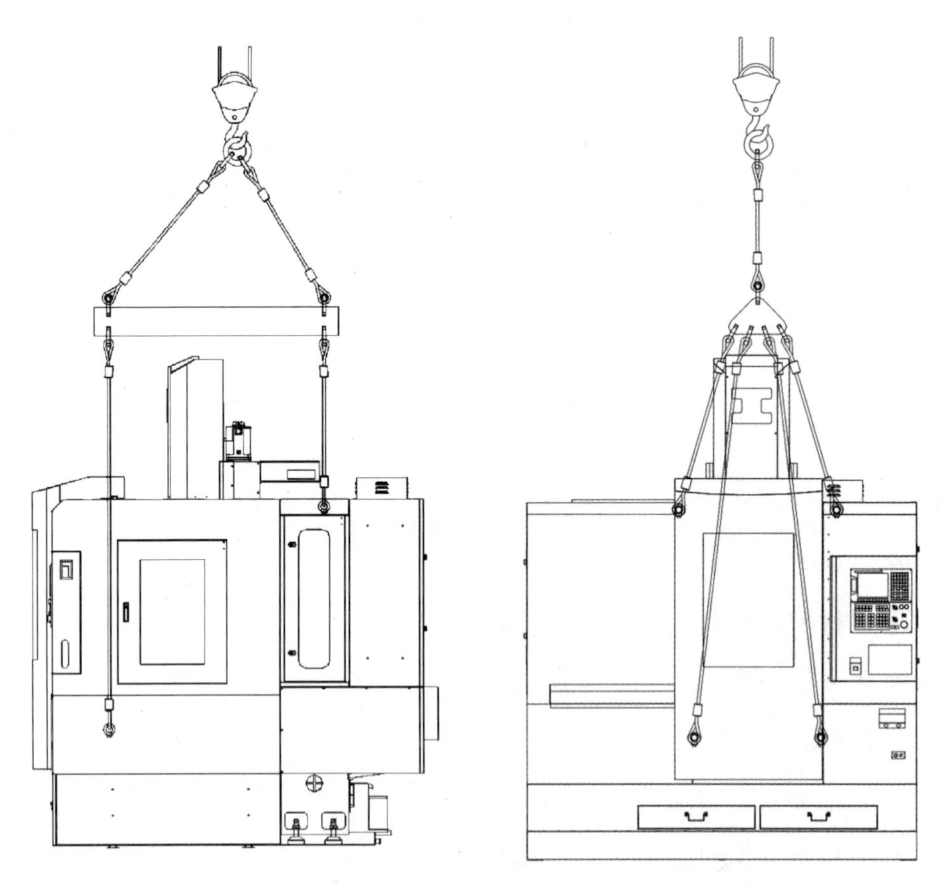

图 5-3　吊装示意图

5. 机床组装与连接

拆除各部件在运输中使用的紧固螺栓等零件部件，清除各安装面、导轨和工作台上的防锈油，完成各部件组装、数控系统的连接，连接电缆、油管和气管等。机床主体部件如图 5-4 所示。

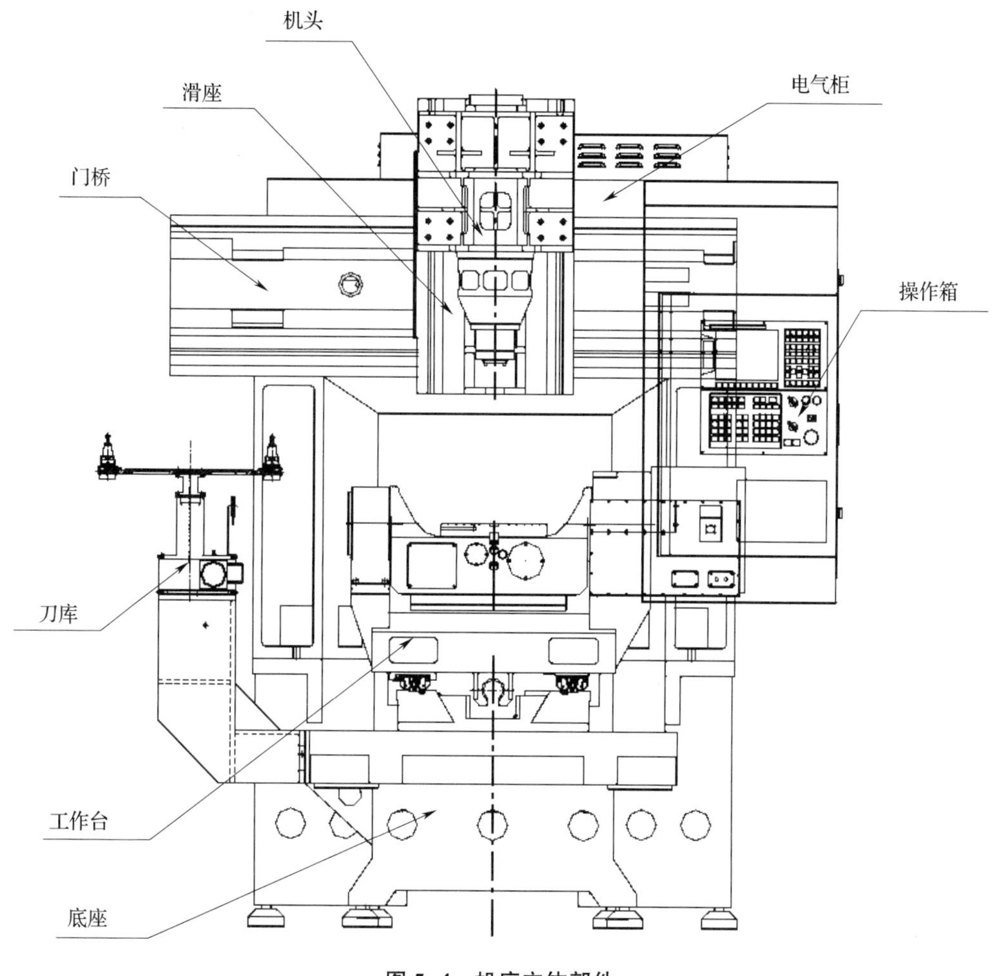

图 5-4　机床主体部件

6. 数控机床调试前准备

调整机床床身水平位置，调整重新组装的主要运动部件与主机的相对位置，按照要求加装润滑油、液压油、切削液等。

7. 数控机床精度检测

机床几何精度又称静态精度，反映数控机床关键零部件组装后的综合几何形状误差。一般在预热下或者稳态下进行精度测试，常利用激光干涉仪、水平仪、直角尺、方规、千分表等工具进行检测。激光干涉仪测量机床精度的光路及工作原理，如图 5-5、图 5-6 所示。

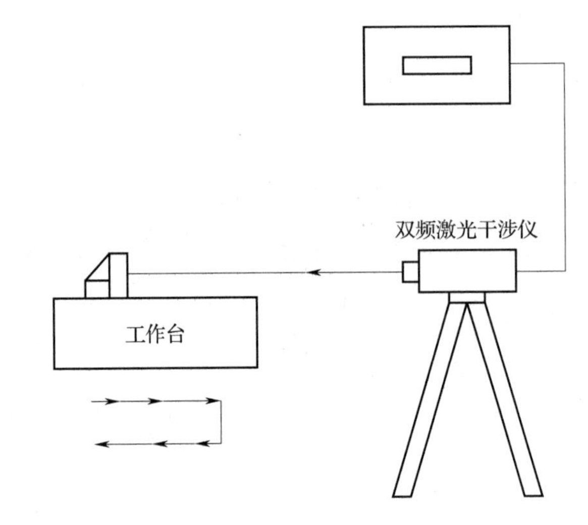

图 5-5　激光干涉仪测量示意图

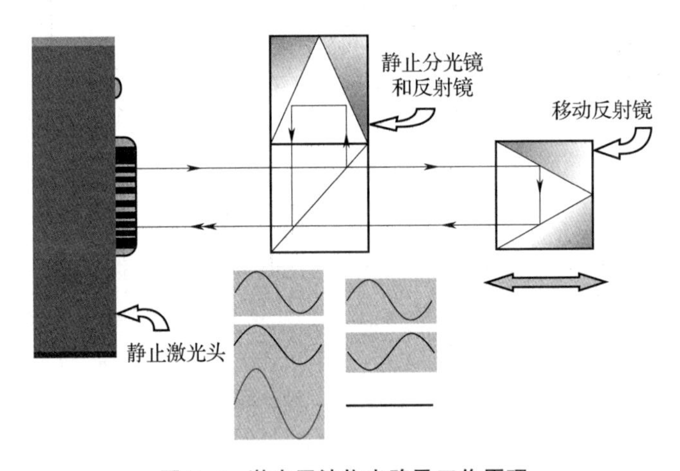

图 5-6　激光干涉仪光路及工作原理

8. 数控机床功能调试或检验

在完成机床几何精度调试后，进行功能调试（比如自动换刀装置功能），检验数控系统参数、操作功能、安全措施、常用指令的执行情况，检查机床辅助功能及附加动作等。

可以通过数控系统的伺服参数调整功能对机床伺服电机参数进行优化，以提高机

床加工精度。数控机床伺服电机参数优化系统如图 5-7 所示。在进行数控机床伺服参数调试时，一般采用先速度环再位置环的次序调整。在位置参数调试完成后，还可以再次微调速度环参数，以进一步提高系统动态特性。

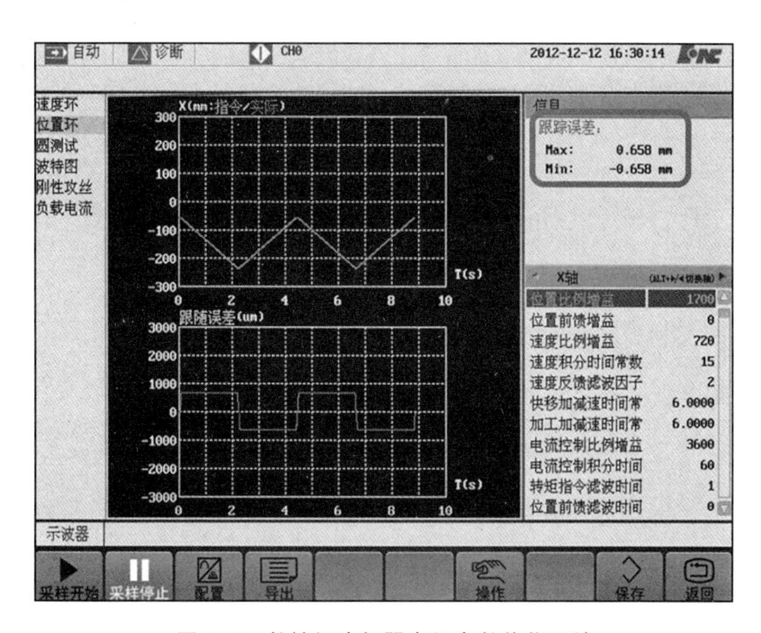

图 5-7　数控机床伺服电机参数优化系统

9. 安全检查

（1）检查润滑油单元，确定滑轨自动润滑单元油箱的油位处于油面计的中央以上。

（2）检查切削液，当使用切削液时，检查其容积，将切削液加至液面计最高处。不要使用低燃点的切削液。

（3）检查管路接头，检查螺丝是否旋紧，检查伺服马达接头是否锁紧，检查润滑管路是否锁紧，检查冷却管路是否锁紧。

10. 暖机说明

暖机可以稳定机器，确保各部润滑正常及后续加工的品质。而标准暖机方式是让 *X*、*Y*、*Z* 三轴全程位移，主轴运转，开始以慢速位移及转动后，再逐渐加快转速。

（二）工业机器人安装与调试

工业机器人是精密机电设备，其运输和安装有着特别的要求。每一个品牌的工业机器人都有自己的安装与调试指导手册，但大同小异。以华数 HSR 机器人为例介绍安装调试。

1. 准备工作

准备工作的主要内容是确定机器人安装位置及机器人的运动范围。

（1）全面考察机器人安装的车间，包括厂房布局、地面状况、供电电源等基本情况。

（2）根据手册，确定机器人运动范围，设计布局方案，确保安装位置有机器人运动的足够空间。

（3）在机器人的周围设置安全护栏，以保证机器人最大的运动空间，确保即使在臂上安装手爪或焊枪也不会和周围的机器产生干扰。

（4）设置一个带安全插销的安全门。

（5）控制柜、操作台等应设置于可以看见机器人主体动作之处，以防机器人与其他设备发生碰撞时无法及时被发现。

工业机器人安装布局如图 5-8 所示。

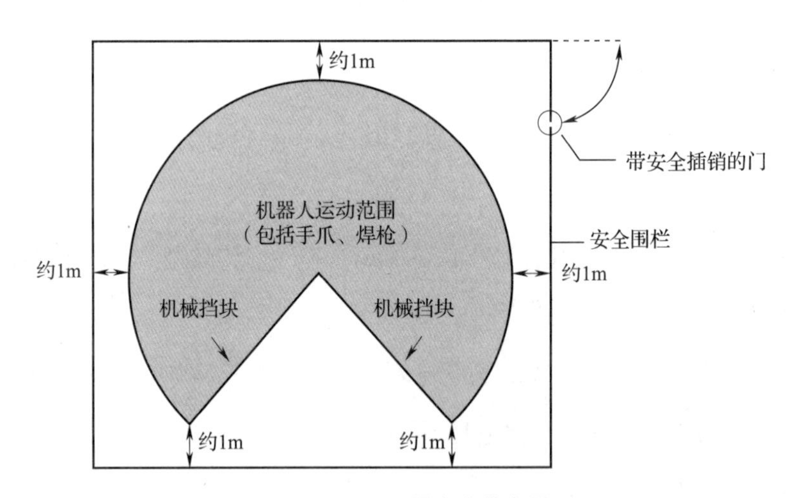

图 5-8　工业机器人安装布局

2. 安装环境

安装环境应满足以下要求。

（1）当安装在地面上时，地面的水平度在±5°以内。

（2）地面和安装座要有足够的刚度。

（3）确保平面度以免机器人基座部分受额外的力。如果实在达不到，使用衬垫调整平面度。

（4）工作环境温度必须在 0 ~ 45 ℃之间。低温启动时，油脂或齿轮油的黏度大，会产生偏差异常或超负荷，此时需实施低速暖机运转。

（5）相对湿度必须在 35% ~ 85%之间，无凝露。

3. 机器人搬运

使用起重机进行机器人搬运作业。首先按图 5-9 所示设置机器人姿态。然后用 6 m 长软吊带分别穿过二轴座上的四个叉车架并固定。为防止机器人一轴电机线缆接头被压坏，起吊前需拆下一轴线缆接头并用软胶垫保护。另外应在软吊带与机器人主体接触的部位套上橡胶软管等进行保护。

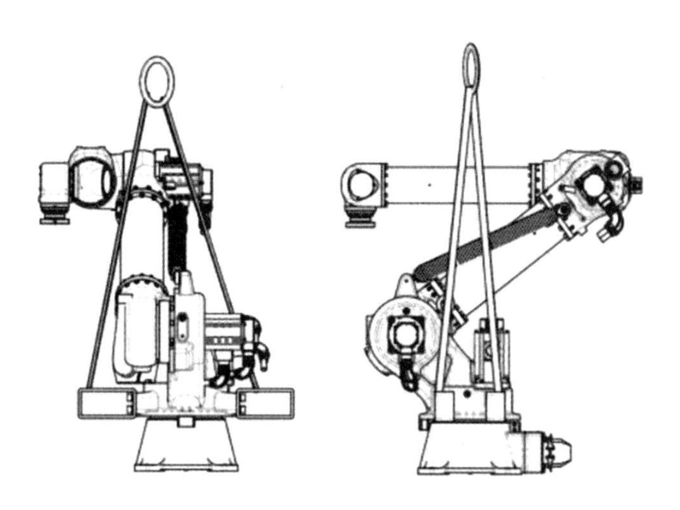

图 5-9　使用吊带搬运

4. 工业机器人本体安装

首先把底板固定在地面上，底板必须具有足够的强度和刚度。机器人的底座应通过其上 4 个安装孔用 M16 螺钉固定在底板上，必要时请加定位销。机器人底座安装如图 5-10 所示。

5. 控制柜的安装

（1）控制柜要距离墙壁 20 cm 以上，保证通风良好。

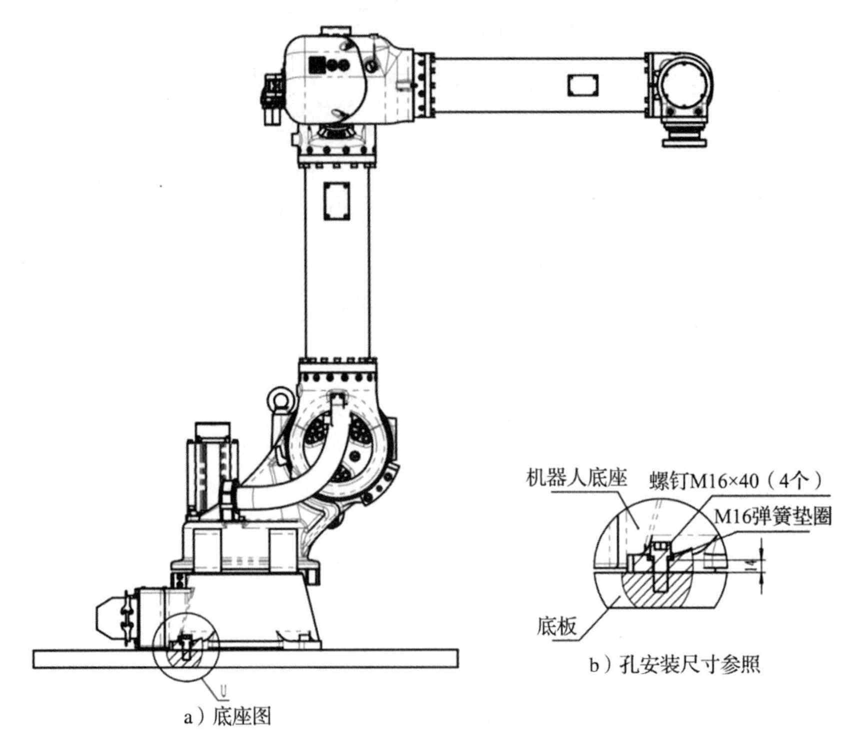

a）底座图

b）孔安装尺寸参照

图 5-10　机器人底座安装

（2）控制柜一般置于地面，如果需要也可安装在高处，但一定要加装固定螺钉，以防掉落或倾倒。

（3）参考安装连接手册连接控制柜与本体、控制柜与电源间线缆。

（4）连接示教器与控制柜，参考安装连接手册中的线缆图进行操作。

（5）设置 I/O 连接。参考安装连接手册中的 I/O 设置图操作连接。

6. 机器人工具安装

（1）不同功能的工业机器人末端工具不同，焊接机器人是焊枪，喷涂机器人是喷枪，码垛机器人则是手爪。安装这些工具时请参考相关手册。

（2）先进的机器人系统安装的是工具快换装置，通过自动更换不同的末端执行器或外围设备，使机器人的应用更具柔性。这些末端执行器和外围设备包括点焊焊枪、抓手、真空工具、气动和电动马达等。工具快换装置包括一个机器人侧，用来安装在机器人手臂上，还包括一个工具侧，用来安装在末端执行器上。工具快换装置能够利用不同的介质，如气体、电信号、液体、视频、超声等，将机器人手臂连通到末端执

行器。

7. 机器人零点校对

机器人在出厂前，已经做好机械零点校对。但在现场安装好机器人投入运行前，一定要进行零点校对，机器人才能达到它最高的点精度和轨迹精度，或者完全能够以编程设定的动作运动。

机器人的机械位置和编码器位置会在零点校准过程中协调一致。为此必须将机器人置于一个已经定义的机械位置，即零点校准位置，然后每个轴的编码器返回值均被存储下来，如图 5-11 所示。

操作步骤如下：

（1）点击“菜单—投入运行—调整—校准”。

（2）将机器人调至低速（建议为最低速度），移动机器人到机械原点。

（3）待各轴运动到机械原点后，点击列表中的各个选项，弹出输入框，输入正确的数据，点击确定。

（4）各轴数据输入完毕，点击保存校准数据，数据生效。

图 5-11　零点校准

（三）AGV 小车调试规范

AGV 小车用于物料的搬运、转移，是整个车间物料周转流动的载体。下面以背负式 AGV_NS-B1050 为例来介绍（图 5-12）。背负式 AGV_NS-B1050 属轻型 AGV，避撞措施有两侧的红外光电开关和防撞条。红外光电开关属于点侦测，不能对立体空间高密度侦测，因此应避免误撞人的危险。

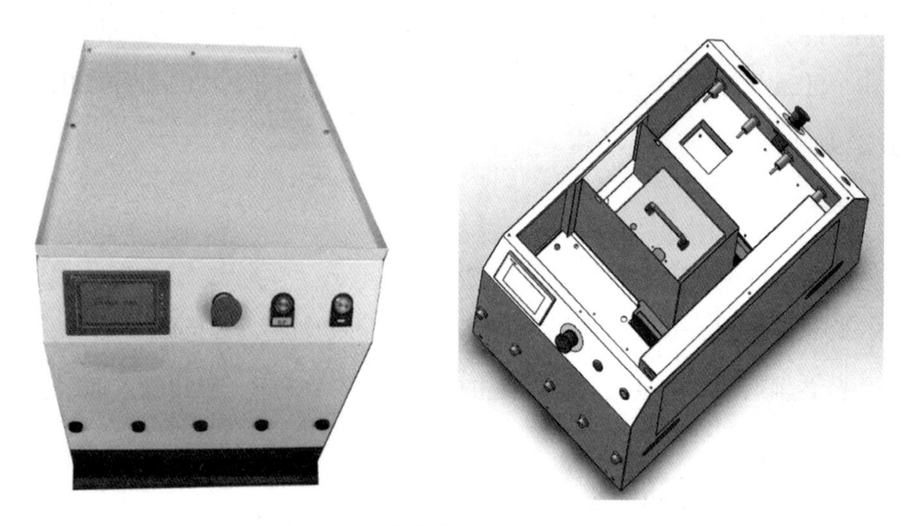

图 5-12　背负式 AGV_NS-B1050

1. 检查 AGV 小车的工作区域，看是否存在障碍物，避免事故的发生。

2. 线路检查。检查确认各接插件连接可靠，用万用表测量总电源开关处正负端子之间的电阻应在 600 Ω 左右，低于 200 Ω 视为短路。

3. 通电检查。电压表应显示当前蓄电池电压值，确认电压表数字显示完整。AGV 小车内部铅酸蓄电池能支持连续工作 10 h，如果正常运行中经常发生读地址卡不成功，或 AGV 小车从停止状态启动不成功，应尽快充电，充电时间请保证 12 h。

4. 启动 AGV 小车之前，请注意是否处于导引线中间。如果位置不正确，请关闭电源后将 AGV 小车推到导引线中间后再启动。

5. 注意磁条线头末端的站点卡布置，应该确保 AGV 小车读到站点卡完成停靠后，磁条最末端延伸出车身边缘，保证 AGV 两端的磁导航在小车停稳后均处于磁条的上端。

6. 注意小车的站点卡布置位置，在 AGV 小车运行过程中，确保车身下的 RFID 传感器可以从正上方经过 RFID 卡片，磁条上布置两个相连的 RFID 卡片，如图 5-13 所示，无论同号还是异号，两个卡片之间的间隔至少为 7 cm。

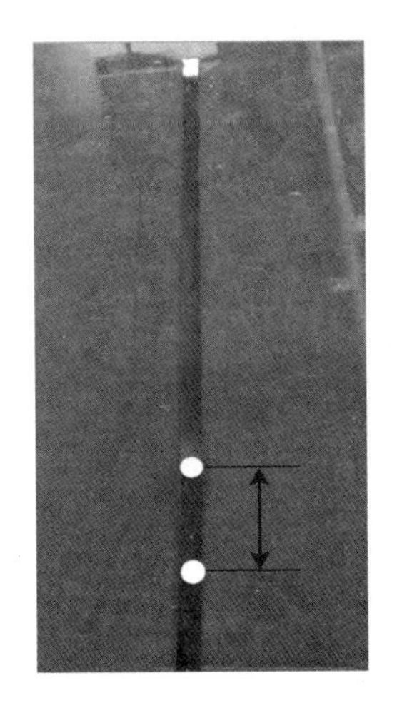
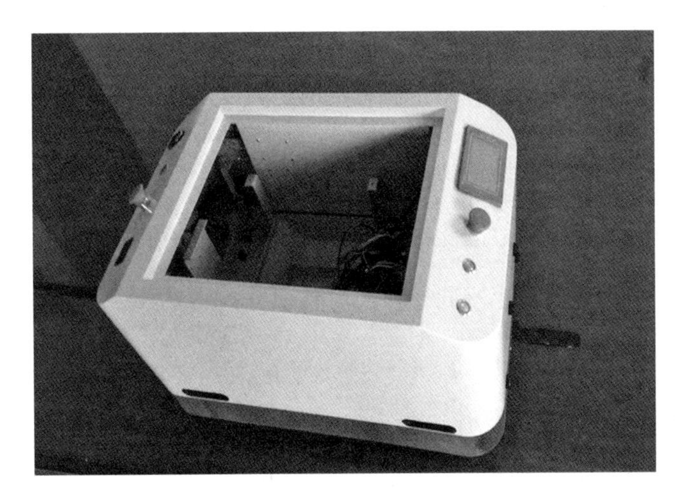

图 5-13　磁条与 RFID 卡片

第二节　单元模块集成与调试

考核知识点及能力要求：

- 熟悉单元模块安装的基本流程与注意事项；
- 能够根据硬件设备接线说明实现接线；
- 能够根据软件说明实现软件对硬件的配置。

一、单元模块硬件安装与集成

数控机床、工业机器人、AGV 等智能装备的安装与调试方法已在前述章节阐述，本节主要从单元模块安装与集成的角度，介绍工业通信协议、检测控制设备、通信辅助设备、通信测试等基本概念与内涵，以及上述硬件模块的安装与集成流程。

（一）工业通信协议

为了使设备之间能够进行有效通信，需制定相应规程，即通信协议。在工业领域，由于现场具体需求不同，且随着软硬件技术的不断发展，工业通信协议种类和数量也在改变。

1. 串行接口通信

串行接口通信（serial communication，SC）是一种常见的简单便捷的串行通信方式，包括物理层与协议层。物理层规定了实现信号传输所需媒介的机械、电子特性，如串口接口标准、串口线等硬件部分；协议层规定了通信逻辑，如信号传输打包、解包标准等软件部分。常见的串口通信包括 RS-232、RS-485 等。

（1）RS-232 与 RS-485

RS-232 由美国电子工业协会制定，常用于连接鼠标、打印机等，传输距离相对有限，最大传输距离约为 15 m。通常需要 3 根线完成通信：发送线、接收线和地线。主要的参数有波特率、停止位、数据位和奇偶校验，其中，波特率表示信号传输速度，停止位表示单个信号数据包的最后一位，数据位表示信号传输的有效数据长度，奇偶校验是信号传输的检错方式，当两个实体通信时，需保证以上参数的匹配。

常见的 RS-232 串口有 DB25 和 DB9 两种，DB9 接口又称 COM1 接口。RS-232 DB9 的串口引脚，如图 5-14 所示，分为公头与母头，其中公头为针母头为孔。RS-232 DB9 接口连接，如图 5-15 所示。工业控制的 RS-232 接口一般只使用 RxD、TxD、GND 3 条线。RS-485 在 RS-232 基础上发展起来，解决了 RS-232 无法联网的问题，拥有更快的传输速率与更远的传输距离。工业领域通常将带有 RS-232 接口的设备通过 RS-232 转 RS-485，实现设备间的远距离传输。常见的工业通信协议，如 Modbus、PROFIBUS 等，

因为没有定义 ISO/OSI 参考模型物理层，所以物理层接口形式主要为 RS-485、RS-232 等串口接口。

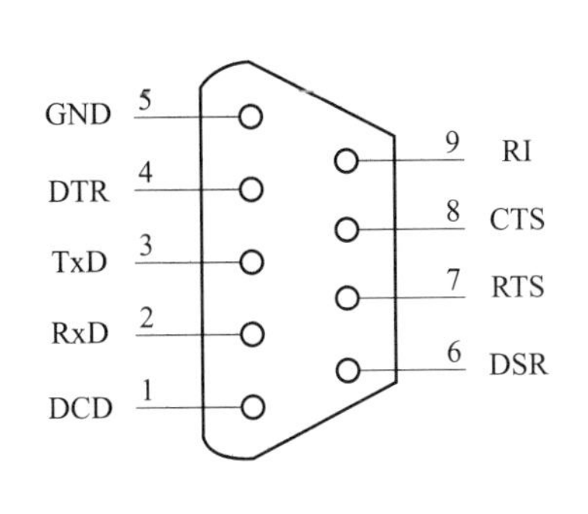

a）串口引脚分布

1	DCD	数据载波检测
2	RxD	接收数据
3	TxD	发送数据
4	DTR	数据终端就绪
5	GND	信号地线
6	DSR	数据发送就绪
7	RTS	请求发送
8	CTS	清除发送
9	RI	响铃指示

b）串口引脚定义

图 5-14　RS-232 DB9 串口引脚图

图 5-15　RS-232 DB9 连接图

当使用串口连接设备进行通信时，信息的发送与接收方需要得知彼此传输信息的开始与停止，如当接收方忙于其他工作处于过载状态时，需先停止传输，直至结束该过载状态，满足接收信息的条件，接收方才会重新接收发送方的信息，这一设备间通信彼此状态的过程被称为串口的握手，通常包含硬件握手与软件握手。

硬件握手时，两个设备串口的 RxD/TxD、RTS/CTS、DTR/DSR 彼此连接，一端输出，一端输入。当接收方可以接收信息时，通过置高 RTS 告知发送方，同样若发送方设备就绪，通过置高 CTS 表示自己可以发送数据。下一步，通过置高 DTR、DSR，双方获知通信连接已经建立，可彼此通过 RxD、TxD 进行信息通信。硬件握手通常用于 Modem 通信。软件握手为目前常用的方式，只需连接 RxD、TxD、GND，如图 5-16 所示（串口引脚分布与图 5-14 一致）。软件握手没有了硬件连接的控制，通过数据的 ASCII 码确定信息通信的开始与停止，如字符 19（十进制）表示停止通信、字符 17（十进制）表示开始通信。

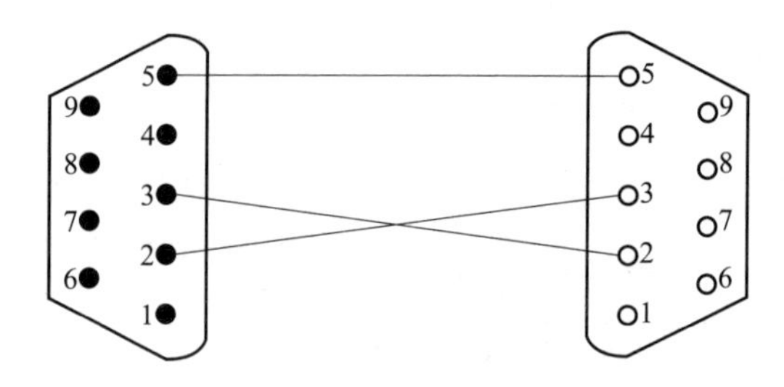

图 5-16　RS-232 DB9 软件握手

操作注意：在对 RS-232、RS-485 等串口进行连接操作时，注意应先对设备进行断电处理，该类串口不支持热插拔，否则易造成串口损坏。

（2）通用串行总线

通用串行总线（universal serial bus，USB）是 1995 年制订的一个总线标准，主要用于规范主机与外围设备之间的通信，在数据采集、工业控制和日常生活中具有广泛的应用，具有使用连接方便、速度快、单独供电等特点。尤其相比于串行接口，USB 支持热插拔，即不用断电就可以直接进行插拔操作，即插即用的便捷性使其已逐渐成为计算机与工业智能装备的标准与必备接口。

标准 USB 接口如图 5-17 所示。按传输速度可分为 USB1. 0（1. 5 Mbps）、USB2. 0（480 Mbps）、USB3. 0（5. 0 Gbps），随着技术的发展，传输速度更快的新一代 USB4. 0 已经出现。

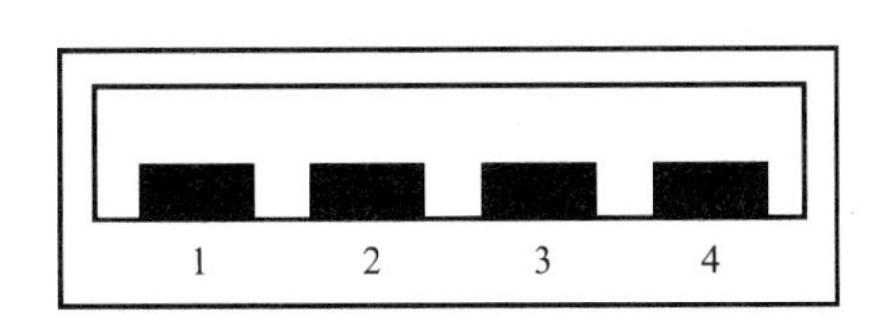

a）USB 接口分布

1	电源　+5V
2	正电压数据　Data+
3	负电压数据　Data-
4	接地GND

b）USB 接口定义

图 5-17　标准 USB 接口图

2. 工业以太网

随着信息技术的发展，传统工业领域对信息化、网络化的要求也在不断提升，尤其是工业 4.0 概念的提出与深入，数字化、智能化成为新一代制造工厂的发展趋势。在这样的背景下，工业以太网逐步得到应用。工业以太网是在工业环境下使用以太网技术，采用 TCP/IP 协议，实现设备之间的互联互通，具有传输速度快、稳定可靠、软硬件产品丰富等优势，同时也具有网络集成化、信息资源管理与共享等网络技术优势。

主要的工业以太网通信协议有 Modbus TCP/IP、PROFINET、HSE、Ethernet/IP。其中，Modbus TCP/IP 是 Modbus、以太网与 TCP/IP 的结合，由施耐德公司推出，PROFINET 由推出 PROFIBUS 的组织基于工业以太网提出。通过网线连接设备，实现基于工业以太网的设备通信，基于 PROFINET 协议与 LAN 接口，通过网线连接 PLC、电脑、触摸屏，实现触摸屏、电脑同时与 PLC 进行通信传输，如图 5-18 所示。

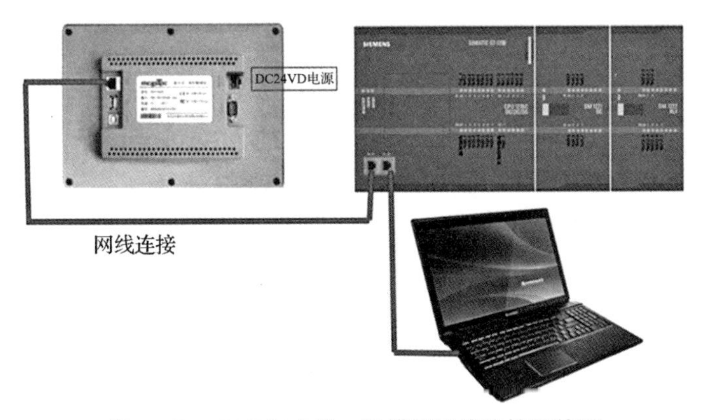

图 5-18　PLC 与电脑、触摸屏网线连接通信图

（二）检测控制设备

在单元模块的运行当中，检测控制设备可感知现场运行状态并控制功能性设备相互协作，有序完成制造加工过程。工业上常见的检测控制设备主要有传感器、可编程逻辑控制器、伺服驱动器、伺服电机、工控机等。

1. 传感器

传感器作为一种检测装置，充当各种工业系统中的感官，完成信息的采集、传输、处理、显示等，是自动控制的前提条件。根据用途、原理、输出信号形式等不同，传感器分类方式也有所差异。按原理分，有振动传感器、湿敏传感器、磁敏传感器、光敏传感器、气敏传感器和生物传感器等。

在工业现场，由于大部分传感器输出的是模拟信号，无法满足远距离、高精度的数据传输，同时为了方便对采集的数据解析处理，需要使用采集卡，把模拟信号转换为数字信号，再通过如串口、工业以太网等通信协议技术传输至主机。采集卡通常有内置与外置两种，内置采集卡通常应用于工业现场，集成在设备的采集模块，外置采集卡通过 USB 接口等进行连接，常用于实验室或环境稳定的工业现场。与采集数据相关的采集卡常见技术参数，见表 5-1。在用传感器进行数据采集时，通常需要先设置相应的技术参数。

表 5-1　　采集卡常用技术参数

技术参数	含义
通道数	采集卡可以采集的信号路数
采样频率	每秒采集的数据点数，单位为 Hz
量程	输入电信号的幅度，如±5 V 等，要求输入的信号在量程内
增益	输入信号的放大倍数
精度	采集值与真实值的偏差量

传感器使用注意事项：

（1）确保使用前已给传感器供电且已与采集模块连接。

（2）根据采集的具体数据，按需设置技术参数。注意采样频率的设置，应符合采样定律。

（3）在条件允许的情况下，采集数据前应对传感器与采集模块进行测试，确保硬件设备完好，防止应硬件设备问题导致的数据采集故障。以振动传感器为例，可将传感器接触到待测物体上，通过给待测物体适当的激励，观看采集的信号是否有反应，

且结合设置的采集具体技术参数，检查采集信号显示的正确性，如幅值等。不同的传感器与采集模块测试方式也不同，具体以设备提供厂家为准。

2. 可编程逻辑控制器

可编程逻辑控制器（PLC）是一种用于工业环境的数字运算控制器，由 CPU、指令及数据内存、输入/输出接口、电源、数字模拟转换等单元组成，通过数字式或模拟式的输入输出，控制各类机械设备的制造加工过程。其工作过程通常包含输入采样、用户程序执行和输出刷新 3 个阶段。目前 PLC 已广泛用于计算机控制、现场总线控制等各类控制系统中，具有不同的功能需求，产品种类繁多，如西门子 S7 系列、三菱 FX 系列等，是工业自动化领域的重要组成部分。

PLC 常见的通信接口有 RS-232、RS-485、RS-422 等串口，也有通过网线直接连接的网口。PLC 常见的输入设备有按钮、开关、传感器等，输出设备有继电器、接触器等。

PLC 接线时应注意：

（1）首先明确各端口属性，以及输入输出信号类型。以传感器为例，传感器的输出有数字量与模拟量两种，当传感器作为 PLC 的输入设备时，应注意将输入信号连接到对应正确的 PLC 输入端口。图 5-19 所示为 S7 1200PLC 接线图，14 路直流输入，10 路输出，2 路模拟量输入 0-10 V DC 或 0-20 MA，根据该 PLC 连接图，结合具体现场 PLC 输入输出设备，按需接线。

（2）接线完成后，需进行调试，确保接线正确。打开电源，查看 PLC 上的电源指示灯，检查电源接线；模拟运行或不接负载，观察运行状态，检查接线正确性等操作。

3. 伺服驱动器与伺服电机

伺服驱动器（servo drives）是一种控制器，一般通过位置、速度和力矩 3 种方式控制伺服电机。伺服电机可将电信号转换为转矩或转速，驱动机械设备，并通过编码器的信号输出对驱动器给予反馈。伺服驱动器可根据理论值与反馈值，闭环调整控制电机，实现高精度的传动系统定位。作为执行元件，伺服驱动器与伺服电机被广泛应用于机器人及数控加工中心等自动化设备中。伺服驱动器进行连接时，应明确所需端口，按图进行，图 5-20 为某伺服驱动器接线图，有电源、控制信号端口等。

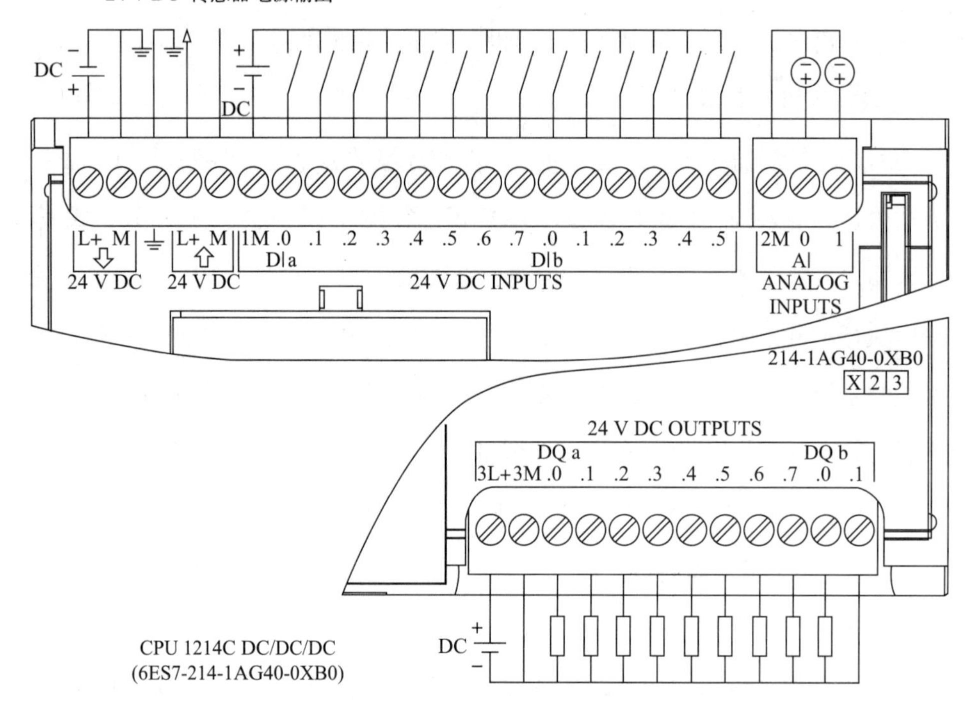

图 5-19　S7 1200PLC 接线图

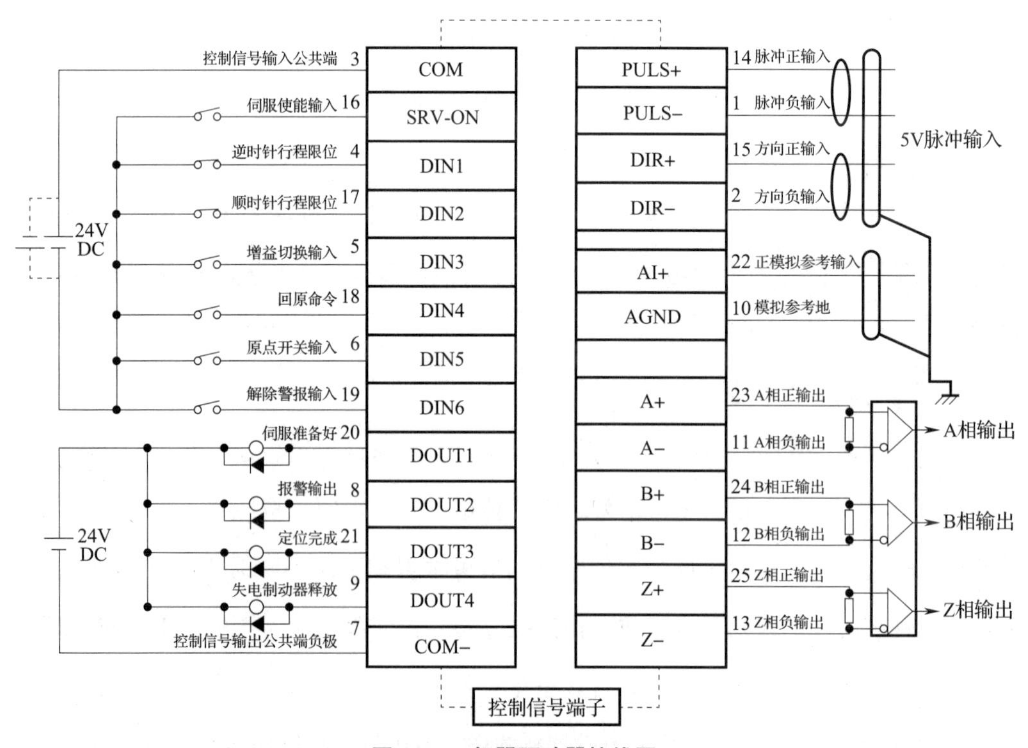

图 5-20　伺服驱动器接线图

4. 工控机

工控机（industrial personal computer，IPC）即工业控制计算机，是一种采用总线结构，对制造加工过程及相关设备进行检测与控制的集成系统。工控机具有重要的计算机属性和特征，如具有 CPU、硬盘、内存、外设及接口、操作系统、控制网络和协议、计算能力、友好的人机界面等。与普通计算机的主要区别在于应用的领域不同，工业现场环境有时相对恶劣，工控机通常会有防潮、防尘、防辐射等设计。必要时也可定制工控机柜，将工控机、与工控机相连的硬件设备等均集成在机柜内部，机柜外部提供通信接口，做到工控组件的有效整合。图 5-21 为某工控机的集成接口图，包含 COM1 的串行接口、LAN1 & 2 局域网接口等，用于与不同接口的外围设备连接通信。

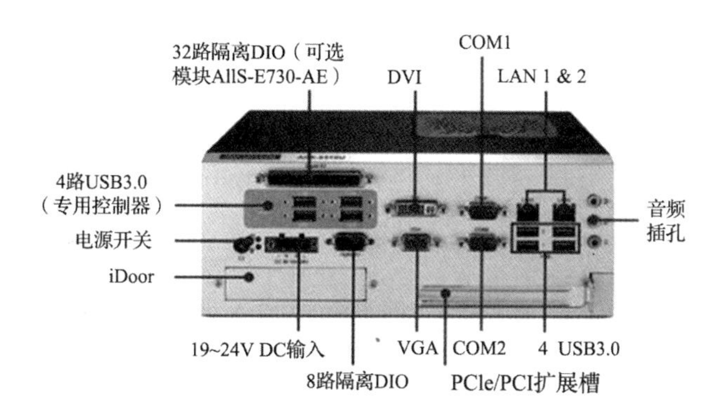

图 5-21　工控机的集成接口图

（三）通信辅助设备

单元模块中除了明确实现功能的相关硬件设备、设备间的通信协议外，在工业领域，根据现场需求，也存在不同的通信辅助设备，维持设备间信息的传递。

1. 接口转换器

接口转换器又称协议转换器，可以使不同接口的设备保持互联互通。通过协议转换，实现异构网络之间的信息传递与互操作性。常见的协议转换器类型有 E1/以太网协议转换器、RS-232/485/CAN 转换器和基于现场总线的协议转换器。通过不同类型的协议转换器，实现不同接口设备通信的同时，为设备组网的升级改造提供了便利，减少了替换已有设备的支出。

2. 串口服务器

当前，串口设备仍然在工业现场广泛使用，网络技术的迅速发展与工业以太网的应用，对串口设备接入网络提出要求。串口服务器可对串口数据流进行格式转换，使之成为能在以太网传播的数据帧，实现 RS-232/485/422 串口与 TCP/IP 协议网络接口的数据双向透明传输。串口服务器主要有 3 种工作方式：TCP/UDP 通信模式、使用虚拟串口通信模式和基于网络通信模式。扩展了串口设备的通信距离，为现有使用串口设备的工业现场提供了网络化的解决方案。

3. 中继器

中继器是在局域网环境下延长信号传输距离的设备，主要作用在 ISO/OSI 参考模型的物理层。当信号通过较长的电缆进行传输时，会发生衰减，中继器对传输信号具有复制、放大功能，实现对同一通信网络信息的传递，避免因长距离传输导致的信号衰减、失真，具有安装简单、价格低廉等优势。但由于中继器没有数据检错功能，需要对信号进行放大，导致存在网络延时问题。

此外，还有工业交换机、PLC 以太网通信模块等设备，能更好地辅助设备通信，实现数据信息的按需传递与交互。

（四）通信测试

在对设备按通信需求完成硬件接线、软件配置后，为了防止设备出现通信问题，需进行测试，以检查设备间是否连接成功。使用工业以太网通信的设备，通过自身 IP 地址与其余设备实现互联互通，可采用 Ping 命令进行 IP 通信测试。通常对于工业领域设备，设备厂家会将基于 Ping 命令的 IP 测试封装到自己提供的软件当中，直接通过软件完成测试操作。以机器人与外围设备的 IP 通信测试为例，进行说明。

在 IP 测试之前，应确保设备已接入网络且 IP 地址已设置正确，设备 IP 地址的设置可详见本节第二部分。打开机器人所属软件 IP 测试界面，输入需要通信的设备 IP 地址，如图 5-22 所示。

点击开始，界面如图 5-23 所示，表示机器人与目标设备连接成功。Ping 后面显示目标设备的 IP 地址以及发送的数据量。

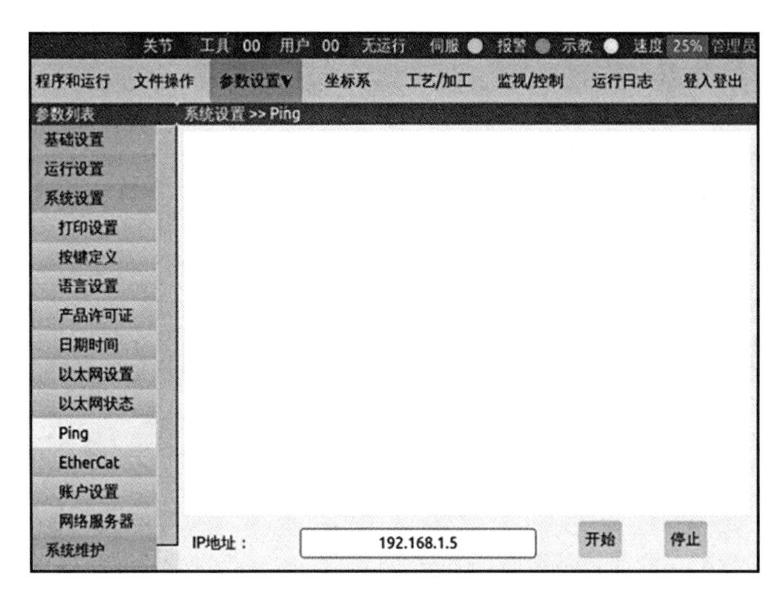

图 5-22　软件 IP 测试界面

```
系统设置 >> Ping
ping 192.168.10.57
PING 192.168.10.57 (192.168.10.57) 56(84) bytes of data.
64 bytes from 192.168.10.57: icmp_req=1 ttl=128 time=0.385 ms
64 bytes from 192.168.10.57: icmp_req=2 ttl=128 time=0.064 ms
64 bytes from 192.168.10.57: icmp_req=3 ttl=128 time=0.093 ms
64 bytes from 192.168.10.57: icmp_req=4 ttl=128 time=0.332 ms
64 bytes from 192.168.10.57: icmp_req=5 ttl=128 time=0.382 ms
64 bytes from 192.168.10.57: icmp_req=6 ttl=128 time=0.321 ms
64 bytes from 192.168.10.57: icmp_req=7 ttl=128 time=0.848 ms
64 bytes from 192.168.10.57: icmp_req=8 ttl=128 time=0.143 ms
64 bytes from 192.168.10.57: icmp_req=9 ttl=128 time=0.339 ms
64 bytes from 192.168.10.57: icmp_req=10 ttl=128 time=0.292 ms
64 bytes from 192.168.10.57: icmp_req=11 ttl=128 time=0.687 ms
64 bytes from 192.168.10.57: icmp_req=12 ttl=128 time=0.137 ms
64 bytes from 192.168.10.57: icmp_req=13 ttl=128 time=0.210 ms
64 bytes from 192.168.10.57: icmp_req=14 ttl=128 time=0.399 ms
64 bytes from 192.168.10.57: icmp_req=15 ttl=128 time=0.099 ms
64 bytes from 192.168.10.57: icmp_req=16 ttl=128 time=0.215 ms
```

图 5-23　通信测试成功界面

此外，对于带串行接口的设备，参考串口的软件握手方式，可用串口线将设备与电脑连接。对于没有串口的电脑，可使用串口转 USB 线连接，通过相应软件如串口调试助手等，进行收发数据操作，检查串口通信是否正常。

（五）安装集成步骤

单元模块硬件的安装与集成步骤如下：

（1）根据单元模块具体功能，明确所需的设备，包括实现单元模块功能的主要功能设备及辅助设备。

（2）确定单元模块中的设备布局与通信网络。

（3）按照设备 IO 分配与接线说明，对设备进行接线，如电源线、通信线路等，确保实现单元模块中设备运行、通信的硬件条件。

（4）检查单元模块间的设备布局与连线正确性，如通过接口指示灯确定设备的供电与通信接口通畅等。

二、单元模块软件安装与集成

单元模块的软件安装与集成，主要作用是配合硬件设备，通过软件对硬件设备进行控制、编程，以及对硬件设备传输的数据进行共享与管理。注意软件安装后，应通过设备组态设置，完成与硬件设备的关联，同时，一定要设置通信设备间的 IP 地址，否则设备无法通过工业以太网进行通信。

（一）设备的 IP 地址

工业以太网的应用，使设备可以接入网络，互联互通，消除各种信息孤岛。其中，IP 地址设置是实现这一切的前提条件。

IP 地址是 IP 协议提供的一种统一的地址格式，为网络上每一台主机分配一个逻辑地址，从而屏蔽了物理地址的差异，相当于为主机在网络上提供唯一标识，满足不同主机间的点对点通信。IP 地址主要有网络地址和主机地址两部分，使用同一物理网络的主机，应确保拥有相同的网络地址，而在此基础上，不同主机的主机地址则不能重复。当前，常见的 IP 地址是 IPV4 协议提供的，由 4 段数字组成，每段最大不超过 255，IP 地址中常用到的私有地址有 A、B、C 三类，以 C 类 IP 地址为例，地址范围为 192. 168. 0. 0~192. 168. 255. 255，其中，前 3 段数字代表网络地址，最后一段数字代表主机地址，因此，对于接入同一网络的主机，前 3 段数字要保持相同，最后一段数字要与主机一一对应。

（二）数据的管理与共享

单元模块中不同功能软件的集成，涉及软件之间数据的传输，且随着数字化、智能化的发展，制造加工过程产生的各类数据均需记录、管理与共享。

1. 数据库

数据库可以对大量数据资源进行有效地存取与管理，实现数据的共享，在工业领域已得到大量应用。通常分为两类，关系型数据库与非关系型数据库。

关系型数据库采用一系列二维表格，以结构化的方法存储数据，每张表在存入数据前，需定义好待存数据对应的数据类型与字段名，表格之间通过主外键建立联系，采用 SQL 语言对数据库进行“增删查改”，数据的存储具有稳定性、规范性，数据表之间的关系清晰明了。然而，正是因为结构化的存储，导致关系性数据库的可扩展性较差，且随着数据表数量的增多、表间关系的复杂性增强，会导致数据查询效率变低，因此不适用于对效率要求较高的海量数据的管理与存储。常见的关系型数据库有 SQLServer、Oracle、MySQL 等。

非关系型数据库是为了突破关系型数据库的应用瓶颈而产生的，针对海量异构数据的高效存储读取具有优势，且易扩展，具体可分为以下 4 类：

（1）键值数据库。采用键值对（key-value）的形式对数据进行存储，键（key）是一个字符串对象，值（value）可以是任意类型的数据，可通过键来确定对应的数据，但不适宜存储结构化的数据信息，主要键值数据库有 Redis、Voldemort 等。

（2）列存储数据库。以列簇的形式存储数据，并与键对应，即一个键对应包含多列数据的列簇，常用于分布式存储，主要列存储数据库有 HBase、Riak 等。

（3）文档型数据库。以文档的形式对数据进行存储，每个文档都是自包含的数据单元，数据没有具体规范，可以是字符串、日期，甚至表等复杂类型。由文档组成集合，集合与键一一对应，支持 JSON、XML 等多种语言描述形式对文档进行存储，主要的文档型数据库有 MongoDB、CouchDB 等。

（4）图形数据库。以图谱的形式对数据进行存储，图谱包括点集与连接点的关系，主要的图形数据库有 Neo4J 等。

此外，随着大数据技术向工业领域的发展，数据存储由最早的集中式逐渐按需出现分布式，且新一代技术如区块链技术的发展，为工业领域数据的存储、管理、共享又提出了新的思路。

2. 常用数据描述格式

统一跨平台的数据描述格式，便于数据在不同软件甚至跨平台、跨系统传输共享，当前，常见的数据描述格式有 XML 和 JSON。

XML 是一种可扩展标记语言，以结构化的方式描述各种类型的数据。格式为纯文本格式，包括一个开始标记（<title>）、一个结束标记（</title>）以及两个标记之间的内容，根据数据结构，按标记逐层展开，相互嵌套，形成 XML 文件。

JSON（Java Script Object Notation）是一种简单的、基于纯文本的轻量级数据交换格式，采用键值对结构对数据进行描述。

XML 与 JSON 均具备良好的可读性和可扩展性，XML 具有规范化的层级结构，对结构化的数据描述能力更强，但比 JSON 编码解码难度大，JSON 描述的数据体积小，传输速度更快。

（三）安装集成步骤

在硬件设备安装集成已结束的前提下，单元模块软件的安装集成步骤如下：

1. 在与硬件建立连接的主机上安装相应的软件。

2. 通过软件，添加需要管理的硬件组态，实现软件对硬件的操作控制。

3. 通过软件设置对应硬件设备的 IP 地址，满足设备之间网络地址一致、主机地址不同。

4. 调试软件，如进行 IP 地址通信测试、通过软件操作硬件设备等，确保单元模块软硬件信号传输畅通、正确。

三、典型单元模块安装及调试案例

以微喷发动机桌面级装配单元的安装与调试为例，从硬件设备安装与集成、软件安装与集成两方面进行介绍。

（一）硬件设备安装与集成

根据单元模块硬件的安装与集成步骤，进行硬件设备安装与集成。

1. 根据单元模块具体功能，明确所需的设备

微喷发动机桌面级装配单元是一个采用 2 套六自由度工业机器人协作完成自动核心旋转部件装配的智能装配单元，主要用于微喷发动机旋转轴与涡轮间的组合装配，由 2 台六自由度工业机器人、机器人视觉系统、自动轴承压装装置、自动螺丝拧紧装置、工业机器人组合夹具及其他配套自动化附件组成。

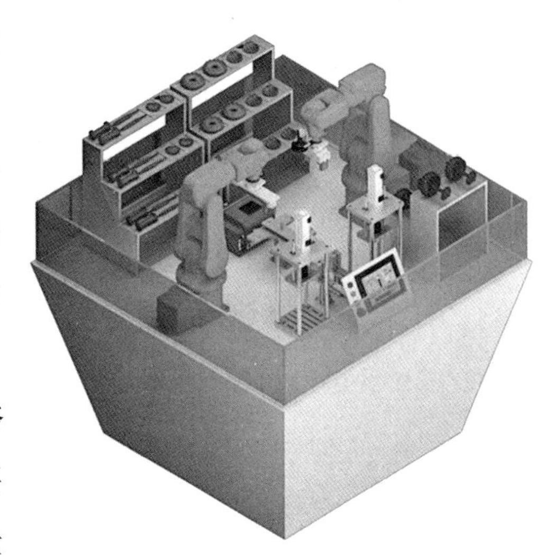

图 5-24　装配单元布局图

2. 确定单元模块中的设备布局与通信网络

装配单元具体布局如图 5-24 所示，主要功能设备为工业机器人，六自由度、抓取质量 3 kg、臂展 593 mm、重复定位精度±0.03 mm，如图 5-25 所示。配套工业紧凑型控制柜，用 AC220 V 电源供电，通过 Modbus TCP/IP 协议与外围设备实现通信，主要控制设备为 PLC，采用西门子 S7-1200、CPU1214C，带有 1 个 PROFINET 通信端口，如图 5-26 所示。所需传感器包括霍尔开关等，如图 5-27 所示。

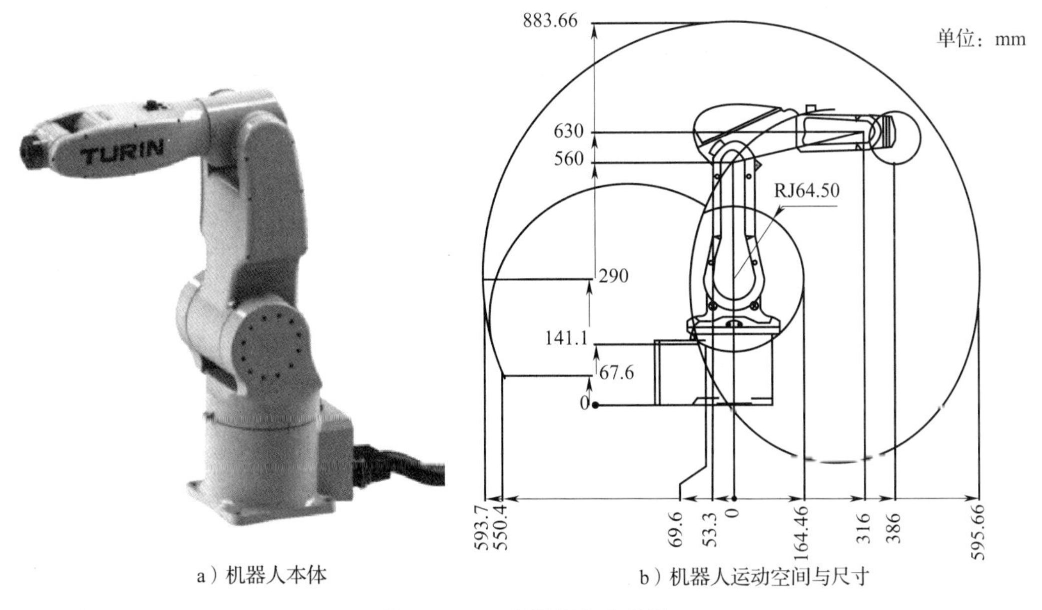

a）机器人本体　　b）机器人运动空间与尺寸

图 5-25　工业机器人参考图

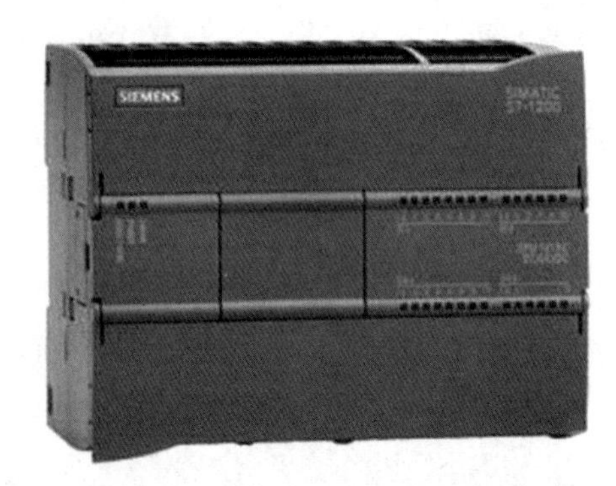

图 5-26　西门子 S7-1200 PLC

图 5-27　霍尔开关

3. 按照设备 IO 分配与接线说明，对设备进行接线

以 PLC 与传感器、步进电机的连接为例说明。根据传感器的接线说明与 PLC 的接线图，连接传感器与 PLC，如表 5-2、图 5-28 所示。根据 PLC 控制步进电机的 IO 分配图，完成 PLC 与步进电机的连接，如图 5-29、图 5-30、图 5-31 所示。

表 5-2　霍尔开关接线说明

接线说明
（1）该传感器为 24 V DC 供电，不要在其他超压或欠压电源中使用（使用前仔细阅读传感器使用说明） （2）该传感器为三线制接近开关，在使用时必须是棕色导线一端接在 24 V+端子上，蓝色导线一端接在 24 V−端子上，黑色导线一端接到可编程控制器输入端。当检测有信号发生时，开关接通 （3）传感器棕蓝导线端绝对不能同时直接接在电源的“+”或“−”极上，这样当开关有信号发生时会产生短路，烧毁传感器或电源。（详细请参阅该型号传感器使用说明书）

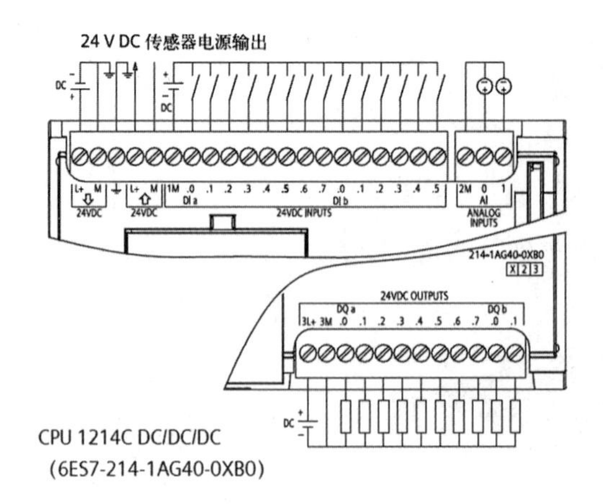

图 5-28　PLC 接线图

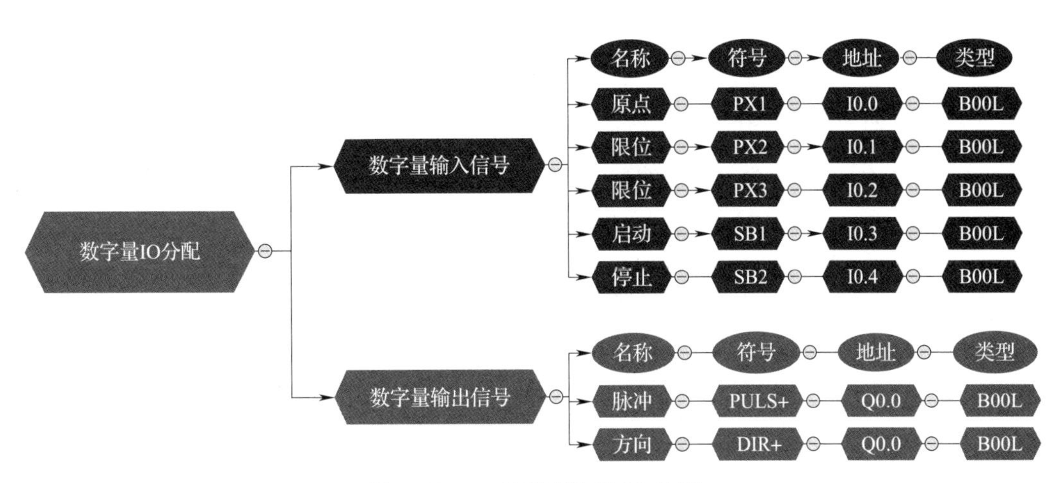

图 5-29　PLC 数字信号 IO 分配

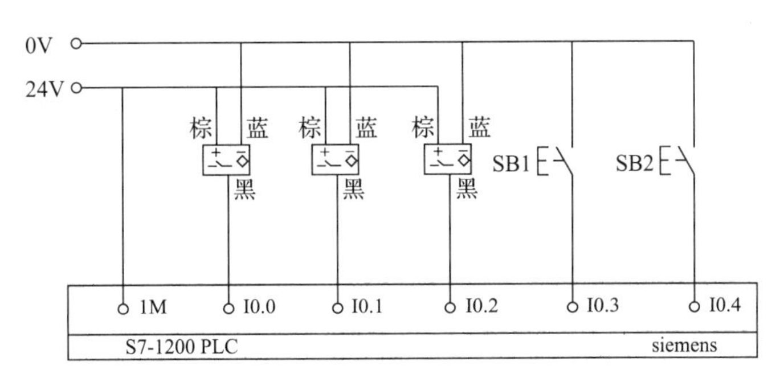

图 5-30　PLC 控制步进电机输入端接线

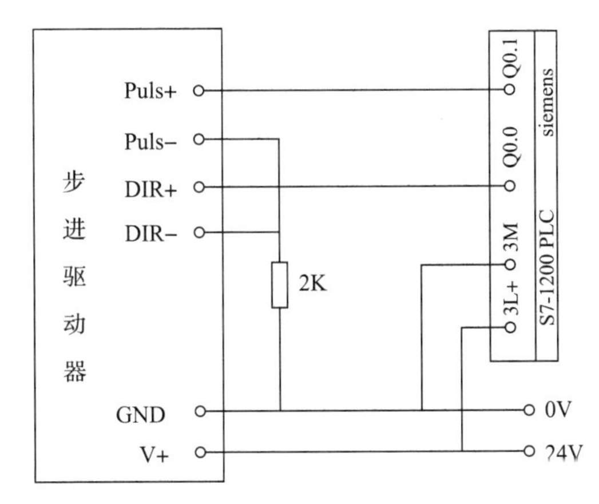

图 5-31　PLC 控制步进电机输出端接线

4. 检查单元模块间设备布局与连线的正确性

依据各设备具体的接线说明或使用说明书，以及通过接口指示灯，如通电后的电源指示灯等，确定硬件接线的正确性。

（二）软件安装与集成

在硬件设备安装集成已结束的前提下，依据单元模块软件的安装与集成步骤，进行软件安装集成说明。

1. 在与硬件建立连接的主机上安装相应的软件

通过说明书安装步骤，对软件进行安装。

2. 通过软件添加需要管理的硬件组态，实现软件对硬件的操作控制

以软件配置 PLC 为例进行说明。PLC 与主机通过 PROFINET 通信接口连接，在主机上打开已安装的软件，通过创建新项目并点击组态设备，添加 PLC 型号，完成软件的设备添加。添加界面如图 5-32 所示。

图 5-32　PLC 添加界面图

在软件中添加完 PLC 后，便可通过软件对 PLC 进行配置。在软件界面添加程序变量，通过提供的逻辑指令，对 PLC 程序进行编写，实现对 PLC 的按需控制，进而完成 PLC 对其余设备如步进电机等的控制，程序编写部分界面如图 5-33 所示。

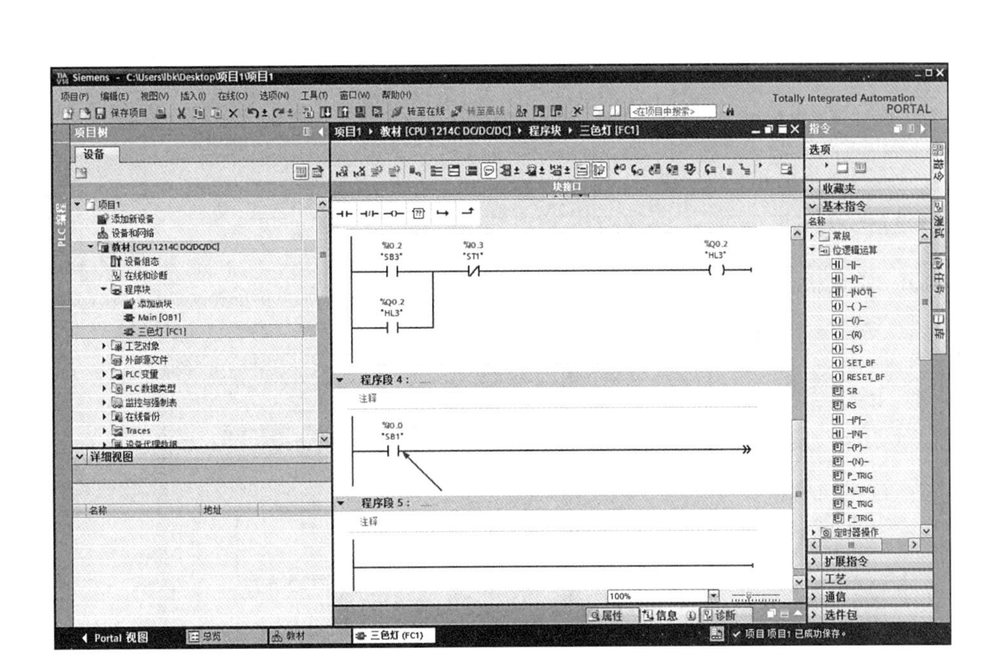

图 5-33　PLC 的程序编写界面图

3. 通过软件设置对应硬件设备的 IP 地址

PLC 的 IP 配置如图 5-34 所示，在界面中选择以太网地址，点击“添加新子网”，修改 IP 地址。本地主机的 IP 地址通过本地连接属性配置，如图 5-35 所示。双击协议

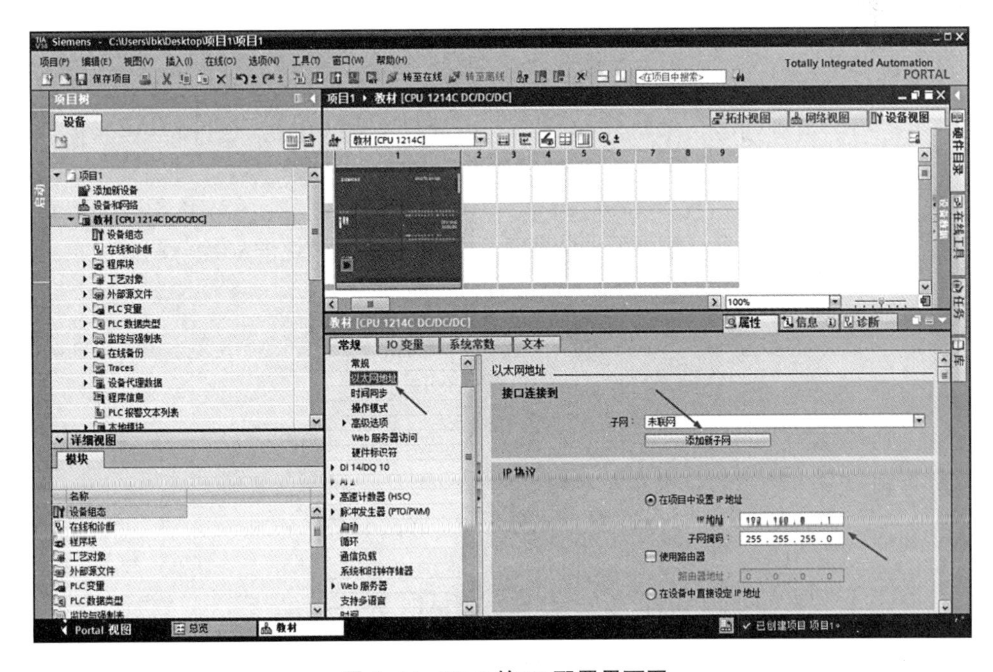

图 5-34　PLC 的 IP 配置界面图

版本 4（TCP/IPv4），修改 IP 地址，并点击“确定”。注意 PLC 与本地主机 IP 网段要一致，但地址不能重复。完成 IP 配置后，便可实现 PLC 与本地主机的通信。

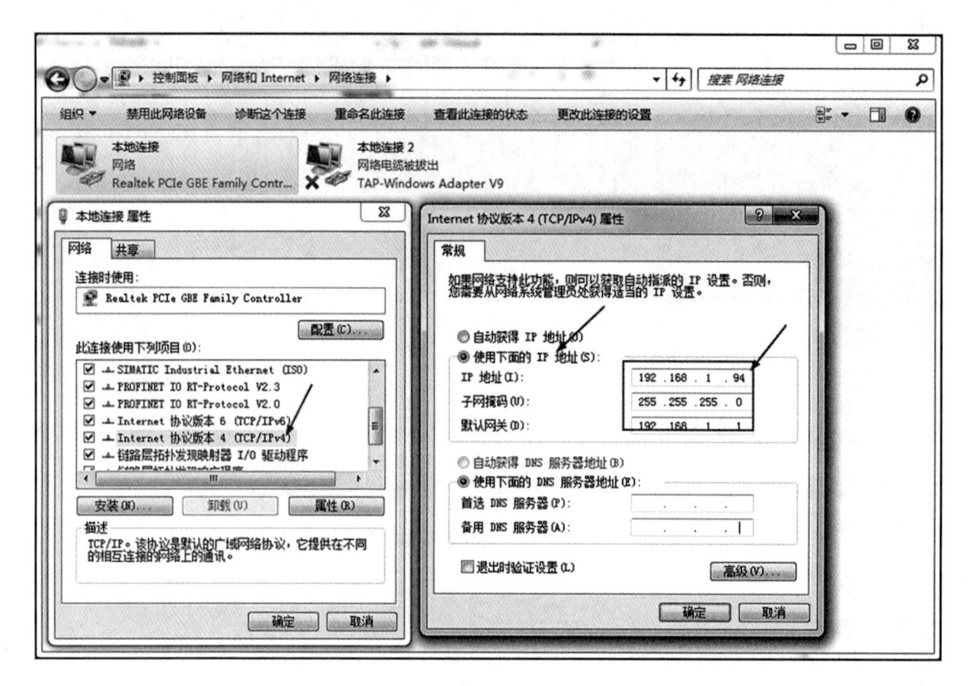

图 5-35 主机 IP 配置示意图

4. 调试软件，确保单元模块软硬件信号传输畅通、正确

通过软件上相应的操作指令，控制设备运行，如通过软件控制界面，编写 PLC 控制程序并运行，检查信号传输的正确性。通过软件里的 Ping 指令进行 IP 通信测试，确保设备间的通信畅通等。

通过硬件的安装集成与软件的安装集成，实现了单元模块的安装与调试。

思考题

1. 简述数控机床安装调试的基本要求和流程。
2. 查阅资料，简述工业机器人末端工具的种类及安装注意事项。
3. 如何实现将串口设备接入工业以太网？
4. 简述工业以太网通信的设备间 IP 通信测试流程。
5. 简述单元模块安装集成的基本步骤。

第六章 智能装备与产线单元运行保障技术

通过本章学习，了解智能装备与产线运行保障的基本概念与发展路径，熟悉事后维修、预防维修、预测维修等典型运行保障方法，掌握数控机床、工业机器人、AGV等典型智能装备的运行保障方法，能进行智能装备与产线单元模块的现场安装和调试。

- **职业功能：** 智能装备与产线应用。
- **工作内容：** 安装、调试、部署和管控智能装备与产线的单元模块。
- **专业能力要求：** 能进行智能装备与产线单元模块的标准化安全操作。
- **相关知识要求：** 智能装备与产线运行保障的概念、发展阶段与基本方法；数控机床、工业机器人、AGV 等典型智能装备的运行保障方法；智能注塑机装备的运行保障实例。

第一节　智能装备与产线运行保障基本方法

考核知识点及能力要求：

- 了解装备与产线运行保障的基本概念；
- 了解维修的历史发展阶段；
- 熟悉事后维修、预防维修和预测维修的特点和内涵；
- 掌握基本的维修保障方法及保障实施步骤。

一、运行保障的基本概念及发展阶段

随着装备与产线的问世，运行保障工作应运而生。维修是运行保障的基础，通过维修可以保证装备运行的可使用性和可靠性，提高使用寿命，维持生产运行，提升使用效能。伴随着装备的复杂化、多样化和智能化的发展，合理有效的装备与产线维修在运行保障过程中日趋重要。

维修是指为保持或恢复产品处于能执行规定功能的状态所进行的所有技术和管理活动。维修包含维护和修理。维护又称保养，是系统仍可正常工作时，为保持最佳运行工作状态所采取的一切活动，包括检查、清洗、擦拭、润滑、紧固和调整等。修理又称检修，是系统出现故障或状态劣化到某一临界值后，为恢复其规定的技术性能和完好的工作状态所采取的一切活动，包括故障检测、故障排除、故障修理以及备件替换等，一般以装备的检查和排故为依据。

以维修为主的装备和产线运行保障经历了 3 个发展阶段。20 世纪初期，基本采用事后维修保障，即故障发生后再进行修理，主要由操作工或属于操作部门管辖的修理工进行日常修理工作。到 20 世纪 60 年代，随着企业维修部门的成立，维修经验不断积累，人们认识到事先维修、防患于未然的重要性，预防维修保障迅速得到发展和广泛推广。从 20 世纪 60 年代到现在，随着状态监测技术和监测仪器的发展，可以实时监测并获取装备的实际退化状态数据，通过状态分析和寿命预测，确定必要的维护修理时机和范围，产生了视情维修保障和预测维修保障。

二、运行保障的基本方法

智能装备与产线运行保障的方法包括事后维修、预防维修和预测维修等。预防维修涉及计划维修和视情维修，具体分类如图 6-1 所示。

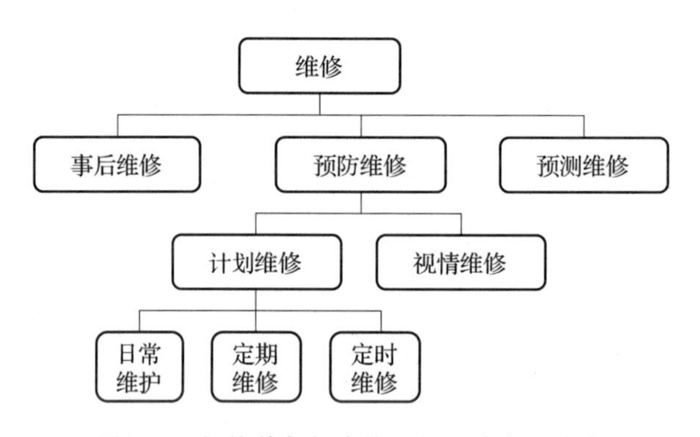

图 6-1　智能装备与产线运行保障方法分类

上述各类保障方法旨在确定什么时候进行维修（维修时机），做什么维修工作（维修范围）以及由谁来进行维修（维修调度）。

（一）事后维修

事后维修又称修复性维修（corrective maintenance，CM）、失效维修或故障维修，不控制维修时间，当且仅当装备发生故障或损坏，造成停机之后才进行修理。该方法能充分利用零部件的寿命，发挥装备的使用价值，曾一度被认为是比较节约费用的维修方式。事实上，事后维修无法提前确定故障发生时间以及发生故障的元部件，导致故障发生时需花费较多的时间确定故障原因、安排维修工作、调度维修人员，使得装备丧失较多的工作时间，引起更大的生产性损失。因此，事后维修是一种落后的维修

方式。然而，故障的发生往往具有不确定性和随机性，事后维修也是一种不可或缺的应对装备或对产线突然性故障的运行保障方法。

事后维修一般适用于如下装备或零部件：

（1）发生故障的装备或零部件。

（2）不重要的装备或对安全性、可靠性要求不高的零部件。

（3）故障规律不清楚且具有极高随机性故障的零部件。

（4）状态渐变但故障发生概率较低且维修成本不高的零部件。

事后维修的基本步骤如下：

（1）故障检测。了解失效功能以及故障现象。

（2）故障诊断。明确故障失效原因、失效模式，确定失效零部件对象。

（3）维修规划。规划维修任务、维修活动以及维修工艺。

（4）计划物流。安排维修人员，调度待替换的维修备件。

（5）现场维修测试。由维修人员对失效零部件进行替换或修理，并测试功能。

（6）维修确认。由客户或操作工与维修人员共同确认故障类型、维修内容、替换备件以及维修结果。

具体各步骤及时间顺序，如图 6-2 所示。

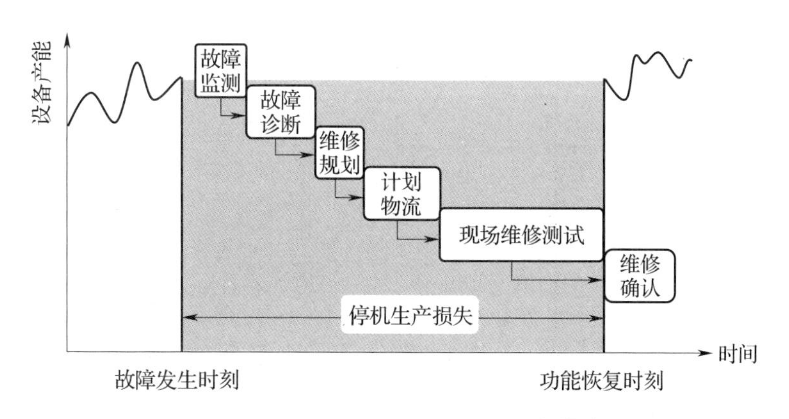

图 6-2　事后维修的基本步骤及时间顺序

（二）预防维修

预防维修是指装备未发生失效前所进行的维修，是为降低故障率或为防止装备的

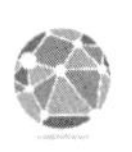

功能、精度降低到规定的临界值，而按事先制订的计划和技术要求所进行的维护或修理活动。依据是否利用装备的实际运行状态，预防维修可划分为基于时间的计划维修和基于状态的视情维修。

1. 计划维修

计划维修是以装备运行时间为基础进行的周期性预防维修。依据装备磨损或失效规律，确定维修计划，即确定维修类别、维修间隔、维修内容以及维修工艺。通过计划性的维护和修理，可以补偿磨损，避免零部件过早失效，防止和减少故障，延长使用寿命，节省维修时间，从而提高装备的有效使用时间和经济效益。根据维修内容和维修间隔的不同，计划维修可分为日常维护、定期维修和定时维修。

（1）日常维护。日常维护是对装备实施简单维护的维修方式，维修内容简单，间隔期短（日维护、周维护），技术要求不高，部分维护内容由操作工即可完成。日常维护的内容包括：装备擦拭、检查调整、润滑加油、松动紧固、清洁清扫等。尽管日常维护工作简单，却是保障装备正常运行的关键。

（2）定期维修。定期维修是基于日历台时进行的计划性维护和修理。依据装备的日历使用周期，提前安排装备的维修工作，准备和调度维修工具、替换备件以及维修工人，确保在规定的日历时间内可快速进行维修。从开始到失效周期内装备定期维修过程如图 6-3 所示。各周期的维修保障时间间隔可固定不变，也可根据维修次数相应缩短。

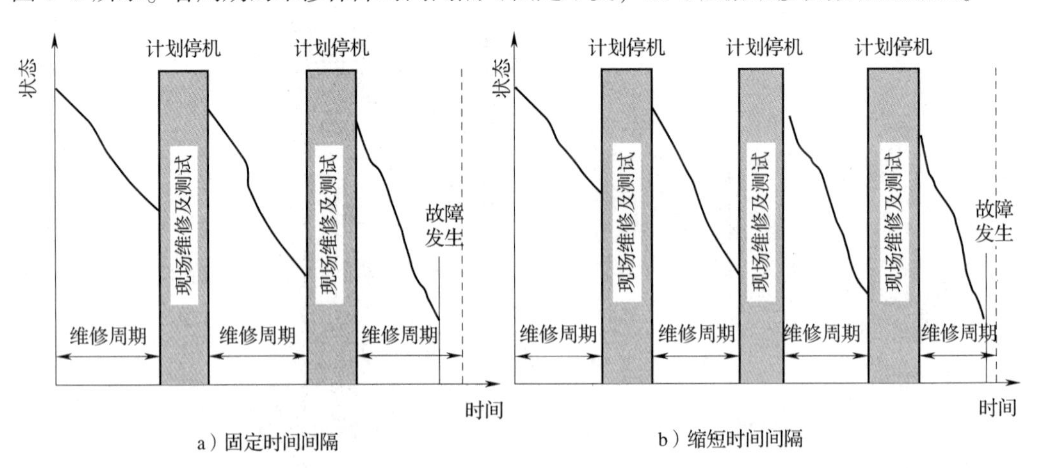

图 6-3　定期维修的时序维修过程

（3）定时维修。定时维修是基于装备实际运行时长而进行的计划性维护和修理，不考虑装备无效的停机时间，仅根据装备实际的运行使用台时而采取维修。该维修方式与定期维修相比，更符合装备的实际运行情况。

定期维修和定时维修都是依据零部件的磨损和退化规律而采取的维修方法，通过掌握零部件对应的维修时机，有计划、有组织地进行维修，能较好地预防突发性故障。然而，定时维修和定期维修的维修过程一般采用大拆大装的方法，使得装备拆卸次数增加，不利于发挥零部件固有的可靠性，甚至可能引入不必要的其他故障。同时，在装备运行之前，预防性的维修周期和维修范围在装备服役期内已固定，并没有考虑装备的实际运行环境和状况，极易导致不必要的过多维修或者增加失效概率的过少维修，即维修过剩和维修不足。

定期维修和定时维修一般适用于如下装备或零部件：

（1）故障有明显的时间性和规律性，故障特征随时间变化。

（2）具有可预期的耗损故障，根据磨损和失效规律，可确定故障发生时间。

（3）重要的零部件，但很难检查或判断其技术状况。

定时维修和定期维修的基本步骤如下：

（1）维修规划。确定使用预防维修的零部件，制订长期维修计划，决策维修周期以及对应的维修工作。

（2）计划物流。依据维修计划，提前安排维修工人，调度待替换的备件。

（3）现场维修测试。由维修工人对计划维修的零部件进行修理或替换，并测试装备运行功能。

（4）维修确认。填写维修确认单。

在装备或产线运行周期内，循环进行步骤（2）~（4），从而实现相应的运行保障。

2. 视情维修

视情维修（on-condition maintenance，OCM）又称状态维修（condition based maintenance，CBM）或按需预防维修，是基于实际状态监测结果而确定的维修方法。视情维修以可靠性理论、状态监测、故障诊断为基础，动态监测装备或零部件的实际运行状态，确定维修时机和维修范围，从而进行相应的维修。常见的状态监测信号包括：

振动、温度、流量、压力、噪声、电压、电流、浓度和功率等。

视情维修的维修时机和维修范围不确定，可根据实际状态灵活提前决定，因此，可以有效避免计划维修的维修过剩或维修不足，发挥零部件的使用潜力，增加经济效益。然而，为获取装备或零部件的状态，需投资更多的监测装备和诊断装置，费用大，技术性要求高。

图 6–4 给出了视情维修下的 *P-F* 曲线图，说明了故障的发展过程以及与状态的对应关系，呈现了故障的萌发点 *A* 和故障可被检测的潜在失效点 *P*。假设在潜在失效点 *P* 之后，未采取任何的维修补偿措施，故障通常会以更大速度退化到故障发生点 *F*。其中，*P* 点到 *F* 点的间隔，即 *P-F* 间隔，即潜在故障发生后退化到功能故障的时间间隔，可为视情维修提供相应的任务安排以及调度准备时间。*P-F* 间隔不是常数，可在很大范围内变化，如结构裂纹的 *P-F* 间隔在 6 个月到 5 年之间。间隔越长，越有更多时间来采取措施避免故障。通常情况下，若间隔较长，则监控状态信息，设置状态阈值，超出阈值后进行维修。

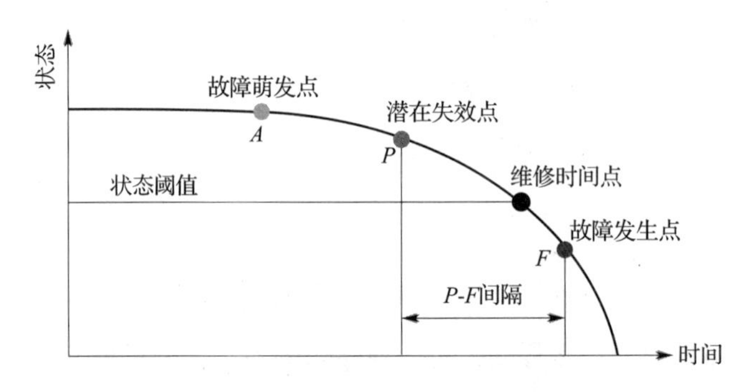

图 6–4　视情维修下的 *P-F* 曲线图

视情维修依赖于状态监测，一般适应于如下装备或零部件：

（1）关键零部件，安全性要求高，但故障有极限，状态参数可监测。

（2）耗损故障的零部件，故障发展缓慢，能估计出量变到质变的时间。

（3）有适当的监控和诊断手段，可设定状态指标，评价出零部件的健康状态。

视情维修的基本步骤如下：

（1）状态监测。实时监测零部件运行数据，评估判别其健康或退化状态。

（2）故障识别。当退化状态超出或即将超出阈值，或者出现警告、异常状态信号时，定位故障原因，分析失效模式，确定即将失效的零部件对象。

（3）维修规划。依据状态信息，制订维修计划，决策维修时机、维修任务以及维修工艺。

（4）计划物流。依据维修计划，提前安排维修工人，调度待替换的备件。

（5）现场维修测试。由维修工人对计划维修的零部件进行修理或替换，并测试装备运行功能。

（6）维修确认。填写维修确认单。

具体各步骤以及对应的 *P-F* 间隔，如图 6-5 所示。

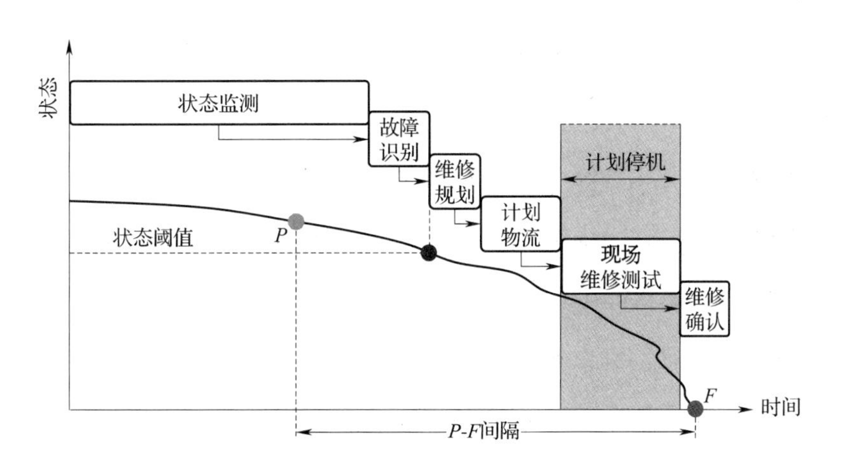

图 6-5 视情维修的基本步骤及与 P-F 间隔的关系

（三）预测维修

预测维修（predictive maintenance，PdM）是一种广义的视情维修，是基于运行状态寿命评估结果而进行的维修，依据装备或零部件的状态发展趋势，预先制订预测性的维修计划，确定最佳的维修时机和维修范围，从而在计划的时间点进行相应的维修工作。预测维修将状态监测、故障诊断、故障预测和维修决策融为一体，是一种新兴的维修方式。预测维修与传统狭义的基于当前状态的视情维修相比，不再强调监测与诊断过程，而是将状态/寿命预测作为重点。在失效尚未发生时，基于历史和当前的状态数据，预测之后的状态趋势或可能的失效时间，从而支撑相应的提前维修决策。预测维修具有状态维修的优势，能预知装备的未来寿命，减少因维修而引起的生产经济损失。寿命预测的结果直接影响维修时机的确定，因而对寿命预测的准确度依赖性高，技术难度较大。

预测维修的基本步骤如下：

（1）状态监测。实时监测并获取装备或零部件运行状态数据。

（2）故障识别。依据运行数据，评估退化状态信息，识别故障原因，分析潜在失效模式，确定即将失效的零部件对象。

（3）故障预测。依据历史和当前状态信息，预测装备或零部件下一时刻的状态信息，以及零部件的失效时刻或剩余寿命。

（4）维修规划。依据寿命预测结果，制订维修计划，决策确定最佳的维修时机、维修任务以及维修工艺。

（5）计划物流。依据维修计划，提前安排维修工人，调度待替换的备件。

（6）现场维修测试。由维修工人在规定的维修时机下对计划维修的零部件进行修理或替换，并测试装备运行功能。

（7）维修确认。填写维修确认单。

具体各步骤以及对象的 *P-F* 间隔，如图 6–6 所示。预测维修时机的确定可与运行产能相结合，当装备或产线处于预期生产收益较低的低产能时期，可规划确定为现场

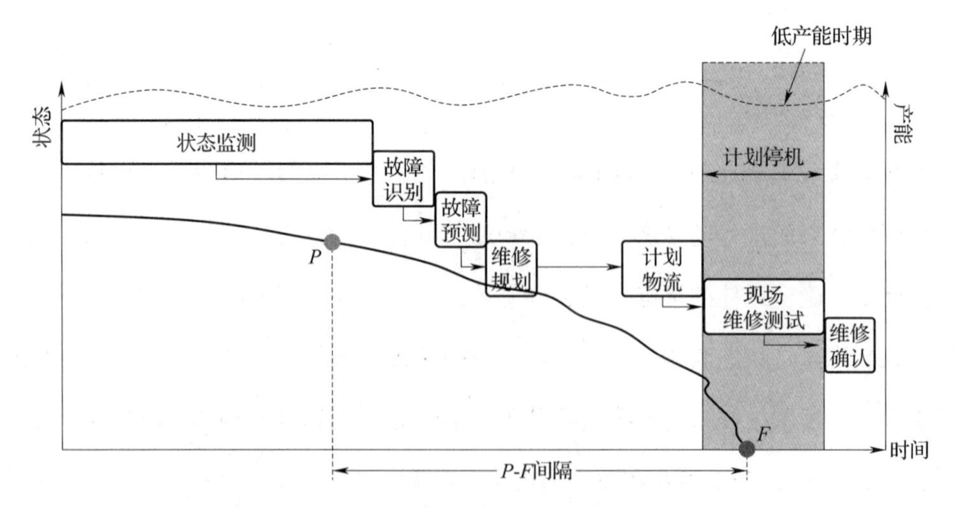

图 6–6　预测维修的基本步骤及与 *P-F* 间隔的关系

停机维修时机。值得注意的是，现场维修开始时刻应尽可能接近失效点 F，但不应超过失效点 F。

第二节　典型智能装备运行保障方法

考核知识点及能力要求：

- 了解智能装备运行保障的基本概念；
- 熟悉数控机床、工业机器人、AGV 等装备的运行保障方法；
- 掌握智能装备的运行保养流程。

一、智能装备运行保障概述

随着数字化、网络化与智能化技术的发展，传统制造企业已逐步迈向自动化、信息化和无人化阶段，而智能装备如数控机床、工业机器人、AGV 等作为企业智能化和无人化的基础设施，是推动企业转型升级的关键。在工厂的生产加工中，智能装备是否能够正常按时完成既定工作，不仅与智能装备的自身性能有关，还与智能装备的运行保障工作有关。快速高效的事后维修、合理及时的日常保养、有效主动的预测维修是保障装备最优运行的重要措施。当前，智能装备的保障方法仍以事后维修和日常保养为主，而基于实时状态监测的远程视情维修和预测维修已逐步开始取代常规的预防维护工作，成为当前最受关注的保障策略。

智能装备涉及机械系统、液压/气压系统、润滑系统和电气控制系统等。电气控制系统往往具有系统自检功能，通过自检可实时提示故障警告信息，进而进行必要的事后维修工作。机械系统由一系列的动作执行机构、导向传动机构、紧固密封元件以及支撑固定组件组成，如齿轮、链轮、轴承、转轴、立柱、横梁等，在运动、导向、紧固、密封以及支撑过程中，往往会导致疲劳、变形、裂纹、碰磨、失稳、喘振、松动、泄露以及振荡等故障，通过分析故障机理，周期性的预防和替换失效零部件，可以有效保障机械系统的运行性能。同时，部分振动、电压、电流、变形、压力等状态信息，可由传感器动态监测，从而实现相应的视情维修和预测维修。同理，润滑系统可以通过润滑油的周期性更换或状态性更换进行维修保障。液压系统可以通过监测和预测压力、流量等信息，确定可能失效的电磁阀、换向阀等，从而对阀进行有效的替换和维修保障。各典型智能装备的具体运行保障方法见下节。

二、数控机床运行保障方法

（一）数控机床运行保障概述

数控机床是一种装有程序控制系统的自动化数字控制机床，是高端装备制造业的加工母机，包括数控车床、铣床、刨床、磨床、钻床以及加工中心等。数控机床可以依据数控程序，自动化加工生产出满足图纸要求的各种尺寸、形状和精度的零件产品。与普通的机床相比，数控机床具有适应性强、加工精度高、自动化程度高、生产率高以及可靠性要求高等特点。

数控机床的运行保障是确保零件保持加工精度、避免突发故障发生、保障安全运行的关键。依据保障方式的不同，其运行保障方法包括事后维修、预防维护和预测维修等。运行保障活动涉及检查、清洗、擦拭、润滑、紧固、调整、排故、修理和替换，以及相应零部件的拆卸和安装等。运行保障的对象有数控系统、电气系统、液压系统、主轴系统、进给系统和机床本体等。数控机床运行保障主要以日常保养的预防维护为主，预测维修和事后维修为辅。在日常保养工作中要及时发现工作隐患，避免机床发生故障，并提前做好预防，防微杜渐，保证数控机床的生产稳定性和安全性，降低数控机床元件器件的损耗，延长机械使用寿命。

（二）数控机床常见故障分类

数控机床的故障类型多样，如硬件故障、软件故障，渐变性故障和突发性故障等。

依据不同的分类特性，具有相应的故障信息。本部分将常见故障信息分为 4 个类别，具体如图 6-7 所示。

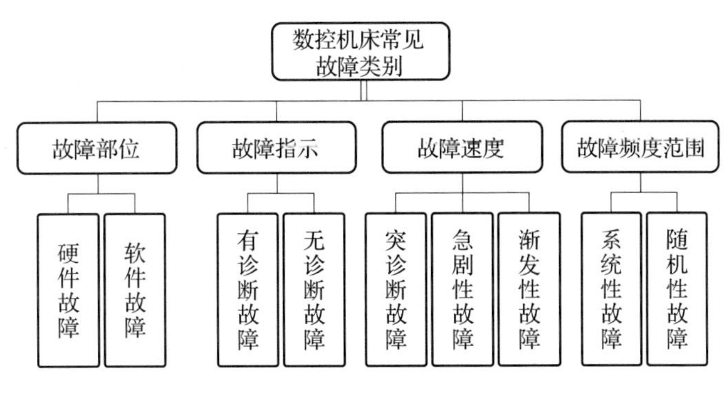

图 6-7　数控机床常见故障分类

1. 故障部位

依据故障发生的部位，可分为硬件故障和软件故障。硬件故障是指控制电子元件、电路板、排线、低压开关、接插件等出现松动甚至烧毁现象，这就需要简单修理或者更换元件，方可排除故障。而软件故障是指 PLC 逻辑控制程序中出现了问题，可以通过输入或修改某些数据，或者修改 PLC 程序（一般不轻易修改）处理。零件加工程序故障也是软件故障。

2. 故障指示

依据故障发生时是否有指示，可分为有诊断指示故障和无诊断指示故障。数控系统一般采用 CNC 自诊断程序，运行时会对整个系统的软、硬件性能实时监控，有比较危险需要及时处理的故障时会通过报警形式提醒用户，复杂的还会通过屏幕用简明文字显示出来，帮助用户排除故障。用户可以借助厂家提供的诊断手册，找到故障发生的原因、部位和排除的方法。无诊断指示故障是故障发生时没有任何故障指示信息，如开关该闭合却不闭合、接线接触不良等。遇到这类情况，维修人员要对产生故障前的工作过程、故障现象，以及机床的运行有一定的熟悉程度方能动手排除故障。

3. 故障速度

依据机床故障形成的速度可分为突发性故障、急剧性故障和渐发性故障。突发性故障是突然发生的，发生之前无明显可查征兆，具有较大破坏性。这种故障的发生是设备的多种内在不利因素及偶然性环境因素综合作用的结果；急剧性故障是故障发生后，零部件功能急剧恶化，不能继续满足加工需求的故障；渐发性故障是由于设备中某些零件的技术指标逐渐恶化，最终超出允许范围（或极限）而引发的故障。为应对突发性故障，需对机床重要零部件进行连续监测。在数控机床运行中，大部分故障属于渐发性故障，一般发生在元器件有效寿命的后期，具有一定规律性，可以进行有效预防。故障的发生概率与机床运行时间往往成正比，使用时间越长，发生故障的概率越大。

4. 故障频度范围

依据故障出现的频度和范围，可分为系统性故障和随机性故障。系统性故障是指只在一定的条件下会产生的有规律的故障，此类故障需经反复试验、综合判断才可能排除。随机性故障是指偶尔发生的故障，这类故障通常诊断起来较为困难，多与机床机械构件的局部松动错位、电气线路静态工作点漂移或稳定性变差、电气装置工作环境温度过高有关。

（三）常用故障排除方法

1. 经验法

有丰富实际经验的维修人员可以通过感观来进行故障诊断。如通过对故障发生时的各种光、声、味等异常现象的观察，往往可将故障范围缩小到一个模块或一块印刷线路板。这要求维修人员要有多学科的较宽知识面和综合判断的能力。

2. CNC 系统自诊断功能法

现代数控系统智能化程度很高，具备了较强的自诊断功能，能随时监视数控系统最关键的硬件和软件（如 CPU、I/O 单元等）的动态状况。异常时，维修人员可以通过翻阅显示器上的报警信息或查看发光二极管指示，查找出故障的大致起因，也可利用 CNC 系统自诊断功能，对故障进行导通和定位，力求把故障定位在尽可能小的范围内，从而判断出故障发生在机械部分还是数控系统部分。

3. 功能程序测试法

针对数控系统的直线定位、螺纹切削、圆弧插补、固定循环、用户宏程序等常用

功能和特殊功能，用手工编程或自动编程的方法，编制成一个功能程序测试纸带，通过纸带阅读机读入信息，然后启动数控系统使之运行，借以检查机床执行这些功能的准确性和可靠性，进而诊断出故障发生的可能起因。本方法适用于无报警情况下机床加工造成废品，以及长期闲置的数控机床第一次开机检查，即一时难以确定是编程错误还是操作错误的情形，是机床故障判断的一种较好方法。

4. 代换法

这是一种借鉴家电维修技术验证分析的方法。维修人员用自备数控配件（如印刷线路板、模板，集成电路芯片或元器件）替换有疑点的部分，这种方法幸运时可以快速排除故障，即使排除不了故障，也可以把故障范围缩小到印刷线路板或芯片一级，大大缩短了排除故障时间。

5. 参数检查法

数控参数能直接影响数控机床的性能。断电时，为了让随机存取存储器（random access memory，RAM）保存参数，通常在控制板放锂电池，时间长了电池电量不足或受外界的某种干扰，会造成有些参数丢失或变化，导致系统发生混乱，机床无法正常工作。一旦出现这种情况，就应根据故障特征或故障报警信息，检查和校对有关参数。另外一种情况是由于机械传动部件磨损、电子电器元件性能变化等原因，造成机床性能下降，需对其有关参数进行调整，确保机床能运转，而且加工工件的精度不受影响。

6. 轻敲法

当系统出现的故障表现不稳定时，可先轻敲电路板插件或电缆信号连接线，再敲关键印刷线路板重点元件来排查和确定故障的部位。这样做是因为系统有多块印刷线路板，板间或模块间又通过排线连接，电路板有无数焊点，任何板之间接触不良或焊点出现虚焊，都可能引起故障。当用绝缘物轻轻敲打有虚焊及接触不良的疑点处，故障肯定会重复再现。

（四）数控机床科学使用策略

数控机床使用的规范与否直接影响使用寿命及损坏发生概率，使用中应做好以下工作：

首先，选择适当类型的机床。不同的数控机床适合加工的零件类型不同，生产企业使用数控机床前应依据自身的业务特点选择合适的机床。例如，数控卧式铣床适合加工有空间轮廓类型、板类的零件；数控电火花机床适合加工导电、高脆硬材料、形状结构表面复杂的零件等。

其次，做好机床操作规范培训。为避免因在数控机床使用中违规操作而导致机床损坏，生产企业应定期开展机床操作规范培训工作。一方面，为操作人员讲解不同零件的加工流程以及应注意的事项，明确操作的重点与难点。另一方面，定期开展数控机床操作技能交流活动，要求操作人员踊跃发言，交流工作经验，探讨解决数控机床使用中遇到的问题，鼓励操作人员不断提高操作技能。

最后，完善使用规章制度。一方面，注重数控机床使用规范宣传。针对不同数控机床制订对应的使用规章制度，并张贴在车间醒目位置，时刻提醒操作人员按照规章制度操作。另一方面，实施损坏负责制。数控机床谁损坏谁负责，明确损坏责任。

此外，应注重使用中的细节。如保持数控机床所处环境的清洁，避免过多灰尘，而且与振动较大的设备保持一定距离，尤其不应长期封存不用，要求每周至少通电1~2次，每次空转1 h左右。

（五）数控机床维护维修策略

认真落实日常维护维修工作是防止数控机床损坏的重要举措。在对数控机床进行相关维修与保养工作之前，应该对数控机床本身的工作状况进行仔细检查，以掌握准确数据，这样才能有利于后续故障预防和维修工作的进行。

1. 机床检查

检查过程中最为关键的是判断数控机床的故障是属于机械故障还是电气故障。首先查看电气系统，观察系统中的程序是否能够正常运行，各功能中的按键工作是否正常，同时还要注意各个环节中的报警系统是否出现报警现象。除了系统方面，还要注意数控机床的电流与电压是否在正常范围内，是否存在缺相、过流、过压等异常现象。通过对这些现象的观察与测试大致可以判断出数控机床中存在的问题，从而使得整个维修与保养的工作更具有针对性，提高维修保养工作的成效。

2. 机床维护保养

在维护机床时应注意如下几点：

（1）明确机械与电气部件维护工作内容。机械维护工作内容较多，包括对主传动链、滚珠丝杠螺母副、液压系统等的维护，其中维护主传动链时应做好带松紧的定期调整，尤其应做好主轴润滑恒温箱的检查，避免含有过多杂质，要求每年更换一次润滑油，并对过滤器进行全面清洗。维护滚珠丝杠螺母副时应做好丝杠螺母副间隙的检查与调整，并及时更换损坏的丝杠防护装置。维护液压系统时应做好油箱油、管路等的检查，定期更换密封件、滤芯等。

（2）严格落实点检、保养内容。要求维护人员严格依据制订的点检表内容做好维护工作，不得遗漏任何一项维护内容。对于数控机床的一级保养，相关操作人员在数控机床使用时间超过 500 h 之后进行一级保养，包括对机床进行紧固、润滑和清洁等操作。在此过程当中，保养人员应该切断数控机床的电源，清洗数控机床的表面，尤其是对于机床的死角要进行彻底的清洁。除此之外，相关工作人员还应该检查数控机床各个零部件是否完好。对于数控机床的二级保养，在一级保养的基础之上，对于设备的部件进行调整和检查，确保数控机床的设备处于良好的状态。

（3）做好精度维护检查。众所周知，数控机床加工精度较高，为防止加工精度出现问题，应做好精度的检查，尤其是当机床动态精度发生改变，因机床故障、操作失误出现撞车时，必须检查机床精度。

3. 机床维修

数控机床发生损坏时，为确保维修工作质量，使数控机床尽快恢复正常的工作状态，应做好以下工作：

（1）准备所用器具。数控技术维修工作专业性较强，会使用到很多专业器具，因此，为提高维修工作效率，缩短维修时间，维修工作中应准备好万用表、示波器、PLC 编程器、短路追踪仪、逻辑分析仪等工具，以尽快帮助维修人员定位损坏位置。

（2）做好技术资料及技术准备。针对不同部位的维修，还应做好技术资料及技术准备。如维修机床部分时，应准备机床安装、使用、操作及维修技术说明，以及机床接线图、布置图、电气原理图等。

（3）明确维修注意事项。维修数控机床时还应把握以下内容：将电路板从数控系统取下时应记录与其相连的电缆号；不应轻易铲除电路板上刷的阻焊膜；无法准确判定某元件故障前，不应随意拆卸；更换损坏元件时不应在同一焊点长时间加热，应轻取损坏元件。

三、工业机器人运行保障方法

（一）工业机器人运行保障概述

工业机器人是一种集计算机、传感器、人工智能、控制、电子、机械等多个学科领域先进技术于一体的高端智能装备，它可以接受操作人员指令，也可以按照预先编排的程序运行。工业机器人的拥有量已经成为衡量一个国家制造业综合实力的重要标志之一。

随着经济社会的高速发展和人口老龄化趋势的加剧，企业用工成本逐渐增加。为降低生产成本和提高生产效率，利用工业机器人进行自动化、柔性化和智能化的产品生产已成为主流趋势。在机器人的大量应用中，需关注工业机器人的维护保养工作。

做好工业机器人的日常维护可以使应用企业保障机器人在正常状态下工作，并延长其使用寿命。企业的维修技术人员在第一时间进行机器人的故障处理，可省去等待工业机器人服务商来现场维修的时间，从而提高企业的生产效率和降低企业的生产成本，同时防止企业出现技术灾难与安全事故。

为详细阐明工业机器人的运行保障过程，选择目前市面上常见的 ABB 机器人和 FANUC 机器人，说明其具体的维护保养方法。

（二）ABB 机器人维护保养

1. ABB 机器人简介

ABB 机器人是瑞典通用电气布朗-博韦里（Asea Brown Boveri，简称 ABB）公司生产的机器人产品，如图 6-8 所示，已广泛应用于汽车制造、食品饮料、计算机和消费

电子等众多行业的焊接、装配、搬运、喷涂、精加工、包装和码垛等不同作业环节。

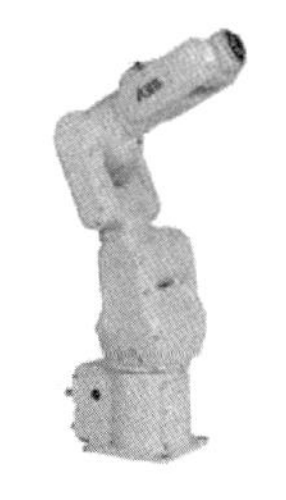

IRB 1100-ABB　　IRB 5500-FlexPainter　　IRB 360 FlexPicker

图 6-8　ABB 机器人

2. 机器人本体清洁保养

为保证较长的正常运行时间，需要定期清洁机器人。清洁的时间间隔取决于机器人工作的环境，环境较好则时间间隔较长，环境较差则时间间隔需缩短。

机器人本体保养的典型方法包括除尘法和水冲法。

（1）除尘法。一方面可以采用真空吸尘器对其进行大面积除尘，以快速除去机器人本体上的灰尘，提高效率，改善机器人散热；另一方面，利用抹布蘸取少量清洁剂，对机器人本体上的油渍等一些重难点部位进行定点清除，以防止这些油渍腐蚀机器人本体。

（2）水冲法。该方法需机器人的防护达到标准防水等级，同时所用的冲洗水中要加入防锈剂溶液，以防止因冲洗造成机器人本体发生锈蚀。冲洗完成后，要对机器人进行干燥。坚决杜绝采用高压水或蒸汽清洁机器人本体，因为机器人的防护等级达不到如此操作的要求。

3. 机器人本体检查

首先，检查机器人本体和轴 6 工具端的固定螺丝，以防止螺丝松动导致机器人本体倾倒或末端工具脱落而发生重大安全事故。检查方法：利用对应扳手检查每个螺丝，当有松动时将其拧紧，但不是拧得越紧越好。在拧紧的前提下，拧到螺丝划线对齐之后即可。

其次，检查机器人各运动轴的限位挡块，以防止因挡块松动或脱落导致机器人限位失效发生、机器人本体受伤损坏。一般 ABB 机器人轴 1、2、3、5 有限位挡块，而

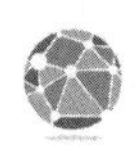

轴 4 和轴 6 没有限位挡块，如图 6–9 所示。检查方法：通过工具检查限位挡块有无松动，同时用眼睛观察挡块有没有磨损，一旦发现则应及时修整。若是发现挡块脱落则及时安装更换，并检查脱落原因，以防止再次发生问题。

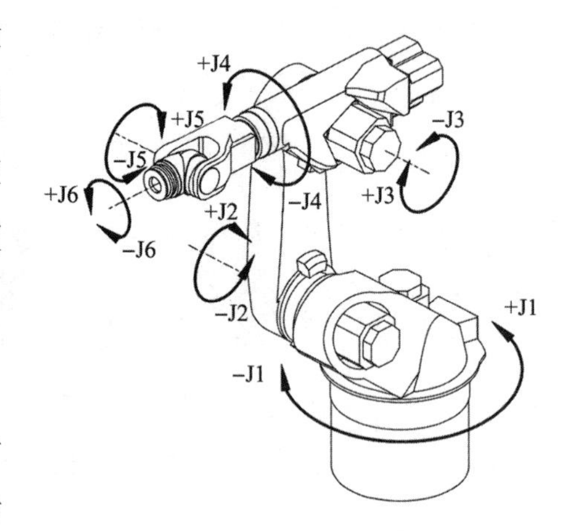

图 6–9　六轴机器人各轴关节

4. 机器人电缆状态检查

电缆是机器人动力和信号交流的通道，一旦机器人电缆发生破损，则会对机器人的正常运行造成影响，甚至损坏机器人。

检查方法：直接用眼睛观察电缆线绝缘层外观有没有破损，若有则及时进行更换，包扎只能是临时措施。另外，要检查电缆有没有不规则弯曲现象，以防止这些不规则弯曲导致电缆内部线材在应力作用下发生断裂，导致线路断开，使得信号等通路断开而致使机器人发生故障。

5. 机器人 SMB 电池检查及更换

当机器人示教器（serial measurement board，SMB）报警时，则表示 SMB 电池电量低，需要进行更换，若不及时更换将导致机器人重要参数丢失。

更换过程：利用示教器手动操作把机器人各轴回到零位，然后关闭机器人电源，打开机器人 SMB 电池盖，再更换电池。

6. 机器人电机抱闸状态检查

机器人电机抱闸系统直接关系到机器人能否正常准确地停止，同时影响到机器人的位置精度控制，若发生故障则极易导致机器人的控制精度下降。常见的检查方法有动态检查和静态检查两种：

（1）动态检查通过控制机器人运动，查看运动坐标是否准确，是否出现刹车不及时等情况。

（2）静态检查通过手动晃动机器人，查看静止时机器人本体是否有晃动等状况。

若出现上述情况，说明机器人电机抱闸系统有问题，需要调整电机抱闸的刹车片或更换刹车片，以解决刹车问题。

7. 机器人电机噪音检查

机器人电机在正常运转时，特别是高速运转时，声音比较平稳且较小。在电机低速运转时，用耳朵听验，判断其声音是否有异常，如震动声、嗡嗡声等。若有，则要对电机进行适当维护甚至进行更换。

8. 润滑油更换

机器人变速箱离不开润滑油的润滑，若是润滑油不足或者失效，会导致作为机器人四大核心部件之一的变速箱损坏，将会给机器人维护带来巨大的成本。润滑油更换分为排油和加油两个过程。

（1）排油过程

①利用旋具拆下机器人后面盖板。

②拆下盖板后拆下轴 1 排油管固定螺丝。

③先打开加油口，再准备好接油的废油桶。

④拆下排油管的密封堵头进行排油，排油约需半小时，其间可进行其他轴的排油、加油。

（2）加油过程

①利用工具将排油口密封堵头堵上。

②按要求打开油液观察窗和加油口。

③在加油口进行加油，直至油液观察窗有油溢出为止。

④将油液观察窗和加油口的密封螺母重新上紧。

9. 机器人维护注意事项

（1）机器人机械零位若出现偏差，需慎重进行调整。若要调整，在调完之后注意零位调整变化对生产轨迹的影响。

（2）每隔一段时间，必须在硬件报警中查看是否有 SMB 电池报警，SMB 电池电量消耗完毕后会造成重要参数丢失。

（3）若需更换 SMB 电池，必须先在手动操作模式下分别将机器人各轴回归零位，否则会导致机器人零位丢失。

（4）在刹车实验板上加装盖板，防止误按刹车松开按钮。

（5）加油、排油时注意机器人姿态和油品型号是否正确，确认废油是否排放完毕。机器人经过长时间使用，废弃润滑油较脏，注意废油统一管理。

（6）注意电柜除尘时对周围环境的影响。

（三）FANUC 机器人维护保养

1. FANUC 机器人简介

FANUC 机器人是发那科（FANUC）公司生产的一系列机器人产品，如图 6-10 所示。发那科公司是一家提供机器人和数控机床等自动化产品服务的公司，主要由日本发那科公司、美国密歇根州罗切斯特山的美国发那科公司以及卢森堡的欧洲发那科公司组成。

Fanuc M-420iA/40

R-2000IB-165F

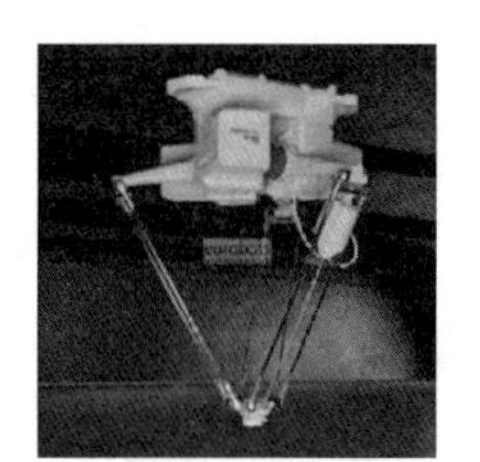
M-2iA/3SL

图 6-10　FANUC 机器人

2. FANUC 机器人常见故障与处理方法

（1）伺服电机噪声过大，电机带动负载运转不稳定。这种噪声和不稳定性，来源于机械传动装置，是由于伺服系统反应速度（高）与机械传递或者反应时间（较长）不相匹配而引起的，即 FANUC 伺服电机响应快于系统调整新扭矩所需的时间。解决办法：一是增加机械刚性和降低系统惯性，减少机械传动部位的响应时间，如把 V 型带更换成直接丝杆传动或用齿轮箱代替 V 型带；二是降低伺服系统的响应速度，减少伺服系统的控制带宽，如降低伺服系统的增益参数值。

（2）电路板检测与维修。电路板检修过程主要遵循如下 3 个原则：

第一，先看后量。观察是否有断线和短路，尤其是机器人电路板上的印制板连接线是否存在断裂、粘连等现象，有关元器件如电阻、电容、电感、二极管、三极管等是否存在断开现象，是否有人修理过，动过哪些元器件，是否存在虚焊、漏焊、插反插错等问题。

第二，先外后内。进行电路板检测时，最好有一块与待修板一样的无故障的电路板作为参照，然后使用测试仪的双棒VI曲线扫描功能对两块电路板进行好、坏对比测试。对比测试点可以从机器人电路板的端口开始，然后由表及里。对电容器的对比测试，这可以弥补万用表难以在线测出电容是否漏电的缺憾。

第三，先易后难。为提高测试效果，在对机器人电路板进行在线功能测试前，应对被修板做一些技术处理，以尽量削弱各种干扰对测试过程带来的影响。

（3）根据故障代码判断故障与排除。可以根据故障代码的提示，按照机器人的说明书，查找故障原因，并制订对应的处理方案。具体可参见每款机器人的说明书，此处不做赘述。

3. 基本保养

定期保养机器人可以延长机器人的使用寿命。FANUC 机器人的保养周期可以分为日常 3 个月、6 个月、1 年和 3 年，涉及更换电池和更换润滑油等。

（1）更换电池。FANUC 机器人系统在保养当中需要更换两种电池：控制器主板上的电池和机器人本体上的电池。

更换控制器主板上的电池：程序和系统变量存储在主板上的静态随机存取存储器（static random-access memory，SRAM）中，由一节位于主板上的锂电池供电，以保存数据。当这节电池的电压不足时，则会在 TP 上显示报警。当电压变得更低时，SRAM 中的内容将不能备份，这时需要更换旧电池，并将原先备份的数据重新加载。因此，平时应注意定期备份数据。控制器主板上的电池两年换一次，具体步骤如下：

①准备一节新的锂电池（推荐使用 FANUC 原装电池）。

②机器人通电开机正常后，等待 30 s。

③关闭机器人电源，打开控制器柜子，拔下接头取下主板上的旧电池。

④装上新电池，插好接头。

更换机器人本体上的电池：机器人本体上的电池用来保存每根轴编码器的数据。因此需要每年更换，在电池电压下降报警出现时，允许用户更换电池。若不及时更换，则会出现报警，此时机器人将不能动作，遇到这种情况再更换电池，还需要做零点复位（mastering）才能使机器人正常运行。具体步骤如下：

①保持机器人电源开启，按下机器急停按钮。

②打开电池盒的盖子，拿出旧电池。

③换上新电池（推荐使用 FANUC 原装电池），注意不要装错正负极（电池盒的盖子上有标识）。

④盖好电池盒的盖子，上好螺丝。

（2）更换润滑油。机器人每工作 3 年或 10 000 h，需要更换 J1、J2、J3、J4、J5、J6 轴减速器润滑油和 J4 轴齿轮盒润滑油。某些型号机器人还需更换平衡块轴承的润滑油。更换减速器和齿轮盒润滑油具体步骤如下：

①关闭机器人电源。

②将出油口塞子拔掉。

③从进油口处加入润滑油，直到出油口处有新的润滑油流出时，停止加油。

④让机器人被加油的轴反复转动，动作一段时间，直到没有油从出油口处流出。

⑤将出油口的塞子重新安装好。

错误的操作将会导致密封圈损坏，为避免发生错误，操作人员应考虑以下几点：

第一，在更换润滑油之前，要将出油口塞子拔掉。

第二，使用手动油枪缓慢加入。

第三，避免使用工厂提供的压缩空气作为油枪的动力源。

第四，必须使用规定的润滑油，其他润滑油会损坏减速器。

第五，更换完成，确认没有润滑油从出油口流出，将出油口塞子装好。

更换平衡块轴承润滑油的操作步骤是：直接从加油嘴处加入润滑油，每次无须太多（约 10 mL）。

4. 其他应注意事项及保障措施

（1）使用指定型号以外的润滑油时，请使用与 ASTM 标准黏稠度 355～385 1/10 mm 相当的润滑油。

（2）密封损伤后，会发生漏油现象，修复密封和更换减速器一样困难。

（3）若在电源关闭的情况下更换电池，机器人的位置数据将消失。

（4）机器人控制柜的风扇单元需拆下后吹气清扫，请勿在控制柜内部吹气清扫。

（5）日常保养需确保外部按钮等有效，尤其是急停按钮以及安全开关有效。

（6）对于线路等平时应注意整理，使之保持整洁，无破损现象。

四、AGV 运行保障方法

（一）AGV 运行保障概述

自动导引车辆又称 AGV 小车，如图 6-11 所示，指装备有传感器，能够沿规定路径行驶的无人运输车。目前国内制造业正在智能化升级转型中，在实现“无人化工厂”的智能化管理过程中，AGV 小车替代人工搬运是必然趋势。一般情况下，AGV 车的使用寿命可达 10 年，为了能够更好发挥其作用，在日常使用中需要注意 AGV 小车的保养。

图 6-11　AGV 小车

（二）AGV 小车机械部分保养

AGV 小车的机械部分包括车体、轮子、缓冲器、驱动装盘、转向链条等。具体各部分的保养方法如下：

1. 车体保养

定期检查 AGV 小车螺丝和锁定装置是否紧固，定期检查外观是否有裂纹和其他明显的损伤。

2. 轮子保养

定期检查 AGV 小车随动轮和驱动轮。检查轮子是否有细小的裂纹，听轮子是否有异常的声响，轮子滚轴轴承已被终生润滑，不需要任何后期的润滑。

3. 缓冲器保养

每个 AGV 小车的前后都会配置两个缓冲器以及软泡橡胶，其灵敏的行程开关能够有效确保 AGV 小车行程的安全性，行程开关也可以检查回弹是否有效，有效消除电路的故障。

4. 驱动转盘、转向链条保养

驱动单元转盘每 6 个月必须润滑一次，使用合适的锂基润滑脂，挤压使润滑脂从密封圈渗出为止。

每 3 个月检查转向链条的张紧程度，如果转向链条出现太松或者太紧，必须调整。链条调整的最大偏离在水平位置上不能超过中心点 3 mm。如果链条中垂直方向过度松弛，或者在垂直方向偏离严重，必须进行替换。

（三）AGV 小车电气部分保养

AGV 小车电气部分保养涉及操作面板、充电电池、驱动单元、地面网路、传感器和转位限位开关等。

1. 操作面板保养

定期检查 AGV 操作面板及按钮，保证面板上的开关按钮正常并保持干燥。

2. 充电电池保养

彻底清洁电池组，同时给电池电极上润滑油。检查电池组是否漏油、膨胀。检查每个电室的酸液位或者上部的电解液使用情况。其中：

（1）酸液位不能低于顶部的离析器金属牌标识以下。

（2）电解液只能加满电离水，禁止使用日常的自来水，污染物（或净化添加剂）会损毁电池。

（3）在添加前需做好预防措施，在某些情况下，需要加满酸时，只能由电池专家来完成。

（4）禁止在电池安装之前立即将电解液加满，在安装过程中的碰撞可能会引起电解液溢出，从而引起严重的问题。

3. 驱动单元保养

AGV 小车驱动电机、传动装置异常和车轮修正，必须由专业人员进行保养维护。其中，电机的碳刷应该每 6 个月检查一次，其他部分应该每 3 个月检查一次。如果 AGV 的电机和传动装置在工作中发出异常的噪声，应该远离其他车进行维修。车轮的磨损使得车顶旋转半径变化，这将导致行驶距离逐渐减少，引起 AGV 小车对距离的计

算不准，从而导致 AGV 导航系统变差，这种错误可以部分地通过设置小车的修正参数来进行补偿。该调校也必须由专业人员来执行。

4. 地面网路保养

定期检查地面网络（无线和有线）及天线设备，保持 AGV 小车信息通信正常，便于控制管理。

5. 传感器保养

检查 AGV 安全防护装置（传感器），定期检查 AGV 小车的机械防撞传感器、障碍物传感器、路径检测传感器是否能正常工作，建议每天检查 1 次。

6. 转向限位开关保养

转向限位开关直接影响 AGV 的工作和可用性，必须每 6 个月进行一次检修。

五、智能注塑机装备的运行保障案例

注塑机是利用塑料成型模具将热塑料制成各种形状塑料制品的一种智能装备，如图 6-12 所示。注塑机主要由锁模系统、射胶系统和液压系统等部分组成，其运行保障主要以预防维修为主、事后维修为辅。

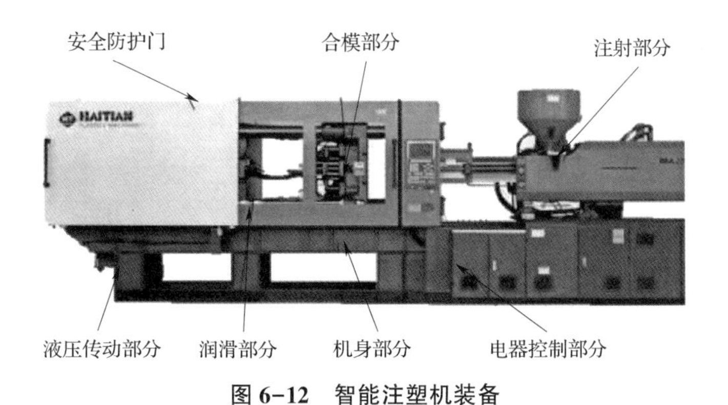

图 6-12　智能注塑机装备

（一）注塑机整体的预防维修

注塑机的定期维护检查工作可根据公司的实际情况，分为日、周、月、半年、年检查。具体各周期内的检查及保障工作如下：

1. 日检查

（1）检查急停按钮是否能切断油泵马达电源。

（2）安全门打开时，分别用手动、半自动、全自动操作确认是否可以锁模。

（3）检查合模过程中安全门拉开时能否终止锁模。

（4）检查机械安全锁是否操作正常。

（5）检查所有安全护罩是否稳固安装于机器上。

（6）检查模具安装是否正确稳固。

（7）保持注塑机和机身四周清洁。

（8）检查热电偶与发热筒是否运作正常。

（9）检查各冷却水管是否漏水。

（10）检查油温是否正常。

2. 周检查

（1）检查各润滑喉管是否有折断或破损。

（2）检查各安全门限位开关及滚轮是否有磨损。

（3）检查机械各活动组件螺丝是否松脱。

3. 月检查

（1）检查电器件与接线是否有松脱，如有则重新收紧。

（2）检查油压系统的工作压力是否过低或过高。

（3）检查整机的各接头是否有漏油现象。

（4）检查系统压力表是否显示不正常。

4. 半年检查

（1）检查电箱内部的继电器及电磁接触器的接点是否老化。

（2）检查电箱内部、机身外的电线接驳是否稳固。

（3）清洗冷却器铜管的内外壁。

（4）检查头板上的哥林柱压盖螺母安装是否稳固，有没有松动。

5. 全年检查

（1）检查安全机械部分的螺丝是否收紧。

（2）清洗冷却器铜管内外壁。

（3）清洗油箱及空气过滤器上灰尘。

（4）检查液压油是否需要更换。

（5）检查机身外露的电线。

（6）重新检查机身水平。

（7）重新检查头板与活动模板的平行度。

（二）锁模系统的运行保障

锁模系统主要用于切换模具的开闭状态以及顶出成品。锁模系统的结构如图 6-13 所示。

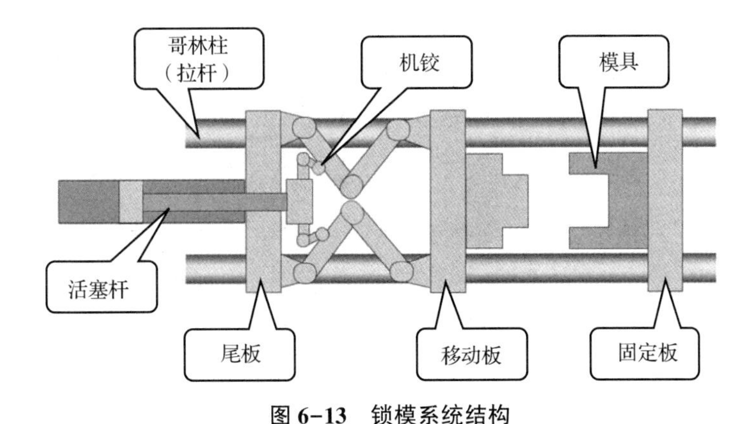

图 6-13　锁模系统结构

在锁模系统的使用与保养中，需注意以下几点，以预防锁模系统发生故障。

（1）准备充足的润滑油，以避免机铰部分磨损。

（2）定期检查机铰集中润滑系统中润滑透明喉的畅通与损坏情况。

（3）每 4 个月或固定周期更换润滑油，并清洗回油、抽油滤芯及油箱。

（4）定期检查打油泵是否动作正常。

（5）油箱及润滑油要保持清洁，以避免润滑油与水混合。若有水分需把油箱底部排油孔的喉塞取出，排出水分。

（6）定期检查机铰部分的磨损情况。

（7）保持锁模系统的清洁。

其中，最需要预防的是机铰磨损，它会导致锁模精度丧失。而锁模精度是模板平行度和拉杆均匀受力的保障，即注塑质量的保障。因此一定要保障足够的润滑油，并在开机前一小时内润滑一次。

此外，在注塑机的使用过程中，不要用不良的模具（如太小的模具、偏心的模具），也不要用过高的锁模力。这些错误的使用方式会影响锁模系统的安全运行，导致机铰磨损、平行度破坏以及哥林柱折断。

（三）射胶系统的运行安全保障

射胶系统用于将塑胶加热熔融后，在指定的压力和速度下将熔融塑料注入模具中。射胶系统的结构如图 6-14 所示。

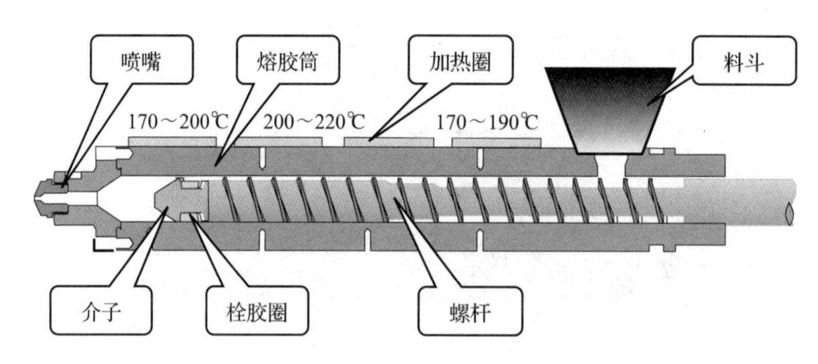

图 6-14　射胶系统结构

在射胶系统的使用与保养中，需注意以下几点：

（1）不在熔胶筒温度不够时激活熔胶马达熔胶。

（2）待塑料已完全融化时再使用倒索，否则容易损坏过胶头套件或传动系统的组件。

（3）大量使用回料时，需加上料斗磁力架。

（4）拆换螺丝时，必须涂上耐高温防锈油。

（5）使用 PVC、POM 等或加阻燃的塑料时，停机前需清料。

（6）熔胶筒温度正常但发现制品出现黑点或变色时，检查螺杆、栓胶圈、介子是否有磨损。

（7）周期性检查射胶活塞杆上螺丝的松动情况。

（四）液压系统的运行安全保障

液压系统主要为注塑机各部分提供动力，是注塑机的心脏。对于该系统，不仅要进行预防维修，还要掌握设备磨损和腐蚀的自然规律以进行预测维修。液压系统的结构如图 6-15 所示。

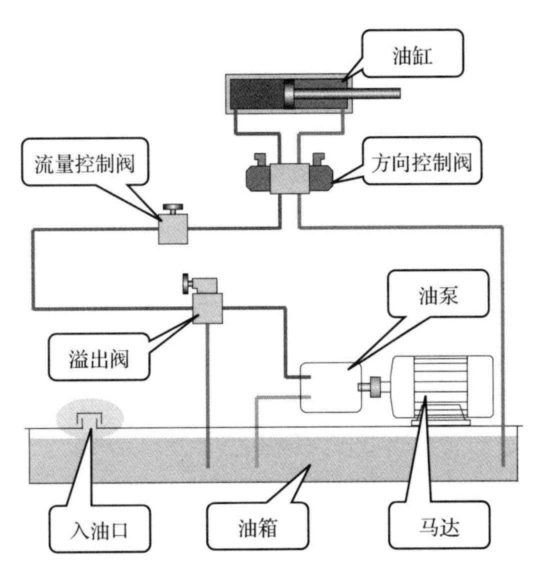

图 6-15　液压系统结构

液压系统发生故障的主要原因有两个——不清洁液压油和系统吸空，其中 70%~90% 的故障是由于液压油的污染造成的。污染来源如图 6-16 所示，分别是活塞杆运动、系统维护以及添加新油等所带来的污染物，以及气蚀、磨损。因此，液压系统的运行保障主要是预防和预测液压油的污染。通过对以下 5 个方面的保养来避免液压系统故障：

1. 液压油

（1）推荐使用 HM-46 抗磨液压油。

（2）液压油等级不大于 NAS10 级。

（3）新机使用 3 个月后如油质较差则建议过滤，建议每年酌情更换。

（4）通过肉眼观察或使用卫生纸、滤纸判断液压油是否被污染。

（5）补充新油时需注意应为相同品牌、相同牌号。

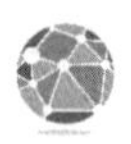

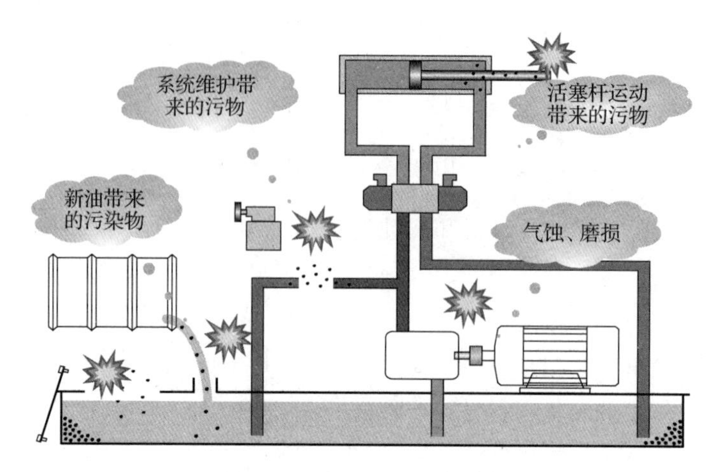

图 6-16　液压系统污染来源

（6）更换新油时，需清洗油箱内部。

（7）添加液压油时，应使用滤网加入。

（8）切勿用碎布清洁，以防堵塞滤油器的过滤网。

2. 空气滤清器

（1）油箱上的进油口兼做空气滤清器，以在补充空气时进行空气过滤。

（2）清洗时采用汽油清洗，并用压缩空气吹干。

3. 吸油过滤器

（1）若油泵产生噪音，则应检查过滤网是否被颗粒堵塞。

（2）每 6 个月整体清洗一次，保持吸油管道畅通。

（3）用汽油和刷子清洗滤网，再用压缩空气吹干。

4. 旁路过滤器

（1）每 6 个月检查一次，以保证液压系统油路清洁。

（2）发现纸质滤芯颜色变黄、黑，或压力表趋近红线，需要更换滤芯。

5. 油冷器

（1）长时间使用时，为避免影响散热效果，需要检查管壁上的水垢，查看滤水阀是否堵塞。

（2）每半年需要对油冷器整体检查一次。

（3）拆开清洗时要注意将油、水分别盛放。

第三节　典型单元模块运行保障方法

考核知识点及能力要求：

- 了解单元模块运行保障的目的、意义及基本方法；
- 熟悉加工、装备、检测等典型单元模块的运行保障方法。

一、单元模块运行保障概述

单元模块是由若干智能装备组成的满足特定运行功能需求的装备集群，涉及加工单元（用于连续完成一系列生产加工任务）、装配单元（用于协同完成组件、部件等的装配任务）和检测单元（用于提供具体的生产过程检测任务，包括对工件尺寸、刀具状态等的检测）。单元模块整体运行过程中易受到诸多外部环境和内部故障等不同程度扰动因素的影响，使得模块整体运行偏离理想状态，难以发挥单元整体的运行性能。因此，单元模块运行保障是指单元模块在受到或即将受到生产扰动干扰的情况下，通过事后维护、预防维护和预测维护等方法，消除或者减轻扰动对单元运行过程的影响，保证单元的优态运行。

单元模块运行过程的常见扰动分为显性扰动和隐性扰动。显性扰动是由突发型不确定事件引起的，其特点是发生时往往会明显影响生产进度，并对生产系统的运行起决定性作用；隐形扰动是由渐变型不确定因素造成的，其特点是单独发生，不会明显影响生产活动，但当其产生的误差累积到一定程度后，同样会妨碍生产活动的正常进行。单元模块运行的常见扰动类型见表 6-1。

表 6-1　　单元模块运行的常见扰动类型

扰动类型	扰动内容	扰动对象
显性扰动	紧急工件加入	工件
	刀具破损等质量问题	刀具
	机器装备故障	装备
	顾客订单变化、物料短缺	订单/物料
隐性扰动	缓冲区工件累计	工件
	刀具磨损	刀具
	装备利用率下降、性能不足	装备
	工序加工时间变化	过程
	工作人员效率波动	人员

针对上述扰动，单元模块运行保障可采取事后维护、预防维护和预测维护的方法。事后维护是指扰动发生之后，通过事后调整任务调度计划或参数来保障单元模块的运行，该方法及时性差，智能化程度低。预防维护是指定期对单元模块运行状态进行分析，在扰动发生之前调整任务调度计划或参数，该方法无法应对频繁发生的扰动。预测维护是指利用单元模块运行过程智能预测模型，通过主动自适应调整自身资源状态、制造任务规划等，将单元系统控制在一个当前可达到的最优水平。

二、加工单元运行保障方法

典型的加工单元模块主要由机床、AGV、机械臂、料仓及缓冲区等部分组成。图 6-17 为一个典型的加工单元，包括 1 台五轴加工中心、1 台数控车床和 1 台铣床、2 台六关节工业机器人、1 台 AGV 小车、1 台八工位自动料仓和 3 套 RFID 设备。工件毛坯和零件成品存放在料仓中，机械臂负责工件的上下料，数控机床则完成零件的整个切削成形过程，AGV 保证工件在加工单元中正常流转，RFID 传感器记录工件的加工状态。

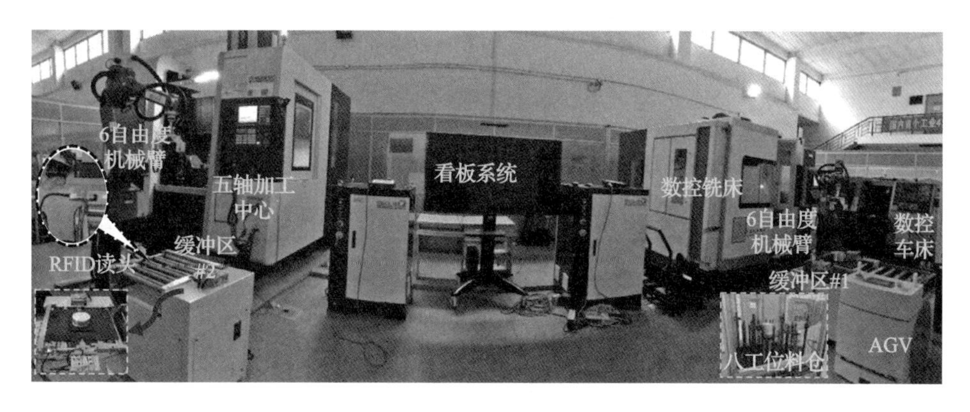

图 6-17　典型加工单元

加工单元的运行保障是指制造任务在受到或即将受到生产扰动干扰的情况下，加工单元利用系统运行状态，依据扰动类别和运行保障方法，规划制造任务，调整装备、刀具、工件以及加工过程等，将系统控制在一个当前可达到的最优水平。

加工单元运行保障方法分为四步：第一步，在线仿真分析加工任务，完成任务的生产规划；第二步，识别和预测生产过程扰动，获取加工单元扰动信息；第三步，确定加工任务动态调度方案；第四步，对动态调度方案进行仿真评估，进而实现对加工单元的主动调整。

在第一步中，依据零件加工工艺路线，基于加工单元数字孪生虚体模型，通过加工任务在线仿真分析与多目标规划方法，得到加工任务的理论优态执行方案，用于指导实际生产。

在第二步中，围绕加工单元运行过程，识别和量化当前显性或隐性扰动，预测未来可能的显性或隐性扰动，获得加工单元的扰动信息及扰动类别。

在第三步中，围绕加工任务执行过程，以最小调整成本等指标为核心考量指标，分析加工任务实际、预测执行状态与理论优态的差异度，构建差异度模型，进而基于调度规则等知识，通过动态调度方法，得到加工任务的实时优态执行方案。

在第四步中，围绕加工任务的实际优态执行方案，基于加工单元的数字孪生虚体模型，实时调度方案的仿真评估，建立生产过程的主动自适应调整方案。通过对加工单元中工件、刀具、装备和过程的主动调整，实现制造单元的优态运行控制。

根据第二步中不同扰动的获得方法，可以将加工单元运行保障分为 3 种类型：事后维护、预防维护、预测维护。

（一）加工单元事后维护方法

加工单元的事后维护是现在企业中运用最广泛的一种方法，该方法是在加工扰动已经产生时，根据加工单元的异常情况对扰动进行识别与描述，然后继续执行第三步和第四步，从而消除或消减已产生扰动的影响，避免加工单元运行瘫痪。

事后维护尽管及时性差、智能性低，但因为加工扰动不可避免，也无法全部进行预防和预测，因此该方法在任意场合下都不可或缺。由于使用该方法时，扰动早已产生并不可避免地对加工单元的运行造成不良影响，因此该方法仅作为配合预防维护和预测维护的辅助方法，用于避免不良影响的继续扩大进而导致更大的问题发生。

（二）加工单元预防维护方法

加工单元的预防维护是根据大量历史数据，分析得到扰动的周期规律，从而以一定的周期执行第三步和第四步，从而预防扰动的发生，防患于未然。该方法在加工单元中的运用主要是针对与装备相关的扰动，预防因装备突发故障造成停机对加工单元产生不良影响。

预防维护的间隔需要结合历史数据并根据专家经验获得，过于频繁的预防维护会导致计划的频繁变更以及零部件的大量更换，造成经济上的损失，效果甚至不如事后维护。如果不进行预防维护可能会导致装备的宕机，此时再进行事后维护可能会造成加工单元的生产中断，严重影响企业的生产计划。因此，在加工单元的预防维护中，需结合装备的动态使用情况，采用日常维护、定时维修和视情维修的方式，检查更换装备零部件，替换研磨刀具，从而避免或减少扰动对单元整体生产运行状态的影响。

（三）加工单元预测维护方法

加工单元的预测维护是最为智能的一种运行保障方法，需要传感器以及智能体进行配合。根据扰动识别与量化描述方法，进一步基于实时数据，通过智能感知与预测，

得到加工任务的实际执行状态和预测执行状态，预测可能的扰动信息，在扰动对加工单元造成影响前，执行第三步和第四步，提前消除或减少影响。

预测维护方法兼顾了及时性与经济性，应尽量使用该方法来保障加工单元运行。该方法需要构建实时数据驱动的扰动预测模型（如零部件/装备寿命预测模型、刀具寿命预测模型、工件粗糙度预测模型、功率/压力/切削热预测模型等），利用预测模型实现对扰动的有效预测。预测模型的好坏很大程度上直接决定了该方法有用与否。

三、装配单元运行保障方法

典型的装配单元模块主要包含智能仓储、上下料机器人及其他执行机构。图 6-18 为一个典型的简易发动机模型智能装配单元，包括 2 台上下料机器人、1 台压紧机构、1 台打螺丝机构、1 台螺母拧紧机构、1 套智能仓储系统和 1 套视觉检测系统。智能仓储系统自动识别装配零部件是否缺料，通过条形码、二维码及 RFID 标签存储零部件详细信息（零件编号、几何精度、表面质量等）。上下料机器人按装配流程取放零部件到相应位置，而预先设定的装配流程会影响取放顺序，某个环节的异常会导致后续流程无法正常进行。视觉检测系统既可以获取零部件详细信息、装配过程状态信息，监控整个装配过程，也可以将这些信息反馈到装配单元的控制系统，通过调整零件的位置，减小装配误差。其他执行机构包含压紧机构、打螺丝机构、螺母拧紧机构等，其功能与要装配的产品有关。

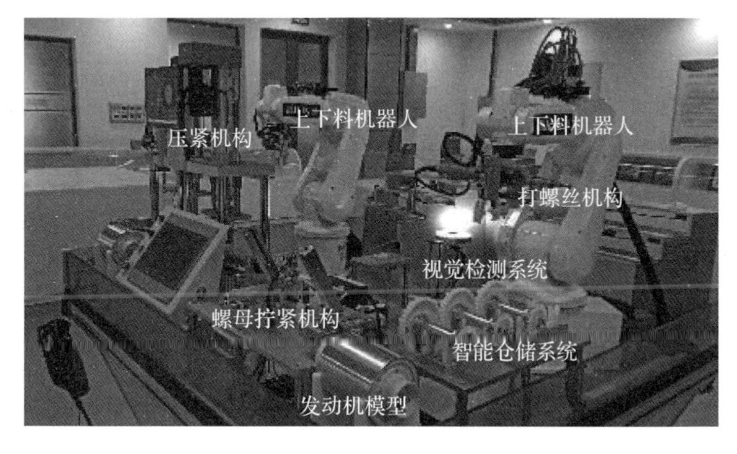

图 6-18　典型智能装配单元

（一）装配单元事后维护方法

事后维护方法是现有装配单元运行保障最常见的方法，指的是当产品装配质量出现异常时，通过分析异常原因调整装配单元零部件的加工质量和设备的运行参数，来获取最优的装配质量。该方法适用于批量装配的产品，在装配单元使用初期，因设备的运行参数未达到最优、定位误差不准等原因，维护频次通常较高。装配单元稳定使用期间，设备已调整到最优运行状态，且磨损很小，维护频次会变得很低。随着设备的运行和磨损，设备定位误差变大，更换易损件可以使得维护频次下降。另外，当出现工件相关扰动或者设备相关扰动，导致装配效率下降时，通过灵活变更预先设定好的装配流程，对装配工艺进行调整，也可保证装配单元的优态运行。事后维护方法属于被动维护，无法对扰动做出及时的响应，很大程度上需要依靠工程师的经验，智能化程度低。

（二）装配单元预防维护方法

预防维护方法要求可以获取装配单元工件相关状态和设备相关状态，通过分析装配单元运行的历史状态、工件相关扰动或者设备相关扰动、装配质量波动、装配效率波动等之间的关联，定期检查待装配零件的加工质量，调整装配单元设备运行参数，以此来保证装配单元的优态运行。对于装配单元，首先可以通过定期抽检待装配零件的加工质量，剔除不符合装配公差要求的零件，保证装配产品质量在可以接受的范围内波动；其次，定期更换设备的易损件，微调设备运行参数和设备机构的相对位置，保证零部件在设备中的定位误差处于允许的范围内；最后，定期检查设备的运行性能，微调装配产品的排程任务，保证各工序生产节拍平衡，确保装配单元的优态运行。预防维护方法在一定程度上可以主动调整装配单元的性能，但是无法应对需要频繁维护的情况。

（三）装配单元预测维护方法

预测维护方法通常需要传感器和装配质量检测设备的配合，传感器数据和质量检测数据可以实时在线反馈到控制系统。装配单元运行过程中，会产生零部件的位置数据、零部件装配压紧力、压紧位移数据等装配过程数据，以及产品位置误差、同轴度、

跳动等质量数据，这些数据与装配单元的运行状态息息相关。装配单元运行状态智能预测模型基于过程数据和质量数据，通过分析装配单元运行的历史状态、工件相关扰动或者设备相关扰动、装配质量波动、装配效率波动等之间的映射关系而建立形成。

预测维护方法是基于智能预测模型，预测性地获取装配扰动信息，从而主动自适应调整设备的运行参数，并对装配产品的排程任务进行动态调度，从而实现对装配单元的运行保障。该方法是装配单元运行保障的主流趋势，属于主动维护方法，可以及时地对扰动做出响应，自适应地确保装配单元的装配质量和效率。

四、检测单元运行保障方法

传统的检测单元通常指的是2D或2.5D视觉检测场景，无法解决物体在传送过程中发生的定位偏移、旋转和高度差问题，上述问题可由3D视觉解决。3D视觉检测单元主要包括协作机器人、电动夹爪、3D视觉系统和控制系统等。如图6-19所示的典型检测单元，其3D视觉系统通过运行人工智能技术，能精准识别物体的X轴、Y轴、Z轴、翻转、旋转和偏移6个维度，能够完全对各种复杂物体的产品的形状、尺寸、位置等进行检测分析和有效判断，并指导机器人进行相应的控制抓取和不良产品的有效剔除。尽管3D视觉检测单元优势明显，但是运行过程中零件间距、重叠现象、相机视野、相机识别精度和识别速度等都会影响检测质量和效率。

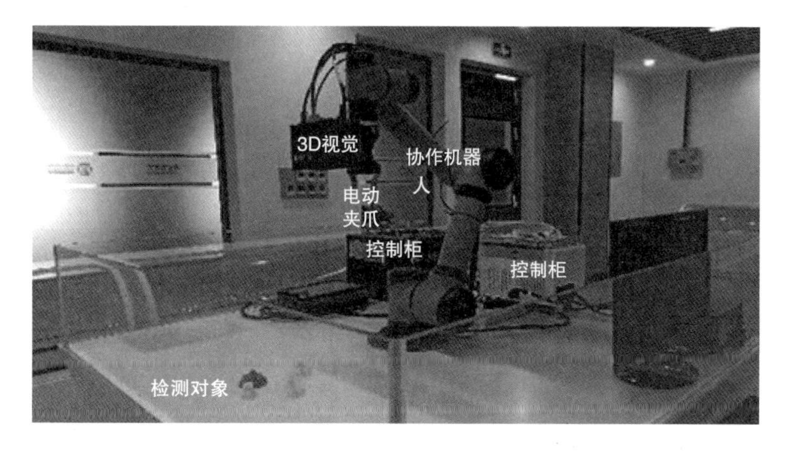

图6-19　典型检测单元

（一）检测单元事后维护方法

事后维护方法是现有检测单元运行保障最常见的方法，该方法适用于需要进行批量检测的产品，出现异常的原因及维护措施主要包括以下几种：

1. 当产品无法被正常识别或者识别出的图像、点云数据质量差时，可以调整相机的拍摄位置、识别算法、预设模型来保证检测单元的识别质量。

2. 当检测单元运行过程中检测效率无法满足需要时，可以改变图像识别算法和识别精度来保证检测效率。

3. 机器人柔性夹爪可以满足多种产品的夹取，但是这会导致检测完的产品无法准确定位，影响后续工序的使用，设计合理的定位机构可以解决此问题。

事后维护方法属于被动维护，无法对检测单元的异常做出及时的响应，很大程度上需要依靠工程师的经验，智能化程度低。

（二）检测单元预防维护方法

预防维护方法需要分析历史检测图像、点云数据、检测结果等数据的关系，通过定期调整机器人及其夹爪的定位精度、微调视觉识别算法、识别精度，保证检测单元的精准识别。检测单元运行过程中，机器人关节部件和夹爪的磨损会导致机器人定位精度下降，产品加工质量和装配质量会导致识别误差增大，视觉相机性能的下降会导致识别精度下降，因此定期对检测单元进行标定，调整检测单元的运行状态，才能保证其稳定且精确地进行识别。

预防维护方法在一定程度上可以主动调整检测单元的性能，但是无法应对需要频繁维护的情况。

（三）检测单元预测维护方法

预测维护方法需要在检测单元各设备上布置相应位置、压力、扭矩等传感器，获取检测单元的状态数据，然后通过分析测量点云数据、检测单元的状态数据、产品检测结果之间的关联关系，建立检测单元状态智能预测模型。基于智能预测模型，预测可能出现的检测扰动，主动自适应调整机器人及其夹爪的定位精度、微调视觉识别算法、识别精度，保证检测单元的精准识别。

检测单元运行过程中，会产生诸如机器人位姿数据、夹爪夹紧力等状态数据和3D点云数据，这些数据与检测单元的运行状态存在关联。为此，可以将测量点云与标准点云变换到同一位置，估算产品的几何偏差，然后通过拟合算法重构出实际产品模型，与标准产品模型比对，估算出产品的形位误差，再借由智能预测模型预测检测单元运行状态。

预测维护方法属于主动维护，可以及时地调整检测单元的运行状态，自适应地确保检测单元的检测质量和效率。

五、叶轮智能加工单元模块的运行保障案例

本案例的硬件环境（微型涡喷发动机叶轮智能加工单元模块）如图6-20所示，包含1套带RFID读头的八工位料仓、若干嵌入RFID标签的智能工件、1台CL20A型数控车床（华中HNC-818A型CNC系统）、1台VDL-850A型数控铣床（华中HNC-818B型CNC系统）、1台JT-GL8-V型五轴数控加工中心（华中HNC-848B型CNC系统）、2台HSR-JR612型六自由度工业机器人、1台磁导轨AGV小车、2个缓存区、1套看板系统、若干智能网关、若干思谷SG-HR-S6-PA型RFID读写器和传感器。上述硬件设备构成了智能制造单元的五轴加工中心加工站和车铣加工站，支持微型涡喷发动机叶轮等复杂零件的全自动化加工。

图6-20　硬件环境

基于第四章的数字孪生建模技术，构建加工单元数字孪生模型，实现加工单元全局运行状态的虚实精确同步与实时可视化。加工单元数字孪生模型是物理加工单元的全局仿真，通过输入待加工工件的物料、工艺路线等信息，可以对加工单元的加工过程扰动进行在线监测，进行排程任务的仿真分析与规划调整，如图 6-21 所示。

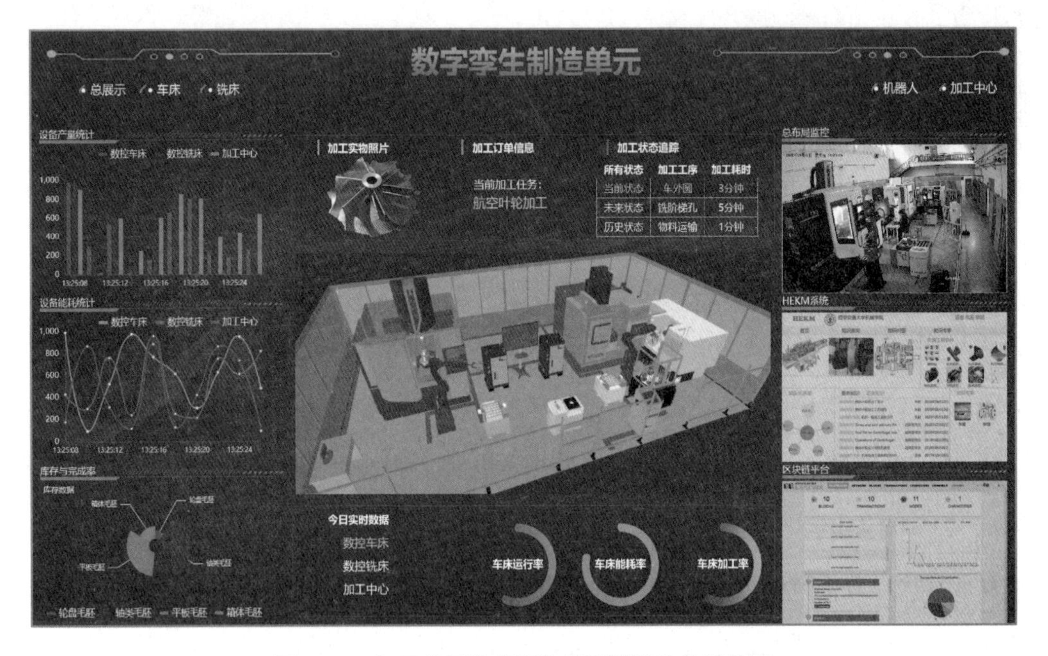

图 6-21　加工单元数字孪生模型及扰动信息监测

通过现场布置压力、电流、功率传感器以及 RFID 阅读器与摄像头，获取实时数据，采用数字孪生技术、加工任务执行状态的智能感知与预测方法，实现对加工单元运行状态的实时监测与预测，具体监测和预测数据如图 6-22、图 6-23 所示。其中，机器人可监测获取关键坐标位置、关节速度、电机速度、夹爪状态、夹爪气压、夹爪行程和工件工序，机床可监测获取加工位置、订单状态、主轴转速、进给速度、切削功率以及代码运行状态等。

依据监测数据，可视化获取状态的扰动信息，如五轴加工中心功率的变化曲线、装备的历史使用率和使用时长、装备的突发故障等。同时，可以预测即将产生的扰动，如装备利用率变化、刀具磨损状态等。基于历史运行统计数据，可对加工单元中的装

备、刀具等进行日常预防维护和零部件计划性替换。基于预测数据，可实现对加工单元预测性任务的动态调度，以及刀具在线及时补偿或停机更换等。同时，基于实时监测数据，也为扰动发生后的事后维护提供有效的数据分析支撑。

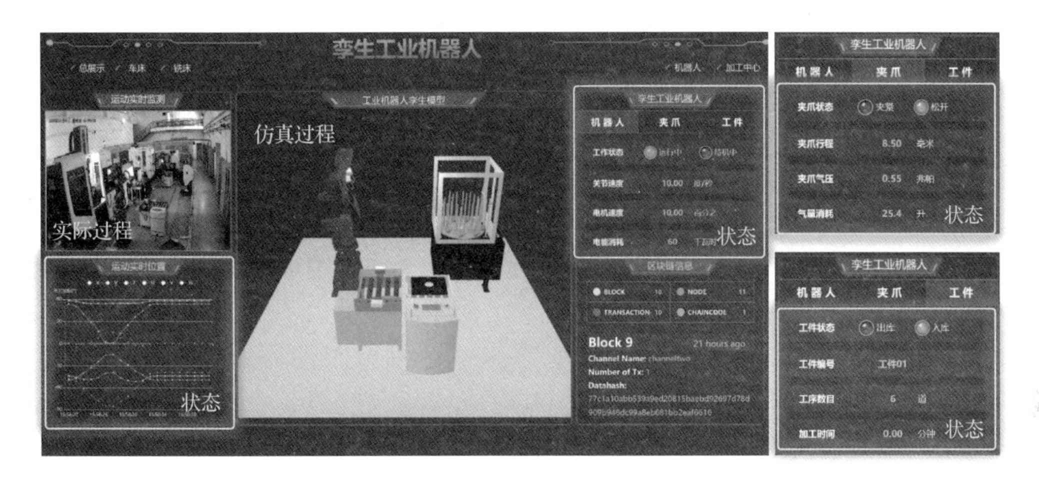

图 6-22　工业机器人的运行状态信息监测

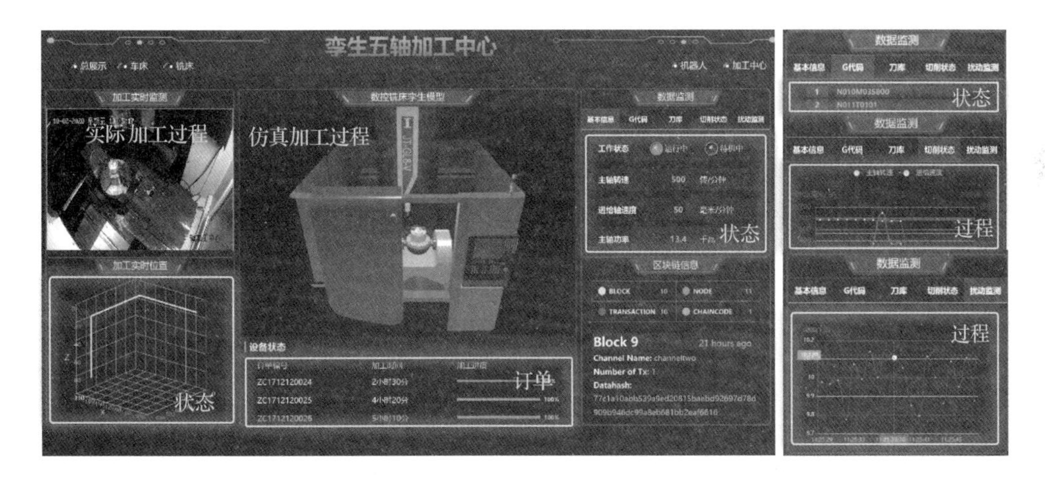

图 6-23　五轴加工中心装备的运行状态信息监测

综上所述，智能加工单元模块的运行保障过程涉及事后维护、预防维护和预测维护，旨在通过对生产工艺过程的动态数据监测、分析和调度，及时调整生产任务、补偿或更换刀具、替换或修理零部件装备、改变生产加工参数等，以应对正在发生的或即将发生的扰动，避免扰动对单元模块整体运行状态的影响。

思考题

1. 简述智能装备与产线单元模块运行保障的基本方法和流程。

2. 简述事后维修、预防维修和预测维修的联系和区别。

3. 为什么在预防维修保障的基础上提出预测维修保障？有什么优势和应用？

4. 数控机床有哪些常见的维护维修策略？简要说明不同策略的使用范围以及注意事项。

5. 为什么在考虑典型装备运行保障的基础上仍然需要考虑单元模块的运行保障？有什么意义？

第七章 综合实训

通过本章五项综合实训，掌握智能装备与产线单元模块的安装、调试方法及流程，形成智能装备与产线单元模块安装和调试方面的应用技能与工程问题解决能力。

- **职业功能：** 智能装备与产线应用。
- **工作内容：** 设计智能装备与产线单元模块的安装、调试和部署方案；安装、调试、部署和管控智能装备与产线的单元模块。
- **专业能力要求：** 能进行智能装备与产线单元模块安装和调试的工艺设计与规划、工作流程的数字化设计，以及智能装备与产线单元模块的加工工艺编制与虚拟仿真调试；能进行智能装备与产线单元模块的现场安装和调试，以及标准化安全操作。
- **相关知识要求：** MES 应用；PLC 应用程序设计；三轴力传感器安装、数据采集、协议解析与数据存储；智能仓储单元的虚拟调试；智能仓储单元的集成与调试。

实训一　MES应用实训

1. 实验目的

拓展学生MES方面的理论知识，培养学生在制造企业生产运作与智能控制方面的应用技能与解决工程问题的能力，为机械工程领域培养优秀技术人才。

（1）解决有效和正确使用MES系统的问题。

（2）掌握在已有MES系统基础上进行二次开发，实现功能扩充的能力。

（3）掌握在已有MES系统基础上进行二次开发和工程实施的初步能力。

（4）训练开发MES系统的初级能力。

2. 实验设备

依托智能制造单元平台，进行MES应用综合实训，其中硬件包括：

（1）车床、加工中心。

（2）六自由度机器人。

（3）物流小车。

（4）智能料仓等。

软件包括MES系统、WMS物流管理系统、eM-Plant仿真软件等。

3. 实验内容

从涡轮叶片零件的工艺规划与加工制造需求出发，构建执行制造系统的几大功能模块。

（1）甘特图及其生产排程

具体实验背景：

①假设在某一作业车间中，n 个加工任务需要在 m 台机床上加工。

②每个任务包含多道工序，加工同一工序的机床有多台，工序的加工时间随机床的加工性能变化而变化。

③每台机床在任意时刻只加工一个任务。

④工件的工序在加工开始后不能中断。

⑤在同一台设备上，任务的开始时间不能早于前一个任务的完成时间。

具体实验内容：

规划每个任务的各道工序何时在何种设备上加工，使得 n 个任务的总完成时间最短。

（2）质量控制图与异常模式分析

具体实验背景：某一作业车间需要连续加工某一批次零件（涡喷发动机涡轮叶片），该种零件的加工工艺已知。

具体实验内容：

①按照零件的加工工艺，确定工艺的关键工序，并配置相应的测量设备到对应的加工机床，从而对零件的关键加工参数进行测量。

②通过取样法，连续测量多组质量数据，形成质量控制样本。

③编写计量型质量控制图，并将采集的样本作为程序输入，生成控制图曲线。

④计算工序的工序能力指数，根据控制图曲线的波动情况，建立控制图的异常模式分析模型，并对异常模式进行分析。

（3）在制品出库入库控制

具体实验背景：

①在某一作业车间中的一段较长时期内，存在多种在制品需要频繁地出入在制品库。

②每种在制品的体积不同，出库入库频率、库存时间不同。

③搬运和存储以托盘为单位。

④采用 RFID 实现对在制品出库入库的控制与跟踪。

具体实验内容：

①建立在制品存储和出库入库管理模型。

②编程实现上述模型，设计案例进行验证。

（4）制造数据库的建立与数据管理

具体实验背景：

①在某一作业车间内，随着加工过程的不断进行，会产生各种各样的制造数据。

②这些数据会应用到制造执行系统的各个方面，如质量控制、在制品控制、库存控制等。

③在制造执行系统的运行中，还会不断产生各种中间数据。

具体实验内容：

①分析制造执行系统运行过程中需要哪些数据。

②分析这些数据之间的关系，并建立与之对应的 E-R 图模型。

③在数据库（Access、MySQL 或 ORACLE）中建立对应 E-R 图的实体和属性表，确定属性变量类型。

④设计案例，并编写相应的数据库操作界面，将案例数据输入到数据库。

4. 实验步骤

（1）甘特图及其生产排程，如图 7-1、图 7-2、图 7-3 所示。

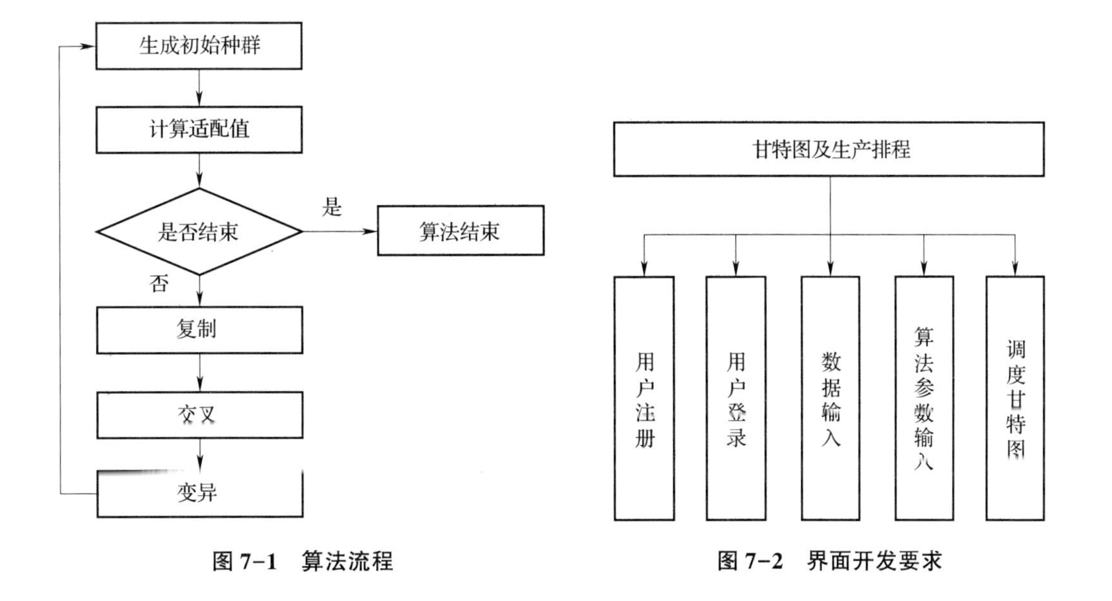

图 7-1　算法流程　　**图 7-2　界面开发要求**

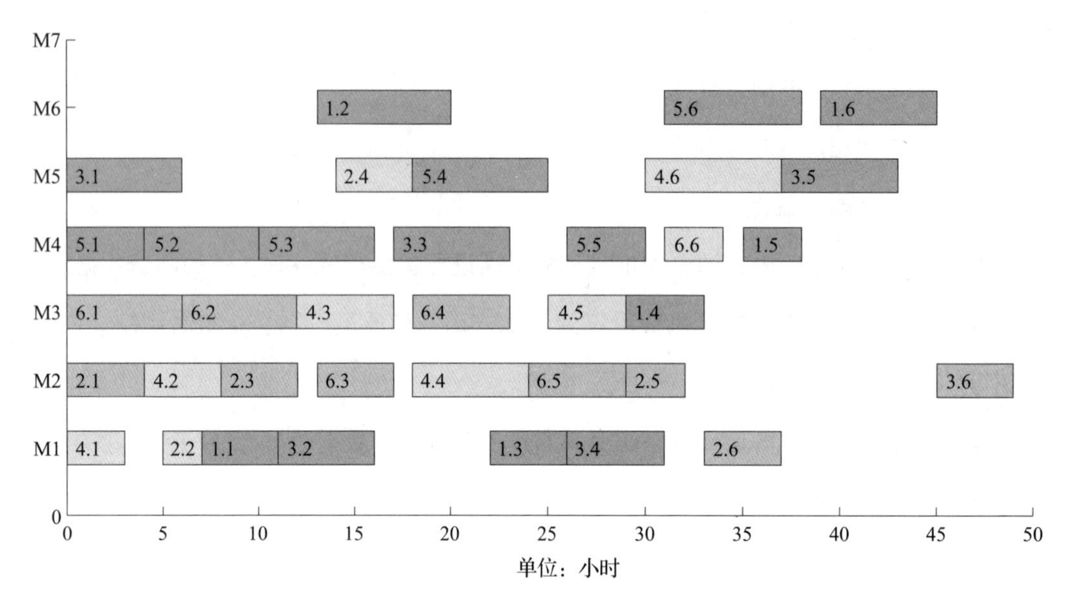

图 7-3　甘特图

①数学建模：从目标和约束出发，构建数学模型。

②算法求解：设计编码、解码、交叉、变异等，开发界面，生成调度方案（可用 matlab/C#/JAVA 等）。

③软件界面设计，如图 7-4 所示。

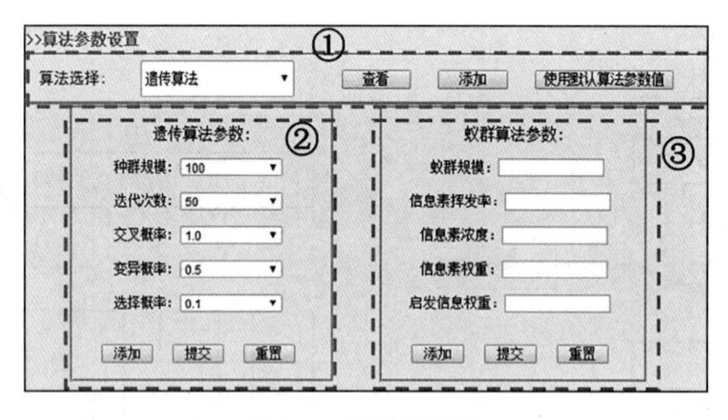

图 7-4　软件界面设计

④模型输入，如图 7-5 所示。

（2）质量控制图与异常模式分析，如图 7-6、图 7-7、图 7-8、图 7-9 所示。

①对象及数据：测量对象为有公差要求的 n 个叶轮的最大外径。

零件名称	图形	各工序在可用机器上的加工时间（min）					
		机床类型	加工中心 AL-105	加工中心 NEF400	加工中心 NTX1000	铣床 NXV603	车床 SL-403
			M_1	M_2	M_3	M_4	M_5
风扇叶片		工序1	—	—	9	—	—
		工序2	4	7	—	—	—
		工序3	—	6	13	—	—
		工序4	12	7	—	8	—
		工序5	—	8	—	—	11
高压小涡轮		工序1	10	—	8	—	—
		工序2	—	10	—	6	—
		工序3	—	—	—	7	—
		工序4	—	13	—	—	—
		工序5	—	11	5	—	8
低压叶环		工序1	12	9	—	—	—
		工序2	—	6	10	—	—
		工序3	5	—	—	—	3
		工序4	—	13	—	16	—
		工序5	8	—	—	11	—
低压涡轮		工序1	—	11	—	—	13
		工序2	5	—	7	—	9
		工序3	—	7	—	9	—
		工序4	6	—	—	10	15
		工序5	—	14	—	16	—
高压大涡轮		工序1	12	—	9	—	—
		工序2	—	11	—	—	9
		工序3	—	—	—	7	—
		工序4	—	13	—	14	—
		工序5	8	11	5	—	9

图 7-5 模型输入

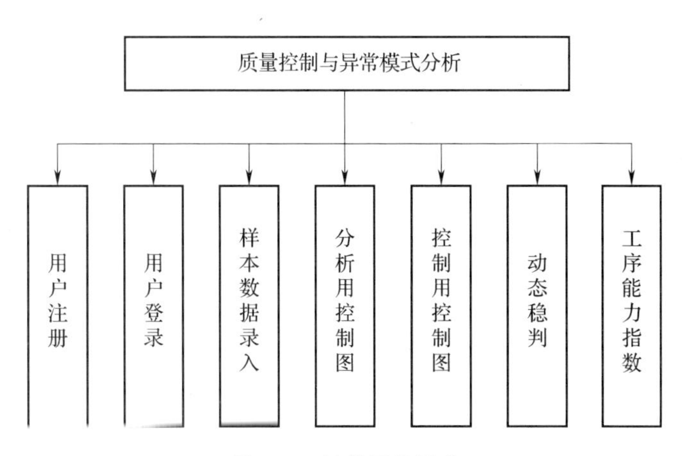

图 7-6 软件开发要求

②参数计算：涉及计算的参数有均值，方差，均值的上、下控制限，方差的上、下控制限，以及最终的工艺能力 Cp。

③项目软件开发。

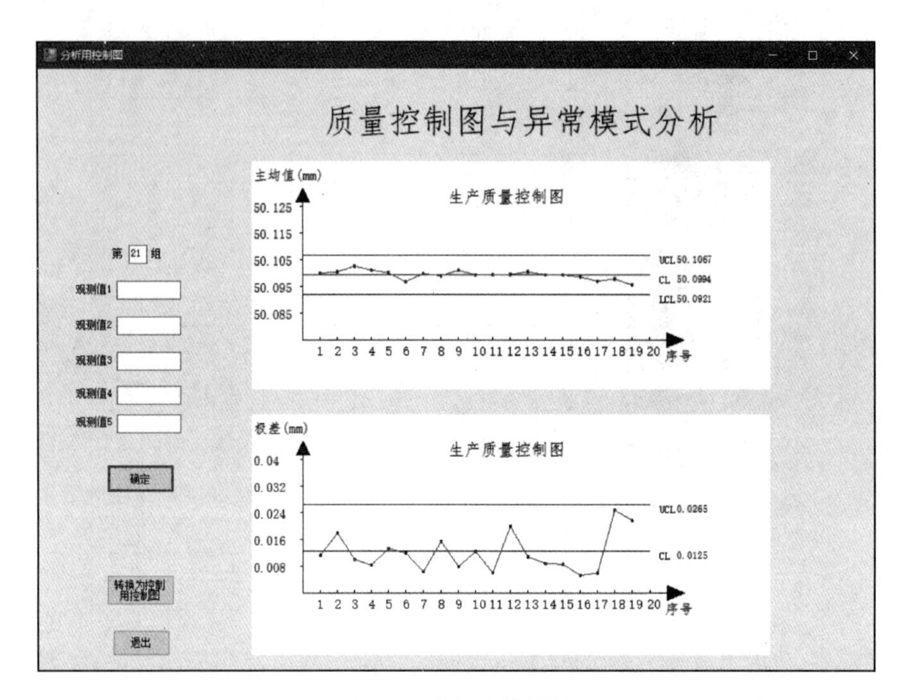

图 7-7　分析用控制图

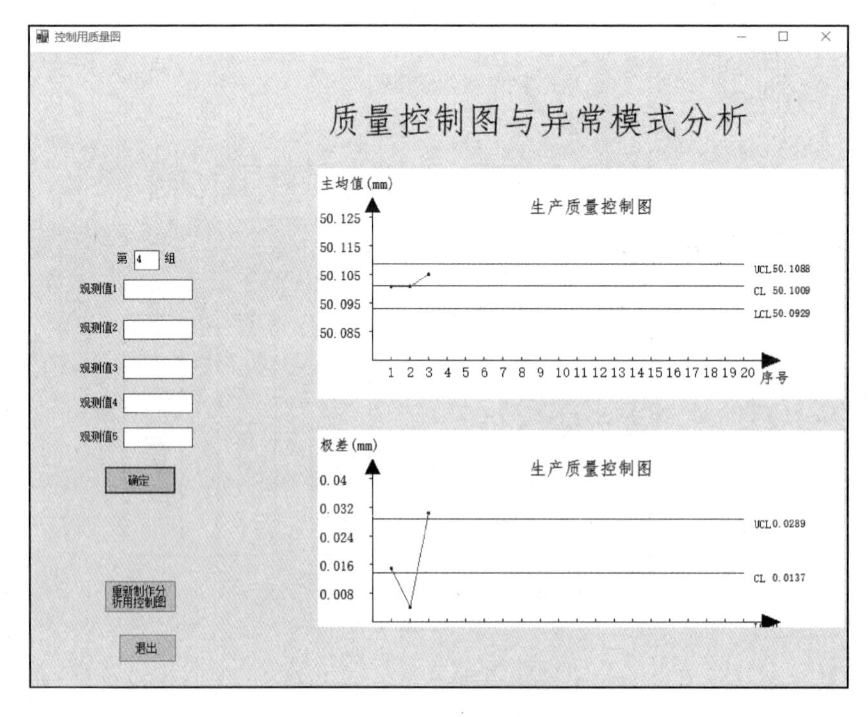

图 7-8　控制用控制图

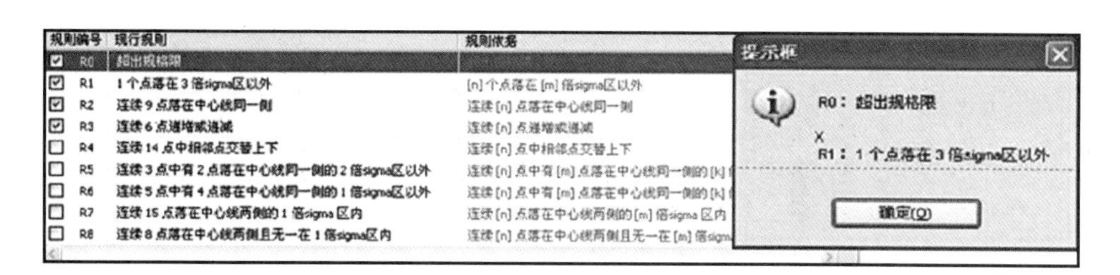

图 7-9　判稳规则控制限

（3）在制品出库入库控制，如图 7-10、图 7-11 所示。

图 7-10　RFID 天线及标签

图 7-11　八工位料仓

①对象及应用环境验证。

②RFID 控制原理，如图 7-12 所示。

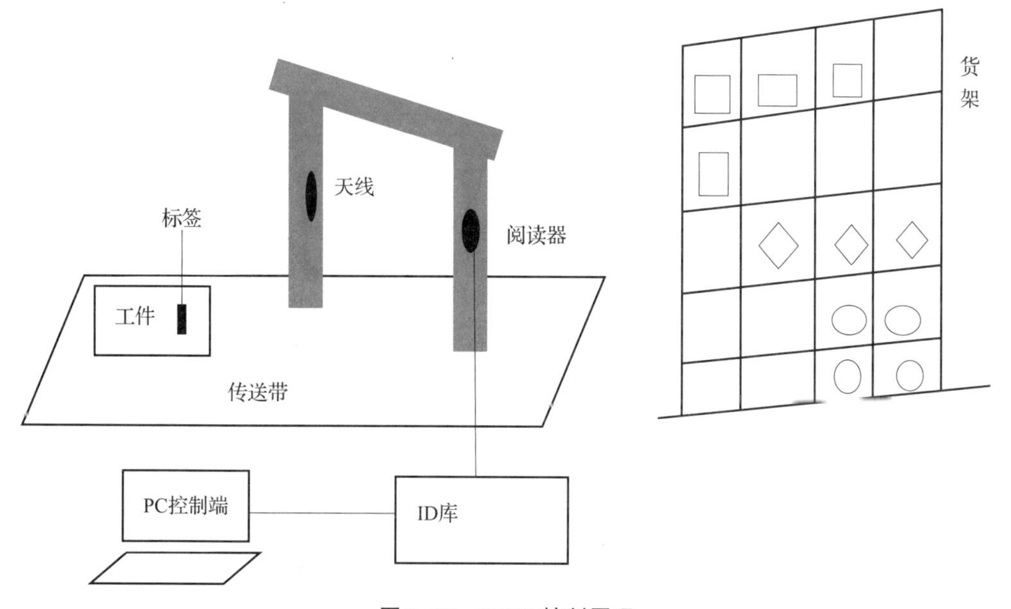

图 7-12　RFID 控制原理

（4）项目软件开发，如图7-13、图7-14、图7-15、图7-16、图7-17、图7-18、图7-19所示。

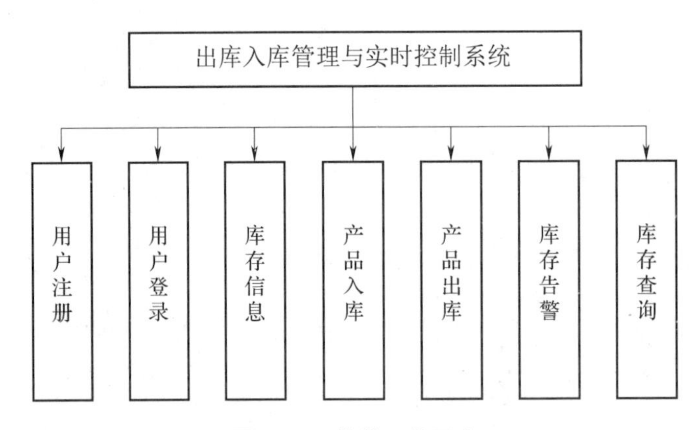

图7-13 软件开发要求

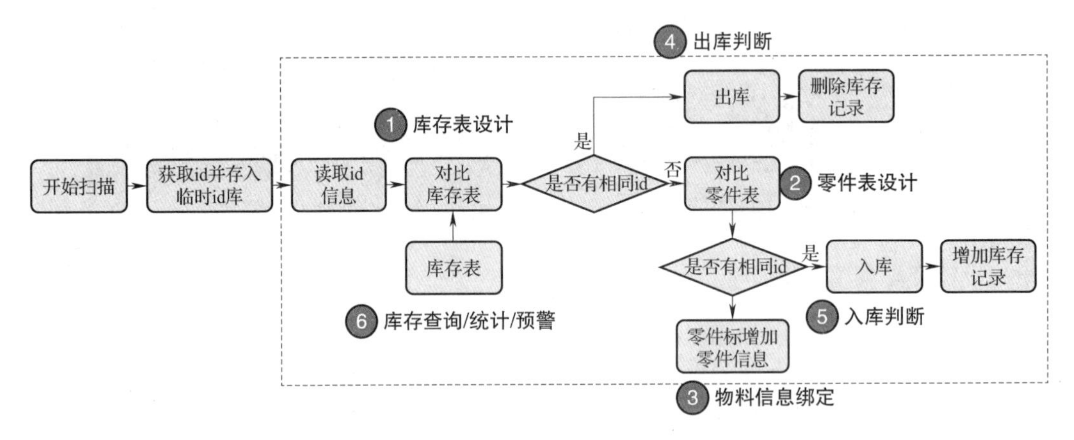

图7-14 实施流程

图7-15 软件主界面

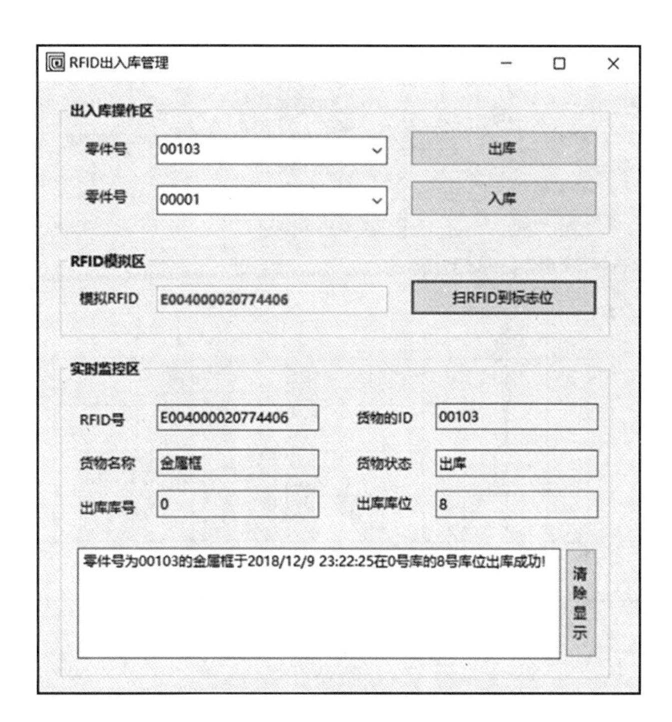

图 7-16 出库入库控制与跟踪

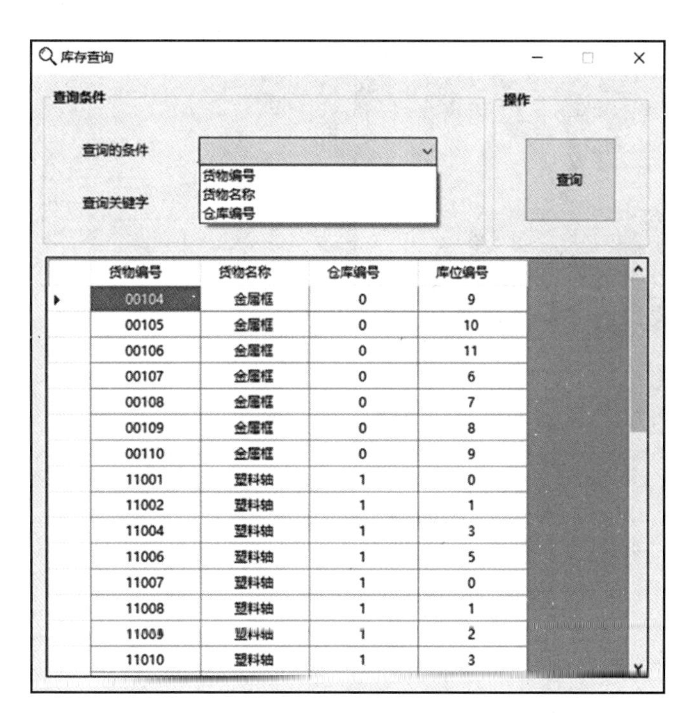

货物编号	货物名称	仓库编号	库位编号
00104	金属框	0	9
00105	金属框	0	10
00106	金属框	0	11
00107	金属框	0	6
00108	金属框	0	7
00109	金属框	0	8
00110	金属框	0	9
11001	塑料轴	1	0
11002	塑料轴	1	1
11004	塑料轴	1	3
11006	塑料轴	1	5
11007	塑料轴	1	0
11008	塑料轴	1	1
11009	塑料轴	1	2
11010	塑料轴	1	3

图 7-17 物料查询

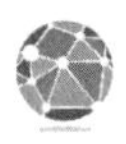

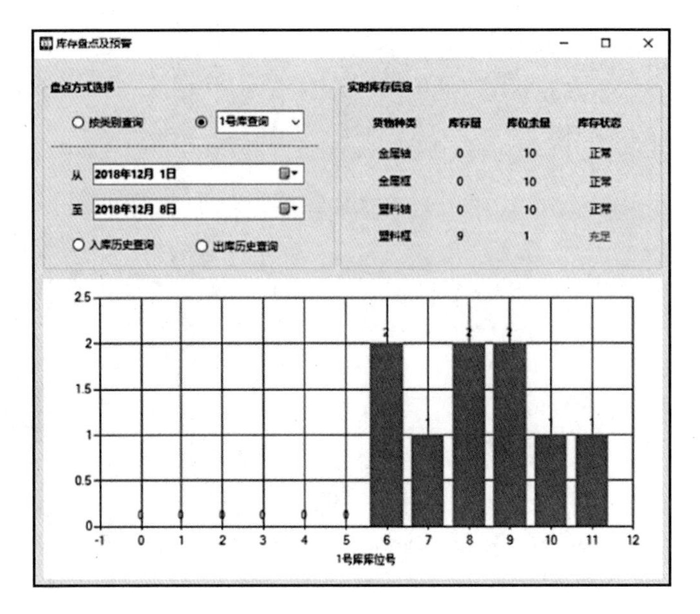

图 7-18　库存盘点

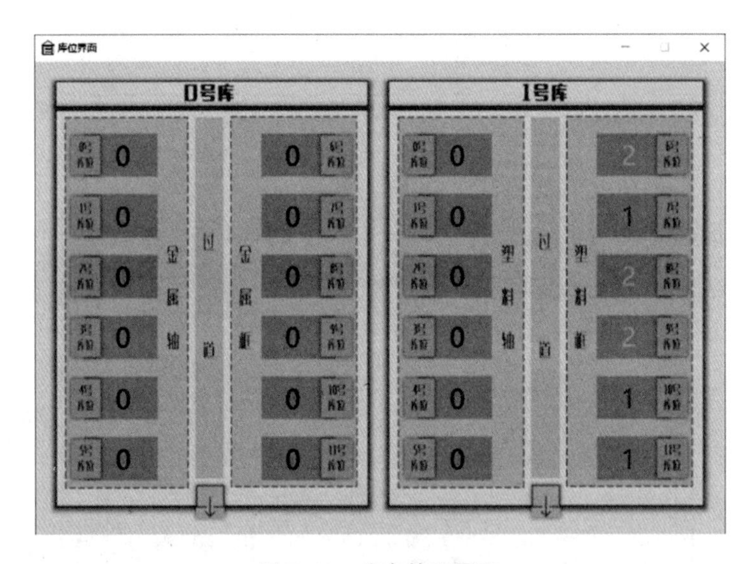

图 7-19　库存管理界面

技术难点：

①RFID 如何获取在制品标签 id 及如何存入 id 库。

②库存区域的划分、出库入库规则设计。

③库存表及零件表的设计（物料名称、库位、规格尺寸等信息）。

④出库入库的判断。

⑤库存管理界面的设计。

（5）制造数据库的建立与数据管理

①明确平台内叶片生产过程中的制造数据，如图 7-20 所示。

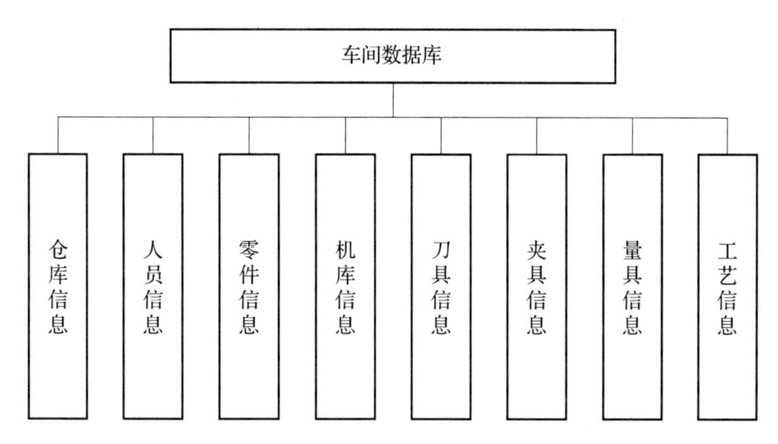

图 7-20　叶轮生产过程中的制造数据

②建立数据间的 E-R 图。

③设计数据库并开发管理软件（具备添加、删除、修改、模糊查询、联动查询、信息关联等功能），如图 7-21、图 7-22 所示。

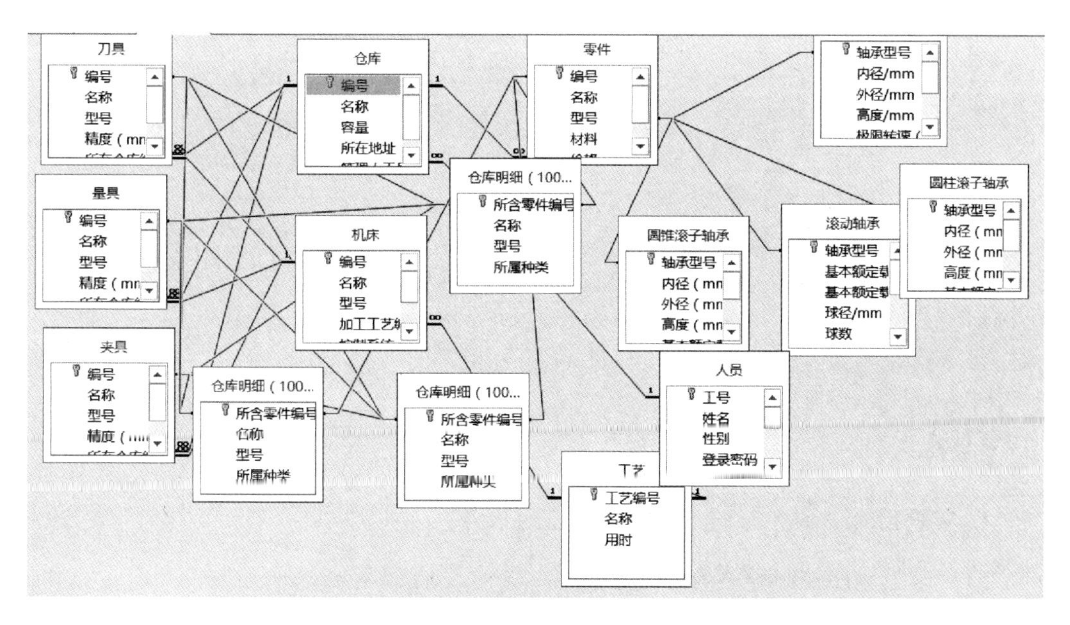

图 7-21　数据库设计

图 7-22 管理软件开发

5. 思考及分析

（1）MES 各功能子系统之间如何集成？

（2）如何提升 MES 的可配置性、可重构性和可扩展性？

（3）如何增强 MES 的实时性？

实训二 PLC 应用程序设计实训

1. 实验目的

（1）掌握顺序控制程序的设计方法。

（2）学习 TIA 博图软件基本使用方法。

（3）掌握基于博图软件的硬件设备组态与通信。

（4）掌握 PLC 的编程与调试方法。

2. 实验设备

依托智能制造装配实训平台进行 PLC 应用程序设计实训，如图 7-23 所示。主要实验设备如下：

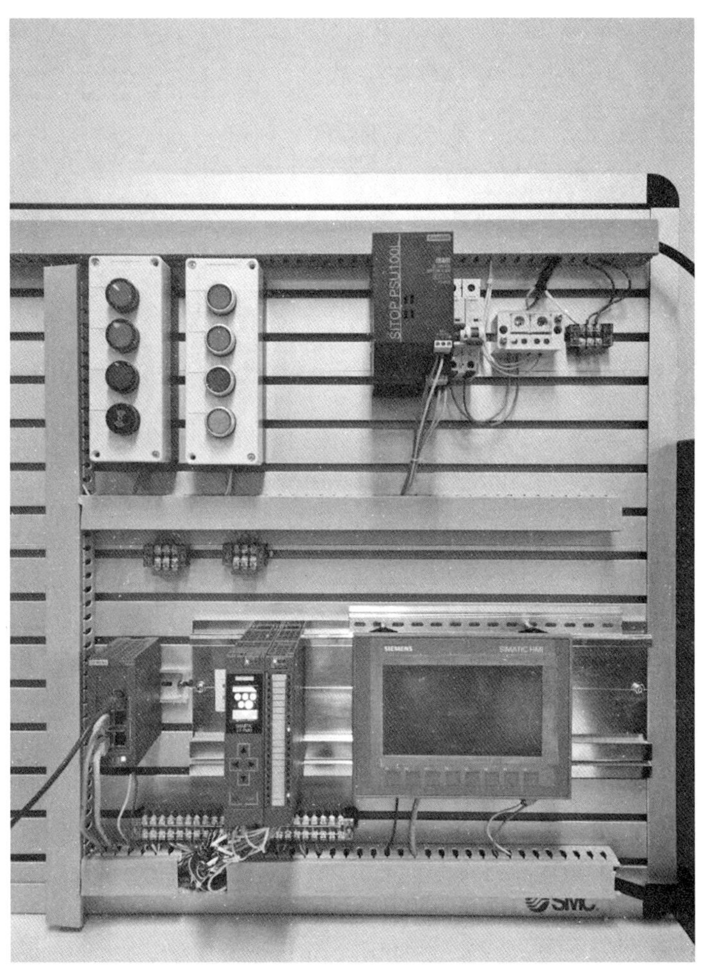

图 7-23　PLC 调试实验台

1511T-1 PN 型 PLC 及通信电缆	1 套
安装有 TIA 15.0v 软件的计算机	1 台
输入模块 DI 16×24 V BA	1 个
输出模块 DQ 16×24 V DC/0.5 A BA	1 个

电源 PM 190 W 120/230 V AC　　1 个

按钮　　4 个

指示灯　　3 只

蜂鸣器　　1 只

3. 实验内容

（1）模拟输入 3 种报警：跳闸、堵塞、超时报警。

（2）自动状态下 A 灯亮、手动状态下 B 灯亮。故障状态时 A/B 灯状态不变，C 灯与蜂鸣器同步闪烁，直到按下复位按钮后停止闪烁（蜂鸣器闪烁频率为 25 Hz，可以设置）。

4. 实验步骤

（1）分析控制要求

输入信号有 4 个：跳闸报警、堵塞报警、超时报警、复位报警。

输出信号有 4 个：自动运行指示灯，手动运行指示灯，故障报警指示灯，蜂鸣器。

分析实验给定硬件设备：1511T-1 PN 型 PLC，16 个点数的输入模块 DI 16×24 V DC，16 个点位的输出模块 DQ 16×24 V DC，硬件设备完全满足控制系统要求。

（2）硬件设计

根据故障报警的控制系统要求设计如表 7-1 所示的 I/O 分配表，其 I/O 接线图如图 7-24 所示。PLC 外部接线图左边一排为输入，其中 I0. 0、I0. 1、I0. 2、I0. 3 分别与 SB1、SB2、SB3、SB4 相连，右边一排为输出，其中 Q0. 0、Q0. 1、Q0. 2、Q0. 3 分别与 L1、L2、L3、L4 相连。

表 7-1　　I/O 分配表及注释

输入	注释		输出	注释	
I0. 0	SB1	跳闸按钮	Q0. 0	L1	A 灯（自动）
I0. 1	SB2	堵塞按钮	Q0. 1	L2	B 灯（手动）
I0. 2	SB3	超时按钮	Q0. 2	L3	C 灯（报警）
I0. 3	SB4	复位按钮	Q0. 3	L4	蜂鸣器

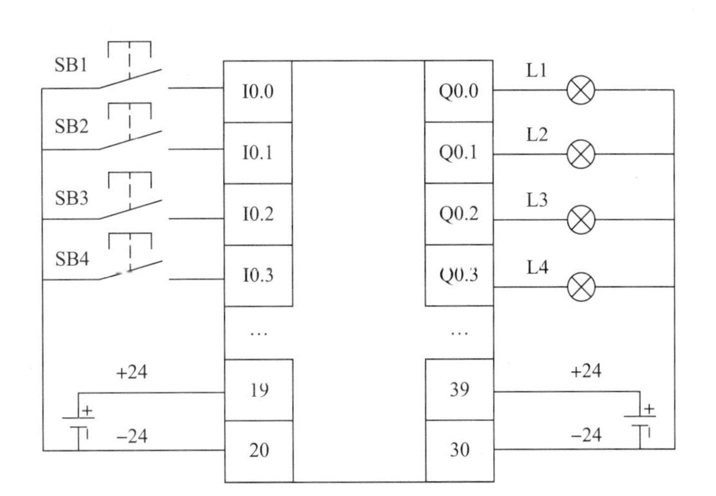

图 7-24 I/O 接线图

（3）软件设计

①硬件组态。硬件组态就是将系统所需要的 PLC 模块，包括电源、CPU，输入输出模块、通信模块等进行配置，并给每个模块分配物理地址。本实训中硬件包括 CPU 及输入、输出模块。

a. 创建新项目：打开博途软件，点击“创建新项目”，新项目名称为“局部报警硬件组态”，如图 7-25 所示。

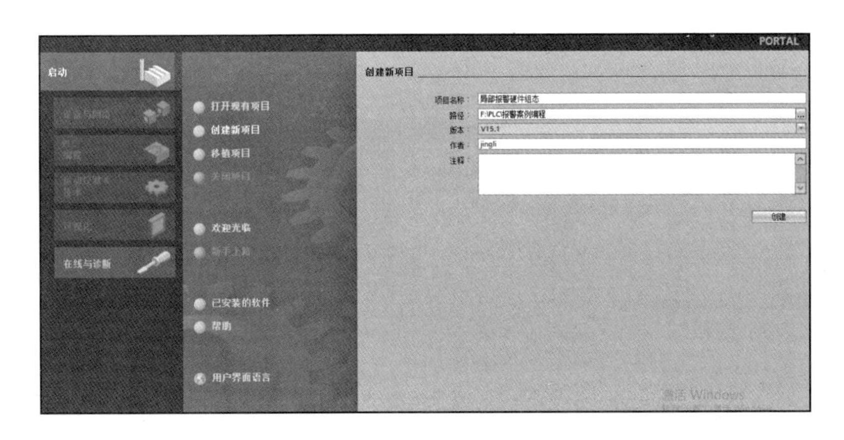

图 7-25 创建新项目

b. 添加硬件设备：在左侧的项目树中双击“添加新设备”对话框，然后打开分级菜单选择需要的 CPU 类型，CPU1511T-1 PN 中的 6ES7 511-1 TK01-0AB0 型号，输入模块型

号：DI 16×24 V DC HF，如图 7-26 所示；输出型号模块：DQ 16×24 V DC/0.5 A BA，将上述硬件模块添加到中央机架上，如图 7-27 所示。

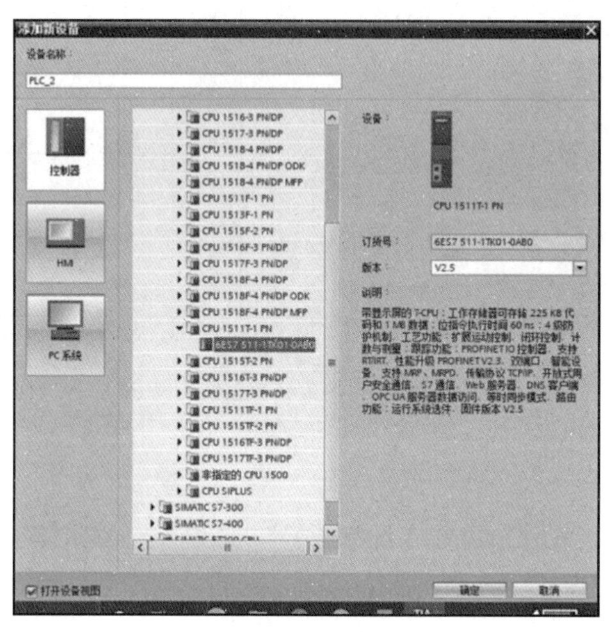

图 7-26　选择控制器

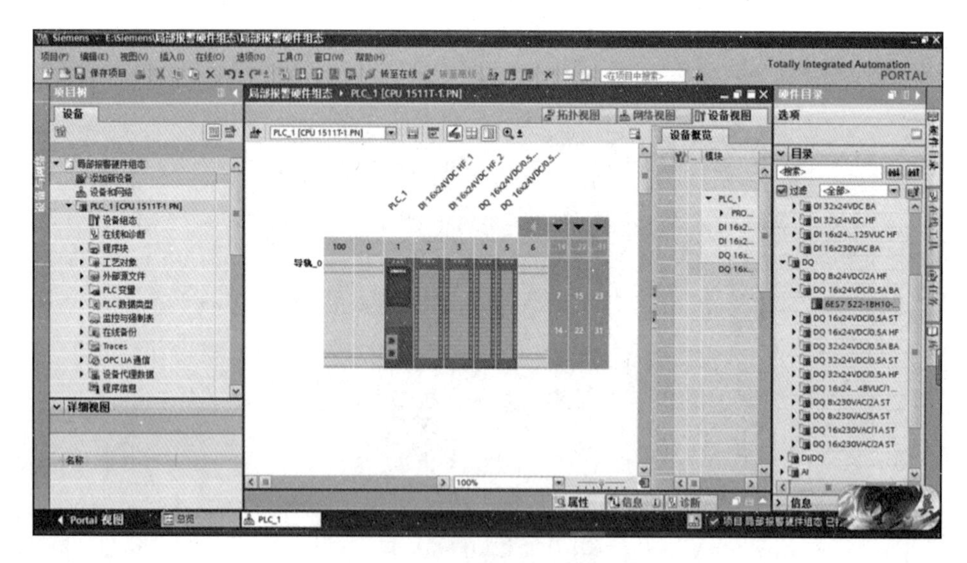

图 7-27　中央机架添加硬件设备

c. 定义以太网地址，更改 PROFINET 接口，以太网地址与硬件 PLC 网址相同。

d. 在设备视图中，点击“属性”标签栏中的“设定以太网接口的 IP 地址”。软件

所在电脑的 IP 地址与硬件 PLC 网址匹配。

e. 在硬件 PLC 控制器的显示屏上查看其以太网地址为 192. 168. 1. 100，如图 7-28 所示。

图 7-28　PLC 以太网址

f. 更改博途软件所在电脑的 IP 地址为 PLC 同段网址，此处设定为 192. 168. 1. 198，如图 7-29 所示。

g. 启动虚拟调试功能，弹出图 7-30 所示的“扩展下载到设备”对话框，点击“开始搜索”按键，搜索结果如图 7-31 所示，通信连接已经建立。

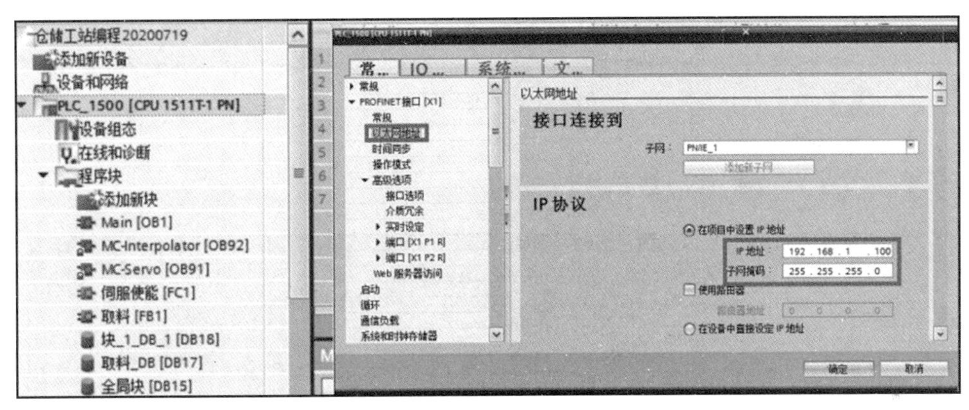

图 7-29　PLC 的 PROFINET 接口以太网地址

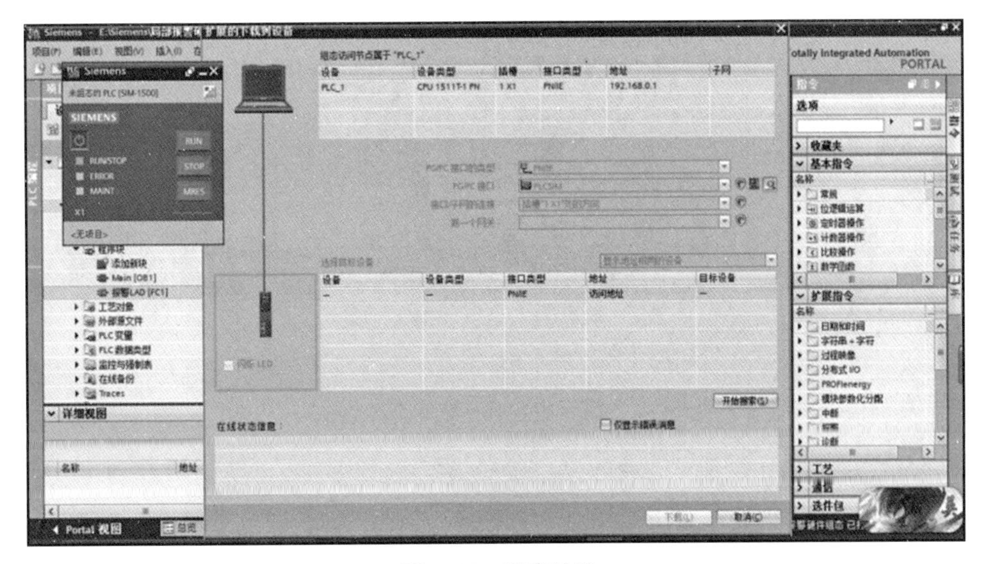

图 7-30　搜索地址

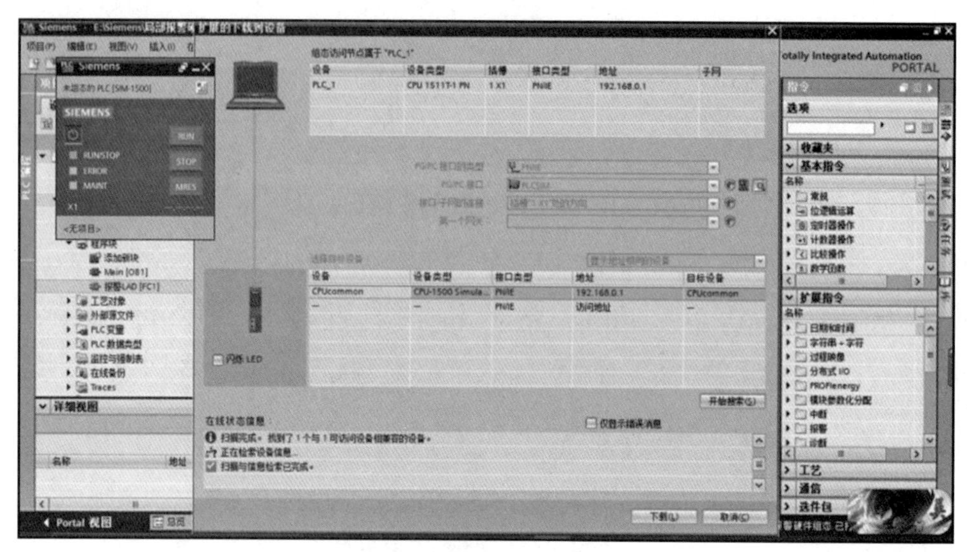

图 7-31　完成通信连接

②生成变量表。建立变量表如图 7-32 所示。

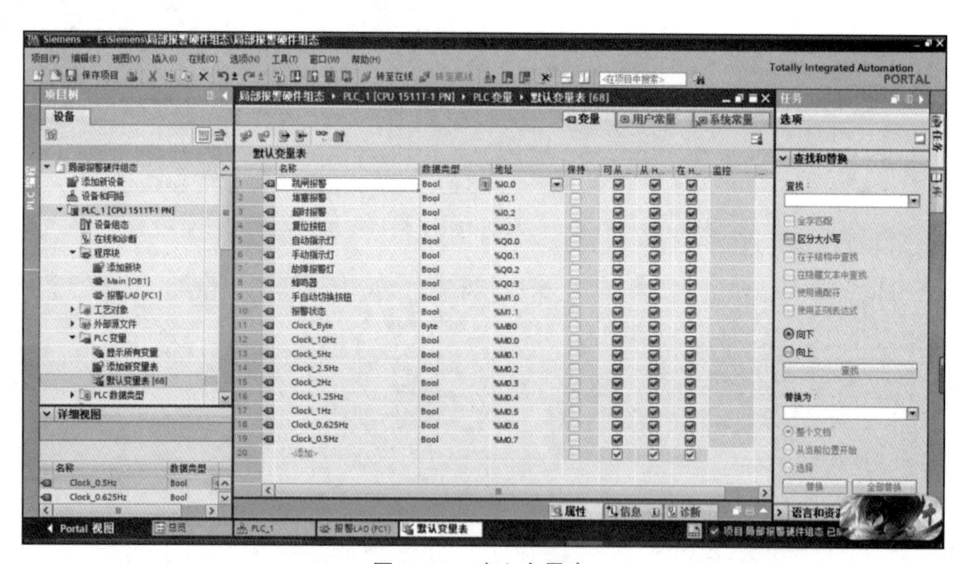

图 7-32　建立变量表

③编写程序。

a. 打开程序块，添加 FC 函数块，命名为“报警 LAD”，编程语言为 LAD，如图 7-33 所示。

b. 编写子程序：分别编写如图 7-34 所示的手自动状态梯形图、图 7-35 所示的报警状态梯形图、图 7-36 所示的报警指示灯闪烁梯形图。

添加新块
名称：
报警LAD
OB
组织块
FB
函数块
FC
函数
DB
数据块
语言：
LAD
编号：
手动
自动
描述：
函数是没有专用存储区的代码块。
更多信息...
其它信息
新增并打开(O)
确定
取消

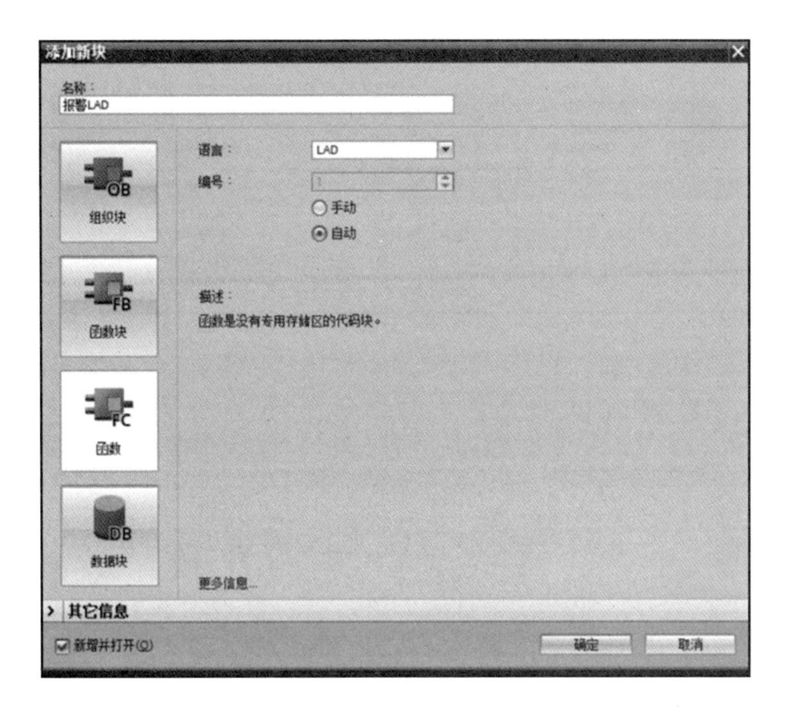

图 7-33 添加“报警 LAD”FC 函数块

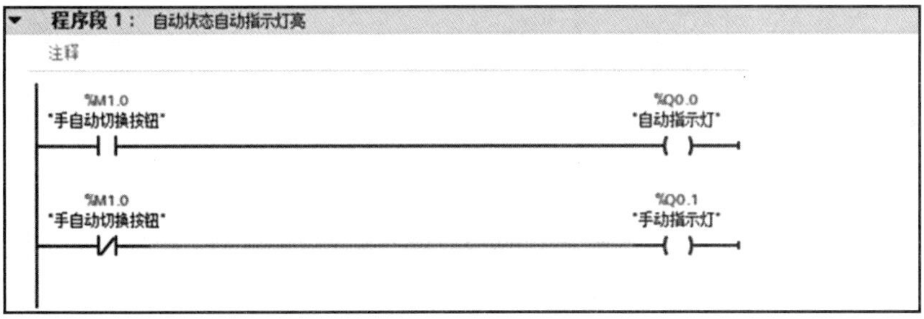
程序段 1： 自动状态自动指示灯亮
注释
%M1.0
"手自动切换按钮"
%Q0.0
"自动指示灯"
%M1.0
"手自动切换按钮"
%Q0.1
"手动指示灯"

图 7-34 手自动状态梯形图

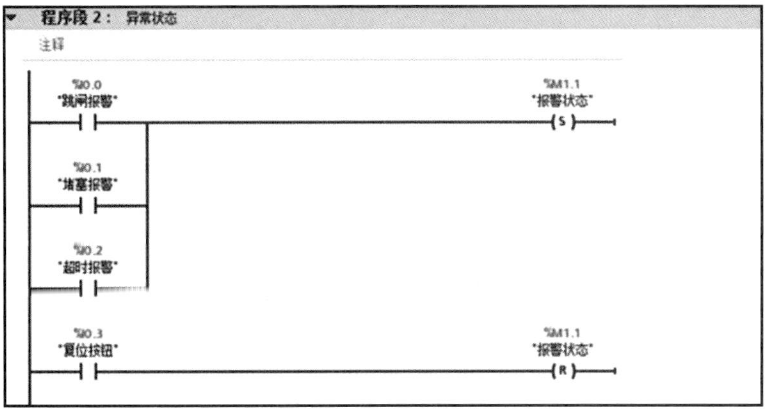
程序段 2： 异常状态
注释
%I0.0
"跳闸报警"
%M1.1
"报警状态"
S
%I0.1
"堵塞报警"
%I0.2
"超时报警"
%I0.3
"复位按钮"
%M1.1
"报警状态"
R

图 7-35 报警状态梯形图

程序段 3： 实现指示灯闪烁
注释
%M1.1
"报警状态"
%M0.2
"Clock_2.5Hz"
%Q0.2
"故障报警灯"
%Q0.3
"蜂鸣器"

图 7-36 报警指示灯闪烁梯形图

c. main 主函数调用子程序，如图 7-37 所示。

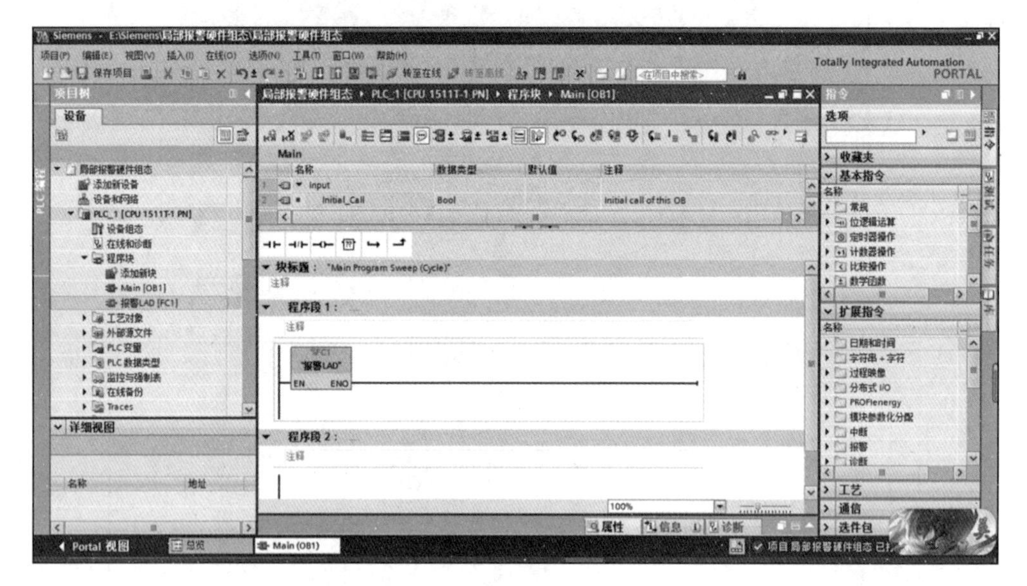

图 7-37 主程序调用各子程序梯形图

（4）PLCSIM 虚拟仿真及程序下载

①程序下载。点击程序下载按钮，弹出程序下载界面，如图 7-38 所示，点击“开始搜索”，搜索到硬件 PLC，如图 7-39 所示。进行下载前的必要检查，例如删除并替换下载设备中的系统数据，查看组态的离线设备与目标设备（在线）的项目版本是否相同等。

②下载完成，开始监视。打开设备“项目树”的分级菜单，点击“监控与强制表”，添加新监控表，开始监控，如图 7-40 所示。

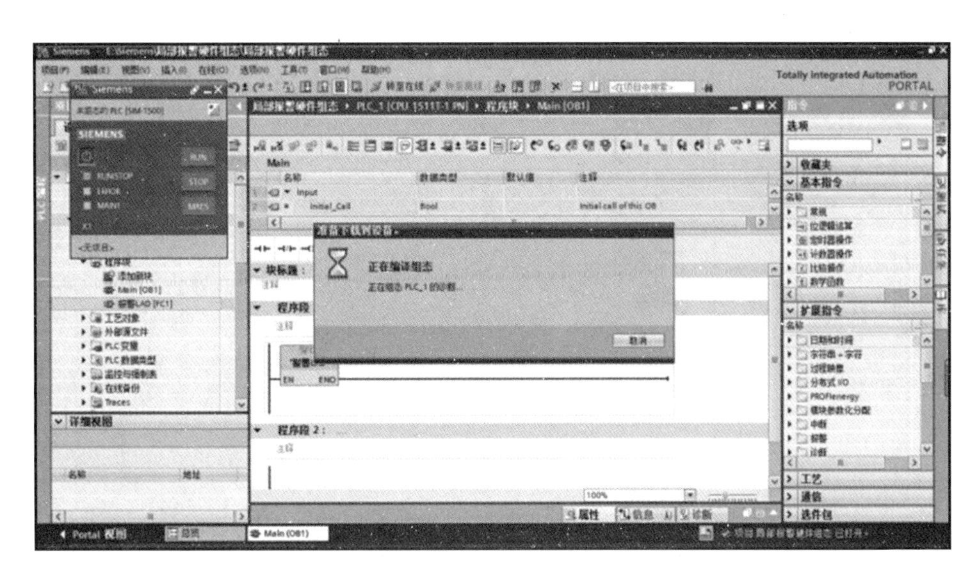

图 7-38　程序下载界面

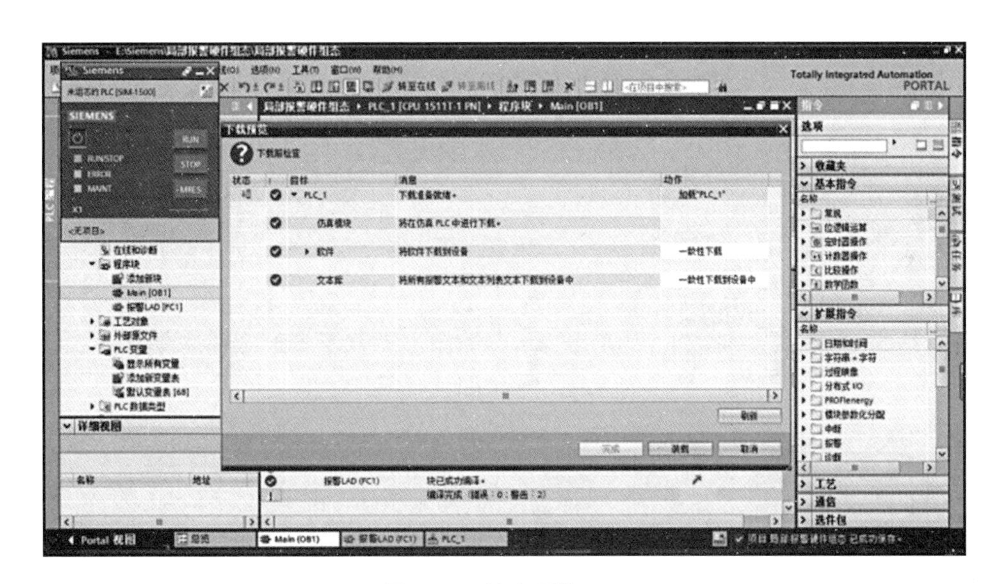

图 7-39　搜索硬件 PLC

（5）运行程序并调试物理设备

点击程序运行，如图 7-41 所示。手动指示 A 灯亮，将手自动切换按钮设为“1”，自动指示 B 灯点亮。按下按钮 I0.0（或 I0.1/I0.2）C 灯闪烁，如图 7-42 所示，按下复位按钮 I0.3 后，C 灯停止闪烁。

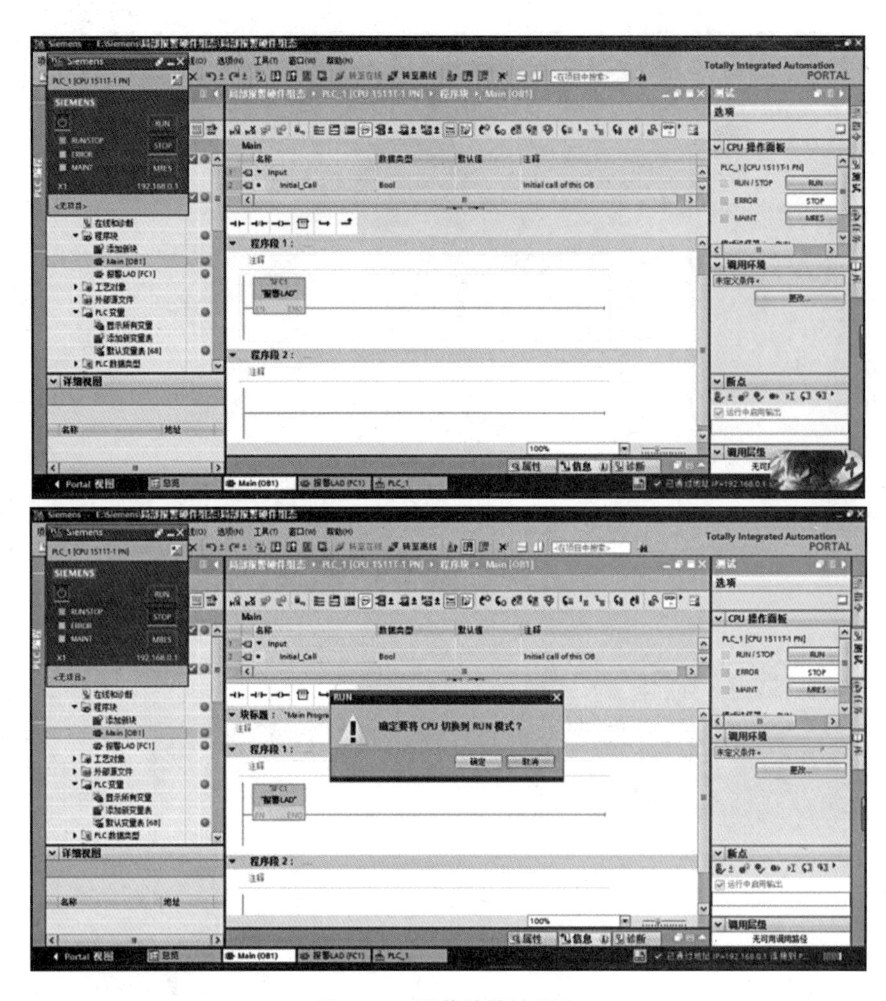

图 7-40　下载并监控程序

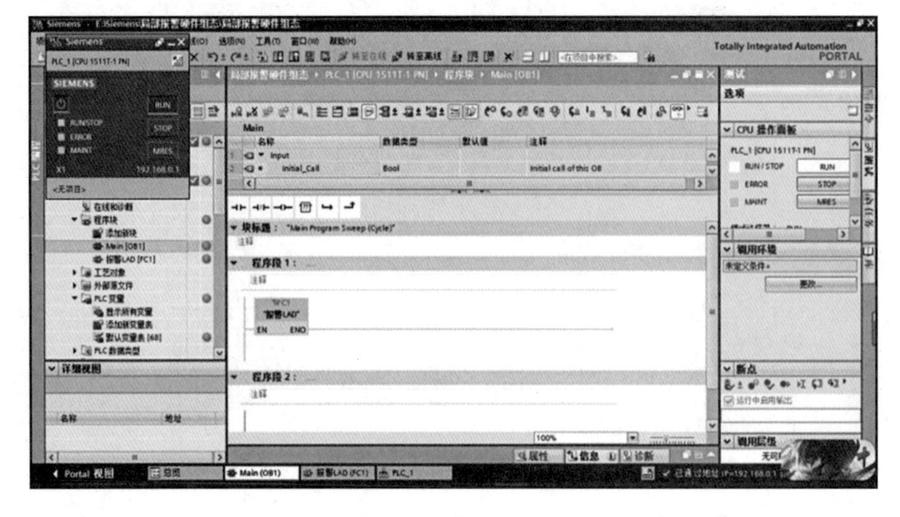

图 7-41　程序运行

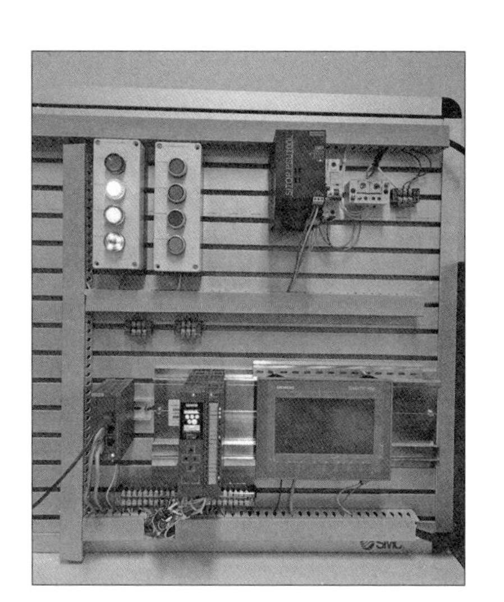

图 7-42　A/B、C 灯亮，蜂鸣器同步闪烁

设备组态、程序设计及程序运行已达到了系统设计要求。

5. 思考及分析

（1）简述可编程控制器 PLC 的系统结构。

（2）简述应用 TIA 博图进行设备组态的过程。

（3）PLC 输入输出端子与外部设备（如开关、负载）连接时，应注意哪些方面？

（4）通过上述实例实训，你认为学习和应用可编程控制器主要包括哪些方面？

实训三　传感器安装与数据采集存储实训

1. 实验目的

（1）掌握三轴力传感器的安装方法，并通过编程实现数据采集。

（2）通过三轴力传感器的协议解析方法实现数据存储。

2. 实验设备

依托某大学智能制造创新中心数字孪生制造单元平台，进行三轴力传感器安装、数据采集、协议解析与数据存储实训，主要的实验设备包括：

（1）三轴力传感器 1 台。

（2）PC 机 1 台。

3. 实验内容

（1）结合三轴力传感器使用场景，完成三轴力传感器的安装。

（2）编程实现 PC 机与三轴力传感器的通信，完成数据采集。

（3）通过协议解析方法解析三轴力传感器原始数据。

（4）将解析后的数据存储至本地数据库。

4. 传感器安装

（1）确定三轴力传感器的安装位置，以及接线的位置，避免接线过于复杂导致机床部分功能受阻。

（2）通过取下夹具两端的紧固螺栓（图 7-43），将机床原有夹具取下，便于安装三轴力传感器。

图 7-43　机床夹具螺栓

（3）由于 K3D160 三轴力传感器拥有与机床原有夹具相同的固定结构（图 7-44），将三轴力传感器以同样的安装方式固定在夹具原位置。在安装时注意数据线的走向，尽量保持与机床夹具的管道方向相同。

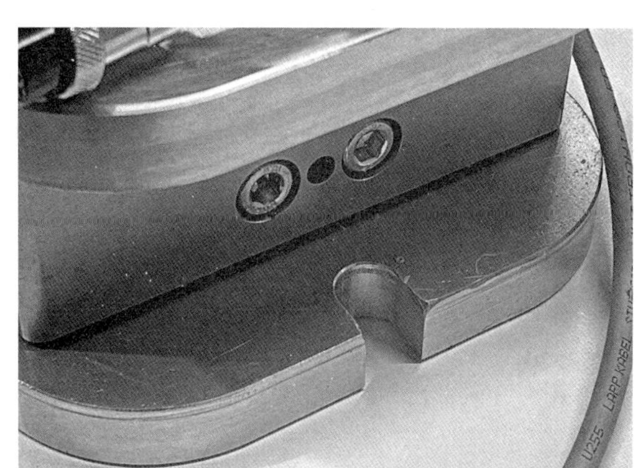

图 7-44　三轴力传感器安装结构

（4）根据三轴力传感器的图纸，通过三轴力传感器的上端部分与机床夹具固定端配套的结构，将机床夹具安装在三轴力传感器上端，两侧用螺栓进行固定，如图 7-45 所示。

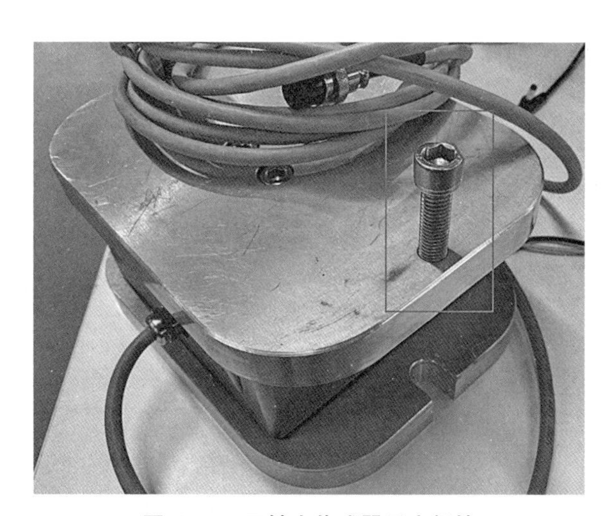

图 7-45　三轴力传感器固定螺栓

（5）安装完成之后，将对应的线路进行连接，最终状态如图 7-46 所示。

5. 数据采集

首先在电脑中正确安装并运行程序，打开电脑上的安装包，进行解压驱动采集板卡，然后进行安装驱动。

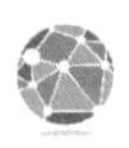

图 7-46　最终状态

将板卡插上 USB 线连接到电脑。这时候右下角一般会提示新的硬件正在安装或更新驱动程序，这里通常没有驱动，需要手动完成驱动的安装，过程如下：

依次点击控制面板→设备与打印机→（找到硬件接口）ARTDevice，单击右键属性，依次点击属性→硬件→改变设置→驱动程序→更新驱动程序，选择“浏览计算机”以查找驱动程序软件，找到 Driver 文件夹，点击确定，就可以完成硬件的驱动安装。

将采集安装程序解压为采集程序运行引擎，双击安装该文件夹中的 setup 程序，根据提示完成安装，如图 7-47 所示。

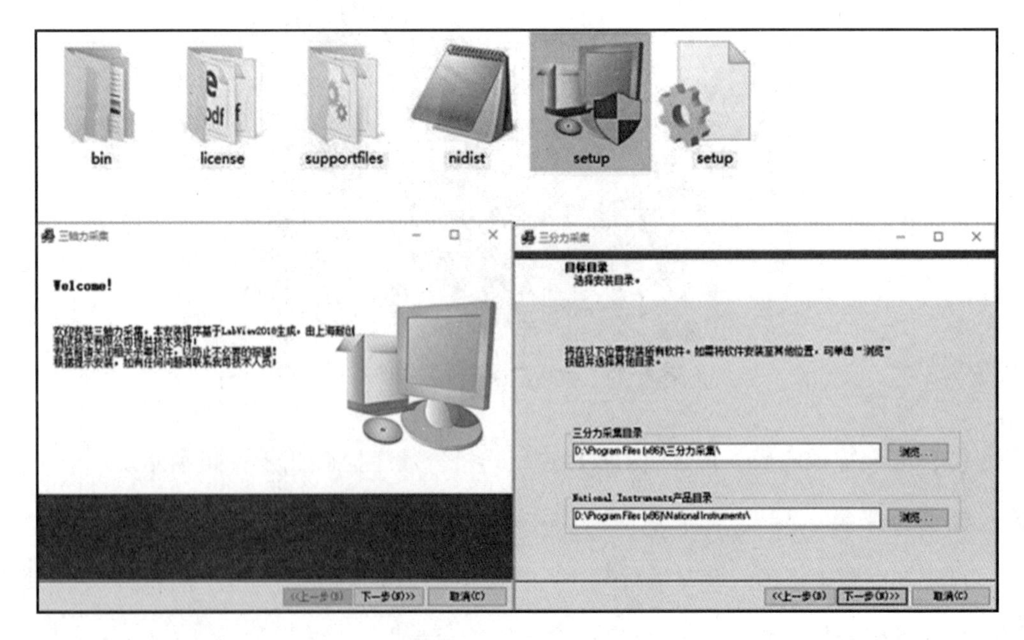

图 7-47　安装示意图

以上步骤完成了运行前的准备工作，重启电脑后生效。

安装过程中如有提示是否允许安装，选择“是”，允许安装，建议将三轴力采集安装在 C 盘之外的位置，以便程序获取写入数据权限。

安装完成之后，在开始菜单栏上会显示“三分力数据采集/FC3D-DAQ”，找到 FC3D-DAQ 快捷方式，将采集卡通过 USB 连上电脑，双击 FC3D-DAQ 程序，直接进入运行界面；如果驱动未安装好或者采集卡未连接，则界面会提示设备创建失败，请检查硬件；如果采集卡识别正常，则会直接进入运行界面。运行界面如图 7-48 所示。

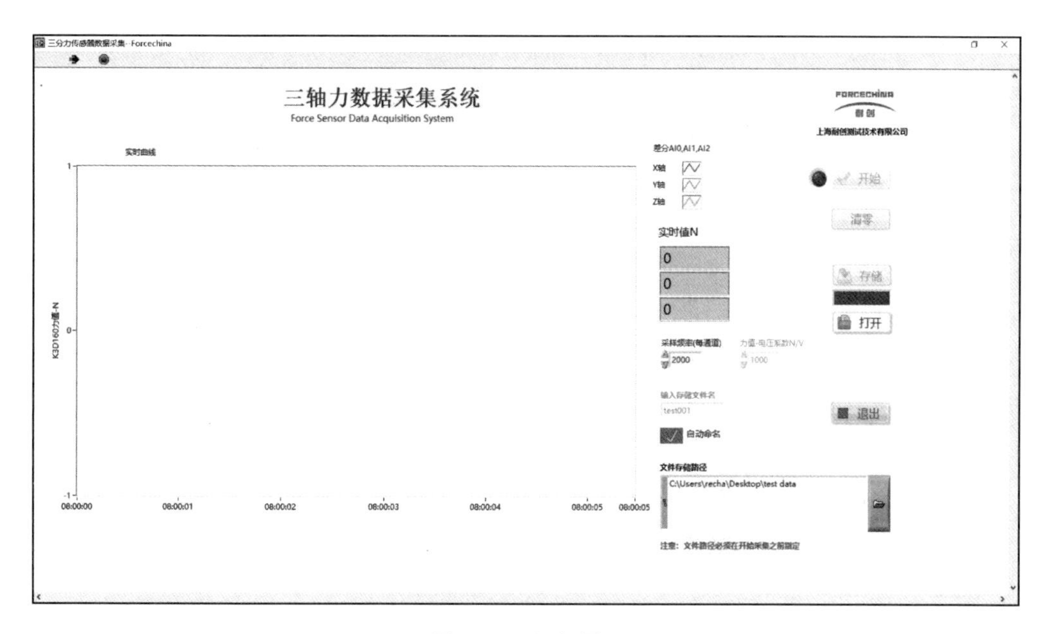

图 7-48　运行界面

软件安装完成，检查是否能够正常运行，若能正常运行，则可以开始数据的采集，操作步骤如下：

（1）退出运行操作：点击［退出］退出或者直接点击右上角关闭程序。

（2）开始采集操作：点击［开始］开始采集，开始采集之后可以进行［清零］操作和［停止］采集操作。

（3）开启文件存储：在运行状态下还未开始采集之前，点击［存储数据］，开启文件存储，再点击开始采集［开始］，那么此次采集到的数据会被保存在用户选择的文件存储路径下，数据采集过程如图 7-49 所示。

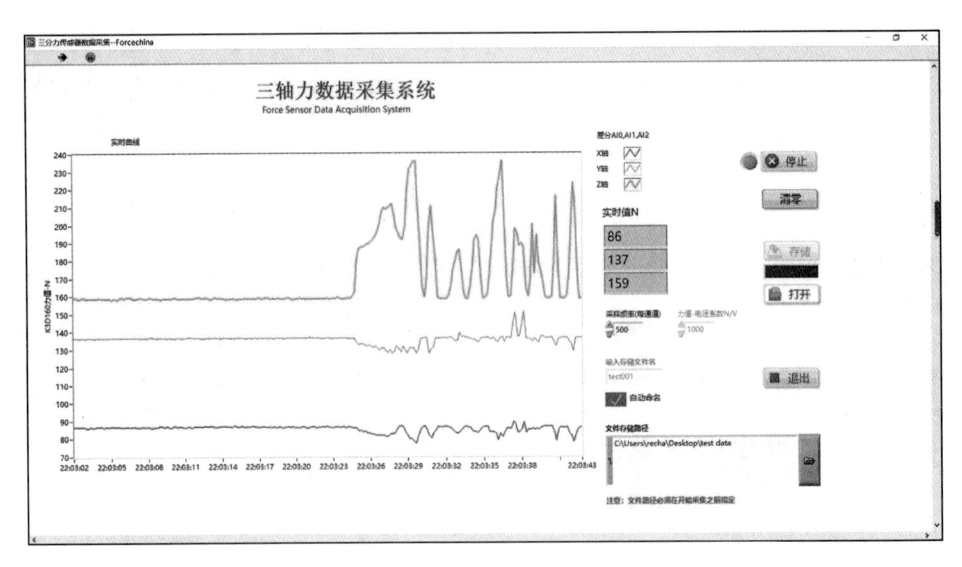

图 7-49　数据采集过程示意图

（4）打开查看测试数据：在运行状态下，我们可以通过［打开］按钮，找到文件存储路径，打开格式为 . TDMS 的文件，查看存储的数据，如图 7-50 所示。

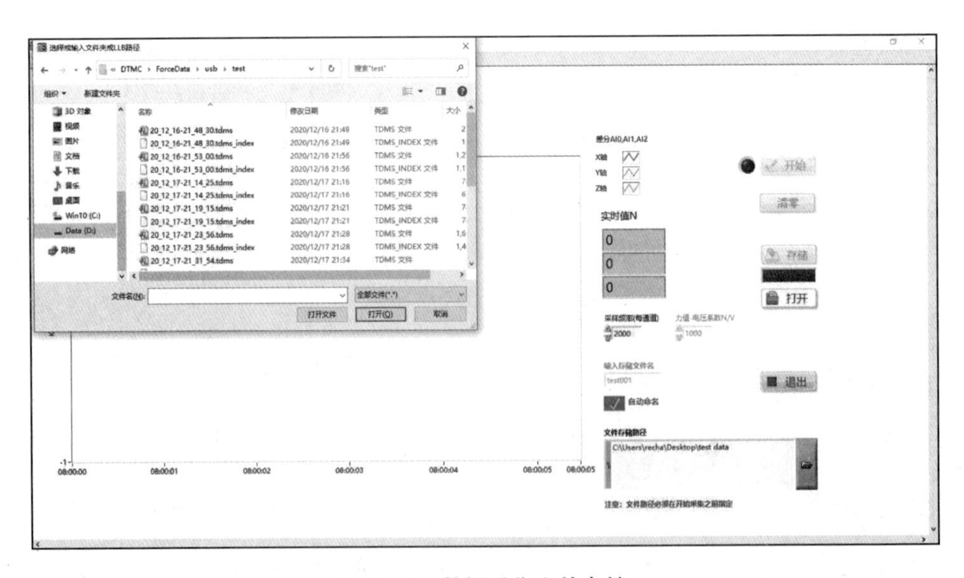

图 7-50　数据采集文件存储

至此，数据采集完成。

6. 协议解析

三轴力传感器表使用 Modbus RTU 通信协议，进行 RS485 半双工通信，读功能号 0x03，

写功能号 0x10，采用 16 位 CRC 校验，仪表对校验错误不返回，数据包间隔时间为 30 ms，如果接收数据包间隔时间超过 30 ms 则需重新发送命令。其数据帧格式见表 7–2。

表 7–2　　Modbus 数据帧格式

起始位	数据位	停止位	校验位
1	8	1	无

传感器数据传输过程中有异常应答时，返回数据帧的功能号为 0x84。例如：主机请求功能号是 0x04，当数据传输异常时，从机返回的功能号对应项为 0x84。传感器通信错误类型码有 0x01、0x02、0x03，当功能码为非法情况，说明传感器不支持接收到的功能号。错误类型码 0x01 为功能码非法，仪表不支持接收到的功能号，错误类型码 0x02 为数据位置非法情况，说明主机指定的数据位置超出传感器的范围；错误类型码 0x03 为数据值非法情况，说明主机发送的数据值超出传感器对应的数据范围。

对三轴力传感器可以进行读写操作，读取传感器数据的满量程的地址编码是 0x0001，报警值采用 32 浮点数（占用 4 个字节），占用 2 个数据寄存器。十进制浮点数 200. 0 的 IEEE-754 标准 16 进制内存码为 0x00004843。写入寄存器数据的满量程地址编码是 0x0001，回差值采用 32 位浮点数（4 字节），占用 2 个数据寄存器。十进制浮点数 220 的 IEEE-754 标准 16 进制内存码为 0x00005C43。

主机读取传感器数据与主机写入寄存器的编码格式见表 7–3、表 7–4。

表 7–3　　主机读取传感器编码格式

主机读取传感器编码							
1	2	3	4	5	6	7	8
表地址	功能号	起始地址高位	起始地址低位	数据字长高位	数据字长低位	CRC 码的低位	CRC 码的高位
0x01	0x03	0x00	0x01	0x00	0x02	0x95	0xCB

表 7–4　　主机写入传感器编码格式

主机写入传感器编码							
1	2	3	4	5	6	7	0
表地址	功能号	起始地址高位	起始地址低位	数据字长高位	数据字长低位	CRC 码的低位	CRC 码的高位
0x01	0x10	0x00	0x01	0x00	0x02	0x4A	0x92

三轴力传感器的协议解析是将传感器的十六进制数据转化为十进制数据，便于之后的存储与使用。按照 Modbus 所对应的帧结构，读取传感器的数据时，应该向从机发送的数据请求帧为：

请求帧＝｛01 03 00 01 00 02 95 CB｝

其中 01 代表从机地址，03 表示当前帧的功能为查询，00 01 表示寄存器的起始地址为 0x0001，00 02 表示查询的寄存器数量为 2，95 CB 为校验码。

收到的数据响应帧为：

响应帧＝｛01 10 00 01 00 02 4A 92｝

其中 01 表示回复响应数据的从机地址，10 代表其功能码，00 01 表示从机以寄存器地址 01 开始写数据，00 02 表示寄存器数量，共有 2 个寄存器，4A 92 是校验码。

解析后的数据如图 7-51 所示。

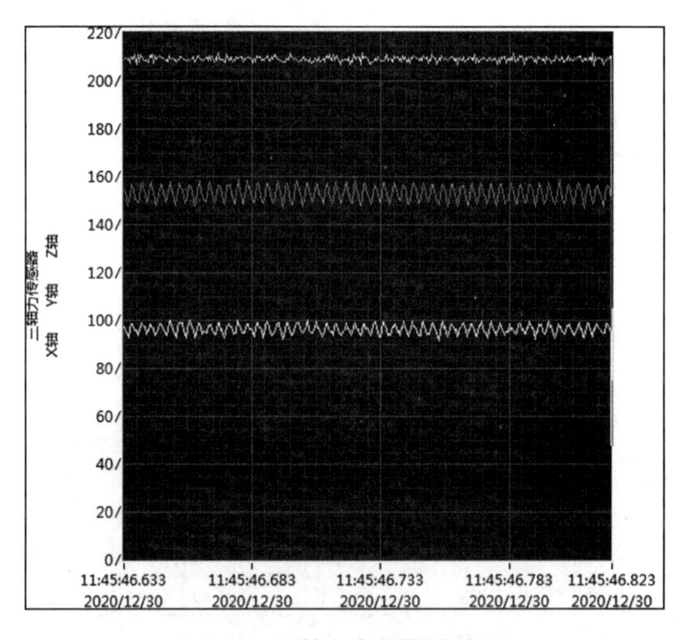

图 7-51　三轴力传感器数据解析

三轴力传感器 Modbus 协议的解析过程大致如下：通过首位数据确定发送对的地址，进而根据第二位数据确定本条数据帧的功能，之后根据输入的数据载荷确定其具体含义，最后基于 CRC-16 Modbus 校验其数据的完整性。

7. 数据存储

将传感器解析后的数据存储至数据库，涉及数据库的创建、数据表的建立，以及数据的存储 3 个过程。以开源关系型数据库 MySQL 为例，首先使用 SQL 语句建立传感器数据库“Sensor”，然后在该数据库中建立三轴力传感器的数据表“SensorForceData”，在该表中新建三轴力传感器的 3 个重要参数的表名：x 方向的力“posX”，y 方向的力“posY”，z 方向的力“posZ”，最后将解析后的数据存入数据库中，完成传感器数据存储。

代码 7–1　　　　　　　　数据库与数据表的建立

```
// 创建数据库
CREATE DATABASE Sensor;
// 在该数据中创建传感器数据表
CREATE TABLE IF NOT EXISTS ' sensorForceData' (
   ' posX'  VARCHAR(100) NOT NULL,  // x 方向力的数据
   ' posY'  VARCHAR(100) NOT NULL,  // y 方向力的数据
   ' posZ'  VARCHAR(100) NOT NULL,  // z 方向力的数据
   ' submission_date'  DATE,
   PRIMARY KEY ( ' posX'  )  // 以 x 方向力的数据位主键
)
// 设置字节编码格式为 UTF- 8
ENGINE = InnoDB DEFAULT CHARSET = utf8;
```

代码 7–2　　　　　　　　获取解析后的数据

```
// 建立 getData 方法读取解析后的数据
public static String getData(Socket socket) {
// 建立可变字符序列存储数据
        StringBuilder sn  =  new StringBuilder();
        String str = "";
```

```
// 初始化待输入数据,默认为空
          InputStream in = null;

// 使用 socket 通信方法获取数据
          try {
// 通过 socket 方法接收数据
                in = socket.getInputStream();
// 建立数组接收 8 位传感器数据
                byte[] by = new byte[8];

// 遍历已接收的数据
                int len = in.read(by);
                if (len > 0) {
                    for (int i = 0; i < by.length; i++) {
                        int a = by[i] & 0xff;
                        System.out.println(a);
                        String w = Integer.toHexString(a);
                        if(w.length() = = 1){
                            w = "0"+w;
                        }
                        sn.append(w);
                    }
// 输出已接收的数据
                    }else{
                        str = sn.toString();
                        System.out.println("str:"+str);
                    }
                }
```

代码 7-3　　　　　　　　　　数据存储

```
// 将传感器数据存入数据库,使用 map 存储数据
public HashMap<String,String> selectFromDb() throws SQLException,
UnsupportedEncodingException{

// 读取 MySQL 数据库中的数据,并建立连接
            sql = "select *  from sensor";
            Connection conn = getConnect();
// 将三轴力传感器数据存入 HashMap 中
            res = new HashMap<String,String>();
            try{
// statement 用来执行 SQL 语句
                statement = conn.createStatement();
// 执行 MySQL 的 SQL 语句的数据映射到结果集中
                ResultSet rs = statement.executeQuery(sql);
// 初始化三个坐标力的数据
                 = null;
                String posY = null;
                String posZ = null;
// 遍历结果集中的数据
                while(rs.next()){
                    String posX = rs.getString("posX");  // 选择 posX 这列数据
                    String posY = rs.getString("posY ");  // 选择 posY 这列数据
                    String posZ = rs.getString("posZ");  // 选择 posZ 这列数据
                    System.out.println(rs.getString("uid")+"\t"+topic+"\t"+text);
                                                            // 输出结果
                }
```

```
// 关闭数据库与数据库的连接
            rs.close();
            statement.close();
            conn.close();
        }catch(SQLException e){
            e.printStackTrace();
        }
        return res;
    }
```

实训四　智能仓储单元的虚拟调试

1. 实验目的

（1）了解智能制造单元数字孪生系统的构成。

（2）掌握智能制造单元的建模方法。

（3）掌握智能制造单元虚拟调试方法。

2. 实验设备

依托智能仓储单元平台，进行智能仓储单元的集成与调试实训，主要实验设备包括：

（1）计算机。

（2）Process Simulate 软件。

（3）TIA 博途软件。

（4）PLCSIM Advanced 软件。

3. 实验内容

（1）利用 Process Simulate 软件，根据提供的模型与运动要求完成智能仓储单元数字孪生模型的搭建。

（2）利用 TIA 博途软件编写 PLC 控制程序。

（3）建立 Process Simulate 与 PLCSIM Advanced、TIA 博途的通信，实现智能仓储单元的虚拟调试。

4. 实验步骤

（1）建立项目，定义运动机构

启动 Process Simulate 软件，依次点击 File>Disconnected Study>New Study，新建项目。

插入模型（jt 格式文件），依次点击 file > import /export > JT convert and insert CAD files，如图 7-52 所示。点击 Add，选中要分析设备的三维模型，点击打开，在弹出的 file import settings 对话框中，将 base class 设置为 Resource 类型，并作为 component 插入，如图 7-53 所示。完成插入模型，如图 7-54 所示。

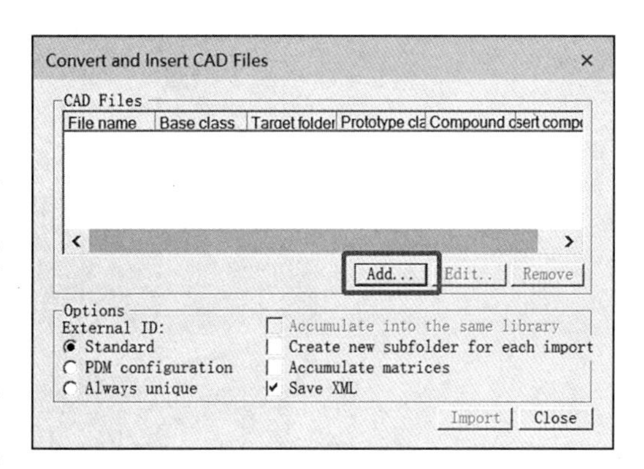

图 7-52　添加模型

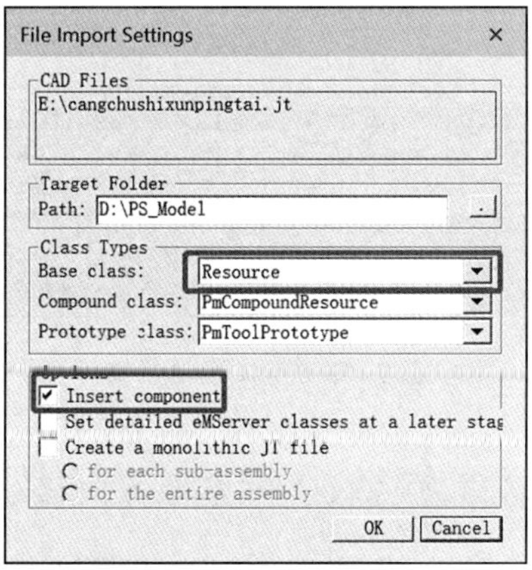

File Import Settings
CAD Files
E:\cangchushixunpingtai.jt
Target Folder
Path: D:\PS_Model
Class Types
Base class: Resource
Compound class: PmCompoundResource
Prototype class: PmToolPrototype
Insert component
Set detailed eMServer classes at a later stag
Create a monolithic JT file
for each sub-assembly
for the entire assembly
OK
Cancel

图 7-53　插入模型设置

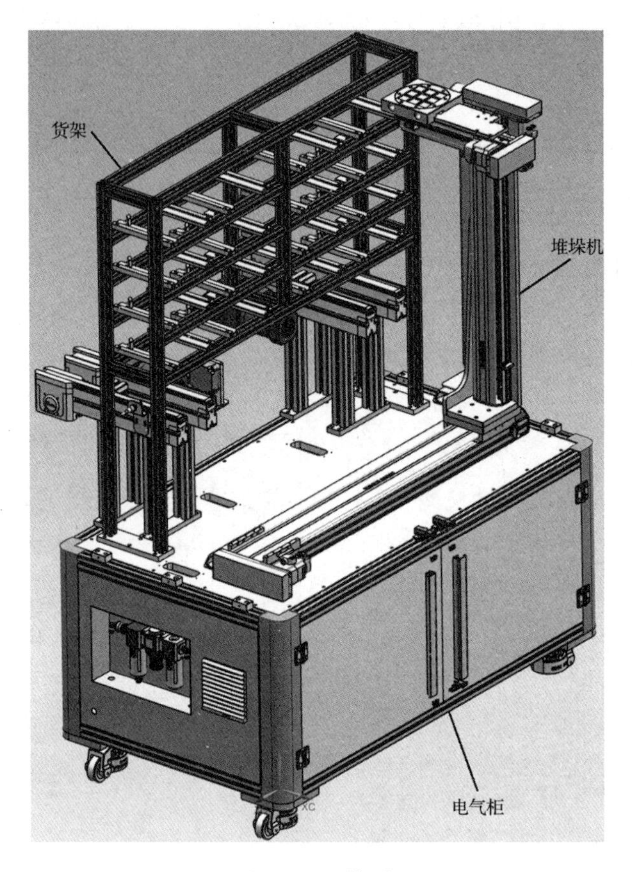

图 7-54　模型

设置运动机构，选中堆垛机点击 Modeling>Set Modeling，然后点击 Kinematics Editor，如图 7-55 所示。打开 Kinematics Editor 对话框，如图 7-56 所示，新建一个 Link，不选任何部件作为参照系，名称为 Link5。

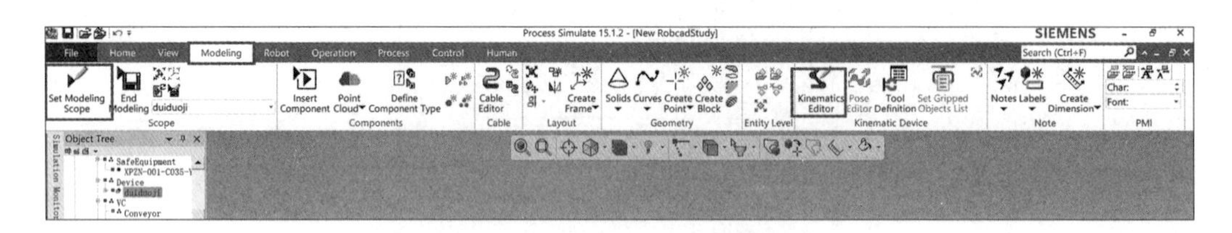

图 7-55　定义运动机构

再次新建一个 Link，名称为 Link6，作为 X 方向移动，选中堆垛机立柱部分，Link5 为 Link6 的参照系，将 Link5 拖到 Link6 上，定义关节，设置如图 7-57 所示。关节类型设置为平移，并设置运动方向。依次设置堆垛机另外两个方向上的运动关节，

运动部件分别选择堆垛机相应方向的运动结构，From 和 To 中的值可以通过选择运动方向上两点进行设置，定义三个关节如图 7-58 所示。

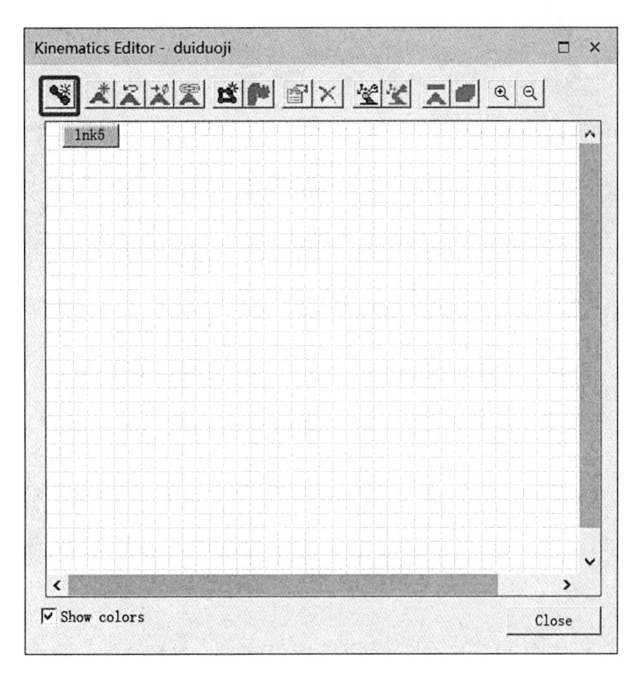

图 7-56　新建 link

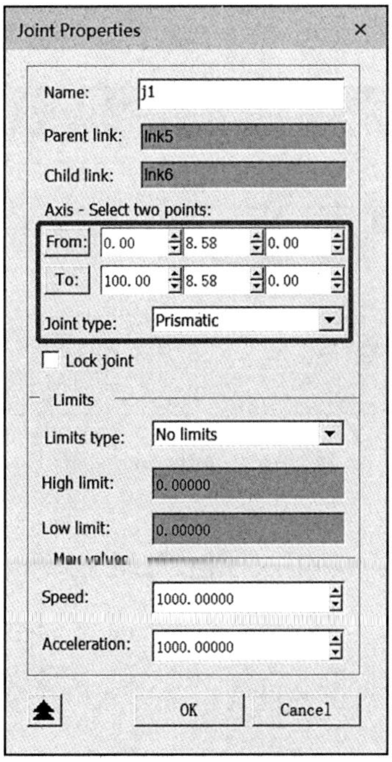

图 7-57　关节设置

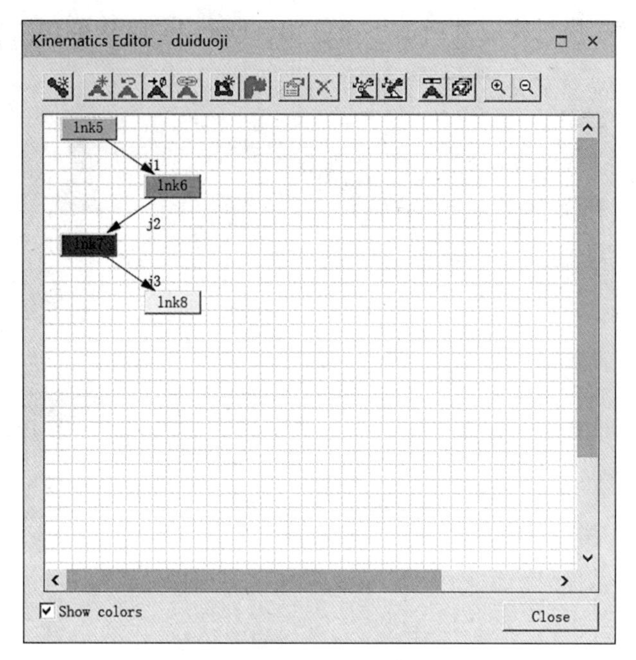

图 7-58　定义关节

在 Kinematics Editor 窗口中，点击 open joint jog，通过修改 joint jog 中 3 个坐标数值，调整堆垛机到合适位置，如图 7-59 所示。点击 define as zero position 将堆垛机所在位置设置为零位，即定义整个运动结构的坐标系原点。

Joint Jog - duiduoji

Joints tree	Steering/Poses	Value	Lower Limit	Upper Limit
duiduoji				
j1		-800.	(None)	(None)
j2		-500.	(None)	(None)
j3		0.00	(None)	(None)

Reset　Close

图 7-59　joint jog 设置

Process Simulate 软件中无力的作用，需要利用夹具和传感器将物体托起。在 Object tree 中选中夹具零件，点击 Modeling> Set mdodeling>Tool Definition，如图 7-60 所示。在弹出的 Tool Define 对话框中将该部件设置为夹具，并设置 TCP Frame、Base Frame 和夹具部位。再点击 Robot > tool and device> mount tool，将夹具安装到堆垛机上。

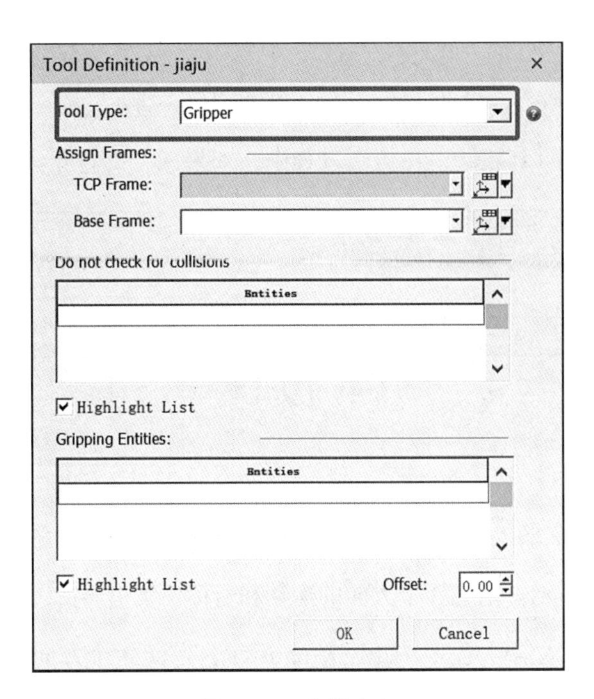

图 7-60　夹具定义

在 control 工具栏中，点击 sensor>create photoelectric sensor，在弹出的定义传感器窗口中设置传感器名称、尺寸等，如图 7-61 所示。将传感器移动至堆垛机相应位置，点击 home>attachment>attach，利用 attach 将传感器安装到堆垛机上，用于感应堆垛机与货架之间的距离，如图 7-62 所示。

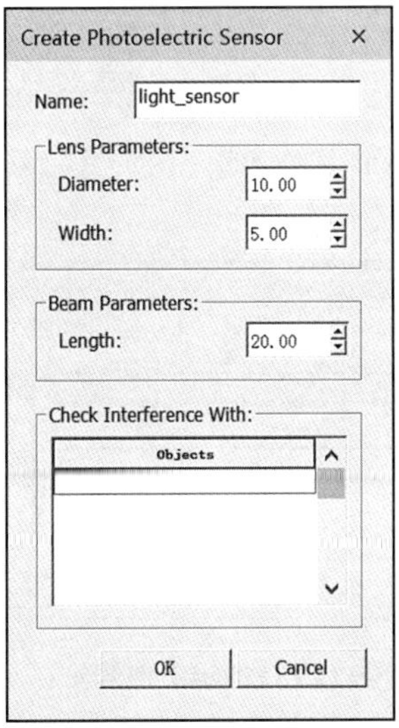

图 7-61　传感器定义

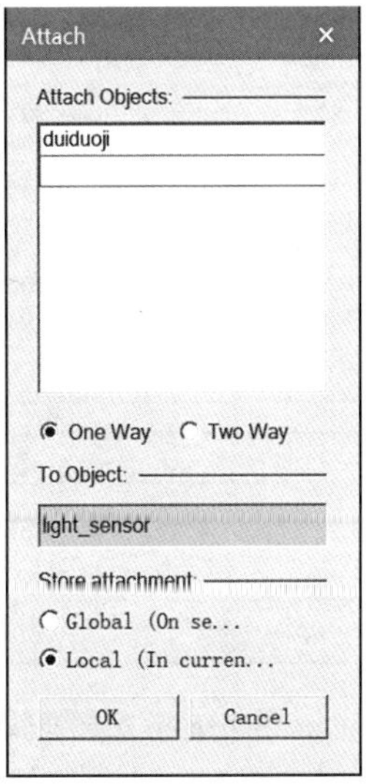

图 7-62　安装传感器

（2）干涉检查设置

点击 collision viewer>collision set editor，如图 7-63 所示，在 collision set editor 对话框中设置需要检查的两个部件，在仿真过程中，如果两个部件干涉，软件会提示干涉。

图 7-63　打开干涉检测

（3）定义智能组件

创建逻辑块，定义输入输出接口，Process Simulate 逻辑块的输入信号即 PLC 输出信号定义，如图 7-64 所示。定义 3 个方向的运动和目标位置信号，Process Simulate 逻辑块的输出信号即 PLC 输入信号定义，如图 7-65 所示，定义 3 个方向的实际位置信号。定义运动行为，当处于如图 7-66 所示 EnableX、EnableY、EnaleZ 时，3 个轴运动，运动的距离为 TargetPositionX、TargetPositionY、TargetPositionZ 对应的值。输入输出信号定义完成后，给信号分配地址，要求与 TIA 博途中定义的信号地址一致，如图 7-67 所示。

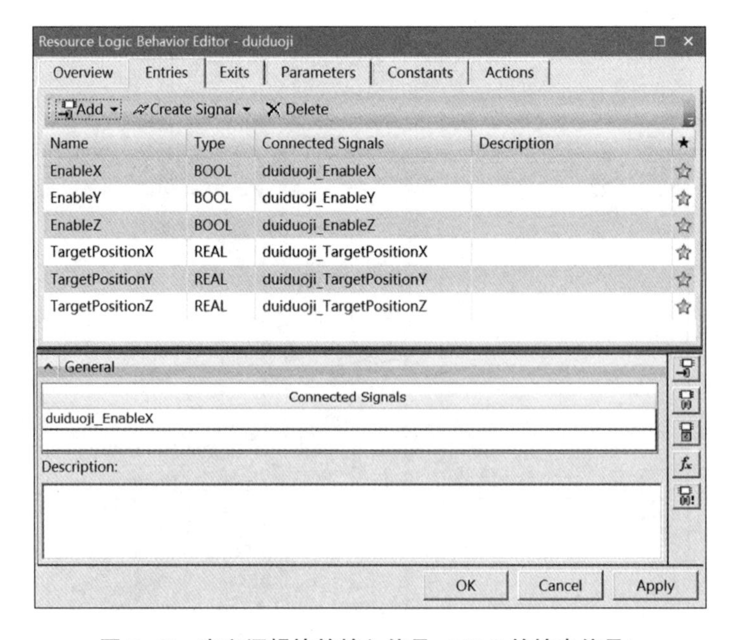

图 7-64　定义逻辑块的输入信号（PLC 的输出信号）

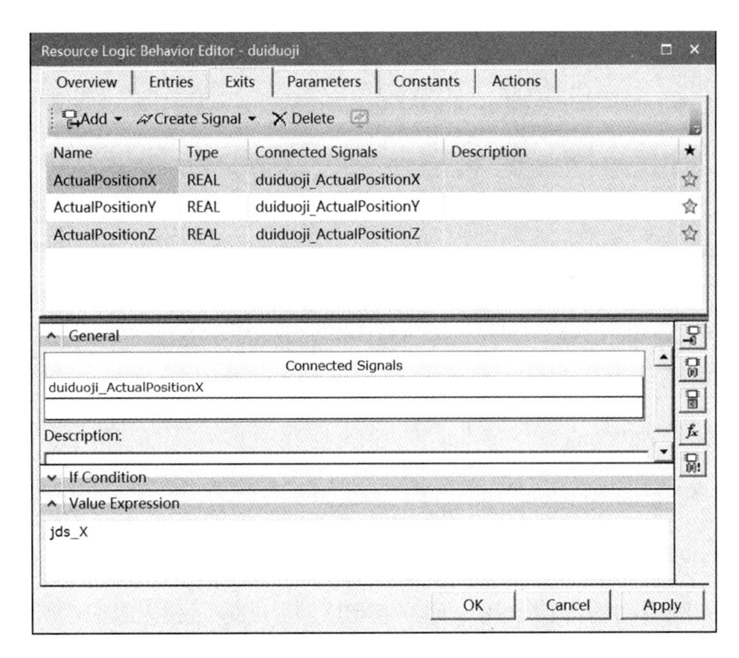

图 7-65　定义逻辑块的输出信号（PLC 的输入信号）

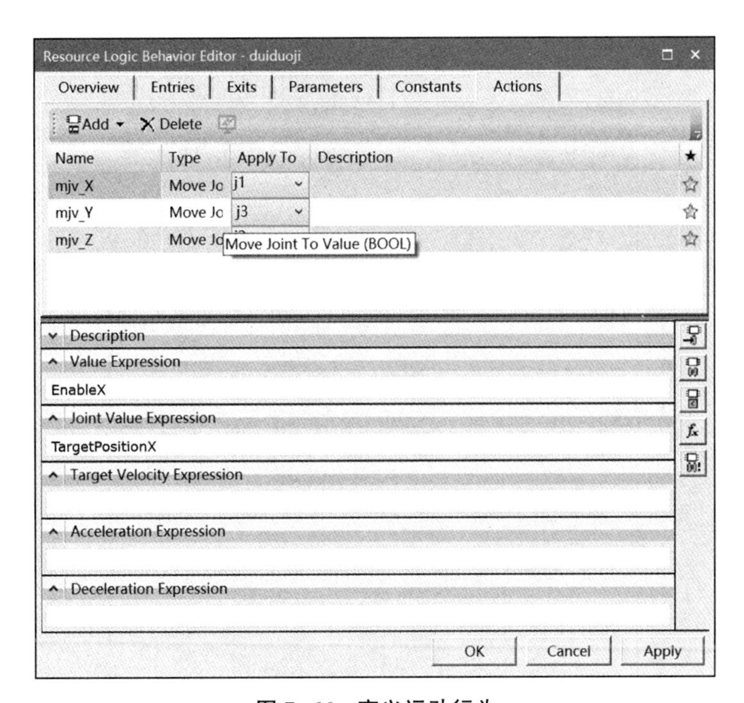

图 7-66　定义运动行为

（4）编写 PLC 程序

启动 TIA 博途软件，根据虚拟模型的运动关系，定义变量表，编写 PLC 程序。

Signal Viewer

Signal Name	Memory	Type	Robot Signal N	Address	IEC Format	PLC Conn	External Conn	Resource	Comment
light_sensor	☐	BOOL		10.0	I10.0	☑		● light_ser	
duiduoji_EnableX	☐	BOOL		10.0	Q10.0	☑		● duiduoji	
duiduoji_EnableY	☐	BOOL		20.0	Q20.0	☑		● duiduoji	
duiduoji_EnableZ	☐	BOOL		30.0	Q30.0	☑		● duiduoji	
duiduoji_TargetPositionX	☐	REAL		40	Q40	☑		● duiduoji	
duiduoji_TargetPositionY	☐	REAL		50	Q50	☑		● duiduoji	
duiduoji_TargetPositionZ	☐	REAL		60	Q60	☑		● duiduoji	
duiduoji_ActualPositionX	☐	REAL		20	I20	☑		● duiduoji	
duiduoji_ActualPositionY	☐	REAL		30	I30	☑		● duiduoji	
duiduoji_ActualPositionZ	☐	REAL		40	I40	☑		● duiduoji	

图 7-67　分配信号地址

（5）虚拟调试

创建 TIA 博途与 Process Simulate 的通信连接，启动 PLCSIM Advance 软件，如图 7-68 所示。在 instance name 中输入名称，选择 PLC 类型，点击 start 启动虚拟 PLC。返回 Process Simulate 中，在 options 设置 PLC 连接，添加 PLCSIM Advanced connection，实例对象选择刚刚启动的虚拟 PLC，建立起 PLC 与 Process Simulate 的通信连接。返回 TIA 博途软件，编译程序，并下载到虚拟 PLC 中。在 Process Simulate 中调试，实现虚拟智能仓储单元的出库入库运动。

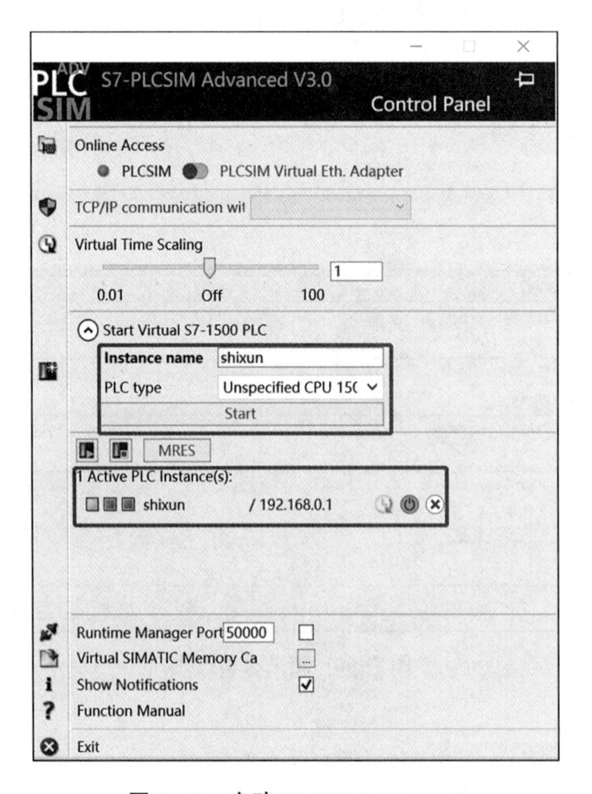

图 7-68　启动 PLCSIM Adanced

5. 思考及分析

（1）在模型中定义夹具与传感器的意义是什么？

（2）虚拟调试的核心是什么？

实训五　智能仓储单元的集成与调试

1. 实验目的

（1）了解智能制造单元系统的构成。

（2）熟悉智能制造单元设备集成方法。

（3）掌握智能制造单元的调试方法。

2. 实验设备

依托智能仓储单元平台，进行智能仓储单元的集成与调试实训，主要实验设备包括：

（1）智能仓储单元设备。

（2）计算机。

（3）TIA 博途软件。

3. 实验内容

（1）根据提供的设备及电气原理图，连接网线以及部分关键线缆，完成硬件系统的集成，并在 TIA 博途软件中完成设备的组态。

（2）根据智能仓储单元的运动要求，编写 PLC 控制程序。

（3）利用 HMI，设计人机界面。

（4）调试设备。

4. 实验使用仪器介绍

智能仓储单元主要设备：

PLC 控制器	1 台
伺服控制器	3 台
伺服电机	3 个
HMI 触摸屏	1 个
仓储立体货架	1 套
自动堆垛机	1 台
输送系统	1 套
机架	1 套
托盘	若干
交换机	1 台
软件平台及相关资料	1 份
TIA 博途软件	1 套
电气原理图	1 套

5. 实验步骤

（1）连接硬件线路

利用网线连接计算机与 PLC 控制器，连接 PLC 与伺服控制器等相关线缆，完成硬件系统的连接。

（2）PLC 组态

①启动 TIA 博途软件，创建新项目，添加硬件设备。

在左侧的项目树中双击“添加新设备”对话框，打开控制器菜单，选择需要的 CPU 类型，如 CPU1511T-1 PN 中的 6ES7 511-1 TK01-0AB0 型号，如图 7-69 所示。在设备视图下，在 CPU 上添加输入模块 DI，输出模块 DQ，如图 7-70 所示。在网络视图下，从驱动器和启动器菜单下选择 V90 PN，添加 3 个伺服驱动器，各模块的型号要

与实际使用硬件设备一致，可从设备上或设备说明书中查找，如图 7-71 所示。

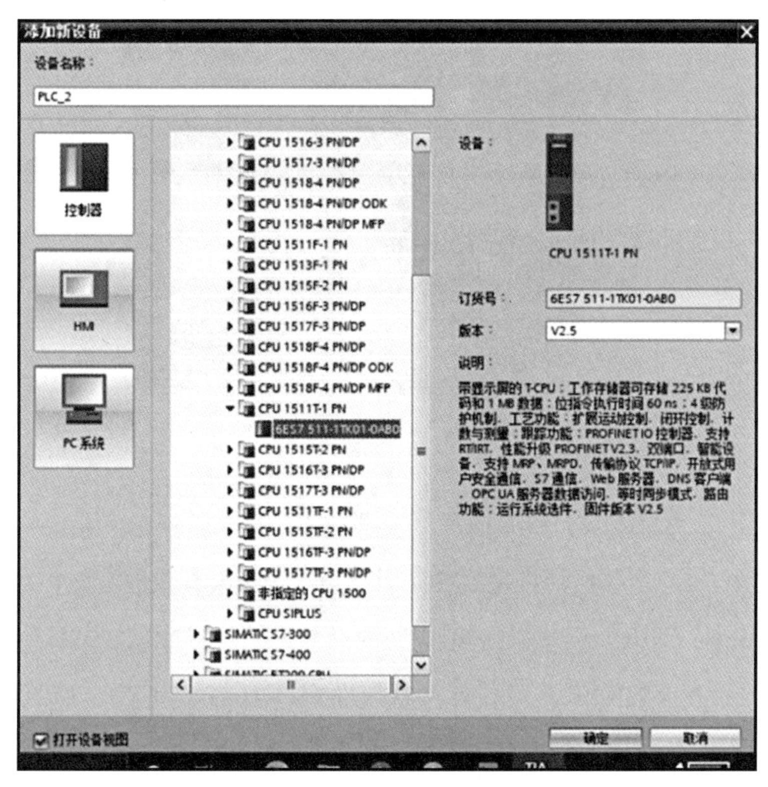

图 7-69　选择控制器

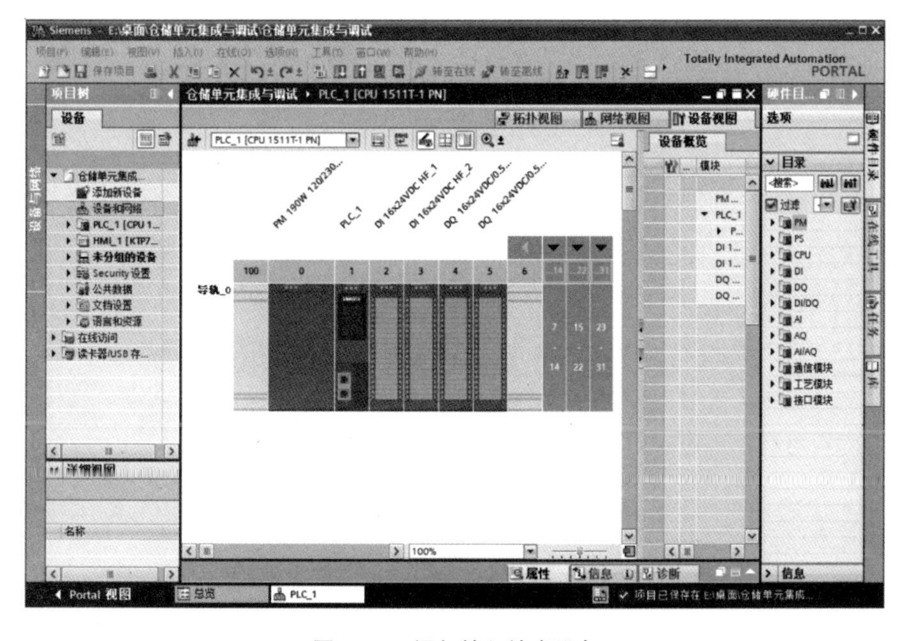

图 7-70　添加输入输出设备

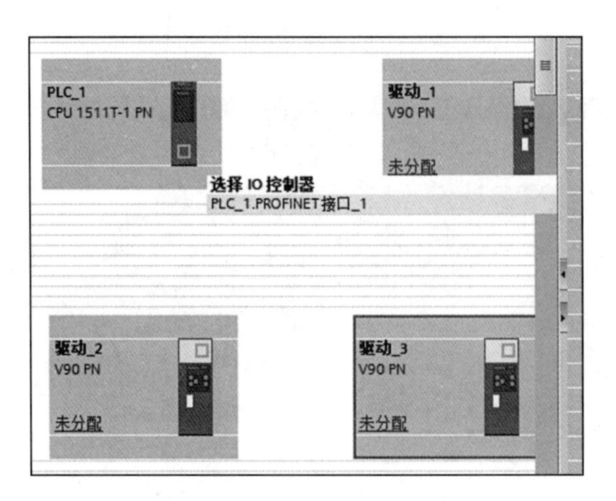

图 7–71　添加伺服驱动器

②连接 CPU 与 V90 PN，设置设备 IP 地址，分配设备名称。

首先，进行网络连接，在网络视图下，点击 V90 PN 上的未分配，建 V90 PN 与 CPU 的网络连接，如图 7–72 所示。根据实际设备中的接线情况，在拓扑视图下进行拓扑连接，选择相应的 CPU 端口，连接软件中的 CPU 与 V90 PN，如图 7–73 所示。PLC 控制器的 IP 地址可以从设备显示屏上查看。然后，在软件中设置设备的 PROFINET 接口以太网地址，IP 地址设置如图 7–74 所示。用类似方法设置 V90 PN 的 IP 地址，并分配 PROFINET 设备名称。所有设备连接与 IP 地址的设置均要参考使用设备的实际情况。

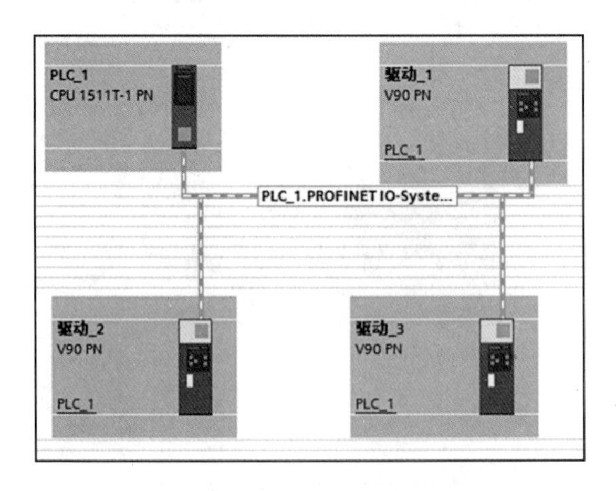

图 7–72　网络连接

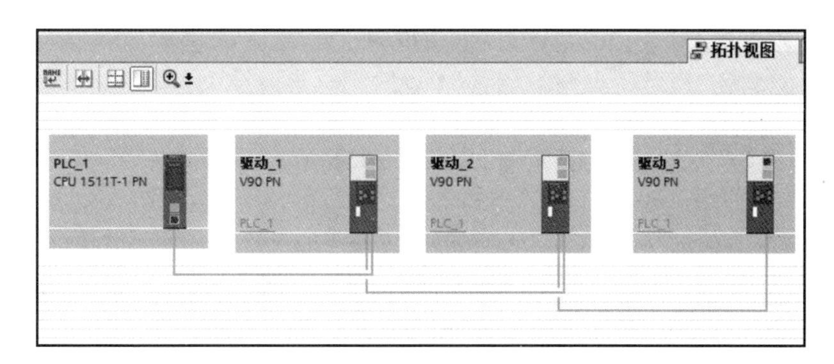

图 7-73　CPU 与 V90 PN 拓扑连接

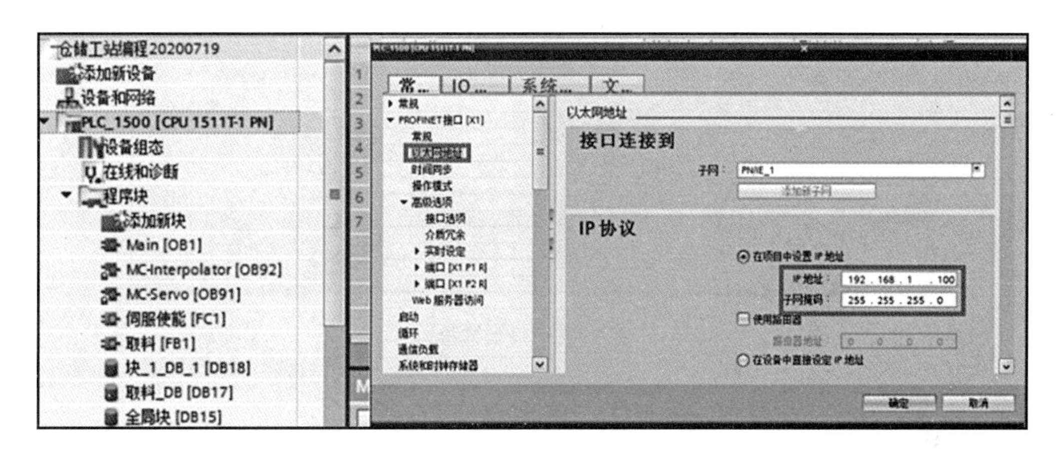

图 7-74　设置 CPU 的 IP 地址

最后，点击下载到设备，弹出“扩展的下载到设备”对话框，如图 7-75 所示。点击“开始搜索”按键，当选择目标设备中显示设备信息时，表明搜索到已连接的设备，通信连接已经建立。

（3）编写 PLC 程序

根据设备运动要求，定义变量表，编写 PLC 程序，如图 7-76 所示。

（4）下发程序，调试

编译程序，点击下载至设备，将程序下发，调试设备运行。

6. 思考及分析

（1）虚拟调试与硬件调试有哪些区别？

（2）PLC 程序编写的基本框架是什么？

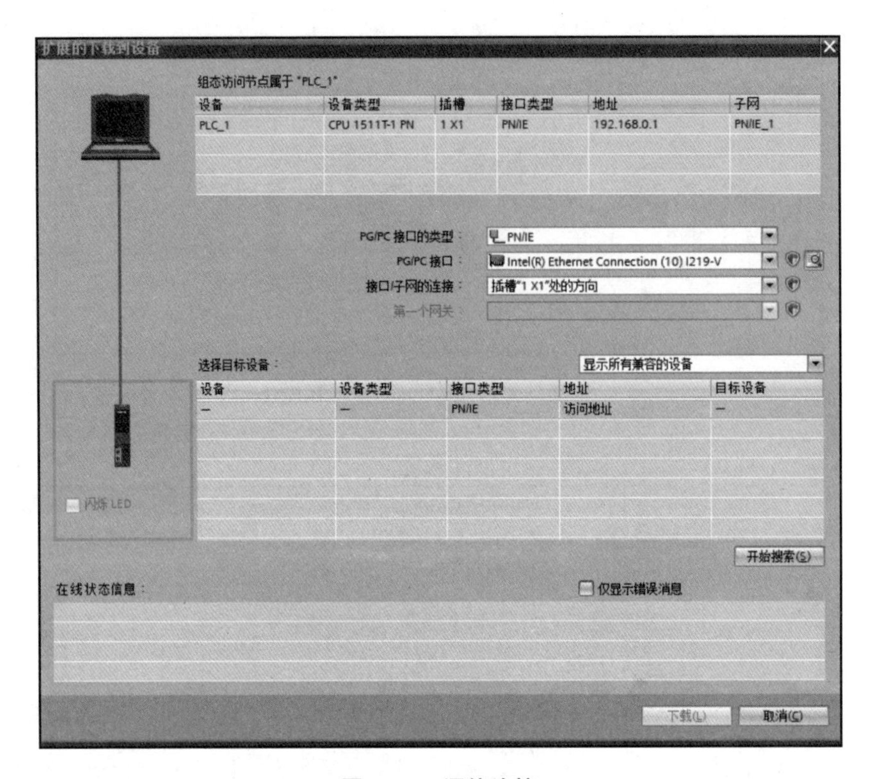

图 7-75　通信连接

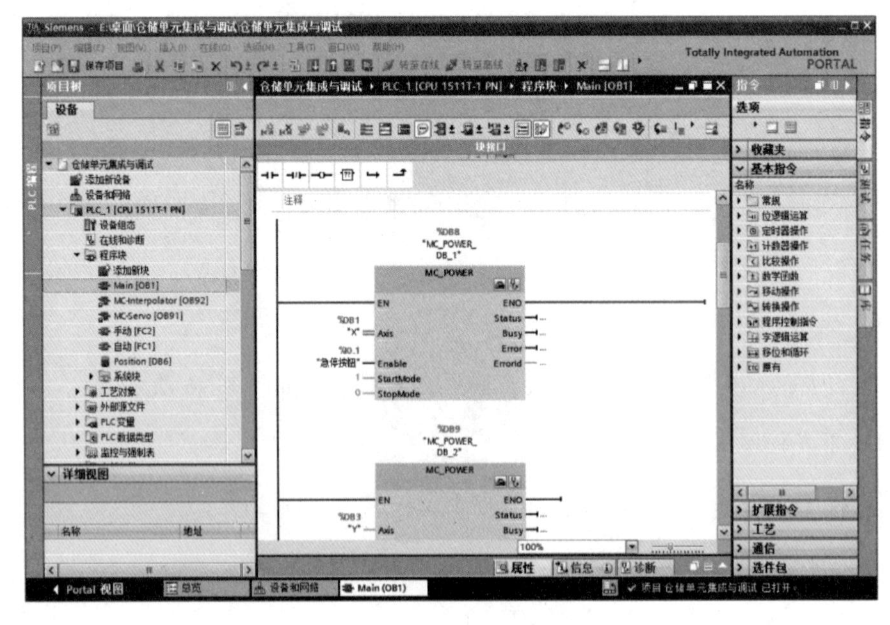

图 7-76　编写 PLC 程序

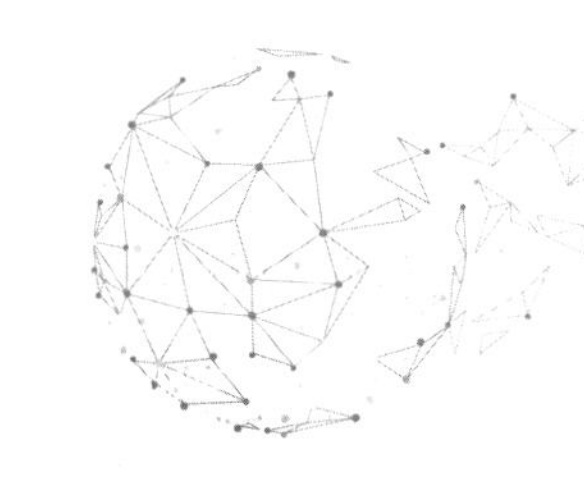

参考文献

［1］ 卢秉恒．机械制造技术基础［M］．北京：机械工业出版社，2018.

［2］ 白明光．圆柱齿轮减速机装配工艺［J］．机械设计与制造，1998（6）：45-47.

［3］ 崔坚．SIMATIC S7-1500 与 TIA 博途软件使用指南［M］．北京：机械工业出版社，2016.

［4］ John K H，Tiegelkamp M. IEC 61131-3：Programming industrial automation systems［M］. Springer，Berlin，Heidelberg，2010.

［5］ 张超凡，罗晓明，章力．数控机床故障诊断及维护［M］．南京：南京大学出版社，2011.

［6］ 孙善乾．数控机床常见故障诊断分析及解决方案［J］．科技信息（学术研究），2007（36）：281-283.

［7］ 李建中，李金宝，石胜飞．传感器网络及其数据管理的概念、问题与进展［J］．软件学报，2003（10）：1717-1727.

［8］ 张光河，邓召基，刘芳华，等．物联网概论［M］．北京：人民邮电出版社，2014.

［9］ 黄玉兰．物联网传感器技术与应用［M］．北京：人民邮电出版社，2014.

［10］ 张启福．传感器应用［M］．重庆：重庆大学出版社，2015.

［11］ 海涛．传感器与检测技术［M］．重庆：重庆大学出版社，2016.

［12］ 孙华军，俞阿龙，李正，等．传感器原理及其应用［M］．南京：南京大学

出版社，2017.

［13］李天璞，张新程，付航．物联网关键技术［M］．北京：人民邮电出版社，2011.

［14］李东晶．传感器技术及应用［M］．北京：北京理工大学出版社，2020.

［15］樊华飞．离散制造车间生产数据采集与管理系统设计与实现［D］．南京：南京理工大学，2018.

［16］贺雅琪．多源异构数据融合关键技术研究及其应用［D］．电子科技大学，2018.

［17］黄天立．面向动车组运维的多源数据预处理关键技术研究与实现［D］．北京：北京交通大学，2018.

［18］闫素杰．Modbus 通信协议与仪表的数据采集［J］．信息技术与信息化，2014（02）：99-103.

［19］田学成，徐英会．工业以太网 EtherNet/IP 协议安全分析［J］．信息技术与网络安全，2019，38（7）：6-13.

［20］张宇爽．EtherNet/IP 工业以太网的性能研究与应用［D］．北京：北京交通大学，2016.

［21］李垚，张宇，张惠樑．OPC UA 协议在 IOT 领域的应用优势［J］．自动化应用，2020（3）：78-79.

［22］孟小峰，周龙骧，王珊．数据库技术发展趋势［J］．软件学报，2004（12）：1822-1836.

［23］孔祥盛．MySQL 数据库基础与实例教程［M］．北京：人民邮电出版社，2014.

［24］陈志泊．数据库原理及应用教程［M］．北京：人民邮电出版社，2017.

［25］曾广平，马忠贵，宁淑荣．数据库原理与应用［M］．北京：人民邮电出版社，2013.

［26］陈雷，赵杰，杨丽丽．数据库原理与应用［M］．北京：人民邮电出版社，2013.

[27] 顾金媛，俞海．数据库基本原理及应用开发教程［M］．南京：南京大学出版社，2017.

[28] 田崇峰，杜毅，肖睿，等．MySQL 数据库应用技术及实战［M］．北京：人民邮电出版社，2018.

[29] 杨燕，姜林枫，徐长滔．数据库基础与应用　Visual FoxPro 6.0［M］．北京：人民邮电出版社，2014.

[30] 何友鸣．数据库原理及应用实践教程［M］．北京：人民邮电出版社，2014.

[31] 马桂芳，赵秀梅．数据库技术及应用［M］．北京：人民邮电出版社，2016.

[32] 丁群，张基温，文明瑶．数据库技术与应用教程［M］．北京：人民邮电出版社，2013.

[33] 唐建军，刘珊慧，杨乐．数据库技术应用基础［M］．南京：南京大学出版社，2017.

[34] Grieves M，Vickers J. Digital twin：mitigating unpredictable，undesirable emergent behavior in complex systems. ［J］. Transdisciplinary Perspectives on Complex Systems，2017：85-113.

[35] Glaessgen E H，Stargel D S. The digital twin paradigm for future NASA and U. S. Air Force vehicles［Z］. United States：NASA Center for Aerospace Information（CASI），2012.

[36] Altintas Y，Aslan D. Integration of virtual and on-line machining process control and monitoring［J］. CIRP Annals-Manufacturing Technology，2017，66（1）：349-352.

[37] Weilkiens T. Systems engineering with SysML/UML［M］. Morgan Kaufmann OMG Press/Elsevier，2007.

[38] C. J H M. A practical guide to SysML：the systems modeling language［J］. Kybernetes，2009，38（1/2）.

[39] Elmqvist H. Modelica-a unified object-oriented language for physical systems modeling［J］. Simulation Practice and Theory，1997，5（6）.

[40] 赵建军，丁建完，周凡利，等．Modelica 语言及其多领域统一建模与仿真机

理［J］. 系统仿真学报，2006（S2）：570-573.

［41］周济 . 智能制造——“中国制造 2025”的主攻方向［J］. 中国机械工程，2015（17）：2273-2284.

［42］Zhou G，Zhang C，Li Z，et al. Knowledge-driven digital twin manufacturing cell towards intelligent manufacturing［J］. International Journal of Production Research，2020，58（4）：1034-1051.

［43］Zhang C，Zhou G，Li H，et al. Manufacturing blockchain of things for the configuration of a data-and knowledge-driven digital twin manufacturing cell［J］. IEEE Internet of Things Journal，2020，7（12）：11884-11894.

［44］张超，周光辉，肖佳诚，等 . 数字孪生制造单元多维多尺度建模与边—云协同配置方法［J］. 计算机集成制造系统，2021：1-22.

［45］潘方 . RS232 串口通信在 PC 机与单片机通信中的应用［J］. 现代电子技术，2012（13）：69-71.

［46］燕伯峰，董永乐，余佳，等 . 基于 FPGA 的 RS-232 通信协议接口设计［J］. 中国新技术新产品，2020（18）：1-4.

［47］邹连英，高宁 . USB 接口与上位机软件设计［J］. 自动化与仪表，2020（5）：99-102.

［48］王朔，李刚 . USB 接口器件 PDIUSBD12 的接口应用设计［J］. 单片机与嵌入式系统应用，2002（04）：56-59.

［49］殷源力 . 基于 RS232 通信的热处理数据获取与处理［J］. 热处理技术与装备，2017（6）：59-61.

［50］王军，王晓东 . 工业控制与智能制造丛书　智能制造之卓越设备管理与运维实践［M］. 北京：机械工业出版社，2019.

［51］谢小鹏 . 设备状态识别与维修决策［M］. 北京：中国石化出版社，2000.

［52］中国设备管理协会 . 现代设备维修技术［M］. 北京：中国计划出版社，2006.

［53］胡昌华，樊红东，王兆强 . 设备剩余寿命预测与最优维修决策［M］. 北京：

国防工业出版社，2018.

［54］刘贤金．关于数控机床常见的日常维护与保养方法［J］．科技创新与应用，2019（1）：133-134.

［55］杨江领，龙笑寒，游经义，等．ABB 机器人常见故障检测与维修［J］．智能机器人，2019（6）：74-79.

［56］王民．FANUC 机器人常见故障及处理措施探讨［J］．南方农机，2020（12）：37.

［57］汪浩．研制 AGV 小车检修平台［J］．科技视界，2016（16）：114-115.

［58］屈挺，张凯，闫勉，等．物联网环境下面向高动态性生产系统优态运行的联动决策与控制方法［J］．机械工程学报，2018，54（16）：24-33.

［59］刘明周，单晖，蒋增强，等．不确定条件下车间动态重调度优化方法［J］．机械工程学报，2009，45（10）：137-142.

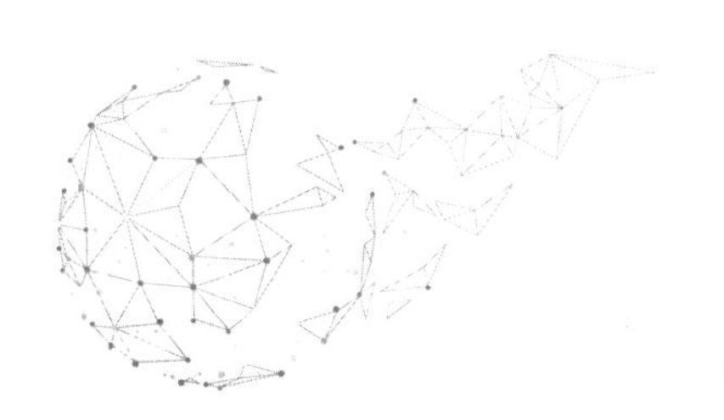

后记

随着全球新一轮科技革命和产业变革加速演进，以新一代信息技术与先进制造业深度融合为特征的智能制造已经成为推动新一轮工业革命的核心驱动力。世界各工业强国纷纷将智能制造作为推动制造业创新发展、巩固并重塑制造业竞争优势的战略选择，将发展智能制造作为提升国家竞争力、赢得未来竞争优势的关键举措。

智能制造是基于新一代信息技术与先进制造技术深度融合，贯穿于设计、生产、管理、服务等制造活动各个环节，具有自感知、自决策、自执行、自适应、自学习等特征，旨在提高制造业质量、效益和核心竞争力的先进生产方式。作为“制造强国”战略的主攻方向，智能制造发展水平关乎我国未来制造业的全球地位，对于加快发展现代产业体系，巩固壮大实体经济根基，建设“中国智造”具有重要作用。推进制造业智能化转型和高质量发展是适应我国经济发展阶段变化、认识我国新发展阶段、贯彻新发展理念、推进新发展格局的必然要求。

2020 年 2 月，《人力资源社会保障部办公厅　市场监管总局办公厅　统计局办公室关于发布智能制造工程技术人员等职业信息的通知》（人社厅发〔2020〕17 号）正式将智能制造工程技术人员列为新职业，并对职业定义及主要工作任务进行了系统性描述。为加快建设智能制造高素质专业技术人才队伍，改善智能制造人才供给质量结构，在充分考虑科技进步、社会经济发展和产业结构变化对智能制造工程技术人员要求的基础上，以智能制造工程技术人员专业能力建设为目标，根据《智能制造工程技术人员国家职业技术技能标准（2021 年版）》（以下简称《标准》），人力资源社会保障部专业技术人员管理司指导中国机械工程学会，组织有关专家开展了智能制造工程技术人员培训教程（以下简称教程）的编写工作，用于全国专业技术人员新职业培训。

智能制造工程技术人员是从事智能制造相关技术研究、开发，对智能制造装备、生产线进行设计、安装、调试、管控和应用的工程技术人员。共分为 3 个专业技术等级，分别为初级、中级、高级。其中，初级、中级均分为 4 个职业方向：智能装备与产线开发、智能装备与产线应用、智能生产管控、装备与产线智能运维；高级分为 5 个职业方向：智能制造系统架构构建、智能装备与产线开发、智能装备与产线应用、智能生产管控、装备与产线智能运维。

与此相对应，教程分为初级、中级、高级培训教程。各专业技术等级的每个职业方向分别为一本，另外各专业技术等级还包含《智能制造工程技术人员——智能制造共性技术》教程一本。需要说明的是：《智能制造工程技术人员——智能制造共性技术》教程对应《标准》中的共性职业功能，是各职业方向培训教程的基础。

在使用本系列教程开展培训时，应当结合培训目标与受训人员的实际水平和专业方向，选用合适的教程。在智能制造工程技术人员各专业技术等级的培训中，"智能制造共性技术"是每个职业方向都需要掌握的，在此基础上，可根据培训目标与受训人员实际，选用一种或多种不同职业方向的教程。培训考核合格后，获得相应证书。

初级教程包含：《智能制造工程技术人员（初级）——智能制造共性技术》《智能制造工程技术人员（初级）——智能装备与产线开发》《智能制造工程技术人员（初级）——智能装备与产线应用》《智能制造工程技术人员（初级）——智能生产管控》《智能制造工程技术人员（初级）——装备与产线智能运维》，共 5 本。《智能制造工程技术人员（初级）——智能制造共性技术》一书内容涵盖《标准》中初级共性职业功能所要求的专业能力要求和相关知识要求，是每个职业方向培训的必备用书；《智能制造工程技术人员（初级）——智能装备与产线开发》一书内容涵盖《标准》中初级智能装备与产线开发职业方向应具备的专业能力和相关知识要求；《智能制造工程技术人员（初级）——智能装备与产线应用》一书内容涵盖《标准》中初级智能装备与产线应用职业方向应具备的专业能力和相关知识要求；《智能制造工程技术人员（初级）——智能生产管控》一书内容涵盖《标准》中初级智能生产管控职业方向应具备的专业能力和相关知识要求；《智能制造工程技术人员（初级）——装备与产线智能运维》一书内容涵盖《标准》中初级装备与产线智能运维职业方向应具备的专业能力和相关知识要求。

本教程适用于大学专科学历（或高等职业学校毕业）及以上，具有机械类、仪器类、电子信息类、自动化类、计算机类、工业工程类等工科专业学习背景，具有较强的学习能力、计算能力、表达能力和空间感，参加全国专业技术人员新职业培训的人员。

智能制造工程技术人员需按照《标准》的职业要求参加有关课程培训，完成规定学时，取得学时证明。初级、中级为 90 标准学时，高级为 80 标准学时。

本教程是在人力资源社会保障部、工业和信息化部相关部门领导下，由中国机械工程学会组织编写的，来自同济大学、西安交通大学、华中科技大学、东华大学、大连理工大学、上海交通大学、浙江大学、哈尔滨工业大学、天津大学、北京理工大学、西北工业大学、上海犀浦智能系统有限公司、北京机械工业自动化研究所、北京精雕科技集团有限公司、西门子（中国）有限公司等高校及科研院所、企业的智能制造领域的核心及知名专家参与了编写和审定，同时参考了多方面的文献，吸收了许多专家学者的研究成果，在此表示衷心感谢。

由于编者水平、经验与时间所限，本书的不足与疏漏之处在所难免，恳请广大读者批评与指正。

本书编委会